土木工程专业教材

土木工程材料检测实训

TUMU GONGCHENG CAILIAO JIANCE SHIXUN

陈宝璠　编著

中国建材工业出版社

图书在版编目(CIP)数据

土木工程材料检测实训/陈宝璠编著. —北京:中国建材工业出版社,2009. 6

ISBN 978-7-80227-575-1

Ⅰ. 土… Ⅱ. 陈… Ⅲ. 土木工程-建筑材料-检测 Ⅳ. TU502

中国版本图书馆CIP数据核字(2009)第125334号

内 容 简 介

本书的编写是以土木工程专业拓宽专业口径,以土木工程专业的《土木工程材料》教学大纲为依据,根据现行最新土木工程材料标准、规范编写的。

本书详细介绍了土木工程材料性能检测的抽样取样、基本要求、基本技能和土木工程材料检测的标准、方法、具体步骤和检测结果计算与评定以及检测所使用的设备仪器等检测技术知识。本书每章的第一节首先附有土木工程材料检测的相关最新标准规范和抽样取样等基本规定,在各种土木工程材料性能检测之后附录检测实训报告,方便了读者实际操作。

本书可作为高等学校土木工程、建筑管理工程(包括监理工程、工程造价)、给排水工程等土木建筑类专业的检测实训教材,也可作为市政工程、水利水电工程等专业的检测实训教材,既适用本科和专科的检测实训教学,也适用于电大、职大、函大及各类培训班的检测实训教学,也可供有关技术人员参考。

土木工程材料检测实训

陈宝璠 编著

出版发行:中国建材工业出版社

地 址:北京市西城区车公庄大街6号

邮 编:100044

经 销:全国各地新华书店

印 刷:北京鑫正大印刷有限公司

开 本:787mm×1092mm 1/16

印 张:21.25

字 数:536千字

版 次:2009年6月第1版

印 次:2009年6月第1次

书 号:ISBN 978-7-80227-575-1

定 价:36.00元

本社网址:www.jccbs.com.cn

本书如出现印装质量问题,由我社发行部负责调换。联系电话:(010)88386906

前　　言

本书的编写是根据土木工程专业拓宽专业口径，以土木工程专业的《土木工程材料》教学大纲为依据编写的，详细介绍了土木工程材料性能检测的抽样取样、基本要求、基本技能和土木工程材料检测的标准、方法、具体步骤和检测结果计算与评定以及检测所使用的设备仪器等检测技术知识。本书主要内容包括土木工程材料基本性质的检测实训、天然石料的检测实训、砌筑材料的检测实训、无机胶凝材料的检测实训、水泥混凝土和砂浆的检测实训、钢材的检测实训、沥青胶结料的检测实训、沥青混合料的检测实训、合成高分子材料的检测实训和功能材料的检测实训等。通过认真学习，读者将能熟练掌握主要土木工程材料的检测方法，提高自身的熟练操作技能。

本书采用现行最新土木工程材料标准、规范，理论联系实际，突出应用性，适用面广，可作为土木工程类各专业的教学用书，也可供土木工程设计、施工、科研、工程管理、监理人员学习参考。

本书由陈宝璠编著。在土木工程材料领域里，本书与陈宝璠编著的《土木工程材料》教材和《土木工程材料学习指导·典型题解·习题·习题解答》教材辅导书一起，将成为目前国内较为完整的配套系列教材，这样便于读者更全面地了解、掌握土木工程材料。

本书的编写得到了黎明职业大学教授、博士林松柏校长，洪申我副校长的大力支持和指导；同时也得到蔡振元、蔡小娟、陈璇祺、卓玲、戴汉良、陈金聪、王晖、连顺金、朱海平、蔡益兴和李志彬的大力帮助，在此表示感谢！

由于新材料、新品种不断涌现，各行业的技术标准不统一，加之编著者水平有限，编写时间仓促，不妥与疏漏之处在所难免，敬请读者批评指正。

编　　者

2009.6

目　录

绪　论

教学目的：通过加强土木工程材料性能的检测基础的学习，可让学生具有判定材料的各项性能是否符合质量等级的要求以及是否可以用于工程中的能力。

教学要求：掌握土木工程材料的技术标准。熟练掌握土木工程材料检测的基本技能、数据分析与处理、国家法定计量单位。了解土木工程材料检测实验室的管理要求，了解土木工程材料检测实验室的组成与设备布置。

土木工程材料是建筑工程的物质基础，与建筑设计、建筑结构、建筑经济及建筑施工一样，是建筑工程极为重要的组成部分。土木工程材料的检测，在建设工程质量管理、建筑施工生产、科学研究及科技进步中占有重要的地位。土木工程材料科学知识和检测技术标准不仅是评定和控制土木工程材料质量、监控施工过程、保障工程质量的手段和依据，也是推动科技进步、合理使用土木工程材料、降低生产成本、增进企业效益的有效途径。

土木工程材料检测实验室应能够承担与其资质相适应的检测工作，保证检测数据准确可靠。其工作任务主要为下列诸项：

1. 按照GB/T 27025—2008《检测和校准实验室能力的通用要求》运转，完善技术条件，建立并有效运行质量管理体系。
2. 检测建筑工程中使用的各种原材料、半成品和构配件的质量。
3. 试验并提供建筑工程中所使用的混凝土、砂浆、防水材料等配合比。
4. 参与建筑工程的实体检测和鉴定。
5. 出具科学、真实的检测报告并承担相应的法律责任。
6. 研究、开发、推广运用新材料、新产品、新技术、新工艺，推动行业科技进步。

土木工程材料检测实验室，其检测条件是建筑业企业资质标准的组成部分。它应具备的基本检测项目包括：

1. 水泥、砂、石、掺合料、外加剂、轻骨料、砌墙砖和砌块、防水材料、装饰材料的常规检测；
2. 钢筋、钢筋接头力学性能检测；
3. 混凝土的强度、抗渗、配合比设计、非破损检测和钢筋保护层厚度检测；
4. 砌筑砂浆的强度、配合比设计；
5. 混凝土预制构件的承载力、挠度、抗裂或裂缝宽度检测；
6. 回填土击实试验、密度，含水量检测；
7. 外饰面砖粘结强度检测。

其他检测项目，如建筑门窗、化学建材、电气设施的检测可根据需要来设置。

本章对有关土木工程材料检测基本技能、土木工程材料的技术标准、检测数据统计分析与处理、国家法定计量单位、检测实验室管理常识进行了较为全面、综合的介绍。

0.1　土木工程材料检测实验室的组成与设备布置

0.1.1　土木工程材料检测实验室的组成

土木工程材料检测实验室由以下几部分组成：

1. 样品收发室：负责样品的接收、传递、保管。
2. 胶凝材料室：负责水泥、石灰、石膏、掺合料等材料的检测。
3. 混凝土和砂浆室：负责混凝土和砂浆的检测、试配，外加剂的检测。
4. 力学室：负责压、弯、拉、剪、冲击等各种力学性能检测。
5. 物理室：负责砂石、砖、砌块、回填土等检测。
6. 化学分析室：负责有关化学分析和精密天平的使用。
7. 防水材料室：负责防水材料检测。
8. 装饰材料室：负责装饰材料检测。
9. 结构室：负责混凝土强度非破损检测和钢筋保护层厚度检测，预制构件结构性能检测等。
10. 资料室：负责资料的归档保管。

0.1.2　土木工程材料检测实验室的设备布置

1. 实验室平面与设施布置

检测实验室建筑物、房间的面积以及平面布置，应根据检测实验室的编制、检测设备的数量和大小、需要的操作空间而定，同时也要考虑使用功能和各室之间的关系，以达到合理有效的目的。

总体布置：

(1)各室应有单独的工作区域并且互不干扰。

(2)各室要有足够的工作面积，可参考表0-1。

表0-1　实验室各房间的参考面积

房间名称	参考面积/m^2	房间名称	参考面积/m^2
样品室	15～30	配电房	6～10
胶凝材料室	30～40	化学分析室	30～40
混凝土和砂浆室	60～80	防水材料室	30～40
物理室	30～40	装饰材料室	30～40
力学室	80～120	结构室	20～30
混凝土砂浆养护室	15～30	资料室	20～30
水泥养护室	10～20	主任办公室	20～30
储藏室	10～20	办公室	30～40

(3)办公区和检测区应分开。

(4)力学室、混凝土和砂浆室有较明显的振动和噪声，宜将其设在离精密仪器室和办公室较远的地方。样品收发室宜设在大门入口附近。养护室设在地下较好，并作好防水设计。力学室要有足够的高度以满足大型设备的工作需要。

(5)检测实验室的平面布置可参考示意图(图 0-1)。

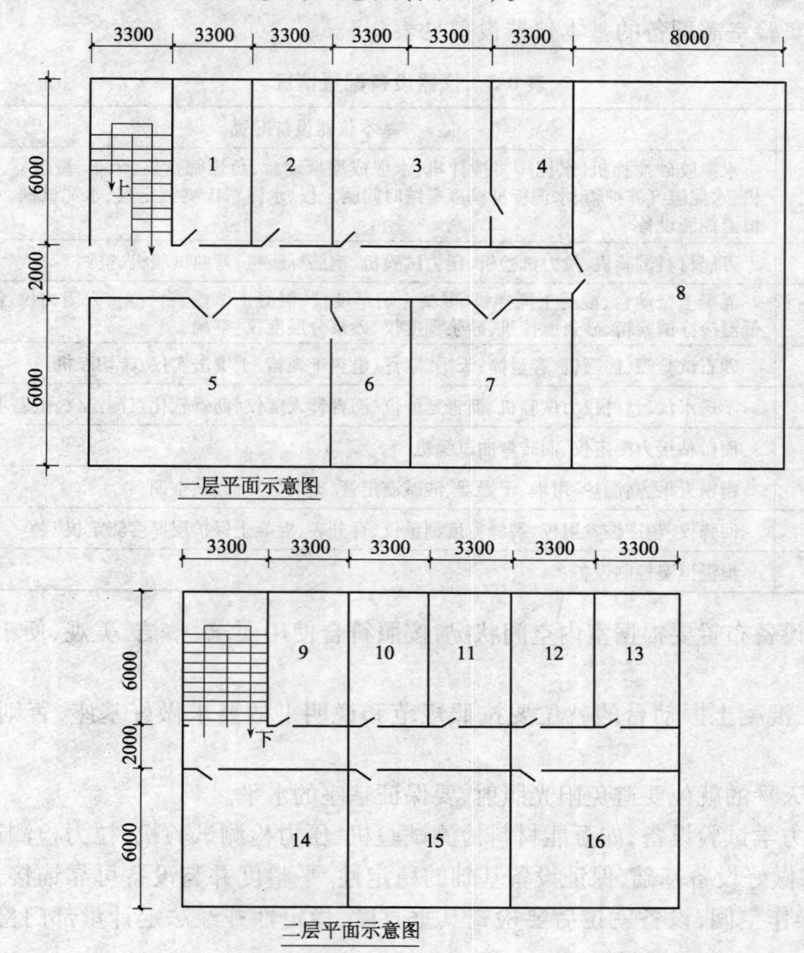

图 0-1 检测实验室平面布置示意图

1—样品收发室;2—样品室;3—水泥室;4—水泥养护室;5—混凝土与砂浆室;6—混凝土养护室;7—物理室;8—力学室;9—结构室;10,11,12—办公室;13—资料室;14—防水材料室;15—装饰材料室;16—化学分析室

(6)检测实验室对环境温、湿度也有一定的要求,见表 0-2。

表 0-2 检测实验室温湿度控制要求

房 间 名 称	温度要求/℃	湿度要求(相对湿度)/%
胶凝材料(水泥)室	20 ± 2	>50
水泥养护室	20 ± 1	水中养护
混凝土养护室	20 ± 2	>95
(钢材)力学室	10 ~ 35	
防水材料室	23 ± 2	
混凝土和砂浆室	20 ± 5	>50
化学分析室	20 ± 2	

2. 设备布置

(1)检测实验室需配备的基本仪器设备见表0-3。

表0-3 仪器设备配置情况

名　　称	基本仪器设备配置
胶凝材料室	水泥胶砂搅拌机、水泥净浆搅拌机、水泥成型振动台、负压筛析仪、天平、量水器、水泥抗折试验机、水泥湿气养护箱、水泥标准稠度凝结时间测定仪、水泥雷氏夹测定仪、水泥试模、水泥抗压夹具、恒温控制设备
力学室	万能材料试验机、拉力试验机、压力试验机、钢筋标距机、弯曲试验机、空调
混凝土和砂浆室	混凝土振动台、混凝土搅拌机、混凝土坍落度仪、混凝土试模、台秤、贯入阻力仪、混凝土抗渗仪、低温冷冻试验箱、砂浆搅拌机、砂浆稠度仪、砂浆分层度仪、空调
物理室	砂石试验筛、摇筛机、容量筒、天平、案秤、电热干燥箱、土壤击实仪、砖切断机
防水材料室	不透水仪、卷材拉力试验机、沥青延伸仪、沥青针入度仪、沥青软化点测定仪、恒温水槽、空调
装饰材料室	面砖粘接力测定仪、面砖弯曲试验机
化学分析室	精密天平、高温炉、坩埚、干燥器、酸碱滴定管、玻璃量具器皿、空调
结构室	回弹仪、超声波发射仪、裂缝宽度测量仪、百分表、混凝土保护层厚度测定仪
养护室	恒温恒湿控制设备

(2)仪器设备布置要根据室内空间状况,按照符合使用要求、整洁、美观、便于操作的原则布置。

(3)水泥、混凝土振动台的就位要按照规范和说明书的要求做好基座,否则影响检测结果。

(4)精密天平的就位要避免阳光照射,要保证基座的水平。

(5)大型力学试验设备,如万能材料检测试验机、压力检测试验机、拉力检测试验机,要按照说明书要求做好设备基础,保证设备基础的稳定性、平整度并与设备可靠锚接,设备布置要留出充足的操作空间,设备就位后要检查其垂直度、稳定性并经法定计量部门检定后方可使用。

0.2 检测实验室管理要求

0.2.1 检测实验室管理制度

检测实验室的管理内容较多,有检测管理制度,岗位责任制度,检测资料管理制度,检测实验室安全制度,检测操作规程,仪器设备使用、定期率定及定期保养制度,标准室定期检测检查制度,试验委托制度,检测事故分析制度,检测质量申诉的处理制度,危险品的保管、发放制度等。

0.2.2 检测实验室材料检测管理程序

检测实验室对材料检测的管理程序为:

1. 委托单位送样并填写委托试验单。

2. 检测实验室检查样品的数量、加工尺寸及委托单上项目填写是否符合要求与齐全;检查委托单上是否有见证人签字,检查见证人及见证人证书。对所送试件进行编号,并填写委托登记台账。

3. 检测实验室按国家标准或行业标准进行检测,并填写检测记录,包括检测的环境温度、湿度,试件加工情况及检测过程中的特殊问题等。

4. 将检测结果进行整理计算,做出评定。

5. 检测全过程必须严格按分工执行,检测、记录、计算、复核、审核等都应有相关人员负责签名,审查无误后才能发放检测报告。

0.2.3　检测实验室仪器设备的定期检查

检测实验室所用的仪器、设备,应请有关部门进行定期检查,以保证这些仪器设备能有效使用。

0.2.4　检测资料的内容和作用

检测实验室应有完整的检测资料管理制度,检测报告单、原始记录、报表、登记表必须建立台账,并统一分类、标识、归档。

检测资料包括:

1. 检测委托单:明确试验项目、内容、日期,是安排检测计划的依据之一。

2. 原始检测记录:是评定、分析检测结果的重要依据和原始凭证。

3. 检测报告单:是判断材料和工程质量的依据,是工程档案的重要组成部分,是竣工验收的主要依据。

4. 检测台账:是对各种检测数量结果的归纳总结,是寻求规律、了解质量信息和核查工程项目检测资料的依据之一;同时,台账的建立,也是防止徇私舞弊的一种较好方法。

0.2.5　检测试验安全

1. 进行粉尘材料检测时(如水泥、石灰等),应戴口罩,必要时应戴防风眼镜,以保护眼睛。

2. 熟化石灰时,不得用手直接搅拌,以免烧伤皮肤。

3. 进行沥青材料检测时,如沥青熬制等,除戴口罩外,必须戴帆布手套,以免沥青烫伤。

4. 当进行高强度脆性材料试块(如高强度混凝土、石材等)抗压强度检测时,特别应注意防止试块破坏时,碎渣飞溅伤人。

5. 在万能检测试验机上进行材料拉力检测时,应防止在夹取试件时,夹头伤人。夹取试件操作最好两人配合进行。

0.3　土木工程材料的技术标准

土木工程材料技术标准或规范主要是对产品与工程建设的质量、规格及其检测方法等所作的技术规定,是从事生产、建设、科学研究工作与商品流通的一种共同的技术依据。

1. 技术标准的分类

技术标准按通常分类可分为基础标准、产品标准、方法标准等。

基础标准:指在一定范围内作为其他标准的基础,并普遍使用的具有广泛指导意义的标准。如《水泥的命名、定义和术语》、《砖和砌块名词术语》等。

产品标准：是衡量产品质量好坏的技术依据。如《通用硅酸盐水泥》（GB 175—2007）、《钢筋混凝土用钢　第2部分：热轧带肋钢筋》（GB 1499.2—2007）等。

方法标准：是指以检测、检查、分析、抽样、统计、计算、测定作业等各种方法为对象制定的标准。如《水泥胶砂强度检验方法》、《水泥取样方法》等。

2. 技术标准的等级

土木工程材料的技术标准根据发布单位与适用范围，分为国家标准、行业标准（含协会标准）、地方标准和企业标准四级。各级标准分别由相应的标准管理部门批准并颁布。我国国家质量监督检验检疫总局是国家标准化管理的最高机关。国家标准和部门行业标准都是全国通用标准。国家标准、行业标准分为强制性标准和推荐性标准。省、自治区、直辖市有关部门制定的工业产品的安全、卫生要求等地方标准在本行政区域内是强制性标准。企业生产的产品没有国家标准、行业标准和地方标准的，企业应制定相应的企业标准作为组织生产的依据。企业标准由企业组织制定，并报请有关主管部门审查备案。鼓励企业制定各项技术指标均严于国家、行业、地方标准的企业标准在企业内使用。

3. 技术标准的代号与编号

各级标准都有各自的部门代号，例如：

GB——中华人民共和国强制性国家标准。

GBJ——国家工程建设标准。

GB/T——中华人民共和国推荐性国家标准。

ZB——中华人民共和国专业标准。

ZB/T——中华人民共和国推荐性专业标准。

JC——中华人民共和国建材行业标准。

JC/T——中华人民共和国建材行业推荐性标准。

JGJ——中华人民共和国建筑工程行业标准。

YB——中华人民共和国冶金行业标准。

SL——中华人民共和国水利行业标准。

JTJ——中华人民共和国交通行业标准。

CECS——中国工程建设标准化协会标准。

JJG——国家计量局计量检定规程。

DB——地方标准。

Q/××——××企业标准。

标准的表示方法，系由标准名称、部门代号、编号和批准年份等组成的。例如：国家推荐性标准《水泥比表面积测定方法（勃氏法）》（GB/T 8074—2008）标准的部门代号为GB/T，编号为8074，批准年份为2008年。建材行业标准《粉煤灰小型空心砌块》（JC 862—2000）的部门代号为JC，编号为862，批准年份为2000年。

各个国家均有自己的国家标准，例如“ASTM”代表美国国家标准、“JIS”代表日本国家标准、“BS”代表英国国家标准、“STAS”代表罗马尼亚国家标准、“MSZ”代表匈牙利国家标准等。另外，在世界范围内统一执行的标准为国际标准，其代号为“ISO”。我国是国际标准化协会成员国，当前我国各项技术标准都正在向国际标准靠拢，以便于科学技术的交流与提高。

0.4　土木工程材料检测基本技能

0.4.1　土木工程材料检测的目的

土木工程材料的品种繁多,其质量、性能的好坏将直接影响工程质量,所以有必要对土木工程材料进行检测。土木工程材料检测是根据现有最新的有关技术标准、规范的要求,采用科学合理的检测手段,对土木工程材料的性能参数进行检验和测定的过程。

土木工程材料大致可分为原材料和混合材料两大类。原材料有砂石材料如砂、碎石,胶结材料如水泥、石灰、沥青,还有钢材等。混合料有混凝土和砂浆、沥青混合料等。为了保证工程质量,必须从原材料开始,对其质量进行控制。因此,土木工程材料检测包括了对原材料的质量检测和对混合料性能的检测。其目的是判定材料的各项性能是否符合质量等级的要求以及是否可以用于工程中。

0.4.2　土木工程材料检测的步骤

土木工程材料检测的步骤主要包括:见证取样、送样和检测实验室检测两个步骤。

见证取样和送样是指在建设单位或工程监理单位人员的见证下,由施工单位的现场检测人员对工程中涉及结构安全的试块、试件和材料进行现场取样,并送至经过省级以上建设行政主管部门对其资质认可和质量技术监督部门对其计量认证的质量检测单位进行检测。各种材料的抽样需按有关标准进行,所抽取的试样必须具有代表性。

检测实验室检测是由具有相应资质等级的质量检测机构进行检测。参与土木工程材料检测的人员必须持有相关的资质证书,必须具有科学的态度,不得修改试验原始数据,不得假设检测数据。检测报告必须进行审核,并有相关人员的签字和检测单位的盖章才有效。检测的依据为现行的有关技术标准和规范。

0.4.3　取样、送样见证人制度

1. 见证取样送样的范围

(1)结构的混凝土试块;

(2)承重块墙体的砌筑砂浆试块;

(3)用于承重结构的钢筋及连接接头试件;

(4)用于承重墙的砖和混凝土小型砌块;

(5)用于拌制混凝土和砌筑砂浆的水泥;

(6)用于承重结构的混凝土中使用的掺加剂;

(7)地下、屋面、厕浴间使用的防水材料;

(8)国家规定必须实行见证取样和送检的其他试块、试件和材料。

2. 见证取样送样的管理

(1)建设单位应向工程质量安全监督和工程检测中心递交“见证单位和见证人员授权书”,授权书应写明本工程现场委托的见证人姓名,以便于工程安全监督站、检测单位检查核对。

(2)施工企业取样人员在现场进行原材料取样和试块制作时,见证人员应在旁见证。

(3)见证人员应对试样进行监护,并和施工企业取样人员一起将试样送到检测单位或采取有效封样措施送到检测单位。

(4)检测单位接受委托检测任务时,送检单位需填写委托单,见证人在委托单上签名。各检测机构对无见证人签名委托单及无见证人伴送的试件一律拒收;凡无注明见证单位和见证人的报告,不得作为质量保证资料和竣工验收资料。并由质量安全监督站重新指定法定检测单位重新检测。

3. 见证人员的基本要求

见证人员必须具备以下资格:

(1)见证人应是本工程建设单位的监理人员;

(2)必须具备初级以上技术职称或具有建筑施工专业知识;

(3)经培训考核合格,取得"见证人员证书";

(4)必须向质监站和检测单位递交见证人书面授权书;

(5)见证人员的基本情况由检测部门备案,见证人员证书每隔五年换一次。

4. 见证人员职责

(1)取样时,见证人员必须在场进行见证;

(2)见证人员必须对试样进行监护;

(3)见证人员必须和施工人员一起将试样送至检测单位;

(4)见证人员必须在检验委托单上签字,并出示"见证人员证书";

(5)见证人员必须对试样的代表性和真实性负责。

0.4.4　检测人员的基本素质

在建筑工程中,对土木工程材料性能进行检测,不仅是评定和控制土木工程材料质量、施工质量的手段和依据,而且也是推进科技进步、合理选择使用土木工程材料、降低生产成本、提高企业经济效益的有效途径,更重要的在于它是保证建筑工程质量的基本前提。因此,对土木工程材料性能进行检测,必须本着严肃、认真、负责的原则,严格按照规章制度办事。

从事土木工程材料性能检测的人员必须具备的基本素质:

1. 参与土木工程材料检测的人员必须有相关的资质证书才能上岗;

2. 检测人员必须切实执行工程产品的有关标准、检测方法及有关规定;

3. 检测人员必须具有科学的态度,不得私自修改检测原始数据,不得假设检测数据,尊重科学,尊重事实,对出具的检测报告的科学性、准确性负责;

4. 坚决杜绝检测工作中不负责任、敷衍了事,不按有关标准、规程进行检测操作等行为。

为保证达到上述目的,学生在学习中必须做到:

1. 检测前做好预习,明确检测目的、基本原理及操作要点,并应对检测所用的仪器、材料有基本的了解。理论来源于实践,并对实践起指导作用。通过检测我们可以对有关土木工程材料的基本理论和基本知识有更深更广的了解和掌握,加深印象,增强记忆。检测的学习和研究离不开仪器设备,通过检测也可以对所用仪器设备的性能、原理及应用有进一步的了解和掌握,同时也将大大提高动手能力,为以后从事实际工作打下良好基础。

2. 在检测的整个过程中要建立严密的科学工作程序,严格遵守检测操作规程,注意观察现象,详细做好检测记录。科学是严肃认真的,来不得半点虚伪。培养和树立端正的学习和工作态度是高等教育的重要内容和任务。检测是一个复杂的过程,通过检测不但可以培养正确的科学观点和方法,还可以提高独立分析和解决问题的能力。

3. 对检测结果进行综合分析,做好检测报告。在进行土木工程材料检测时,应注意三个方面的技术问题:一是抽样技术,即要求所用试样应具有代表性;二是检测技术,包括仪器的选择、检测试件的制备、检测条件及方法的选择确定;三是检测数据的整理方法。材料的质量指标和检测所得的数据是有条件的、相对的,是与选择、检测和数据处理密切相关的。其中任何一项改变时,检测结果将随之发生或大或小的变化。因此,检验材料质量、划分等级时,上述三个方面均需按照国家规定的标准方法或通用的方法执行。否则,就不能根据有关规定对材料质量进行评定,或相互之间进行比较。

0.4.5 检测技术

1. 取样

在进行检测之前首先要选取检测试样,检测试样必须具有代表性。取样原则为随机抽样,即在若干堆(捆、包)材料中,对任意堆放材料随机抽取试样。取样方法视材料而定。

样品抽取后应将检测试样从施工现场送至有检测资格的工程质量检测单位进行检验,从抽取样品到送至检测单位检测的过程是工作质量检测管理中的第一步,强化这个过程的监督管理是杜绝因试件弄虚作假而出现试件合格而工程实体质量不合格的现象的基本保证。实践表明,对建筑工程质量检测工作实行见证取样制度是解决工程质量“两层皮”现象的成功办法。

2. 检测设备仪器的选择

检测中有时需要称取检测试件或试样的质量,称量时要求具有一定的精确度,如检测试样称量精确度要求为0.1g,则应选用感量为0.1g的天平,一般称量精度大致为检测试样质量的0.1%。另外检测试件的尺寸,同样有精度要求,一般对边长大于50mm的,精度可取1mm;对边长小于50mm的,精度可取0.1mm。对检测试验机吨位的选择,根据试件荷载吨位的大小,应使指针停在检测试验机度盘的第二、三象限内为好。

3. 检测

检测前一般应将取得的检测试样进行处理、加工或成型,以制备满足检测要求的检测试样或试件。制备方法随检测项目而异,应严格按照各个检测所规定的方法进行。

4. 检测结果计算与评定

对各次检测结果进行数据处理,一般取 n 次平行检测结果的算术平均值作为检测结果。检测结果应满足精确度与有效数字的要求。

检测结果经计算处理后,应给予评定是否满足标准要求,评定其等级,在某种情况下还应对检测结果进行分析,并得出结论。

0.4.6 检测条件

同一材料在不同的检测条件下,会得出不同的检测结果。如检测时的温度、湿度、加荷速度、试件制作情况等都会影响检测数据的准确性。

1. 温度

检测时的温度对某些检测结果影响很大,在常温下进行检测,对一般材料来说影响不大,但是如果材料对温度变化比较敏感,则必须严格控制检测温度。例如:石油沥青的针入度、延度检测,一定要控制在25℃的恒温水浴中进行。通常材料的强度也会随检测时的温度的升高而降低。

2. 湿度

检测时试件的湿度也明显影响检测数据,试件的湿重越大,检测的强度越低。在物理性能检测中,材料的干湿程度对检测结果的影响就更为明显了。因此,在检测时试件的湿度应控制在规定的范围内。

3. 试件尺寸与受荷面平整度

当试件受压时,同一材料小检测试件强度比大检测试件强度要高;相同受压面积之检测试件,高度大的比高度小的检测强度要小。因此,对不同材料的检测试件尺寸大小都有规定。

检测试件受荷面的平整度也大大影响着检测强度,如受荷面粗糙不平整,会引起应力集中而使强度大为降低。在混凝土强度检测中,不平整度达到0.25mm时,强度可降低1/3。上凸比下凹引起应力集中更甚,强度下降更大。所以受荷面必须平整,如成型面受压,必须用适当强度的材料找平。

4. 加荷速度

施加于检测试件的加荷速度对强度检测结果有较大影响,加荷速度越慢,检测的强度越低,这是由于应变有足够的时间发展,应力还不大时变形已达到极限应变,检测试件即被破坏。因此,对各种材料的力学性能检测,都有加荷速度的规定。

0.4.7 检测报告

检测的主要内容都应在检测报告中反映,检测报告的形式可以不尽相同。

1. 检测报告的内容

(1)检测名称、内容;

(2)目的与原理;

(3)检测试样编号、检测数据与计算结果;

(4)检测结果评定与分析;

(5)检测条件与日期;

(6)检测、校核、技术负责人。

2. 工程质量检测报告的内容

(1)委托单位;

(2)委托日期;

(3)报告日期;

(4)样品编号;

(5)工程名称;

(6)样品产地和名称;

(7)规格及代表数量;

(8)检测条件;

(9)检测依据;

(10)检测项目;

(11)检测结果;

(12)结论。

检测报告是经过数据整理、计算、编制的结果,而不是原始记录,也不是计算过程的罗列,经过整理计算后的数据可用图、表等表示,达到一目了然。为了编写出符合要求的检测报告,在整个检测过程中必须认真做好有关现象及原始数据的记录,以便于分析、评定检测结果。

0.5　检测数据统计分析与处理

建筑施工中,要对大量的原材料和半成品进行检测,取得大量数据,对这些数据进行科学的分析,能更好地评价原材料或工程质量,提出改进工程质量、节约原材料的意见。现简要介绍常用的数据统计方法。

0.5.1　平均值

1. 算术平均值

这是最常用的一种方法,用来了解一批数据的平均水平,度量这些数据的中间位置。

$$\overline{X}=\frac{X_1+X_2+\cdots+X_n}{n}=\frac{\sum X}{n} \tag{0-1}$$

式中　$\overline{X}$——算术平均值;

$X_1,X_2,\cdots,X_n$——n 个检测数据值;

$\sum X$——各检测数据值的总和;

n——检测数据个数。

2. 均方根平均值

均方根平均值对数据大小跳动反映较为灵敏,计算公式如下:

$$S=\sqrt{\frac{X_1^{\ 2}+X_2^{\ 2}+\cdots+X_n^{\ 2}}{n}}=\sqrt{\frac{\sum X^2}{n}} \tag{0-2}$$

式中　S——各检测数据的均方根平均值;

$X_1,X_2,\cdots,X_n$——n 个检测数据值;

$\sum X^2$——各检测数据值平方的总和;

n——检测数据个数。

3. 加权平均值

加权平均值是各个检测数据和它的对应数的算术平均值。如计算水泥平均强度采用加权平均值。计算公式如下:

$$m=\frac{X_1g_1+X_2g_2+\cdots+X_ng_n}{g_1+g_2+\cdots+g_n}=\frac{\sum Xg}{\sum g} \tag{0-3}$$

式中　m——加权平均值;

$X_1, X_2, \cdots, X_n$——n 个检测数据值；
$g_1, g_2, \cdots, g_n$——检测数据的对应数；
$\sum Xg$——各检测数据值和它的对应数乘积的总和；
$\sum g$——各对应数的总和。

0.5.2　误差计算

1. 范围误差

范围误差也叫极差，是检测值中最大值和最小值之差。例如：3 块砂浆检测试件抗压强度分别为：5.21MPa、5.63MPa、5.72MPa，则这组检测试件的极差或范围误差为：

$$5.72 - 5.21 = 0.51(\text{MPa})$$

2. 算术平均误差

算术平均误差的计算公式为：

$$\delta = \frac{|X_1 - \overline{X}| + |X_2 - \overline{X}| + \cdots + |X_n - \overline{X}|}{n} = \frac{\sum |X - \overline{X}|}{n} \tag{0-4}$$

式中　δ——算术平均误差；
$X_1, X_2, \cdots, X_n$——n 个检测数据值；
$\overline{X}$——检测数据值的算术平均值；
n——检测数据个数。

3. 标准差(均方根差)

只知检测试件的平均水平是不够的，要了解数据的波动情况及其带来的危险性，标准差(均方根差)是衡量波动性(离散性大小)的指标。标准差的计算公式为：

$$S = \sqrt{\frac{(X_1 - X)^2 + (X_2 - X)^2 + \cdots + (X_n - X)^2}{n - 1}} = \sqrt{\frac{\sum (X - X)^2}{n - 1}} \tag{0-5}$$

式中　S——标准差(均方根差)；
$X_1, X_2, \cdots, X_n$——n 个检测数据值；
$\overline{X}$——检测数据值的算术平均值；
n——检测数据个数。

4. 极差估计法

极差是表示数据离散的范围，也可用来度量数据的离散性。极差是数据中最大值和最小值之差：

$$W = X_{max} - X_{min} \tag{0-6}$$

式中　W——极差；
X_{max}——检测数据最大值；
X_{min}——检测数据最小值。

当一批数据不多时($n \leqslant 10$)，可用极差法估计总体标准离差：

$$\hat{\sigma} = \frac{1}{d_n}W \tag{0-7}$$

式中　$\hat{\sigma}$——标准差的估计值；

d_n——与 n 有关的系数，见表0-4。

表0-4　极差估计法 d_n 系数表

n	1	2	3	4	5	6	7	8	9	10
d_n	—	1.128	1.693	2.059	2.326	2.534	2.704	2.847	2.970	0.378
$1/d_n$	—	0.886	0.591	0.486	0.429	0.395	0.369	0.351	0.337	0.325

当一批数据很多时($n>10$)，要将数据随机分成若干个数量相等的组，对每组求极差，并计算平均值：

$$\overline{W} = \frac{\sum_{i=1}^{m} W_i}{m} \tag{0-8}$$

式中　$\overline{W}$——各组极差的平均值；

m——数据分组的组数。

则标准差的估计值近似地用式(0-7)计算。

极差估计法主要出于计算方便，但反映实际情况的精确度较差。

0.5.3　变异系数

标准差是表示绝对波动大小的指标，当检测较大的量值，绝对误差一般较大；检测较小的量值，绝对误差一般较小。因此要考虑相对波动的大小，即用平均值的百分率来表示标准差，即变异系数。计算式为：

$$C_v = \frac{S}{\overline{X}} \times 100\% \tag{0-9}$$

式中　C_v——变异系数，%；

S——标准差；

$\overline{X}$——检测数据的算术平均值。

从变异系数可以看出标准偏差不能表示出数据的波动情况。如：

甲、乙两厂均生产32.5级矿渣水泥，甲厂某月生产的水泥28d抗压强度平均值为39.8MPa，标准差为1.68MPa。同月乙厂生产的水泥28d抗压强度平均值为36.2MPa，标准差为1.62MPa，求两厂的变异系数(C_v)

甲厂：$C_v = \frac{1.68}{39.8} \times 100\% = 4.22\%$

乙厂：$C_v = \frac{1.62}{36.2} \times 100\% = 4.48\%$

从标准差看，甲厂大于乙厂。但从变异系数看，甲厂小于乙厂，说明乙厂生产的水泥强度相对跳动要比甲厂大，产品的稳定性较差。

0.5.4 可疑数据的取舍

在一组条件完全相同的重复检测中，当发现有某个过大或过小的可疑数据时，应按数理统计方法给予鉴别并决定取舍。常用方法有三倍标准差法和格拉布斯法。

1. 三倍标准差法

这是美国混凝土标准（ACT 214—65）的修改建议中所采用的方法。它的标准是$|X_i-\overline{X}|>3\sigma$时不舍弃。另外还规定$|X_i-\overline{X}|>2\sigma$时则保留，但需存疑，如发现试件制作、养护、检测过程中有可疑的变异时，该检测试件强度值应予舍弃。

2. 格拉布斯法

格拉布斯法假定检测结果服从正态分布，根据顺序统计量来确定可疑数据的取舍，确定步骤如下：

（1）把检测所得数据从小到大排列：$X_1, X_2, \cdots\cdots, X_n$。

（2）选定显著性水平a（一般$a=0.05$），根据n及a，从$T(n,a)$（表0-5）中求得T值。

表0-5 $T(n,a)$值

a/%	当n为下列数值时的T值							
	3	4	5	6	7	8	9	10
5.0	1.15	1.46	1.67	1.82	1.94	2.03	2.11	2.18
2.5	1.15	1.48	1.71	1.89	2.02	2.13	2.21	2.29
1.0	1.15	1.49	1.75	1.94	2.10	2.22	2.32	2.41

（3）计算统计量T值：

设X_1为可疑时，则$T=\dfrac{|\overline{X}-X_1|}{S}$；

当最大值X_n为可疑时，则$T=\dfrac{|X_n-\overline{X}|}{S}$。

式中 $\overline{X}$——检测试件平均值，$\overline{X}=\dfrac{1}{n}\sum_{i=1}^{n}X_i^2$；

X_i——测定值；

n——检测试件个数；

S——检测试件标准差，$S=\sqrt{\dfrac{\sum(X_i-X)^2}{n-1}}$。

（4）查表0-5中相应于n与a的$T(n,a)$值。

（5）当计算的统计量$T\geqslant T(n,a)$时，则假设的可疑数据是对的，应予舍弃。当$T<T(n,a)$时，则不能舍弃。

这样判断犯错误的概率为$a=0.05$。相应于n及$a=1.0\%$、2.5%、5.0%，$T(n,a)$值列于表0-5。

以上两种方法中，三倍标准差法最简单，但要求较宽，几乎绝大部分数据可不舍弃。格拉布斯法适用于标准差不能掌握时的情况。

0.5.5 数字修约规则

《标准化工作导则 第1部分：标准的结构和编写规则》GB/T 1.1—2000中对数字修约规则

做了具体规定。在制定、修订标准中，各种检测值、计算值需要修约时，应按下列规则进行。

1. 在拟舍弃的数字中，保留数后边(右边)第一个数小于5(不包括5)时，则舍去。保留数的末位数字不变。

例如，将修约到保留一位小数：

修约前为13.3442，修约后为13.3。

2. 在拟舍弃的数字中，保留数后边(右边)第一个数大于5(不包括5)时，则进一。保留数的末位数字加一。

例如，将16.5742修约到保留一位小数：

修约前为16.5742，修约后为16.6。

3. 在拟舍弃的数字中，保留数后边(右边)第一个数等于5，5后边的数字并非全部为零时，则进一，即保留数的末位数字加一。

例如，将2.2502修约到保留一位小数：

修约前为2.2502，修约后为2.3。

4. 在拟舍弃的数字中，保留数后边(右边)第一个数等于5，5后边的数字全部为零时，保留数的末位数字为奇数时则进一，保留数的末位数字为偶数(包括"0")时则不进。

例如，将下列数字修约到保留一位小数：

修约前为1.4500，修约后为1.4。

修约前为0.5500，修约后为0.6。

修约前为2.3500，修约后为2.4。

5. 所拟舍弃的数字，若为两位以上的数字，不得连续进行多次(包括二次)修约。应根据保留数后边(右边)第一个数字的大小，按上述规定一次修约出结果。

例如，将23.4546修约成整数：

正确的修约是：修约前为23.4546，修约后为23。

不正确的修约是：修约前，一次修约、二次修约、三次修约、四次修约(结果)：23.4546，23.455，23.46，23.5，24。

0.5.6　数据的表示方法

检测数据的表示方法通常有表格表示法、图形表示法和数学公式法三种。

1. *表格表示法*

表格表示法简称表格法，是工程技术上用得最多的一种数据表示方法之一。通常有两种表格，一种是检测数据记录表；一种是检测结果差。

表格法反映的数据直接、明确，但也存在着一些缺点，如对检测数据不易进行数学解析，不易看出变量与对应函数间的关系以及变量之间的变化规律。

2. *图形表示法*

工程领域中，常把数据绘制成图形，如表示混凝土龄期与抗压强度的关系时，把坐标系中的横坐标设为混凝土龄期，纵坐标设为混凝土的抗压强度，根据不同龄期下的混凝土抗压强度检测数据，可以得到一条曲线，由此可以了解混凝土龄期与抗压强度的变化规律。

但是图形法也有其缺点，如对图形进行解析也相当困难，同时根据图形得到某点所对应的函数值时，往往误差过大。

3. 数学公式法

在处理数据时,常遇到两个变量因素的检测值,可以利用检测数据,找出它们之间的规律,建立两个相关变量因果关系经验公式,作为数据处理的经验公式。

根据一系列检测数据建立经验公式,是这个方法中最基本的问题。建立公式的基本步骤大致为:

(1)以自变量为横坐标,函数量为纵坐标,把检测数据描绘在坐标纸上,再把数据点描绘成曲线。

(2)对绘成的曲线进行分析,确定公式的类型。

(3)将曲线方程变化为直线方程,然后按一元线性方程回归处理。

(4)确定一元线性回归方程中的常数。

(5)检验公式的准确性。将检测数据中的自变量代入公式中,计算其函数值,并与实际检测值比较,如误差较大,说明公式有误,需要重新建立其他形式的公式。

两个变量间最简单的关系是直线关系,其普遍式是:

$$Y = b + aX \tag{0-10}$$

式中 Y——因变量;

X——自变量;

a——系数或斜率;

b——常数或截距。

通常见到的两个变量间的经验相关公式,大多数是简单的直线关系公式。例如,有关水泥规范中的经验公式,即标准稠度用水量 P 与试锥下沉深度 S 之间呈简单的直线关系:

$$P = 33.4 - 0.185S$$

0.6 国家法定计量单位

0.6.1 法定计量单位的构成

《中华人民共和国计量法》(以下简称《计量法》)明确规定,国家实行法定计量单位制度。国家法定计量单位是政府以法令的形式,明确规定要在全国范围内采用的计量单位。国务院于 1984 年 2 月 27 日发布了《关于在我国统一实行法定计量单位的命令》,同时要求逐步废除非国家法定计量单位。这是统一我国单位制和量值的依据。

《计量法》规定:“国家采用国际单位制。国际单位制计量单位和国家选定的其他计量单位,为国家法定计量单位。”国际单位制是我国计量单位的主体,国际单位制如有变化,我国国家法定计量单位也将随之变化。

实行法定计量单位,对我国国民经济和文化教育事业的发展,推动科学技术的进步和扩大国际交流都有重要意义。

1. 国际单位制计量单位

(1)国际单位制的产生

1960 年第 11 届国际计量大会(CCPM)将一种科学实用的单位制命名为“国际单位制”,

并用符号 SI 表示。经多次修订,现已形成了完整的体系。

SI 是在科技发展中产生的。由于结构合理、科学简明、方便实用,适用于众多科技领域和各行各业,可实现世界范围内计量单位的统一,因而得到国际上广泛承认和接受,成为科技、经济、文教、卫生等各界的共同语言。

(2)国际单位制的构成

国际单位制的构成如图 0-2 所示。

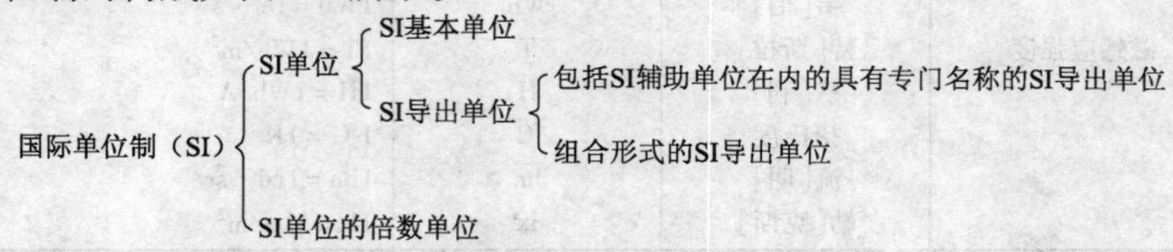

图 0-2　国际单位制构成示意图

(3)SI 基本单位

SI 基本单位是 SI 的基础,其名称和符号见表 0-6。

表 0-6　SI 基本单位

量的名称	单位名称	单位符号
长度	米	m
质量	千克(公斤)	kg
时间	秒	s
电流	安[培]	A
热力学温度	开[尔文]	K
物质的量	摩[尔]	mol
发光强度	坎[德拉]	cd

(4)SI 导出单位

为了读写和实际应用的方便,便于区分某些具有相同量纲和表达式的单位,在历史上出现了一些具有专门名称的导出单位。但是,这样的单位不宜过多,SI 仅选用了 21 个,其专门名称可以合法使用。没有选用的,如电能单位“度”(千瓦时),光亮度单位“尼特”(即坎德拉每平方米)等名称,就不能使用了。

包括 SI 辅助单位在内的具有专门名称的 SI 导出单位及由于人类健康安全防护上的需要而确定的具有专门名称的 SI 导出单位如表 0-7、表 0-8 所示。

表 0-7　包括 SI 辅助单位在内的具有专门名称的 SI 导出单位

量的名称	SI 导出单位		
	名称	符号	用 SI 基本单位和 SI 导出单位表示
[平面]角	弧度	rad	$1rad = 1m/m = 1$
立体角	球面度	sr	$1sr = 1m^2/m^2 = 1$
频率	赫[兹]	Hz	$1Hz = 1s^{-1}$
力	牛[顿]	N	$1N = 1kg \cdot m/s^2$
压力、压强、应力	帕[斯卡]	Pa	$1Pa = 1N/m^2$
能[量],功,热量	焦[耳]	J	$1J = 1N \cdot m$
功率,辐[射能]通量	瓦[特]	W	$1W = 1J/s$
电荷[量]	库[仑]	C	$1C = 1A \cdot s$
电压,电动势,电位,(电势)	伏[特]	V	$1V = 1W/A$

续表 0-7

量的名称	SI 导出单位		
	名称	符号	用 SI 基本单位和 SI 导出单位表示
电容	法[拉]	F	1F = 1C/V
电阻	欧[姆]	Ω	1Ω = 1V/A
电导	西[门子]	S	$1S = 1Ω^{-1}$
磁通[量]	韦[伯]	Wb	1Wb = 1V · s
磁通[量]密度,磁感应强度	特[斯拉]	T	$1T = 1Wb/m^2$
电感	亨[利]	H	1H = 1Wb/A
摄氏温度	摄氏度	℃	1℃ = 1K
光通量	流[明]	lm	1lm = 1cd · sr
[光]照度	勒[克斯]	lx	$1lx = 1lm/m^2$

表 0-8　由于人类健康安全防护上的需要而确定的具有专门名称的 SI 导出单位

量的名称	SI 导出单位		
	名称	符号	用 SI 基本单位和 SI 导出单位表示
[放射性]活度	贝可[勒尔]	Bq	$1Bq = 1s^{-1}$
吸收剂量 比授[予]能 比释动能	戈[瑞]	Gy	1Gy = 1J/kg
剂量当量	希[沃特]	Sv	1Sv = 1J/kg

(5)SI 单位的倍数单位

基本单位、具有专门名称的导出单位,以及直接由它们构成的组合形式的导出单位都称之为 SI 单位,它们有主单位的含义。在实际使用时,量值的变化范围很宽,仅用 SI 单位来表示量值是很不方便的。为此,SI 中规定了 20 个构成十进倍数和分数单位的词头和所表示的因数。这些词头不能单独使用,也不能重叠使用,它们仅用于与 SI 单位(kg 除外)构成 SI 单位的十进倍数单位和十进分数单位。需要注意的是:相应于因数 10^3(含 10^3)以下的词头符号必须用小写正体,等于或大于因数 10^6 的词头符号必须用大写正体。从 10^3 到 10^{-3} 是十进位,其余是千进位。详见表 0-9。

表 0-9　用于构成十进倍数和分数单位的词头

因数	词头名称		符号
	英文	中文	
10^{24}	yotta	尧[它]	Y
10^{21}	zetta	泽[它]	Z
10^{18}	exa	艾[可萨]	E
10^{15}	peta	拍[它]	P
10^{12}	tera	太[拉]	T
10^{9}	giga	吉[咖]	G
10^{6}	mega	兆	M
10^{3}	kilo	千	k
10^{2}	hecto	百	h
10^{1}	deca	十	da
10^{-1}	deci	分	d

续表 0-9

因　　数	词头名称		符　　号
	英　文	中　文	
10^{-2}	centi	厘	c
10^{-3}	milli	毫	m
10^{-6}	micro	微	μ
10^{-9}	nano	纳[诺]	n
10^{-12}	pico	皮[可]	p
10^{-15}	femto	飞[母托]	f
10^{-18}	atto	阿[托]	a
10^{-21}	zepto	仄[普托]	z
10^{-24}	yocto	幺[科托]	y

SI 单位加上 SI 词头后两者结合为一整体，就不再称为 SI 单位，而称为 SI 单位的倍数单位，或者叫 SI 单位的十进倍数或分数单位。

2. 国家选定的非 SI 单位

尽管 SI 有很大的优越性，但并非十全十美。在日常生活和一些特殊领域，还有一些广泛使用的、重要的非 SI 单位不能废除，尚需继续使用。因此，我国选定了若干非 SI 单位，作为国家法定计量单位，它们具有同等的地位，详见表 0-10。

表 0-10　SI 基本单位

量的名称	单位名称	单位符号	换算关系和说明
时间	分 [小]时 天(日)	min h d	1min = 60s 1h = 60min = 3600s 1d = 24h = 86400s
平面角	[角]秒 [角]分 度	″ ′ °	1″ = (π/64800) rad 1′ = 60″ = (π/10800) rad 1° = 60′ = (π/180) rad
旋转速度	转每分	r/min	$1r/min = (1/60)s^{-1}$
长度	海里	n mile	1n mile = 1852m(只用于航程)
速度	节	kn	1kn = 1n mile/h = (1852/3600) m/s(只用于航程)
质量	吨 原子质量单位	t u	$1t = 10^3 kg$ $1u \approx 1.660540 \times 10^{-27} kg$
体积	升	L,(l)	$1L = 1dm^3 = 10^{-3} m^3$
能	电子伏	eV	$1eV \approx 1.602177 \times 10^{-19} J$
级差	分贝	dB	
线密度	特[克斯]	tex	$1tex = 10^{-6} kg/m$
面积	公顷	hm^2	$1hm^2 = 10^4 m^2$

注：1. 周、月、年为一般常用时间单位。
2. [ ]内的字是在不致混淆的情况下，可以省略的字。
3. ( )内的字为前者的同义语。
4. 角度单位度、分、秒的符号不处于数字后时，应加括弧。
5. 升的符号中，小写字母 l 为备用符号。
6. r 为“转”的符号。
7. 人们在生活和贸易中，质量习惯称为重量。
8. 公里为千米的俗称，符号为 km。
9. 10^4 称为万，10^8 称为亿，10^{12} 称为万亿，这类数词的使用不受词头名称的影响，但不应与词头混淆。

我国选定的非SI单位包括10个由CGPM确定的允许与SI并用的单位,3个暂时保留与SI并用的单位(海里、节、公顷)。此外,根据我国的实际需要,还选取了“转每分”、“分贝”和“特克斯”3个单位,一共16个非SI单位,作为国家法定计量单位的组成部分。

0.6.2　法定计量单位的使用规则

1. 法定计量单位名称

(1)计量单位的名称,一般是指它的中文名称,用于叙述性文字和口述中,不得用于公式、数据表、图、刻度盘等处。

(2)组合单位的名称与其符号表示的顺序一致,遇到除号时,读为“每”字,且“每”只能出现1次。例如J/(mol·K)的名称应为“焦耳每摩尔开尔文”。书写时亦应如此,不能加任何图形和符号,不要与单位的中文符号相混。

(3)乘方形式的单位名称举例:m^4的名称应为“四次方米”而不是“米四次方”。用长度单位米的二次方或三次方表示面积或体积时,其单位名称应为“平方米”或“立方米”,否则仍应为“二次方米”或“三次方米”。

$℃^{-1}$的名称为“每摄氏度”,而不是“负一次方摄氏度”。

s^{-1}的名称应为“每秒”。

2. 法定计量单位符号

(1)计量单位的符号分为单位符号(即国际通用符号)和单位的中文符号(即单位名称的简称),后者便于在知识水平不高的场合下使用,一般推荐使用单位符号。十进制单位符号应置于数据之后。单位符号按其名称或简称读,不得按字母读音。

(2)单位符号一般用正体小写字母书写,但是以人名命名的单位符号,第一个字母必须正体大写。单位符号后,不得附加任何标记,也没有复数形式。

组合单位符合书写方式R举例及其说明,见表0-11所示。

表0-11　组合单位符合书写方式举例

单位名称	符号的正确书写方式	错误或不适当的书写形式
牛顿米	N·m,Nm 牛·米	N—m,mN 牛—米,牛米
米每秒	m/s,$m·s^{-1}$ 米/秒,米·$秒^{-1}$	ms^{-1} 秒米,$米秒^{-1}$
瓦每开尔文米	W/(K·m), 瓦/(开·米)	W/(开·米), W/K/m,W/K·m
每米	m^{-1},$米^{-1}$	1/m,1/米

注:1. 分子为1的组合单位的符号,一般不用分子式,而用负数幂的形式。
2. 单位符号中,用斜线表示相除时,分子、分母的符号与斜线处于同一行内。分母中包含两个以上单位符号时,整个分母应加圆括号,斜线不得多于1条。
3. 单位符号与中文符号不得混合使用。但是非物理单位(如台、件、人等),可用汉字与符号构成组合形式单位;摄氏度的符号℃可作为中文符号使用,如J/℃可作为焦/℃。

0.6.3　词头使用方法

1. 词头的名称紧接单位的名称,作为一个整体,其间不得插入其他词。例如:面积单位km^2

的名称和含义是“平方千米”，而不是“千平方米”。

2. 仅通过相乘构成的组合单位在加词头时，词头应加在第一个单位之前。例如：力矩单位 kN·m，不宜写成 N·km。

3. 摄氏度和非十进制法定计量单位，不得用 SI 词头构成倍数和分数单位。它们参与构成组合单位时，不应放在最前面。例如：光量单位 lm·h，不应写为 h·lm。

4. 组合单位的符号中，某单位符号同时又是词头符号，则应尽量将它置于单位符号的右侧。例如：力矩单位 Nm，不宜写成 mN。温度单位 K 和时间单位 s 和 h，一般也在右侧。

5. 词头 h、da、a、c（即百、十、分、厘）一般只用于某些长度、面积、体积和早已习惯用的场合，例如：m、dB 等。

6. 一般不在组合单位的分子分母中同时使用词头。例如：电场强度单位可用 MV/m，不宜用 kV/mm。词头加在分子的第一个单位符号前，例如：热容单位 J/K 的倍数单位 kJ/K，应写为 J/mK。同一单位中一般不使用两个以上的词头，但分母中长度、面积和体积单位可以有词头，k 也作为例外。

7. 选用词头时，一般应使量的数值处于 0.1 ~ 1000 范围内。例如：1401Pa 可写成 1.401kPa。

8. 万（10^4）和亿（10^8）可放在单位符号之前作为数值使用，但不是词头。十、百、千、十万、百万、千万、十亿、百亿、千亿等中文词，不得放在单位符号前作数值用。例如：“3 千秒$^{-1}$”应读作“三每千秒”，而不是“三千每秒”；对“三千每秒”，只能表示为“3000 秒$^{-1}$”。读音“一百瓦”，应写作“100 瓦”或“100W”。

9. 计算时，为了方便，建议所有量均用 SI 单位表示，词头用 10 的幂代替。这样，所得结果的单位仍为 SI 单位。

第1章　土木工程材料基本性质的检测与实训

教学目的：通过加强土木工程材料基本性质（粗骨料）的检测与实训，可让学生掌握土木工程材料基本性质（粗骨料）是如何取样、送样及其各项检测项目是如何进行检测的，从而达到"教、学、做"合一，实现学生岗位核心能力的培养目标。

教学要求：掌握土木工程材料（粗骨料）密度及吸水率的抽样和检测（网篮法）；掌握土木工程材料（粗骨料）堆积密度及空隙率的抽样和检测。

1.1　土木工程材料基本性质检测的基本规定

1.1.1　执行标准（以粗骨料为例）

《建筑用卵石、碎石》GB/T 14685—2001；

《普通混凝土用砂、石质量及检验方法》JGJ 52—2006；

《公路工程岩石试验规程》JTG E 41—2005；

《公路工程集料试验规程》JTG E 42—2005。

1.1.2　土木工程材料基本性质的检测项目

土木工程材料基本性质的检测项目和抽样规定见表1-1。

表1-1　土木工程材料基本性质的检测项目、组批原则及抽样规定

序号	材料名称及标准规范	检测项目	抽样数量	抽样方法
1	粗骨料 GB/T 14685—2001 JGJ 52—2006 JTG E 41—2005 JTG E 42—2005	相对密度 表观密度 体积密度 堆积密度 空隙率 吸水率	对每一单项检测，每组试样的取样数量宜不少于表1-2所规定的最少取样量。需做几项检测时，如确能保证试样经一项检测后不致影响另一项检测的结果时，可用同一组试样进行几项不同的检测	1. 在材料场同批来料的料堆上取样时，应先铲除堆脚等处无代表性的部分，再在料堆的顶部、中部和底部，各由均匀分布的几个不同部位，取得大致相等的若干份（大致15份）组成一组试样，务必使所取试样能代表本批来料的情况和品质； 2. 通过皮带运输机的材料如采石场的生产线、沥青拌合物的冷料输送带、无机结合料稳定骨料、级配碎石混合料等，应从皮带运输机上采集样品。取样时，可在皮带运输机骤停的状态下取其中一截的全部材料，或在皮带运输机的端部连续接一定时间的料得到，将间隔3次以上所取的试样组成一组试样，作为代表性试样； 3. 从火车、汽车、货船上取样时，应从各不同部位和深度处，抽取大致相等的试样若干份，组成一组试样。抽取的具体份数（大致16份），应视能够组成本批来料代表样的需要而定； 4. 从沥青拌合物的热料仓取样时，应在放料口的全断面上取样。通常宜将一开始按正式生产的配比投料拌合的几锅（至少5锅以上）废弃，然后分别将每个热料仓放出至装载机上，倒在水泥地上，适当拌合，从3处以上的位置取样，拌合均匀，取要求数量的试样

表 1-2　各试验项目所需粗骨料的最小取样质量

检测项目	相对于下列公称最大粒径(mm)的最小取样量(kg)										
	4.75	9.5	13.2	16	19	26.5	31.5	37.5	53	63	75
表观密度	6	8	8	8	8	8	12	16	20	24	24
含水率	2	2	2	2	2	2	3	3	4	4	6
吸水率	2	2	2	2	4	4	4	6	6	6	8
堆积密度	40	40	40	40	40	40	80	80	100	120	120

1.1.3　试样的缩分

1. 分料器法

将试样拌匀后,通过分料器(图 1-1)分为大致相等的两份,再取其中的一份分成两份,缩分至需要的数量为止。

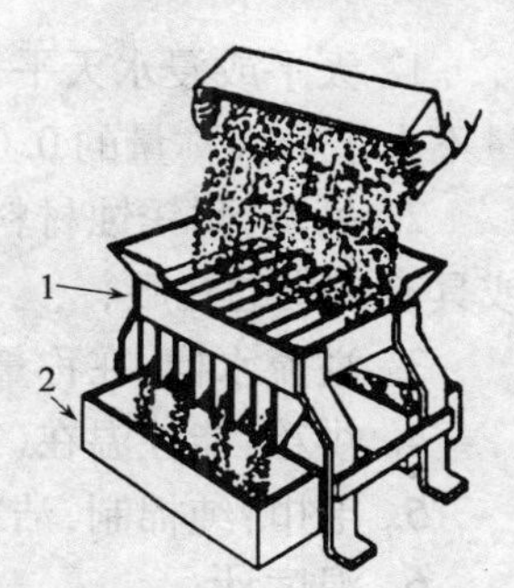

图 1-1　分料器

1—分料漏斗;2—接料斗

2. 四分法

如图 1-2 所示。将所取试样置于平板上,在自然状态下拌合均匀,大致摊平,然后沿互相垂直的两个方向,把试样由中向边摊开,分成大致相等的四份,取其对角的两份重新拌匀,重复上述过程,直至缩分后的材料量略多于进行检测所必需的量。

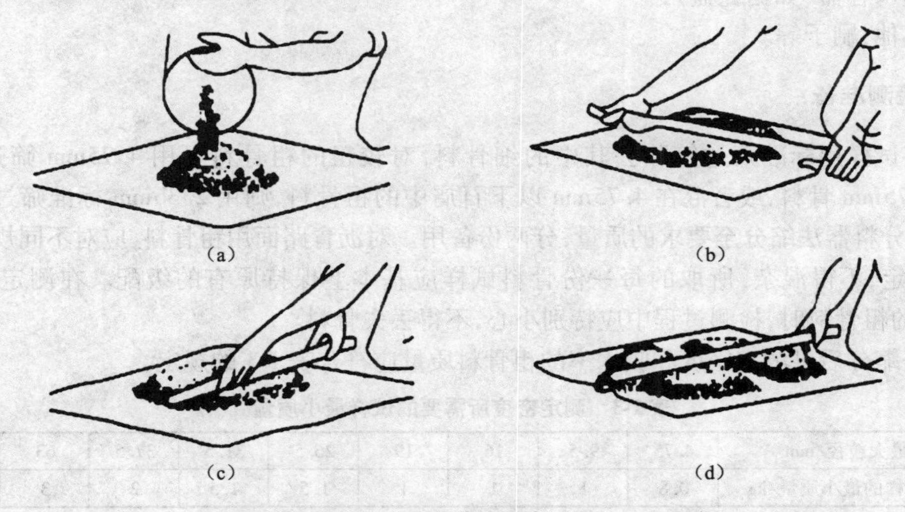

图 1-2　四分法示意图

3. 缩分后的试样数量

应符合各项检测规定数量的要求。

1.1.4　试样的包装

每组试样应采用能避免细料散失及防止污染的容器包装,并附卡片标明试样编号,取样时间、产地、规格、试样代表数量、试样品质、要求检验项目及取样方法等。

1.2 土木工程材料(粗骨料)密度及吸水率的检测(网篮法)

1.2.1 检测目的与适用范围

本方法适用于测定各种粗骨料的表观相对密度、表干相对密度、体积相对密度、表观密度、表干密度、体积密度,以及粗骨料的吸水率。

1.2.2 主要检测仪器设备

1. 天平或浸水天平:可悬挂吊篮测定骨料的水中质量,称量应满足试样数量称量要求,感量不大于最大称量的 0.05%;
2. 吊篮:耐锈蚀材料制成,直径和高度为 150mm 左右,四周及底部用 1 ~ 2mm 的筛网编制或具有密集的孔眼;
3. 溢流水槽:在称量水中质量时能保持水面高度一定;
4. 烘箱:能控温在(105 ± 5)℃;
5. 毛巾:纯棉制,洁净,也可用纯棉的汗衫布代替;
6. 温度计;
7. 标准筛;
8. 盛水容器(如搪瓷盘);
9. 其他:刷子等。

1.2.3 检测准备

1. 将试样用标准筛过筛除去其中的细骨料,对较粗的粗骨料可用 4.75mm 筛过筛;对 2.36 ~ 4.75mm 骨料,或者混在 4.75mm 以下石屑中的粗骨料,则用 2.36mm 标准筛过筛。用四分法或分料器法缩分至要求的质量,分两份备用。对沥青路面用粗骨料,应对不同规格的骨料分别测定,不得混杂,所取的每一份骨料试样应基本上保持原有的级配。在测定 2.36 ~ 4.75mm 的粗骨料时,检测过程中应特别小心,不得丢失骨料。

2. 经缩分后供测定密度和吸水率的粗骨料质量应符合表 1-3 的规定。

表 1-3 测定密度所需要的试样最小质量

公称最大粒径/mm	4.75	9.5	16	19	26.5	31.5	37.5	63	75
每一份试样的最小质量/kg	0.8	1	1	1	1.5	1.5	2	3	3

3. 将每一份骨料试样浸泡在水中,并适当搅动,仔细洗去附在骨料表面的尘土和石粉,经多次漂洗干净至水完全清澈为止。清洗过程中不得散失骨料颗粒。

1.2.4 主要检测流程

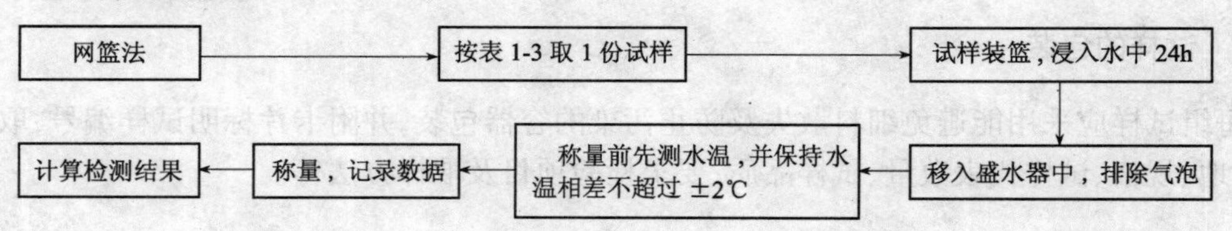

1.2.5　具体检测步骤

1. 取试样一份装入干净的搪瓷盘中，注入洁净的水，水面至少应高出试样 20mm，轻轻搅动石料，使附着在石料上的气泡完全逸出。在室温下保持浸水 24h。

2. 将吊篮挂在天平的吊钩上，浸入溢流水槽中，向溢流水槽中注水，水面高度至水槽的溢流孔；将天平调零，吊篮的筛网应保证骨料不会通过筛孔流失，对 2.36～4.75mm 粗骨料应更换小孔筛网，或在网篮中加放入一个浅盘。

3. 调节水温在 15～25℃范围内。将试样移入吊篮中。溢流水槽中的水面高度由水槽的溢流孔控制，维持不变称取骨料的水中质量（m_w）。

4. 提起吊篮，稍稍滴水后，较粗的粗骨料可以直接倒在拧干的湿毛巾上。将较细的粗骨料 2.36～4.75mm 连同浅盘一起取出，稍稍倾斜搪瓷盘，仔细倒出余水，将粗骨料倒在拧干的湿毛巾上，用毛巾吸走从骨料中漏出的自由水。此步骤需特别注意不得有颗粒丢失或有小颗粒附在吊篮上。再用拧干的湿毛巾轻轻擦干骨料颗粒的表面水，至表面看不到发亮的水迹，即为饱和面干状态。当粗骨料尺寸较大时，宜逐颗擦干。注意对较粗的粗骨料，拧湿毛巾时不要太用劲，防止拧得太干。对较细的含水较多的粗骨料，毛巾可拧得稍干些，擦颗粒的表面水时，既要将表面水擦掉，又千万不能将颗粒内部的水吸出，整个过程中不得有骨料丢失，且已擦干的骨料不得继续在空气中放置，以防止骨料干燥。

注：对 2.36～4.75mm 骨料，用毛巾擦拭时容易黏附细颗粒骨料从而造成骨料损失，此时宜改用洁净的纯棉汗衫布擦拭至表干状态。

5. 立即在保持表干状态下，称取骨料的表干质量（m_f）。

6. 将骨料置于浅盘中，放入（105±5）℃的烘箱中烘干至恒量。取出浅盘，放在带盖的容器中冷却至室温，称取骨料的烘干质量（m_a）。

注：恒量是指相邻两次称量间隔时间大于 3h 的情况下，其前后两次称量之差小于该项检测要求的精密度，即 0.1%。一般在烘箱中烘烤的时间不得少于 4～6h。

7. 对同一规格的骨料应平行检测两次，取平均值作为检测结果。

1.2.6　检测结果计算及评定

1. 表观相对密度 γ_a、表干相对密度 γ_s、体积相对密度 γ_b 按式（1-1）～式（1-3）计算至小数点后 3 位。

$$\gamma_a = \frac{m_a}{m_a - m_w} \tag{1-1}$$

$$\gamma_s = \frac{m_f}{m_f - m_w} \tag{1-2}$$

$$\gamma_b = \frac{m_a}{m_f - m_w} \tag{1-3}$$

式中　γ_a——骨料的表观相对密度，无量纲；

γ_s——骨料的表干相对密度，无量纲；

γ_b——骨料的体积相对密度，无量纲；

m_a——骨料的烘干质量,g;

m_f——骨料的表干质量,g;

m_w——骨料的水中质量,g。

2. 骨料的吸水率以烘干试样为基准,按式(1-4)计算,精确至0.01%。

$$w_x = \frac{m_f - m_a}{m_a} \tag{1-4}$$

式中 w_x——粗骨料的吸水率,%。

3. 粗骨料的表观密度(视密度)ρ_a、表干密度ρ_s、体积密度ρ_b,按式(1-5)~式(1-7)计算,准确至小数点后3位。不同水温条件下测量的粗骨料表观密度需进行水温修正,不同试验温度下水的密度ρ_T及水的温度修正系数α_T按表1-4取用。

表1-4 不同水温时水的密度ρ_T及水温修正系数α_T

水温/℃	15	16	17	18	19	20
水的密度ρ_T/(g/cm³)	0.99913	0.99897	0.99880	0.99862	0.99843	0.99822
水温修正系数α_T	0.002	0.003	0.003	0.004	0.004	0.005
水温/℃	21	22	23	24	25	
水的密度ρ_T/(g/cm³)	0.99802	0.99779	0.99756	0.99733	0.99702	
水温修正系数α_T	0.005	0.006	0.006	0.007	0.007	

$$\rho_a = \gamma_a \times \rho_T \quad 或 \quad \rho_a = (\gamma_a - \alpha_T) \times \rho_\Omega \tag{1-5}$$

$$\rho_s = \gamma_s \times \rho_T \quad 或 \quad \rho_s = (\gamma_s - \alpha_T) \times \rho_\Omega \tag{1-6}$$

$$\rho_b = \gamma_b \times \rho_T \quad 或 \quad \rho_b = (\gamma_b - \alpha_T) \times \rho_\Omega \tag{1-7}$$

式中 ρ_a——粗骨料的表观密度,g/cm³;

ρ_s——粗骨料的表干密度,g/cm³;

ρ_b——粗骨料的体积密度,g/cm³;

γ_a——骨料的表观相对密度,无量纲;

γ_s——骨料的表干相对密度,无量纲;

γ_b——骨料的体积相对密度,无量纲;

ρ_T——检测温度T时水的密度,g/cm³,按表1-4取用;

α_T——检测温度T时的水温修正系数;

ρ_Ω——水在4℃时的密度(1.000g/cm³)。

4. 精密度或允许差

重复检测的精密度,对表观相对密度、表干相对密度、体积相对密度,两次结果相差不得超过0.02,对吸水率不得超过0.2%。

注:

1. 现在对粗骨料的密度、相对密度的定义、测定、使用方法比较混乱,常常出现错误的理解。首先应特别注意各种相对密度和密度的不同用途,工程上常用相对密度而少用密度。例如在沥青混合料的配合比设计时,常用表观相对密度、体积相对密度,而对水泥混凝土材料则常用表干相对密度。

2. 在检测骨料密度时应考虑检测时不同温度的水对密度的影响,计算检测温度下的密度。可是实际上沥青混合料配合比设计或施工质量检验计算最大理论相对密度时，使用的是室温条件下粗骨料与水的相对密度［水在不同温度时的密度见表(1-4)］，此温度差对混合料的空隙率有影响。故应先测定粗骨料相对密度，在需要时再计算密度。

必须注意，在沥青混合料配合比设计时，仅需要测定骨料的相对密度，而不是经过温度换算后的密度。

3. 密度是在一定条件下测量的单位体积的质量，单位为“kg/m^3”或“g/cm^3”，通常以“ρ”表示。对于工程上用的粗细骨料，由于材料状态及测定条件的不同，便衍生出各种各样的“密度”来。计算密度用的质量有干燥质量与潮湿质量的不同，计算用的体积也因所包含骨料内部的孔隙情况而有所不同，因而计算结果就不一样，由此得出不同的密度定义。

(1)真实密度：矿粉的密度接近于真实密度，它是在规定条件下，材料单位体积(全部为矿质材料的体积，不计任何内部孔隙)的质量，也叫真密度。

(2)体积密度：其计算单位体积为表面轮廓线范围内的全部毛体积，包含了材料实体、开口及闭口孔隙。当质量以干质量(烘干)为准时，称绝干体积密度，即通常所称的体积密度。

(3)表干密度：其计算单位体积与体积密度相同，但计算质量以表干质量(饱和面干状态，包括了吸入开口孔隙中的水)为准时，称表干体积密度，即通常所称的表干密度。

(4)表观密度：材料单位体积中包含了材料实体及不吸水的闭口孔隙，但不包括能吸水的开口孔隙。也称视密度。

4. 骨料的吸水率 w_x 即吸入骨料开口孔隙中的水的质量与骨料固体部分质量之比。

5. 如以 γ_a 代表表观相对密度，γ_s 代表表干相对密度，γ_b 代表体积相对密度，w_x 代表吸水率，则这几个测定值之间可互相换算：

$$\gamma_s = \left(1 + \frac{w_x}{100}\right) \cdot \gamma_b \tag{1-8}$$

$$\gamma_a = \frac{1}{\dfrac{1}{\gamma_b} - \dfrac{w_x}{100}} \tag{1-9}$$

$$\gamma_a = \frac{1}{\dfrac{1 + \dfrac{w_x}{100}}{\gamma_s} - \dfrac{w_x}{100}} \tag{1-10}$$

$$w_x = \left(\frac{1}{\gamma_b} - \frac{1}{\gamma_a}\right) \times 100 \tag{1-11}$$

6. 本方法适用于2.36mm以上粗骨料。但是对2.36～4.75mm这一档料，毕竟比较困难，因其容易散失，或者黏附在网篮、毛巾上。为此容许在网篮中放一个浅盘，取出浅盘时其中肯定有水，在倒水时千万要注意不能将骨料一起倒出。骨料中的水倒得不干净，将会使毛巾太湿，所以毛巾可以拧得干一些，甚至换一块毛巾擦拭。如果用毛巾容易黏附细颗粒，也可以采用纯棉的汗衫布擦。总之，按此法检测时，不致骨料散失和擦干到饱和面干状态是控制检测精度的关键。

1.2.7　土木工程材料(粗骨料)密度和吸水率的检测实训报告

工程名称：　　　　　　　　报告编号：　　　　　　　　工程编号：

委托单位		委托编号		委托日期	
施工单位		样品编号		检验日期	
结构部位		出厂合格证编号		报告日期	
厂　别		检验性质		代表数量	
发证单位		见证人		证书编号	

1. 材料的表观相对密度、表干相对密度、体积相对密度的检测

试样名称			骨料的表干质量 m_f/g	1	
				2	
骨料的烘干质量 m_a/g	1		骨料的水中质量 m_w/g	1	
	2			2	

续表

表观相对密度 γ_a： $\gamma_a=\frac{m_a}{m_a-m_w}(kg/m^3)$	表干相对密度 γ_s： $\gamma_s=\frac{m_f}{m_f-m_w}(kg/m^3)$	体积相对密度 γ_b： $\gamma_b=\frac{m_a}{m_f-m_w}(kg/m^3)$	吸水率 w_x： $w_x=\frac{m_f-m_a}{m_a}(\%)$
$\gamma_{a1}=$	$\gamma_{s1}=$	$\gamma_{b1}=$	$w_{x1}=$
$\gamma_{a2}=$	$\gamma_{s2}=$	$\gamma_{b2}=$	$w_{x2}=$
$\gamma_a=(\gamma_{a1}+\gamma_{a2})/2=$	$\gamma_s=(\gamma_{s1}+\gamma_{s2})/2=$	$\gamma_b=(\gamma_{b1}+\gamma_{b2})/2=$	$w_x=(w_{x1}+w_{x2})/2=$

结　论：

执行标准：

2. 材料的表观密度（视密度）ρ_a、表干密度 ρ_s、体积密度 ρ_b 的检测（试样名称：　　　　）

检测温度 T/℃	检测温度 T 时水的密度 $\rho_T/(g/cm^3)$	水在4℃时的密度 $\rho_\Omega/(1.000g/cm^3)$
材料的表观密度（视密度）ρ_a $\rho_a=\gamma_a\times\rho_T$ 或 $\rho_a=(\gamma_a-\alpha_T)\times\rho_\Omega$	表干密度 ρ_s $\rho_s=\gamma_s\times\rho_T$ 或 $\rho_s=(\gamma_s-\alpha_T)\times\rho_\Omega$	体积密度 ρ_b $\rho_b=\gamma_b\times\rho_T$ 或 $\rho_b=(\gamma_b-\alpha_T)\times\rho_\Omega$

结　　论：

执行标准：

主要仪器设备	检测仪器		管理编号	
	型号规格		有效期	
	检测仪器		管理编号	
	型号规格		有效期	
	检测仪器		管理编号	
	型号规格		有效期	
备　注				
声　明				
地　址	地址： 邮编： 电话：			

审批（签字）：＿＿＿＿　审核（签字）：＿＿＿＿　校核（签字）：＿＿＿＿　检测（签字）：＿＿＿＿

检测单位（盖章）：＿＿＿＿

报 告 日 期：　年　月　日

注：本表一式四份（建设单位、施工单位、检测实验室、城建档案馆存档各一份）。

1.3　土木工程材料（粗骨料）堆积密度及空隙率的检测

1.3.1　检测目的与适用范围

测定粗骨料的堆积密度，包括自然堆积状态、振实状态、捣实状态下的堆积密度，以及堆积状态下的间隙率。

1.3.2　主要仪器设备

1. 天平或台秤：感量不大于称量的 0.1%。
2. 容量筒：适用于粗骨料堆积密度测定的容量筒应符合表 1-5 的要求。

表 1-5　容量筒的规格要求

粗骨料公称最大粒径/mm	容量筒容积/L	容量筒规格/mm			筒壁厚度/mm
		内径	净高	底厚	
≤4.75	3	155 ±2	160 ±2	5.0	2.5
9.5 ~26.5	10	205 ±2	305 ±2	5.0	2.5
31.5 ~37.5	15	255 ±5	295 ±5	5.0	3.0
≥53	20	355 ±5	305 ±5	5.0	3.0

3. 平头铁锹。
4. 烘箱：能控温(105 ±5)℃。
5. 振动台：频率为(3000 ±200)次/min 负荷下的振幅为 0.35mm，空载时的振幅为 0.5mm。
6. 捣棒：直径 16mm，长 600mm，一端为圆头的钢棒。

1.3.3　检测准备

按本书 1.1.2 和 1.1.3 节的方法取样、缩分，质量应满足检测要求，在(105 ±5)℃的烘箱中烘干，也可以摊在清洁的地面上风干，拌匀后分成两份备用。

1.3.4　主要检测流程

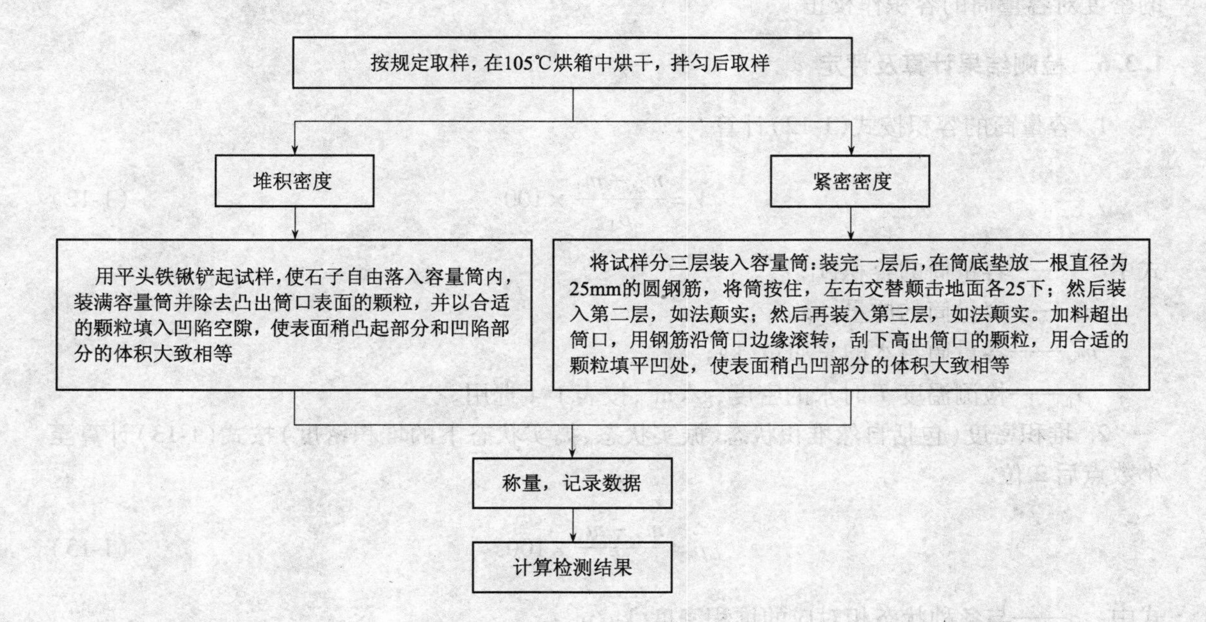

1.3.5 具体检测步骤

1. 自然堆积密度

取试样 1 份，置于平整干净的水泥地（或铁板）上，用平头铁锹铲起试样，使石子自由落入容量筒内。此时，从铁锹的齐口至容量筒上口的距离应保持为 50mm 左右，装满容量筒并除去凸出筒口表面的颗粒，并以合适的颗粒填入凹陷空隙，使表面稍凸起部分和凹陷部分的体积大致相等，称取试样和容量筒总质量（m_2）。

2. 振实密度

按堆积密度检测步骤，将装满试样的容量筒放在振动台上，振动 3min，或者将试样分三层装入容量筒：装完一层后，在筒底垫放一根直径为 25mm 的圆钢筋，将筒按住，左右交替颠击地面各 25 下；然后装入第二层，用同样的方法颠实（但筒底所垫钢筋的方向应与第一层放置方向垂直）；然后再装入第三层，如法颠实。待三层试样装填完毕后，加料填到试样超出容量筒口，用钢筋沿筒口边缘滚转，刮下高出筒口的颗粒，用合适的颗粒填平凹处，使表面稍凸起部分和凹陷部分的体积大致相等，称取试样和容量筒总质量（m_2）。

3. 捣实密度

根据沥青混合料的类型和公称最大粒径，确定起骨架作用的关键性筛孔（通常为 4.75mm 或 2.36mm 等）。将矿料混合料中此筛孔以上颗粒筛出，作为试样装入符合要求规格的容器中达 1/3 的高度，由边至中用捣棒均匀捣实 25 次。再向容器中装入 1/3 高度的试样，用捣棒均匀地捣实 25 次，捣实深度约至下层的表面。然后重复上一步骤，加最后一层，捣实 25 次，使骨料与容器口齐平。用合适的骨料填充表面的大空隙，用直尺大体刮平，目测估计表面凸起部分与凹陷部分的容积大致相等，称取容量筒与试样的总质量（m_2）。

4. 容量筒容积的标定

用水装满容量筒，测量水温，擦干筒外壁的水分，称取容量筒与水的总质量（m_w），并按水的密度对容量筒的容积作校正。

1.3.6 检测结果计算及评定

1. 容量筒的容积按式（1-12）计算。

$$V = \frac{m_w - m_1}{\rho_T} \times 100 \tag{1-12}$$

式中 V——容量筒的容积，L；

m_1——容量筒的质量，kg；

m_w——容量筒与水的总质量，kg；

ρ_T——检测温度 T 时水的密度，g/cm^3，按表 1-4 选用。

2. 堆积密度（包括自然堆积状态、振实状态、捣实状态下的堆积密度）按式（1-13）计算至小数点后 2 位。

$$\rho = \frac{m_2 - m_1}{V} \times 100 \tag{1-13}$$

式中 ρ——与各种状态相对应的堆积密度，kg/m^3；

m_1——容量筒的质量，kg；

m_2——容量筒与试样的总质量，kg；

V——容量筒的容积，L。

3. 水泥混凝土用粗骨料振实状态下的空隙率按式(1-14)计算。

$$V_c = \left(1 - \frac{\rho}{\rho_a}\right) \times 100 \tag{1-14}$$

式中　V_c——水泥混凝土用粗骨料的空隙率，%；

ρ_a——粗骨料的表观密度，kg/m^3；

ρ——按振实法测定的粗骨料的堆积密度，kg/m^3。

4. 沥青混合料用粗骨料骨架捣实状态下的间隙率按式(1-15)计算。

$$VCA_{DRC} = \left(1 - \frac{\rho}{\rho_b}\right) \times 100 \tag{1-15}$$

式中　VCA_{DRC}——捣实状态下粗骨料骨架间隙率，%；

ρ_b——按 1.2 确定的粗骨料的体积密度，kg/m^3；

ρ——按捣实法测定的粗骨料的自然堆积密度，kg/m^3。

5. 以两次平行检测结果的平均值作为测定值。

1.3.7　土木工程材料堆积密度和空隙率的检测实训报告

工程名称：　　　　报告编号：　　　　工程编号：

委托单位		委托编号		委托日期	
施工单位		样品编号		检验日期	
结构部位		出厂合格证编号		报告日期	
厂　　别		检验性质		代表数量	
发证单位		见证人		证书编号	

材料堆积密度和空隙率的检测

试样名称			容量筒与水的总质量 m_w/kg	1	
				2	
容量筒的质量 m_1/kg	1		容量筒与试样的总质量 m_2/kg	1	
	2			2	

容量筒的容积 V/L $V = \frac{m_w - m_1}{\rho_T} \times 100$	与各种状态相对应的堆积密度 ρ/(kg/m^3) $\rho = \frac{m_2 - m_1}{V} \times 100$	水泥混凝土用粗骨料的空隙率 V_c/% $V_c = \left(1 - \frac{\rho}{\rho_a}\right) \times 100$	捣实状态下粗骨料骨架间隙率 VCA_{DRC}/% $VCA_{DRC} = \left(1 - \frac{\rho}{\rho_b}\right) \times 100$
$V_1 =$	$\rho_1 =$	$V_{c1} =$	VCA_{DRC1}
$V_2 =$	$\rho_2 =$	$V_{c2} =$	VCA_{DRC2}
$V = (V_1 + V_2)/2 =$	$\rho = (\rho_1 + \rho_2)/2 =$	$V_c = (V_{c1} + V_{c2})/2 =$	$VCA_{DRC} = (VCA_{DRC1} + VCA_{DRC2})/2 =$

结　　论：

执行标准：

续表

主要仪器设备	检测仪器		管理编号	
	型号规格		有效期	
	检测仪器		管理编号	
	型号规格		有效期	
	检测仪器		管理编号	
	型号规格		有效期	
	检测仪器		管理编号	
	型号规格		有效期	
备　注				
声　明				
地　址	地址： 邮编： 电话：			

审批（签字）：__________审核（签字）：__________校核（签字）：__________检测（签字）：__________

检测单位（盖章）：__________

报　告　日　期：　年　月　日

注：本表一式四份（建设单位、施工单位、检测实验室、城建档案馆存档各一份）。

第2章　石料性能的检测与实训

教学目的：通过加强石料的检测与实训，可让学生掌握各种石料是如何取样，送样及其各项检测项目是如何进行检测的，从而达到“教、学、做”合一，实现学生岗位核心能力的培养目标。

教学要求：全面了解各种石料的各项检测项目（包括石料的磨耗、单轴抗压强度；天然花岗石建筑板材的规格尺寸偏差、平面度极限公差、角度极限公差、外观质量、镜面光泽度、体积密度、吸水率、干燥压缩强度、弯曲强度；天然大理石建筑板材的规格尺寸偏差、平面度公差、角度公差，外观质量、镜面光泽度、体积密度、吸水率、干燥压缩强度和弯曲强度等性能）是如何取样、送样的，熟练掌握其检测技术。

2.1　石料性能检测的基本规定

2.1.1　执行标准

《公路工程集料试验规程》（JTG E 42—2005）；
《公路工程石料试验规程》（JTG E 41—2005）；
《天然花岗石建筑板材》（GB/T 18601—2001）；
《天然饰面石材试验方法》（GB/T 9966—2001）；
《天然大理石建筑板材》（GB/T 19766—2005）；
《计数抽样检验程序：按接收质量限（AQL）检索的逐批检验抽样计划》（GB/T 2828.1—2003）；
《极限与配合　基础　第2部分　公差、偏差和配合的基本规定》（GB/T 1800.2—1998）。

2.1.2　石料性能的检测项目

石料性能的检测项目、组批原则及抽样规定见表2-1。

表2-1　石料性能的检测项目、组批原则及抽样规定

序　号	材料名称及标准规范	检　测　项　目	组批原则及取样规定
1	石料 JTG E 42—2005 JTG E 41—2005	磨耗、单轴抗压强度	参照本书1.1.2节内容
2	天然花岗石建筑板材 GB/T 18601—2001 GB/T 9966—2001 GB/T 19766—2005	规格尺寸偏差、平面度极限公差、角度极限公差、外观质量、镜面光泽度、体积密度、吸水率、干燥压缩强度、弯曲强度	1. 同一品种、等级、规格的板材以200m为一批；不足200m的单一工程部位的板材按一批计。 2. 规格尺寸、平面度、角度、外观质量的检测从同一批板材中抽取2%，数量不足10块的抽10块。镜面光泽度的检测从以上抽取的板材中取5块进行

续表 2-1

序　号	材料名称及标准规范	检　测　项　目	组批原则及取样规定
3	天然大理石建筑板材 GB/T 18601—2001 GB/T 9966—2001 GB/T 19766—2005 GB/T 2828.1—2003 GB/T 1800.2—1998	规格尺寸偏差、平面度公差、角度公差、外观质量、镜面光泽度、体积密度、吸水率、干燥压缩强度、弯曲强度	1. 同一品种、类别、等级的板材为一批。 2. 采用 GB/T 2828.1—2003 一次抽样正常检测方式,检查水平为Ⅱ,合格质量水平(AQL 值)取为 6.5;根据抽样判定表抽取样本,见表 2-2

表 2-2　抽样判定表(单位:块)

批　量　范　围	样　本　数	合格判定数,A_c	不合格判定数,R_e
≤25	5	0	1
26~50	8	1	2
51~90	13	2	3
91~150	20	3	4
151~280	32	5	6
281~500	50	7	8
501~1200	80	10	11
1201~3200	125	14	15
≥3201	200	21	22

2.2　石料的磨耗和强度性能的检测

2.2.1　石料的磨耗检测

1. 粗骨料磨耗试验(洛杉矶法)

(1)检测目的与适用范围

① 检测标准条件下粗骨料抵抗摩擦、撞击的能力,以磨耗损失(%)表示。

② 本方法适用于各种等级规格骨料的磨耗试验。

(2)主要检测仪具设备与材料

① 洛杉矶磨耗检测试验机:圆筒内径(710±5)mm,内侧长(510±5)mm,两端封闭,投料口的钢盖通过紧固螺栓和橡胶垫与钢筒紧闭密封。钢筒的回转速率为 30~33r/min。

② 钢球:直径约 46.8mm,质量为 390~445g,大小稍有不同,以便按要求组合成符合要求的总质量。

③ 台秤:感量 5g。

④ 标准筛:符合要求的标准筛系列,以及筛孔为 1.7mm 的方孔筛一个。

⑤ 烘箱:能使温度控制在(105±5)℃范围内。

⑥ 容器:搪瓷盘等。

(3)主要检测流程

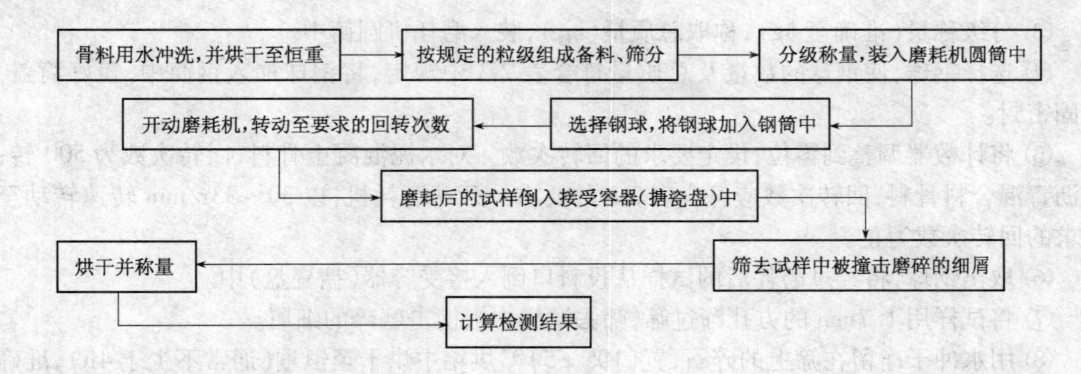

(4)具体检测步骤

① 将不同规格的骨料用水冲洗干净，置烘箱中烘干至恒重。

② 对所使用的骨料，根据实际情况选择最接近的粒级类别，确定相应的检测条件，按规定的粒级组成备料、筛分。其中水泥混凝土用骨料宜采用 A 级粒度；沥青路面及各种基层、底基层的粗骨料，表 2-3 中的 16mm 筛孔也可用 13.2mm 筛孔代替。对非规格材料，应根据材料的实际粒度，从表 2-3 中选择最接近的粒级类别及检测条件。

表 2-3　粗骨料洛杉矶检测条件

粒度类别	粒级组成/mm	检测试样质量/g	检测试样总质量/g	钢球数量/个	钢球总质量/g	转动次数/转	适用的粗骨料	
							规格	公称粒径/mm
A	26.5~37.5 19.0~26.5 16.0~19.0 9.5~16.0	1250±25 1250±25 1250±10 1250±10	5000±10	12	5000±25	500		
B	19.0~26.5 16.0~19.0	2500±10 2500±10	5000±10	11	4850±25	500	S6 S7 S8	15~30 10~30 10~25
C	9.5~16.0 4.75~9.5	2500±10 2500±10	5000±10	8	3320±20	500	S9 S10 S11 S12	10~20 10~15 5~15 5~10
D	2.36~4.75	5000±10	5000±10	6	2500±15	500	S13 S14	3~10 3~5
E	63~75 53~63 37.5~53	2500±50 2500±50 5000±50	10000±100	12	5000±25	1000	S1 S2	40~75 40~60
F	37.5~53 26.5~37.5	5000±50 5000±25	10000±75	12	5000±25	1000	S3 S4	30~60 25~50
G	26.5~37.5 19~26.5	5000±25 5000±25	10000±50	12	5000±25	1000	S5	20~40

注：1. 表中 16mm 也可用 13.2mm 代替。

2. A 级适用于未筛碎石混合料及水泥混凝土用骨料。

3. C 级中 S12 可全部采用 4.75~9.5mm 颗粒 5000g；S9 及 S10 可全部采用 9.5~16mm 颗粒 5000g。

4. E 级中 S2 中缺 63~75mm 颗粒可用 53~63mm 颗粒代替。

③ 分级称量(准确至5g),称取总质量(m_1),装入磨耗机圆筒中。

④ 选择钢球,使钢球的数量及总质量符合表2-3中规定,将钢球加入钢筒中,盖好筒盖,紧固密封。

⑤ 将计数器调整到零位,设定要求的回转次数。对水泥混凝土骨料,回转次数为500转;对沥青混合料骨料,回转次数应符合表2-3的要求。开动磨耗机,以30~33r/min转速转动至要求的回转次数为止。

⑥ 取出钢球,将经过磨耗后的试样从投料口倒入接受容器(搪瓷盘)中。

⑦ 将试样用1.7mm的方孔筛过筛,筛去试样中被撞击磨碎的细屑。

⑧ 用水冲干净留在筛上的碎石,置(105±5)℃烘箱中烘干至恒重(通常不少于4h),准确称量(m_2)。

(5)检测结果评定

① 按式(2-1)计算粗骨料洛杉矶磨耗损失,精确至0.1%。

$$Q=\frac{m_1-m_2}{m_1}\times 100 \tag{2-1}$$

式中 Q——洛杉矶磨耗损失,%;

m_1——装入圆筒中检测试样质量,g;

m_2——检测后在1.7mm筛上洗净烘干的检测试样质量,g。

② 粗骨料的磨耗损失取两次平行检测结果的算术平均值为测定值,两次检测的差值应不大于2%,否则须重做检测。

2. 粗骨料磨耗检测(道瑞检测)

(1)检测目的与适用范围

本检测用于评定公路路面表层所用粗骨料抵抗车轮撞击及磨耗的能力。

(2)主要检测仪具与材料

① 道瑞磨耗检测试验机:主要由直径不小于600mm的经过加工的圆形铸铁或钢研磨平板组成,圆平板(或称转盘)能以28~30r/min的速度作水平旋转。检测试验机装有转数计器并配有下列附件:

A. 至少2个经过机加工的金属模子,用于制备试件。试模的端板可拆卸,其内部尺寸为91.5mm×53.5mm×16.0mm,公差均为±0.1mm。

B. 至少2个经过机加工的金属托盘,用于固定制备好的试件。盘子用5mm厚的低碳钢板制成,其内部尺寸为92.0mm×54.0mm×8.0mm,公差均为±0.1mm。

C. 至少2块用5mm厚低碳钢板通过机加工制成的平板(垫板),用于制备试件。其尺寸为115mm×75mm,公差均为±0.1mm。

D. 托盘固定装置:两个托盘支架径向相对且长边转盘转动的方向一致。托盘在支架中应能纵向自由活动而在水平面内不能移动。

E. 两只配重:圆底,用于保证试件对转盘表面的压力。可调整自重以使试件、托盘和配重的总质量满足2kg±10g。

F. 溜砂装置和砂的清除及收集装置:这些装置能以700~900g/min的速率将砂连续不断地撒布在试件前面的转盘上,在通过试件之后再将砂清除并重新收集起来。

② 标准筛：方孔筛 13.2mm、9.5mm、1.18mm、0.9mm、0.6mm、0.45mm、0.3mm。

③ 烘箱：要求能控温(105 ±5)℃。

④ 天平：感量不大于 0.1g。

⑤ 磨料：石英砂，粒径 0.3 ~0.9mm，其中 0.45 ~0.6mm 的含量不少于 75%；应干燥而且未使用过，每块检测试件约需用石英砂 3kg。

⑥ 胶结料：环氧树脂(6010)和固化剂(793)。在保证同等粘结性能的条件下可用其他型号代替。

⑦ 作为脱模剂的肥皂水和作为清洁剂的丙酮。

⑧ 细砂：0.1 ~0.3mm、0.1 ~0.45mm。

⑨ 其他：医用洗耳球、调剂匙、镊子、油灰刀、小毛刷、量筒 20mL、烧杯 100mL、电炉、小号医用托盘或其他容器。

(3) 检测准备

① 检测试样准备

A. 按本书 1.1.2 节的方法取样。

B. 将检测试样筛分，取 9.5 ~13.2mm 的部分用于制作检测试件。

C. 检测试样在使用前应清洗除尘，并保持表面干燥状态。加热干燥时，加热时间不得超过 4h，加热温度不得超过 110℃，且必须在做检测试件前将其冷却至室温。

② 检测试件制作

A. 试模准备。清洁试模，然后拧紧端板螺钉；在试模内表面用细毛刷涂刷少量肥皂水，将试模放在烘箱内烘干。

B. 排料。用镊子夹起骨料，单层排放在试模内，且较平的面放在模底；试模中应排放尽可能多的粒料，在任何情况下骨料颗粒都不得少于 24 粒；骨料颗粒须具有代表性。

C. 吹砂。骨料颗粒之间的空隙要用细砂 0.1 ~0.3mm 充填，充填高度约为骨料颗粒高度的 3/4，充填时先用调剂匙均匀撒布，然后再用洗耳球吹实找平，并吹去多余的砂。

D. 拌制环氧树脂砂浆。先将环氧树脂和固化剂搅匀，然后加入 0.1 ~0.45mm 干砂拌和均匀。砂浆按环氧树脂：固化剂：细砂 =1g：0.25mL：3.8g 的比例配制。2 块检测试件约需环氧树脂 30g，固化剂 7.5mL，干细砂 114g。

E. 填模成型。将拌制好的环氧树脂砂浆填入试模，尽量填充密实，但注意不可碰动排好的骨料，然后用烧热的油灰刀在试模表面来回刮抹，使砂浆表面平整。

F. 养生。在垫板的一面涂上肥皂水，然后将填好砂浆的模子倒放在垫板上(以防砂浆渗到骨料表面)。常温下的养生时间一般为 24h。

G. 拆模。拧松端板螺钉，卸下 2 个端板，用橡皮锤轻敲将检测试件取出，用刮刀或砂纸去除多余的砂浆，用细毛刷清除松散的砂。

(4) 主要检测流程

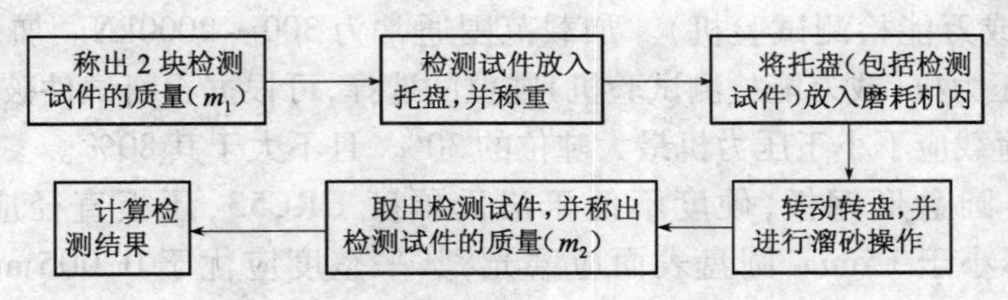

(5)具体检测步骤

① 分别称出2块检测试件的质量(m_1),准确至0.1g。在操作之前应使机器在溜砂状态下空转一圈,以便在转盘上留有一层砂。

② 将2块检测试件分别放入2个托盘内,注意确保检测试件与托盘之间紧密配合。称出检测试件、托盘和配重的质量并将合计质量调整到2kg±10g。

③ 将检测试件连同托盘放入磨耗机内,使其径向相对,试件中心到研磨转盘中心的距离为260mm,骨料裸露面朝向转盘;然后将相应的配重放在检测试件上。

④ 以28~30r/min的转速转动转盘100圈,同时将符合如上要求的研磨石英砂装入料斗,使其连续不断地溜在检测试件前面的转盘上。溜砂宽度要能覆盖整个检测试件的宽度,溜砂速率为700~900g/min(料斗溜砂缝隙约为1.3mm)。

用橡胶刮片将砂清除出转盘,刮片的安装要使橡胶边轻轻地立在转盘上,刮片宽度应与研磨转盘的外缘环部宽度相等。

⑤ 将骨料斗中回收的砂过1.18mm的筛,重复使用数次,直至整个检测完成时废弃。

⑥ 取出检测试件,检查有无异常情况。

⑦ 重复上述步骤,再磨400圈,可分4个100圈重复4次磨完,也可连续1次磨完。在作连续磨时必须经常掀起磨耗机的盖子观察溜砂情况是否正常。

⑧ 转完500转后从磨耗机内取出检测试件,牵开托盘,用毛刷清除残留的砂,称出检测试件的质量(m_2),准确至0.1g。

(6)检测结果评定

① 每块试件的骨料磨耗值按式(2-2)计算。

$$AAV=\frac{3(m_1-m_2)}{\rho_s}\times 100 \tag{2-2}$$

式中 AAV——骨料的道瑞磨耗值;

m_1——磨耗前检测试件的质量,g;

m_2——磨耗后检测试件的质量,g;

ρ_s——骨料的表干密度,g/cm³。

② 用2块检测试件的检测平均值作为骨料磨耗值,如果单块试件磨耗值与平均值之差大于后者的10%,则检测试验重做,并以4块试件的平均值作为骨料磨耗值的检测结果。

2.2.2 石料的单轴抗压强度检测

石料单轴抗压强度是石料标准检测试件吸水饱和后,在单向受压状态下,破坏时的极限强度(JTG E 41—2005)。

1. 主要检测仪器设备

(1)压力机(或万能检测试验机)。加载范围通常为300~2000kN。加荷速度应可调至0.5~1.0MPa/s,压力机(或万能检测试验机)吨位的选择,可根据石料试件破坏荷重而定。一般检测试件破坏荷载应不小于压力机最大吨位的30%,且不大于其80%。

(2)承压板。圆盘形钢板,硬度不低于洛氏硬度HRC53,压板直径应大于试件直径2mm,压板厚度不小于15mm,圆盘表面应磨光,其平整度应优于0.005mm。两承压板之一应是球面座。

(3)石料加工全套设备。包括锯石机、钻石机、磨平机等。

(4)游标卡尺(分度值0.1mm)及角尺。

(5)石料吸水饱和使用的有关设备。

2. 主要检测流程

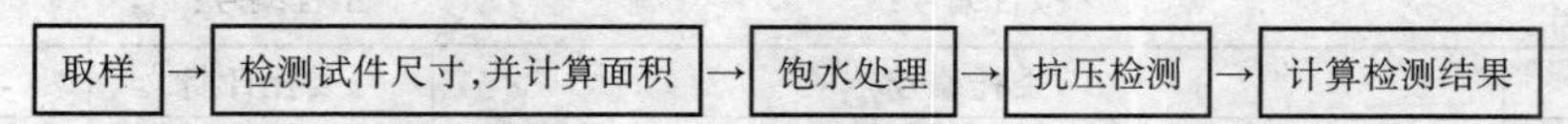

3. 具体检测步骤

(1)用锯石机(或钻石机)从岩石检测试样(或岩芯)中制取边长(50±0.5)mm的正立方体或直径与高均为(50±0.5)mm的圆柱形检测试件,每6个检测试件作为一组。

对有显著层理的岩石,应取两组检测试件(即12个),以分别检测其垂直和平行于层理的抗压强度值。

检测试件与压力机接触的两面,应用磨平机磨平,并保证两面互相平行。检测试件形状要用角尺及游标卡尺检查是否符合下述要求:检测试件端面平整度应为0.02mm,对于检测试件轴的垂直度不应超过0.25°。

(2)用游标卡尺量取检测试件尺寸(精确到0.1mm),对于立方体检测试件在顶面和底面上各量取其边长,以各个面上相互平行的两个边长的算术平均值作为宽或高,按此计算面积;对于圆柱体检测试件在顶面和底面上各量取相互垂直的两个直径,以其算术平均值计算面积。取顶面和底面面积的算术平均值作为计算抗压强度所用的截面积。

(3)按吸水率检测方法对检测试件进行饱水处理,最后一次加水深度应使水面高出检测试件至少20mm。

(4)检测试件自由浸水48h后取出,擦干表面,放在压力机上进行检测,将检测试件置于两承压板间,球面座应在检测试件上端面,并用矿物油稍加润滑,以致在滑块自重下仍能闭锁。检测试件、压板和球座要精确地彼此对中,并与加载机设备对中,球座曲率中心与检测试件端面中心相重合。检测时施加应力速率在0.5～1MPa/s的限度内。抗压检测试件的最大荷载记录以"N"为单位,精度1%。

4. 检测结果评定

(1)石料的抗压强度按下式计算:

$$f_{sc}=\frac{F_{max}}{A_0} \tag{2-3}$$

式中　f_{sc}——石料抗压强度,MPa;

F_{max}——极限破坏荷载,N;

A_0——检测试件的截面积,mm^2。

石料抗压强度计算至1MPa。

(2)精确度。取6个试件的算术平均值作为检测结果。如果其中任意2个均值与其余4个的强度均值相差3倍以上时,则取检测结果相近的4个试件的算术平均值作为检测结果。

对具有显著层理的岩石,取垂直以及平行层理的试件强度的平均值作为检测结果。

2.2.3 石料的磨耗和强度性能的检测实训报告

石料的磨耗和强度性能的检测实训报告见表2-4。

表2-4 石料的磨耗和强度性能的检测实训报告

工程名称： 报告编号： 工程编号：

委托单位		委托编号		委托日期	
施工单位		样品编号		检验日期	
结构部位		出厂合格证编号		报告日期	
厂　　别		检验性质		代表数量	
发证单位		见证人		证书编号	

1. 石料的磨耗检测

试样名称	装入圆筒时碎石的质量 m_1/g		水及容量瓶总质量 m_2/g		石料磨耗率/% $Q=\frac{m_1-m_2}{m_1}\times 100$	
	1		1		Q_1	
	2		2		Q_2	
石料磨耗率平均值/%	$Q=(Q_1+Q_2)/2=$					

结　　论：

执行标准：

2. 石料单轴抗压强度的检测

石料单轴抗压强度 $f_{sc}=\frac{F_{max}}{A_0}$	1	2	3	4	5	6	平均

结　　论：

执行标准：

主要仪器设备	检测仪器		管理编号	
	型号规格		有效期	
	检测仪器		管理编号	
	型号规格		有效期	
	检测仪器		管理编号	
	型号规格		有效期	
	检测仪器		管理编号	
	型号规格		有效期	
备　　注				
声　　明				
地　　址	地址： 邮编： 电话：			

审批(签字)：________ 审核(签字)：________ 校核(签字)：________ 检测(签字)：________

检测单位(盖章)：________

报 告 日 期：　年　月　日

注：本表一式四份(建设单位、施工单位、检测实验室、城建档案馆存档各一份)。

2.3　天然饰面石材的外观性能的检测

2.3.1　天然花岗石建筑板材

1. 主要检测仪器设备

(1)刻度值为1mm的钢直尺。

(2)游标卡尺(分度值0.1mm)及钢平尺(直线度公差为0.1mm)。

(3)内角垂直度公差为0.13mm,内角边长为450mm×400mm的90°钢角尺。

2. 具体检测步骤

(1)规格尺寸:用刻度值为1mm的钢直尺检测板材的长度和宽度;用刻度值为0.1mm的游标卡尺检测板材的厚度。

长度和宽度分别检测3条直线,见图2-1。厚度检测4条边的中点,见图2-2。分别用偏差的最大值和最小值表示长度、宽度和厚度的尺寸偏差。用同块板材上厚度偏差的最大值和最小值之间的差值表示同块板材上厚度极差。读数准确到0.1mm。

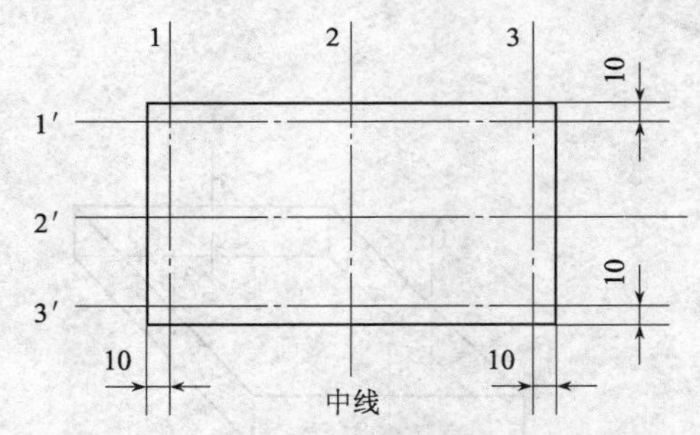

图2-1　花岗石建筑板材规格尺寸测量位置

1,2,3—宽度测量线;1′,2′,3′—长度测量线

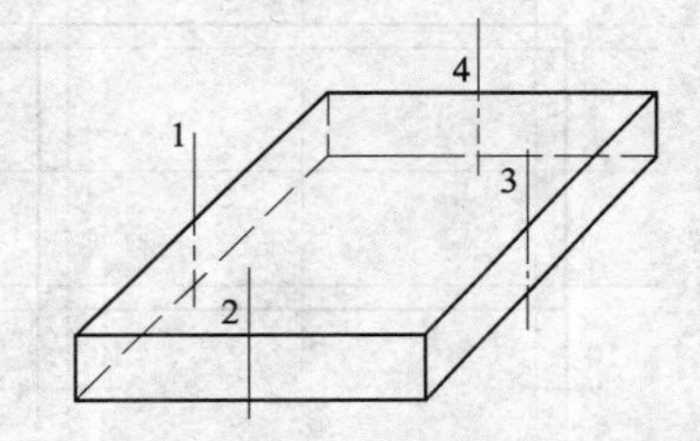

图2-2　花岗石建筑板材厚度测量位置

1,2,3,4—厚度测量点

(2)平面度:将直线度公差为0.1mm钢平尺分别自然贴放在距板边10mm处和被检平面的两条对角线上,用塞尺测量尺面与板面间的间隙。被检面对角线长度大于2000mm时,用长度为2000mm的钢平尺沿对角线分段检测。

以最大间隙的检测值表示板材的平面度公差。检测值准确至0.05mm。

(3)角度:用内角垂直度公差为0.13mm,内角边长为500mm×400mm的90°钢角尺。将角尺长边紧贴板材的长边,短边紧靠板材的短边,用塞尺检测板材长边与角尺长边之间的最大间隙。当板材的长边小于或等于500mm时,测量板材的任一对对角;当板材的长边大于500mm时,测量板材的四个角。

以最大间隙的检测值表示板材的角度公差。读数准确至0.05mm。

(4)外观质量:

① 花纹色调:将选定的协议板与被检板材同时平放在地上,距1.5m处目测。

② 缺陷:用游标卡尺检测缺陷的长度、宽度,检测值精确至0.1mm。

3. 检测结果评定

单块板材的所有检测结果均符合技术要求中相应等级时,则判定该块板材符合该等级。

根据样本检验结果，若样本中发现的等级不合格品数小于或等于合格判定数(A_c)(见表2-2)，则判断该批符合该等级；若样本中发现的等级不合格品数大于不合格判定数(R_e)(见表2-2)，则判定该批不符合该等级。

2.3.2 天然大理石建筑板材

1. 主要检测仪器设备

(1)刻度值为1mm的钢直尺。

(2)游标卡尺(分度值0.1mm)及钢平尺(直线度公差为0.1mm)。

(3)内角垂直度公差为0.13mm，内角边长为450mm×400mm的90°钢角尺。

2. 具体检测步骤

(1)规格尺寸

① 普型板规格尺寸

用游标卡尺或能满足检测精度要求的量器具检测板材的长度、宽度和厚度。长度、宽度分别在板材的三个部位检测，见图2-3；厚度检测4条边的中点部位，见图2-4。分别用偏差的最大值和最小值表示长度、宽度、厚度的尺寸偏差。检测值精确至0.1mm。

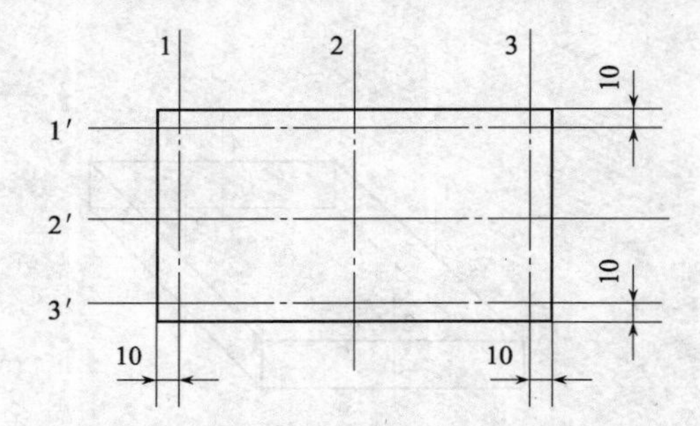

图2-3 大理石建筑板材规格尺寸测量位置

1,2,3—宽度测量线；1′,2′,3′—长度测量线

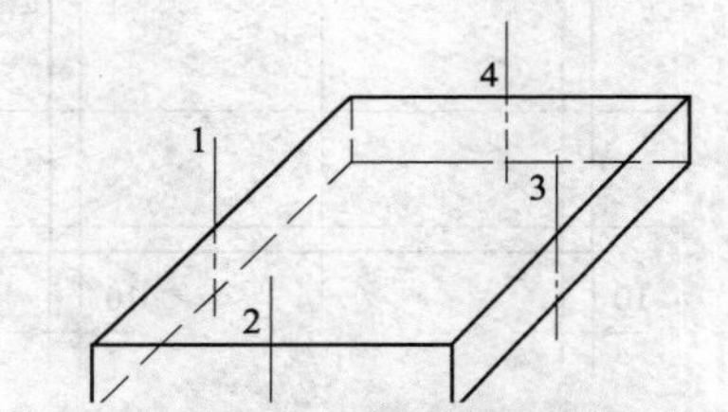

图2-4 大理石建筑板材厚度测量位置

1,2,3,4—厚度测量点

② 圆弧板规格尺寸

用游标卡尺或能满足检测精度要求的量器具检测圆弧板的弦长、高度及最大与最小壁厚。在圆弧板的两端面处检测弦长，见图2-5；在圆弧板端面与侧面检测壁厚，见图2-6；圆弧板高度检测部位见图2-6。分别用偏差的最大值和最小值表示弦长、高度及壁厚的尺寸偏差。检测值精确至0.1mm。

(2)平面度

① 普型板平面度

将平面度公差为0.1mm的钢平尺分别贴放在距板边10mm处和被检平面的两条对角线上，用塞尺测量尺面与板面的间隙。钢平尺的长度应大于被检面周边和对角线的长度；当被检面周边和对角线长度大于2000mm时，用长度为2000mm的钢平尺沿周边和对角线分段检测。

以最大间隙的检测值表示板材的平面度公差。检测值精确至0.1mm。

② 圆弧板直线度与线轮廓度

A. 圆弧板直线度

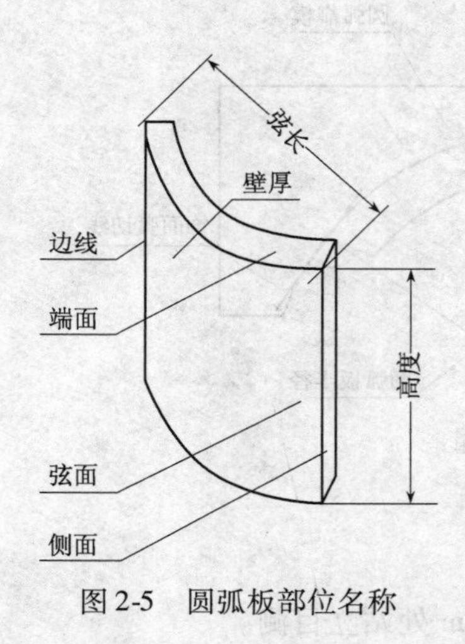

图 2-5　圆弧板部位名称

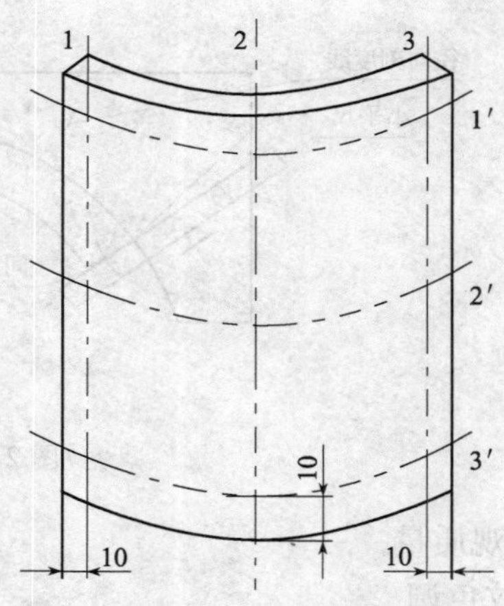

图 2-6　圆弧板高度测量部位

1,2,3—高度和直线度测量线；

1′,2′,3′—线轮廓度测量线

将平面度公差为 0.1mm 的钢平尺沿圆弧板母线方向贴放在被检弧面上，用塞尺检测尺面与板面的间隙，检测位置见图 2-6。当被检圆弧板高度大于 2000mm 时，用 2000mm 的平尺沿被检测母线分段检测。

以最大间隙的检测值表示圆弧板的直线度公差。检测值精确至 0.1mm。

B. 圆弧板线轮廓度

按 GB/T 1800—1998 和 GB/T 1801—1998 的规定，采用尺寸精度为 JS7(js7)的圆弧靠模贴靠被检弧面，用塞尺检测靠模与圆弧面之间的间隙，检测位置见图 2-8 所示。

以最大间隙的检测值表示圆弧板的线轮廓度公差。检测值精确至 0.1mm。

(3)角度

① 普型板角度

用内角垂直度公差为 0.13mm，内角边长为 500mm × 400mm 的 90°钢角尺检测。将角尺短边紧靠板材的短边，长边贴靠板材的长边，用塞尺测量板材长边与角尺长边之间的最大间隙。当板材的长边小于或等于 500mm 时，检测板材的任一对对角；当板材的长边大于 500mm 时，检测板材的四个角。

以最大间隙的检测值表示板材的角度公差。检测值精确至 0.1mm。

② 圆弧板端面角度

用内角垂直度公差为 0.13mm，内角边长为 500mm × 400mm 的 90°钢角尺检测。将角尺短边紧靠圆弧板端面，用角尺长边贴靠圆弧板的边线，用塞尺检测圆弧板边线与角尺长边之间的最大间隙。用上述方法检测圆弧板的四个角。

以最大间隙的检测值表示圆弧板的角度公差。检测值精确至 0.1mm。

③ 圆弧板侧面角度

将圆弧靠模贴靠圆弧板装饰面并使其上的径向刻度线延长线与圆弧板边线相交，将小平尺沿径向刻度线置于圆弧靠模上，检测圆弧板侧面与小平尺间的夹角，见图 2-7。

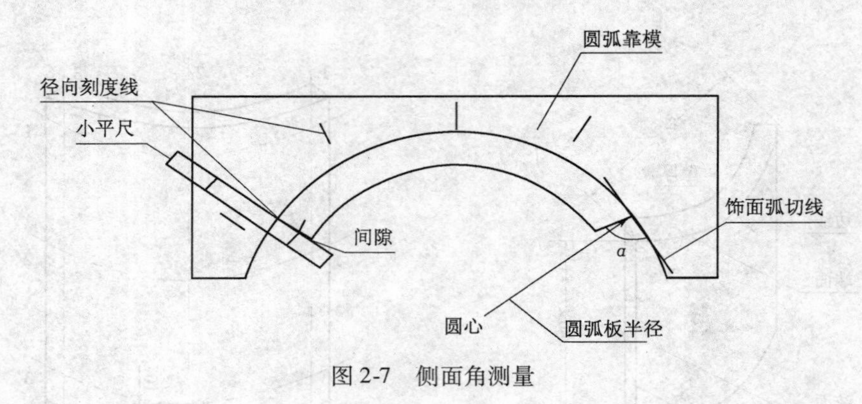

图 2-7 侧面角测量

(4)外观质量

① 花纹色调

将协议板与被检板材并列平放在地上,距板材 1.5m 处站立目测。

② 缺陷

用游标卡尺检测缺陷的长度、宽度,检测值精确至 0.1mm。

3. 检测结果评定

单块板材的所有检测结果均符合技术要求中相应等级时,则判定该块板材符合该等级。

根据样本检测结果,若样本中发现的等级不合格品数小于或等于合格判定数 A_c,则判定该批符合该等级;若样本中发现的等级不合格品数大于不合格判定数 R_e,则判定该批不符合该等级。

2.3.3 天然饰面石材的外观性能的检测实训报告

天然饰面石材的外观性能的检测实训报告见表 2-5。

表 2-5 天然饰面石材的外观性能的检测实训报告

工程名称: 报告编号: 工程编号:

委托单位		委托编号		委托日期	
施工单位		样品编号		检验日期	
结构部位		出厂合格证编号		报告日期	
厂　　别		检验性质		代表数量	
发证单位		见证人		证书编号	

1. 普通板规格尺寸允许偏差的检测(天然饰面石材的种类　　　　)

项　　目		等级		
		优等品	一等品	合格品
长度、宽度/mm				
厚度	≤15(或 12)			
	>15(或 12)			
结　　论:				
执行标准:				

续表 2-5

2. 平面度允许偏差的检测(天然饰面石材的种类　　　)			
板材长度/mm	优等品	一等品	合格品
≤400			
>400 ~ ≤800(或 1000)			
>800(或 1000)			
结　论:			
执行标准:			

3. 角度允许偏差的检测(天然饰面石材的种类　　　)			
板材长度/mm	优等品	一等品	合格品
≤400			
>400			
结　论:			
执行标准:			

主要仪器设备	检测仪器		管理编号	
	型号规格		有效期	
	检测仪器		管理编号	
	型号规格		有效期	
	检测仪器		管理编号	
	型号规格		有效期	
	检测仪器		管理编号	
	型号规格		有效期	
备　注				
声　明				
地　址	地址: 邮编: 电话:			

审批(签字):______审核(签字):______校核(签字):______检测(签字):______

检测单位(盖章):______

报　告　日　期:　　年　月　日

注:本表一式四份(建设单位、施工单位、检测实验室、城建档案馆存档各一份)。

2.4　天然饰面石材的物理、力学性能的检测

2.4.1　天然饰面石材体积密度、真密度、真气孔率和吸水率的检测

1. 主要检测仪器设备

(1)电热干燥箱:由室温到 200℃。

(2)天平:

① 最大称量 1000g,感量 10mg。

② 最大称量 100g,感量 1mg。

(3)游标卡尺:刻度为0.02mm。

(4)比重瓶:容积25~30mL。

(5)标准筛:240目标准筛。

2. 检测试样及其制备

(1)体积密度检测试样

检测试样尺寸为50mm,5块。

(2)选择1000g左右检测试样,将表面清扫干净,并破碎到颗粒小于5mm,以四分法缩分到150g,再用瓷研钵研磨成粉末,并通过240目标准筛,将粉样装入称量瓶中,放入(105±2)℃烘箱内,干燥4h以上,取出,稍冷,放入干燥器内冷却到室温。

3. 具体检测步骤

(1)体积密度

将检测试样用刷子清扫干净,放入(105±2)℃的烘箱中干燥24h,取出,冷却到室温,称其质量(m_0),精确到0.02g。再将检测试样放入室温的蒸馏水中,浸泡48h,取出,用拧干的湿毛巾擦去表面水分,并立即称量质量(m_1),精确到0.02g,接着把检测试样挂在网篮中,将网篮与检测试样浸入室温的蒸馏水中,称量其在水中的质量(m_2),精确至0.02g。称量装置见图2-8。

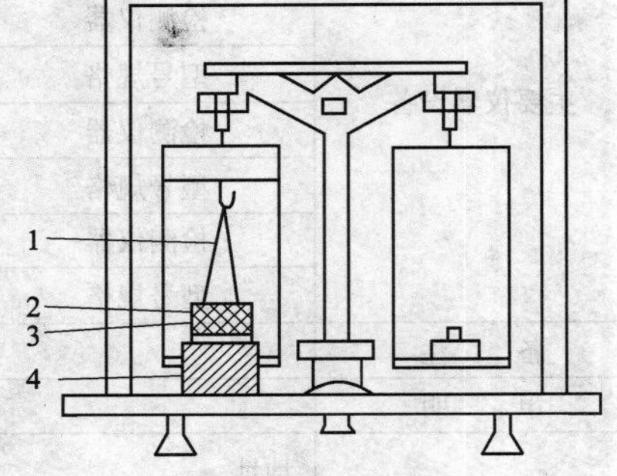

图2-8 称量m_0的示意图

1—稀疏的网篮;2—半截烧杯;3—试样;4—支架

(2)真密度

称取检测试样三份,每份10g(m'_0),每份检测试样分别装入洁净的比重瓶内,并倒入蒸馏水,其量不超过比重瓶体积的一半,将比重瓶放入蒸馏水10~15min,使检测试样中气泡排除,或将比重瓶放在真空干燥器内排除气泡,气泡排除后,擦干比重瓶,冷却到室温,用蒸馏水装满至标志处,称其质量(m'_2)。再将比重瓶冲洗干净,用蒸馏水装满至标记处,并称其质量(m'_1),m'_0、m'_1、m'_2精确到0.02g。

4. 检测结果评定

(1)体积密度

体积密度按下列公式计算:

$$\rho_b = \frac{m_0}{m_1 - m_2} \tag{2-4}$$

式中 ρ_b——试样的体积密度,g/cm³;

m_0——干燥检测试样在空气中的质量,g;

m_1——水饱和检测试样在空气中的质量,g;

m_2——水饱和检测试样在水中的质量,g。

(2)真密度

真密度按下式计算:

$$\rho_t = \frac{m'_0}{m'_0 + m'_1 - m'_2} \tag{2-5}$$

式中　ρ_t——检测试样的真密度，g/cm^3；

m'_0——干燥检测试样在空气中的质量，g；

m'_1——水饱和检测试样在空气中的质量，g；

m'_2——水饱和检测试样在水中的质量，g。

(3)真气孔率

根据上两式体积密度和真密度，真气孔率按下式计算：

$$\rho_a = \left(1 - \frac{\rho_b}{\rho_t}\right) \times 100 \tag{2-6}$$

式中　ρ_a——检测试样的真气孔率，%

ρ_0——检测试样的体积密度，g/cm^3；

ρ_t——检测试样的真密度，g/cm^3。

(4)吸水率

吸水率按下式计算：

$$W_a = \frac{m_1 - m_0}{m_0} \times 100 \tag{2-7}$$

式中　W_a——检测试样的吸水率，%；

m_0——干检测试样在空气中的质量，g；

m_1——水饱和检测试样在空气中的质量，g。

(5)检测结果

计算体积密度、真密度、吸水率、真气孔率的平均值和最大值与最小值。

体积密度、真密度计算到三位有效数，真气孔率、吸水率计算到两位有效数。

2.4.2　天然饰面石材干燥、水饱和、冻融循环后压缩强度的检测

1. 主要检测设备及量具

(1)材料检测试验机：具有球形支座并应保证一定的加荷速率，示值相对误差不超过 ±1%，检测试样破坏的最大负荷在量程的 20% ~90% 范围内。

(2)游标卡尺：刻度为 0.02mm。

2. 检测试样

(1)检测试样尺寸为 50mm 的立方体，误差 ±0.5mm。垂直和平行层理的检测试样各两组，没有层理的检测试样两组，每组 5 块。

(2)检测试样应标出岩石层理方向。

(3)检测试样两个受力面用 500 号细砂纸抛光。平行度在 0.08mm 以内。相邻边垂直度误差不大于 ±0.5°。

(4)检测试样不允许掉棱、掉角和有可见的裂纹。

3. 主要检测流程

4. 具体检测步骤

(1)干燥状态压缩强度

① 检测试样处理:将试样在(105 ±2)℃的烘箱内干燥24h,再放入干燥器中冷却到室温。

② 检测试样受力面的边长,计算面积。

③ 将检测试样放置在材料检测试验机下压板的中心部位,以每秒钟1500 ±100N 的速率施加负荷,直至检测试样破坏,读出检测试样破坏时的最大负荷值。

(2)水饱和状态压缩强度

① 检测试样处理:将检测试样放在(20 ±2)℃的水中浸泡48h,从水中取出,用拧干后的湿毛巾将检测试样表面水分擦去。

② 检测试样受力面的边长,计算面积。

③ 将检测试样放置在材料检测试验机下压板的中心部位,以每秒钟1500 ±100N 的速率施加负荷,直至检测试样破坏,读出检测试样破坏时的最大负荷值。

(3)冻融循环后压缩强度

① 检测试样处理:检测试样用清水洗干净,然后在水中浸泡24h。将检测试样置入调节到(-20 ±2)℃的冷冻箱中,在冷冻箱内冻4h,取出放在流动的水中,放置4h,从水中取出,再将检测试样放入冷冻箱内,反复冻融25 次。再放到流动的水中4h,将检测试样取出,用拧干后的湿毛巾将检测试样表面水分擦去。

② 检测检测试样受力面的边长,计算面积。

③ 将试样放置在材料检测试验机下压板的中心部位,以每秒钟1500 ±100N 的速率施加负荷,直至检测试样破坏,读出检测试样破坏时的最大负荷值。

5. 检测结果评定

(1)压缩强度按下式计算:

$$R_s = \frac{P}{S} \tag{2-8}$$

式中 R_s——压缩强度,MPa;

P——破坏荷载,N;

S——检测试样受力面面积,mm^2。

(2)检测结果

计算检测试样不同层理的算术平均值及最大值和最小值。

2.4.3 天然饰面石材弯曲强度的检测

1. 主要检测设备及量具

(1)材料检测试验机:示值相对误差不超过±1%。检测试样破坏的最大负荷在材料检测试验机刻度的20% ~90%范围内。

(2)游标卡尺:刻度为0.01mm。

2. 检测试样

(1)检测试样尺寸长160mm,宽(40 ±0.5)mm,高(20 ±0.5)mm,受力面的平行度在0.08mm 以内,垂直和平行层理的检测试样各两组,没有层理的检测试样两组,每组5 块。

(2)检测试样应标出岩石层理方向。

(3)检测试样两受力面用500号细砂纸抛光。不允许掉棱、掉角和有可见的裂纹。

(4)标出两点与受力点的标记(尺寸见图2-9),检测试样两个支点和负荷点处的宽与高的尺寸,并取算术平均值。

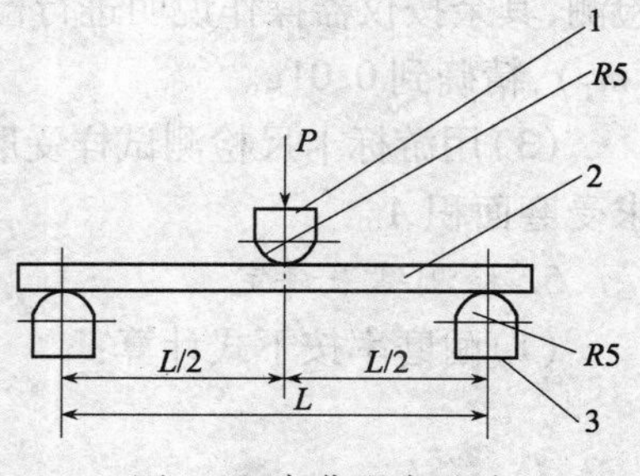

图2-9　弯曲强度试验
1—可动压头;2—试样;3—支架

3. 具体检测步骤

(1)将检测试样放在(105±2)℃的烘箱内干燥24h,再放入干燥器内冷却至室温。

(2)调节支座之间的距离为(140±0.5)mm,把检测试样放在支架上,施加负荷以每分钟2mm的速率直至试样断裂,读出断裂时的负荷值。

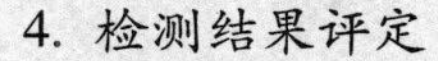

4. 检测结果评定

(1)弯曲强度按下式计算:

$$R_t=\frac{3P\cdot L}{2B\cdot h^2} \tag{2-9}$$

式中　R_t——检测试样的弯曲强度,MPa;

P——检测试样断裂荷载,N;

L——支点间距离,mm;

B——检测试样宽度,mm;

H——检测试样高度,mm。

(2)检测结果

计算检测试样不同层理的算术平均值及最大值和最小值。

2.4.4　天然饰面石材耐磨性的检测

1. 主要检测设备和材料

(1)检测试验机:道瑞式耐磨检测试验机。

(2)标准砂:符合GB 178—77《水泥强度检测试验用标准砂》的标准砂。

(3)天平:最大称量100g,感量0.02g。

2. 检测试样及制备

检测试样尺寸直径为(25±0.5)mm,长60mm的圆柱体。有层理的检测试样,垂直与平行层理取4个,没有层理检测试样取4个。

3. 主要检测流程

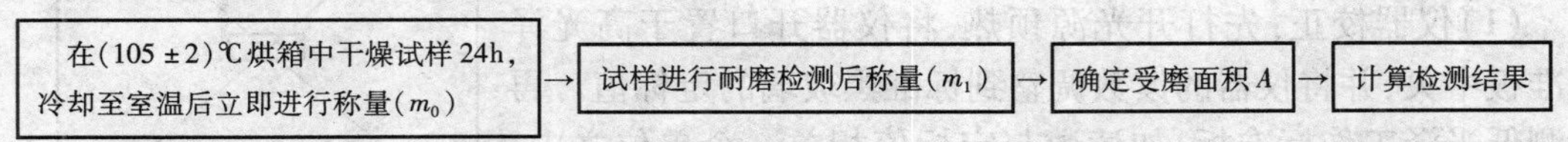

4. 具体检测步骤

(1)将检测试样放入(105±2)℃烘箱中干燥24h,取出,冷却至室温,立即进行称量(m_0),精确到0.01g。

(2)将称量过的检测试样装入耐磨机上,每个卡具重量为1250g,圆盘转1000转完成一次检测,其余按仪器操作说明进行检测,检测完将检测试样取下,用刷子刷去粉末,称量磨后重量(m_1),精确到0.01g。

(3)用游标卡尺检测试样受磨端的直径 ϕ_1。再测垂直方向直径 ϕ_2,求平均值,用平均值求受磨面积 A。

5. 检测结果评定

(1)耐磨率按下式计算:

$$M = \frac{m_0 - m_1}{A} \tag{2-10}$$

式中 M——耐磨率,g/cm^2;

m_0——磨前质量,g;

m_1——磨后质量,g;

A——检测试样受磨端的面积,cm^2。

(2)检测结果

计算检测试样不同层理耐磨率算术平均值,取两位有效数。

2.4.5 天然饰面石材镜面光泽度的检测

1. 主要检测仪器

(1)光电光泽计

① 光学系统应满足 C 光源及视觉函数 $y(\lambda)$ 的要求。

② 光泽计光束孔径为 $\phi30$,在60°几何条件下,光学条件见表2-6。

表2-6 光学条件

孔径	测量平面内/°	垂直于测量平面/°
光源	0.75±0.25	3.00
接收器	4.40±0.10	11.70±0.20

(2)光泽度标准板

① 高光泽标准板:表面应平整经抛光的其折射率为1.567黑玻璃,规定60°几何条件镜面光泽度为100,经授权的计量单位定标。

② 低光泽工作标准板:陶瓷板,光泽值经授权的计量单位定标。

2. 检测试样

检测试样尺寸为300mm×300mm表面抛光的板材,5块。

3. 具体检测步骤

(1)仪器校正:先打开光源预热,将仪器开口置于高光泽标准板中央,并将仪器的读数调整到标准黑玻璃的定标值。再检测低光泽工作标准板,如读数与定标值相差一个单位之内,则仪器已准备好。

(2)用镜头纸或无毛的布擦干净检测试样表面,按光泽计操作说明测每块板材的光泽度,测试位置与点数见图2-10。

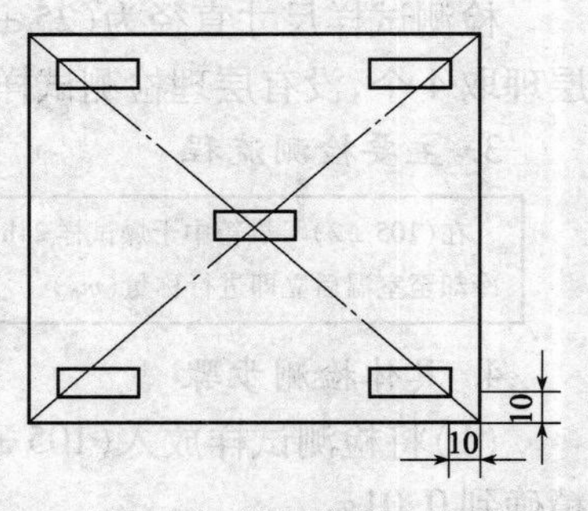

图2-10 测试位置与点数

4. 检测结果评定

计算每块板材光泽度的算术平均值。

2.4.6　天然饰面石材的物理、力学性能的检测实训报告

天然饰面石材的物理、力学性能的检测实训报告见表 2-7。

表 2-7　天然饰面石材的物理、力学性能的检测实训报告

工程名称：　　　　　　　　报告编号：　　　　　　　　工程编号：

<table>
<tr><td>委托单位</td><td></td><td>委托编号</td><td></td><td>委托日期</td><td></td></tr>
<tr><td>施工单位</td><td></td><td>样品编号</td><td></td><td>检验日期</td><td></td></tr>
<tr><td>结构部位</td><td></td><td>出厂合格证编号</td><td></td><td>报告日期</td><td></td></tr>
<tr><td>厂　别</td><td></td><td>检验性质</td><td></td><td>代表数量</td><td></td></tr>
<tr><td>发证单位</td><td></td><td>见证人</td><td></td><td>证书编号</td><td></td></tr>
<tr><td colspan="4">项　　目</td><td colspan="2">指　　标</td></tr>
<tr><td colspan="4">体积密度 $\rho_0 = \frac{m_0}{m_1 - m_2}/(\mathrm{g/cm^3}), \geqslant$</td><td colspan="2"></td></tr>
<tr><td colspan="4">吸水率 $W_a = \frac{m_1 - m_0}{m_0} \times 100/(\%), \leqslant$</td><td colspan="2"></td></tr>
<tr><td colspan="4">干燥压缩强度 $R_s = \frac{P}{S}/\mathrm{MPa}, \geqslant$</td><td colspan="2"></td></tr>
<tr><td>干　燥</td><td colspan="3" rowspan="2">弯曲强度 $R_t = \frac{3P \cdot L}{2B \cdot h^2}/\mathrm{MPa}, \geqslant$</td><td colspan="2"></td></tr>
<tr><td>水饱和</td><td colspan="2"></td></tr>
<tr><td colspan="6">结　论：</td></tr>
<tr><td colspan="6">执行标准：</td></tr>
<tr><td rowspan="8">主要仪器设备</td><td>检测仪器</td><td></td><td>管理编号</td><td colspan="2"></td></tr>
<tr><td>型号规格</td><td></td><td>有效期</td><td colspan="2"></td></tr>
<tr><td>检测仪器</td><td></td><td>管理编号</td><td colspan="2"></td></tr>
<tr><td>型号规格</td><td></td><td>有效期</td><td colspan="2"></td></tr>
<tr><td>检测仪器</td><td></td><td>管理编号</td><td colspan="2"></td></tr>
<tr><td>型号规格</td><td></td><td>有效期</td><td colspan="2"></td></tr>
<tr><td>检测仪器</td><td></td><td>管理编号</td><td colspan="2"></td></tr>
<tr><td>型号规格</td><td></td><td>有效期</td><td colspan="2"></td></tr>
<tr><td>备　注</td><td colspan="5"></td></tr>
<tr><td>声　明</td><td colspan="5"></td></tr>
<tr><td>地　址</td><td colspan="5">地址：
邮编：
电话：</td></tr>
</table>

审批(签字)：________审核(签字)：________校核(签字)：________检测(签字)：________

检测单位(盖章)：________

报　告　日　期：　　年　月　日

注：本表一式四份(建设单位、施工单位、检测实验室、城建档案馆存档各一份)。

第3章　砌筑材料性能的检测与实训

教学目的：通过加强砌筑材料的检测与实训，可让学生掌握各种砌筑材料是如何取样、送样及其各项检测项目是如何进行检测的，从而达到“教、学、做”合一，实现学生岗位核心能力的培养目标。

教学要求：全面了解各种砌筑材料的各项检测项目（包括烧结普通砖、烧结多孔砖、烧结空心砖和空心砌块、粉煤灰砖、粉煤灰砌块、蒸压灰砂砖、蒸压灰砂空心砖、普通混凝土小型空心砌块、轻骨料混凝土小型空心砌块和蒸压加气混凝土砌块等的抗压强度、抗风化、泛霜、石灰爆裂、抗冻性、吸水率，密度和冻融性能）是如何取样、送样的，重点掌握其检测技术。

3.1　砌筑材料检测的基本规定

3.1.1　执行标准

《砌墙砖试验方法》GB/T 2542—2003；
《烧结普通砖》GB 5101—2003；
《烧结多孔砖》GB 13544—2000；
《轻集料混凝土小型空心砌块》GB/T 15229—2002；
《烧结空心砖和空心砌块》GB 13545—2003；
《粉煤灰砖》JC 239—2001；
《粉煤灰砌块》JC 238—1996；
《蒸压灰砂砖》GB 11945—1999；
《蒸压灰砂空心砖》JC/T 637—1996；
《普通混凝土小型空心砌块》GB 8239—1997；
《蒸压加气混凝土砌块》GB 11968—2006。

3.1.2　砌筑材料性能必检项目、组批原则及取样规定

砌筑材料性能的必检项目、组批原则及取样规定见表3-1。

表3-1　砌筑材料性能的必检项目、组批原则及取样规定

序号	材料名称及标准规范	检　测　项　目	组批原则及取样规定
1	烧结普通砖 GB 5101—2003	必检：抗压强度 其他：抗风化、泛霜、石灰爆裂、抗冻性	1. 每15万块为一验收批，不足15万块也按一批计。 2. 每一验收批随机抽取试样一组（10块）
2	烧结多孔砖 GB 13544—2000	必检：抗压强度 其他：冻融、泛霜、石灰爆裂、吸水率	1. 每15万块为一验收批，不足15万块也按一批计。 2. 每一验收批随机抽取试样一组（10块）

续表 3-1

序号	材料名称及标准规范	检　测　项　目	组批原则及取样规定
3	烧结空心砖和空心砌块 GB 13545—2003	必检:抗压强度(大条面) 其他:密度、冻融、泛霜、石灰爆裂、吸水率	1. 每3.5～15万块为一验收批,不足3.5万块也按一批计。 2. 每批从尺寸偏差和外观质量检测合格的砖中,随机抽取抗压强度检测试样一组(5块)
4	粉煤灰砖 JC 239—2001	必检:抗压强度、抗折强度 其他:抗冻性、干燥收缩	1. 每10万块为一验收批,不足10万块也按一批计。 2. 每一验收批随机抽取试样一组(20块)
5	粉煤灰砌块 JC 238—1996	必检:抗压强度、抗折强度 其他:密度、碳化、抗冻性、干燥收缩	1. 每200m³为一验收批,不足200m³也按一批计。 2. 每批从尺寸偏差和外观质量检测合格的砌块中,随机抽取试样一组(3块),将其切割成边长为200mm的立方体试件进行检测
6	蒸压灰砂砖 GB 11945—1999	必检:抗压强度 其他:密度、抗冻性	1. 每10万块为一验收批,不足10万块也按一批计。 2. 每一验收批随机抽取试样一组(120块)
7	蒸压灰砂空心砖 JC/T 637—1996	必检:抗压强度 其他:抗冻性	1. 每10万块为一验收批,不足10万块也按一批计。 2. 从外观合格的砖样中,随机抽取2组10块(NF砖2组20块)进行抗压强度检测和抗冻性检测。 注:NF为规格代号,尺寸为240mm×115mm×53mm
8	普通混凝土小型空心砌块 GB 8239—1997	必检:抗压强度(大条面) 其他:抗折强度、密度、空心率、含水率、吸水率、干燥收缩软化系数、抗冻性	1. 每1万块为一验收批,不足1万块也按一批计。 2. 每批从尺寸偏差和外观质量检测合格的砖中,随机抽取抗压强度检测试样一组(5块)
9	轻集料混凝土小型空心砌块 GB/T 15229—2002	必检:抗压强度 其他:同上	
10	蒸压加气混凝土砌块 GB 11968—2006	必检:抗压强度、干体积密度 其他:干燥收缩、抗冻性、导热性	1. 每1万块为一验收批,不足1万块也按一批计。 2. 每批从尺寸偏差和外观质量检测合格的砌块中,制作3组试件进行抗压强度检测,制作3组试件做干体积密度检测

3.2　砌墙砖性能的检测

3.2.1　尺寸的检测

1. 主要检测仪器设备

砖用卡尺:分度值为0.5mm,如图3-1所示。

2. 具体检测方法

砖样的长度和宽度应在砖的两个大面的中间处分别检测两个尺寸,高度应在砖的两个条面的中间处分别检测两个尺寸,如图3-2所示,当被测处缺损或凸出时,可在其旁边检测,但应选择不利的一侧进行检测。

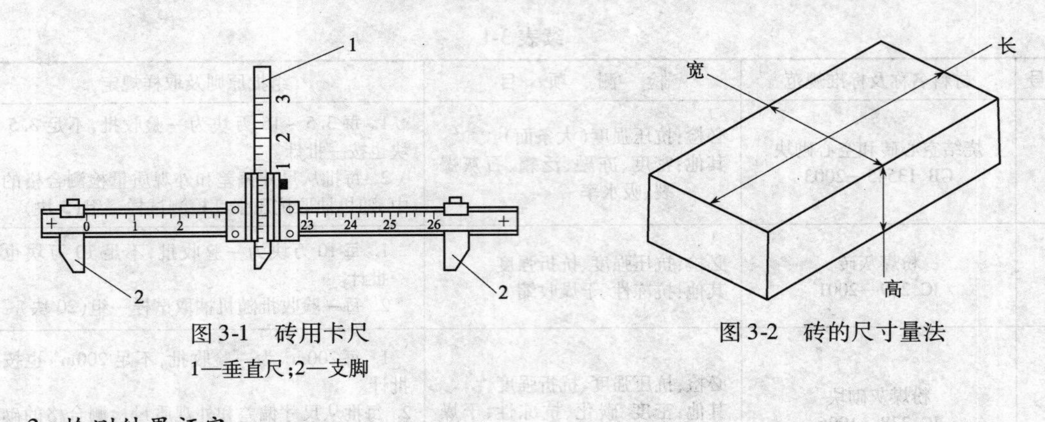

图 3-1 砖用卡尺
1—垂直尺；2—支脚

图 3-2 砖的尺寸量法

3. 检测结果评定

检测结果分别以长度、宽度和高度的最大偏差值表示，不足 1mm 者按 1mm 计。

3.2.2 外观质量的检测

1. 主要检测仪器设备

砖用卡尺：分度值 0.5mm，如图 3-1 所示；

钢直尺：分度值 1mm。

2. 具体检测方法

(1)缺损

缺棱掉角在砖上造成的破损程度，以破损部分对长、宽、高三个棱边的投影尺寸来度量，称为破坏尺寸，如图 3-3 所示。缺损造成的破坏面，系指缺损部分对条、顶面（空心砖为条、大面）的投影面积，如图 3-4 所示。空心砖内壁残缺及肋残缺尺寸，以长度方向的投影尺寸来度量。

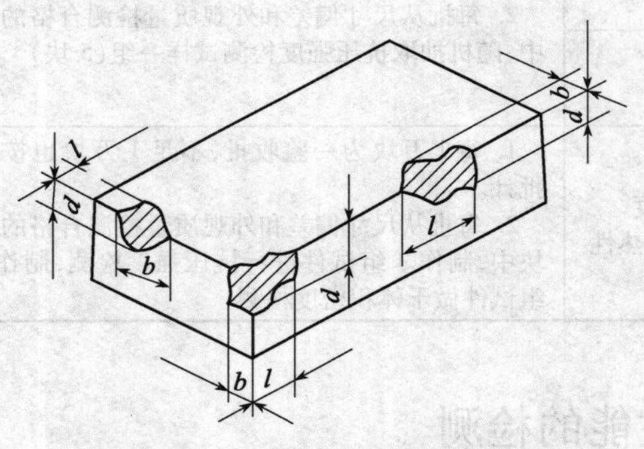

图 3-3 缺棱掉角砖的破坏尺寸量法
l—长度方向的投影量；b—宽度方向的投影量；
d—高度方向的投影量

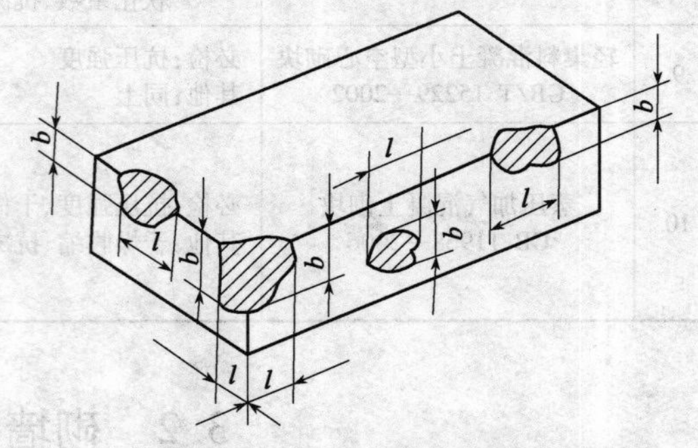

图 3-4 缺损在条、顶面上造成破坏的尺寸量法
l—长度方向的投影量；b—宽度方向的投影量；
d—高度方向的投影量

(2)裂纹

裂纹分为长度方向、宽度方向和水平方向三种，以被检测方向上的投影长度表示。如果裂纹从一个面延伸至其他面上时，则累计其延伸的投影长度，如图 3-5 所示。多孔砖的孔洞与裂纹相通时，则将孔洞包括在裂纹内一并检测，如图 3-6 所示。裂纹长度以在三个方向上分别测得的最长裂纹作为检测结果。

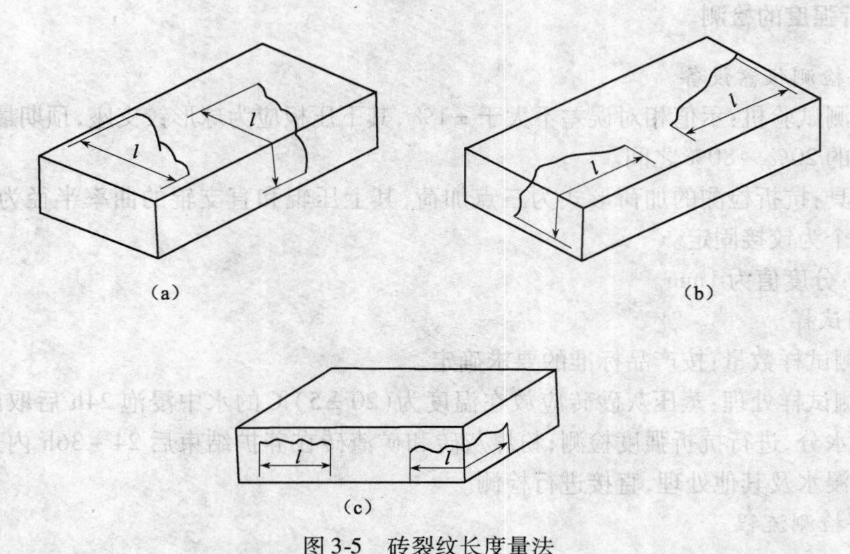

图 3-5　砖裂纹长度量法

(a)宽度方向裂纹长度量法;(b)长度方向裂纹长度量法;(c)水平方向裂纹长度量法

(3)弯曲

弯曲分别在大面和条面上检测,检测时将砖用卡尺的两只脚沿棱边两端放置,择其弯曲最大处将垂直尺推至砖面,如图 3-7 所示。但不应将因杂质或碰伤造成的凹陷计算在内。以弯曲检测中测得的较大者作为检测结果。

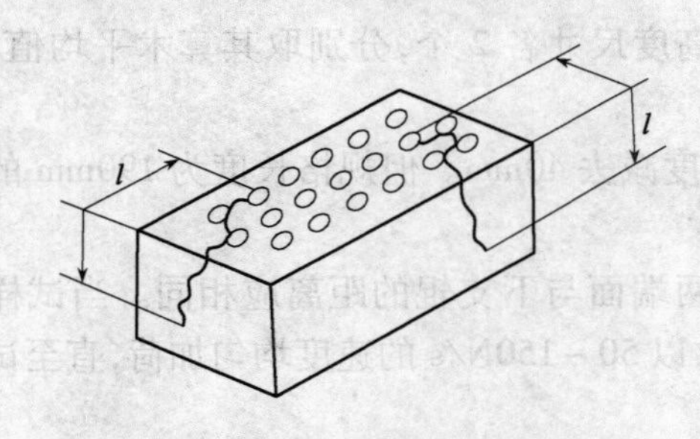

图 3-6　多孔砖裂纹通过孔洞时的尺寸量法

l—裂纹总长度

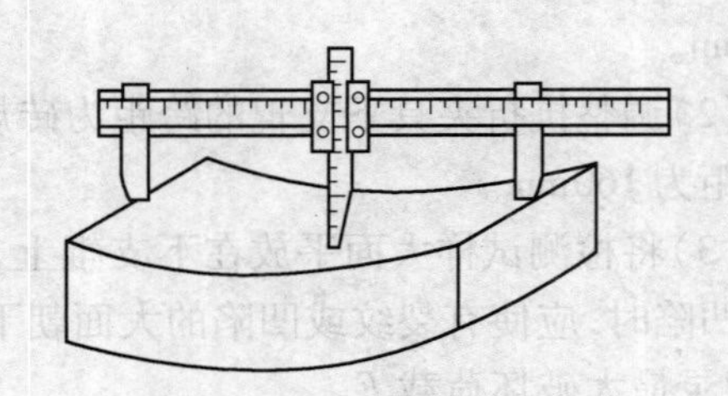

图 3-7　砖的弯曲量法

(4)砖杂质凸出高度量法

杂质在砖面上造成的凸出高度,以杂质距砖面的最大距离表示。

检测时将砖用卡尺的两只脚置于杂质凸出部分两侧的砖平面上,以垂直尺检测,如图 3-8 所示。

(5)色差

装饰面朝上随机分成两排并列,在自然光下距离砖样 2m 处目测。

3. 检测结果评定

外观检测以 mm 为单位,不足 1mm 者按 1mm 计。

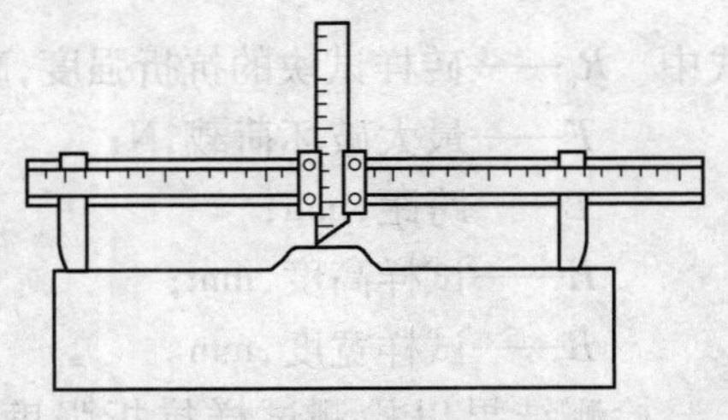

图 3-8　砖的杂质凸出量法

3.2.3 抗折强度的检测

1. 主要检测仪器设备

材料检测试验机：示值相对误差不大于±1%，其下压板应为球形铰支座，预期最大破坏荷载应在量程的20%～80%之间。

抗折夹具：抗折检测的加荷形式为三点加荷，其上压辊和直支辊的曲率半径为15mm，下支辊应有一个为铰接固定。

钢直尺：分度值为1mm。

2. 检测试样

(1)检测试样数量：按产品标准的要求确定。

(2)检测试样处理：蒸压灰砂砖应放在温度为(20±5)℃的水中浸泡24h后取出，用湿布拭去其表面水分，进行抗折强度检测；粉煤灰砖和矿渣砖在养护结束后24～36h内进行检测；烧结砖不需浸水及其他处理，直接进行检测。

3. 主要检测流程

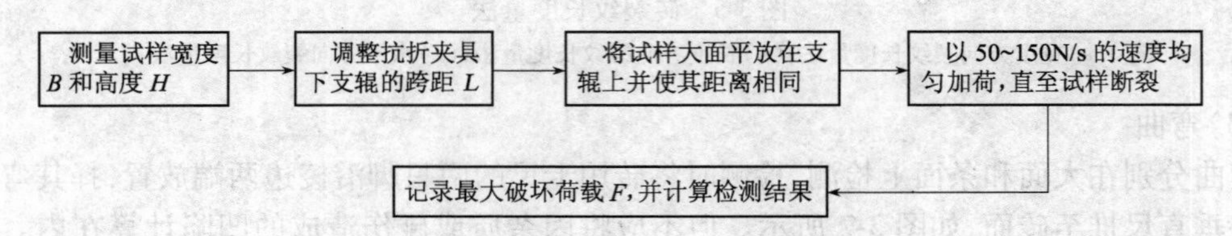

4. 具体检测步骤

(1)按尺寸检测的规定，检测试样的宽度和高度尺寸各2个，分别取其算术平均值，精确至1mm。

(2)调整抗折夹具下支辊的跨距为砖规格长度减去40mm。但规格长度为190mm的砖样其跨距为160mm。

(3)将检测试样大面平放在下支辊上，试样两端面与下支辊的距离应相同。当试样有裂纹或凹陷时，应使有裂纹或凹陷的大面朝下放置，以50～150N/s的速度均匀加荷，直至试样断裂，记录最大破坏荷载 F。

5. 检测结果计算与评定

每块检测试样的抗折强度 R_c 按式(3-1)计算，精确至0.01MPa。

$$R_c = \frac{3FL}{2BH^2} \tag{3-1}$$

式中 R_c——砖样试块的抗折强度，MPa；

F——最大破坏荷载，N；

L——跨距，mm；

H——试样高度，mm；

B——试样宽度，mm。

检测结果以检测试样抗折强度的算术平均值和单块最小值表示，精确至0.01MPa或0.01kN。

3.2.4　抗压强度的检测

1. 主要检测仪器设备

材料检测试验机：示值相对误差不大于 ±1%，其下压板应为球形铰支座，预期最大破坏荷载应在量程的 20% ~80% 之间。

抗压检测试件制备平台：检测试件制备平台必须平整水平，可用金属或其他材料制作。

水平尺：规格为 250 ~350mm。

钢直尺：分度值为 1mm。

振动台：分度值为 1mm。

制样模具、砂浆搅拌机和切割设备。

2. 检测试样制备

(1)烧结普通砖

① 将检测试样切断或锯成两个半截砖，断开后的半截砖长不得小于 100mm。如果不足 100mm，应另取备用试样补足，如图 3-9 所示。

② 在检测试样制备平台上，将已断开的半截砖放入室温的净水中浸 10 ~20min 后取出，并以断口相反方向叠放，两者中间抹以厚度不超过 5mm 的水泥净浆(水泥浆用 42.5 级的普通硅酸盐水泥调制，稠度要适宜)粘结，上下两面用厚度不超过 3mm 的同种水泥浆抹平。制成的检测试件上下两面需相互平行，并垂直于侧面，如图 3-10 所示。

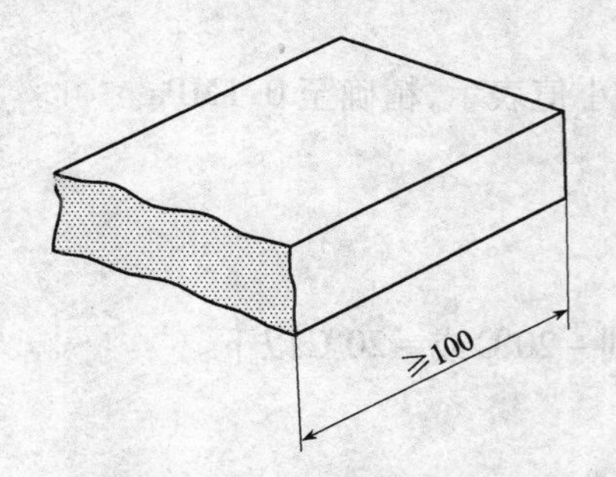

图 3-9　半截砖长度示意图

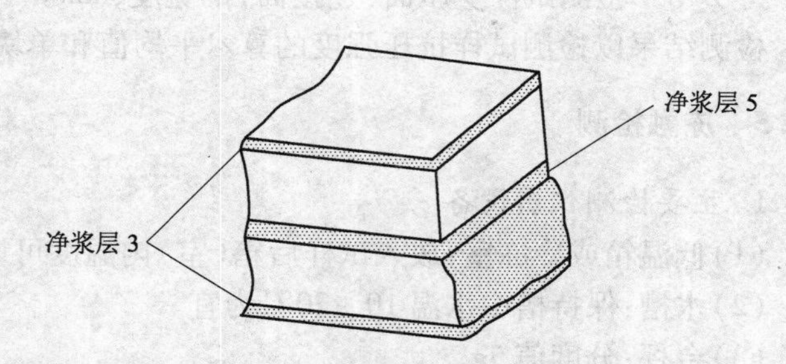

图 3-10　水泥净浆层厚度示意图

(2)多孔砖、空心砖

检测试件制作采用坐浆法操作。即用玻璃板置于检测试件制备平台上，其上铺一张湿的垫纸，纸上铺一层厚度不超过 5mm 的用 42.5 级的普通硅酸盐水泥制成的稠度适宜的水泥净浆，再将经水中浸泡 10 ~20min 的试样平稳地将受压面放在水泥浆上，在另一受压面上稍加压力，使整个水泥层与砖的受压面相互粘结，砖的侧面应垂直于玻璃板。待水泥浆适当凝固后，连同玻璃板翻放在另一铺纸放浆的玻璃板上，再进行坐浆，并用水平尺校正好玻璃板的水平。

(3)非烧结砖

将同一块检测试样的两半截砖断口相反叠放，叠合部分不得小于 100mm，如图 3-11 所示，即为抗压强度检测试件。如果不足 100mm 时则应剔除，另取备用检测试样补足。

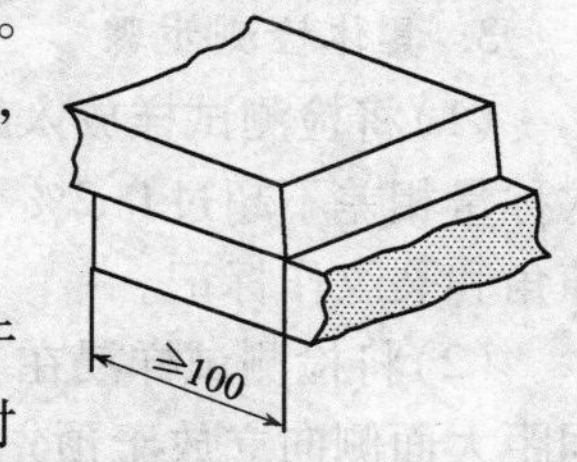

图 3-11　半截砖叠合示意图

3. 检测试件养护

(1)制成的抹面检测试件置于不低于10℃的不通风室内养护3d；

(2)非烧结砖检测试件，不需养护，直接进行检测。

4. 主要检测流程

测量试样宽度B和高度H → 将试件平放在加压板上，垂直受压面加荷 → 以2~6kN/s速度均匀加荷，直至试件破坏 → 记录最大破坏荷载F，并计算检测结果

5. 具体检测步骤

(1)检测每个试件连接面或受压面的长、宽尺寸各2个，分别取其平均值，精确至1mm。

(2)将检测试件平放在加压板的中央，垂直于受压面加荷，应均匀平稳，不得发生冲击或振动，加荷速度以2~6kN/s为宜，直至试件破坏为止，记录最大破坏荷载F。

6. 检测结果计算与评定

每块检测试样的抗压强度R_p按式(3-2)计算(精确至0.1MPa)：

$$R_p = \frac{F}{LB} \tag{3-2}$$

式中 R_p—砖样检测试块的抗压强度，MPa；

F——最大破坏荷载，N；

L——检测试件受压面(连接面)的长度，mm；

B——检测试件受压面(连接面)的宽度，mm。

检测结果以检测试样抗压强度的算术平均值和单块最小值表示，精确至0.1MPa。

3.2.5 冻融检测

1. 主要检测仪器设备

(1)低温箱或冷冻室：放入试样后箱(室)内温度可调到-20℃或-20℃以下。

(2)水槽：保持槽中水温10~20℃为宜。

(3)台秤：分度值5g。

(4)鼓风干燥箱。

2. 检测试样数量与处理

(1)检测试样数量：烧结砖和蒸压灰砂砖为5块，其他砖为10块。检测结果以抗压强度表示时，检测试样数量为10块。

(2)用毛刷清理试样表面，并顺序编号。

3. 具体检测步骤

(1)将检测试样放入鼓风干燥箱中，在100~110℃下干燥至恒量(在干燥过程中，前后两次称量相差不超过0.2%，前后两次称量时间间隔为2h)，称其质量G_0，并检查外观。将缺棱掉角和裂纹作标记。

(2)将检测试样浸在10~20℃的水中，24h后取出，用湿布拭去表面水分，以大于20mm的间距大面侧向立放于预先降温至-15℃以下的冷冻箱中。

(3)当箱内温度再次降至-15℃时开始计时，在-15~-20℃下冰冻：烧结砖冻3h；非烧结砖冻5h。然后取出放入10~20℃的水中融化：烧结砖不少于2h；非烧结砖不少于3h。如此

为一次冻融循环。

(4)每5次冻融循环,检测一次冻融过程中出现的破坏情况,如冻裂、缺棱、掉角、剥落等。

(5)冻融过程中,发现检测试样的冻坏超过外观规定时,应继续检测至15次冻融循环结束为止。

(6)15次冻融循环后,检查并记录试样在冻融过程中的冻裂长度、缺棱掉角和剥落等破坏情况。

(7)经15次冻融循环后的试样,放入鼓风干燥箱中,在105~110℃下干燥至恒量(在干燥过程中,前后两次称量相差不超过0.2%,前后两次称量时间间隔为2h),称其质量 G_1。烧结砖若未发现冻坏现象,则可不进行干燥称量。

(8)将干燥后的试样(非烧结砖再在10~20℃的水中浸泡24h)按本书3.2.4节抗压强度检测的规定进行抗压强度检测。

(9)各砌墙砖可根据其产品标准要求进行其中部分检测。

4. 检测结果计算与评定

(1)质量损失率 G_m 按式(3-3)计算,精确至0.1%:

$$G_m = \frac{G_0 - G_1}{G_0} \times 100\% \qquad (3\text{-}3)$$

式中　G_m——质量损失率,%;

G_0——检测试样冻融前干质量,g;

G_1——检测试样冻融后干质量,g。

(2)检测结果以检测试样抗压强度、外观质量和质量损失率表示。

3.2.6　体积密度的检测

1. 主要检测仪器设备

(1)鼓风干燥箱;

(2)台秤:分度值为5g。

(3)钢直尺或砖用卡尺,分度值为1mm。

2. 检测试样

每次检测用砖为5块,所取试样应外观完整。

3. 具体检测步骤

(1)清理试样表面,并注写编号,然后将试样置于100~110℃鼓风干燥箱中干燥至恒量,称其质量 G_0,并检查外观情况,不得有缺棱、掉角等破损。如有破损者,须重新换取备用检测试样。

(2)将干燥后的试样按规定,测量其长、宽、高尺寸各2个,分别取其平均值。

4. 检测结果计算与评定

(1)体积密度 ρ 按式(3-4)计算,精确至0.1kg/m³:

$$\rho = \frac{G_0}{L \cdot B \cdot H} \times 10^9 \qquad (3\text{-}4)$$

式中　ρ——体积密度,kg/m³;

G_0——检测试样干质量,kg;

L——检测试样长度,mm;

B——检测试样宽度,mm;

H——检测试样高度,mm。

(2)检测结果以检测试样密度的算术平均值表示,精确至 $1kg/m^3$。

3.2.7 石灰爆裂的检测

1. 主要检测仪器设备

(1)蒸煮箱。

(2)钢直尺:分度值为1mm。

2. 检测试样

(1)检测试样为未经雨淋或浸水、且近期生产的砖样,数量为5块。

(2)普通砖用整砖,多孔砖可用1/4块,空心砖用1/4块试验。多孔砖、空心砖试样可以用孔洞率检测或体积密度检测后的试样锯取。

(3)检测前检查每块检测试样,将不属于石灰爆裂的外观缺陷作标记。

3. 具体检测步骤

(1)将试样平行侧立于蒸煮箱内的篦子板上,试样间隔不得小于50mm,箱内水面应低于篦子板40mm。

(2)加盖蒸6h后取出。

(3)检测每块检测试样上因石灰爆裂(含检测前已出现的爆裂)而造成的外观缺陷,记录其尺寸(mm)。

4. 检测结果评定

以每块检测试样石灰爆裂区域的尺寸表示。

3.2.8 泛霜的检测

1. 主要检测仪器设备

(1)鼓风干燥箱。

(2)耐腐蚀的浅盘5个,容水深度25~35mm。

(3)能盖住浅盘的透明材料5张,在其中间部位开有大于检测试样宽度、高度或长度尺寸5~10mm的矩形孔。

(4)干、湿球温度计或其他温、湿度计。

2. 检测试样

(1)检测试样数量为5块。

(2)普通砖、多孔砖用整砖,空心砖用1/2块,可以用体积密度检测后的检测试样从长度方向的中间处锯取。

3. 具体检测步骤

(1)将黏附在检测试样表面的粉尘刷掉并编号,然后放入100~110℃的鼓风干燥箱中干燥24h,取出冷却至常温。

(2)将检测试样顶面或有孔洞的面朝上分别置于5个浅盘中,往浅盘中注入蒸馏水,水面高度不低于20mm,用透明材料覆盖在浅盘上,并将检测试样暴露在外面,记录时间。

(3)检测试样浸在盘中的时间为7d,开始2d内经常加水以保持盘内水面高度,以后则保持浸在水中即可。检测过程中要求环境温度为16~32℃,相对湿度30%~60%。

(4)7d后取出检测试样,在同样的环境条件下放置4d。然后在100~110℃的鼓风干燥箱中连续干燥24h。取出冷却至常温,记录干燥后的泛霜程度。

(5)7d后开始记录泛霜情况,每天一次。

4. 检测结果评定

(1)泛霜程度根据记录以最严重者表示。

(2)泛霜程度划分如下:

无泛霜:检测试样表面的盐析几乎看不到。

轻微泛霜:检测试样表面出现一层细小明显的霜膜,但试样表面仍清晰。

中等泛霜:检测试样部分表面或棱角出现明显霜层。

严重泛霜:检测试样表面出现起砖粉、掉屑及脱皮现象。

3.2.9　吸水率的检测

1. 主要检测仪器设备

(1)鼓风干燥箱。

(2)台秤:分度值为5g。

(3)蒸煮箱。

2. 检测试样

(1)检测试样数量为5块。

(2)普通砖用整块,多孔砖可用1/2块,空心砖用1/4块检测。空心砖试样可从体积密度检测后的检测试样上锯取。

3. 主要检测流程

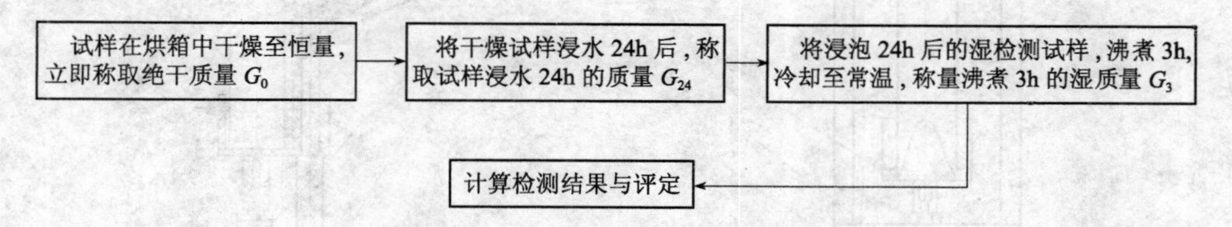

4. 具体检测步骤

(1)清理检测试样表面,并注写编号,然后置于100~110℃鼓风干燥箱中干燥至恒量,除去粉尘后,称其干质量 G_0。

(2)将干燥试样浸水24h,水温10~30℃。

(3)取出检测试样,用湿毛巾拭去表面水分,立即称量。称量时检测试样毛细孔渗出于秤盘中水的质量亦应计入吸水质量中,所得质量为浸泡24h的湿质量 G_{24}。

(4)将浸泡24h后的湿检测试样侧立放入蒸煮箱的篦子板上,检测试样间距不得小于10mm,注入清水,箱内水面应高于试样表面50mm,加热至沸腾,沸煮3h,停止加热,冷却至常温。

(5)取出检测试样,用湿毛巾拭去表面水分,立即称量沸煮3h的湿质量 G_3。

5. 检测结果计算与评定

(1)常温水浸泡24h试样吸水率W_{24}按式(3-5)计算,精确至0.1%:

$$W_{24}=\frac{G_{24}-G_0}{G_0}\times 100\% \tag{3-5}$$

式中 W_{24}——常温水浸泡24h检测试样吸水率,%;

G_0——检测试样干质量,g;

G_{24}——试样浸水24h的湿质量,g。

(2)检测试样沸煮3h吸水率W_3按式(3-6)计算,精确至0.1%:

$$W_3=\frac{G_3-G_0}{G_0}\times 100\% \tag{3-6}$$

式中 W_3——检测试样沸煮3h吸水率,%;

G_3——检测试样沸煮3h的湿质量,g;

G_0——检测试样干质量,g。

(3)吸水率以5块检测试样的算术平均值表示,精确至1%。

3.2.10 干燥收缩的检测

1. 主要检测仪器设备

(1)收缩测定仪:如图3-12所示。收缩测定仪的百分表量程为10mm,上下测点采用90°锥形凹座。

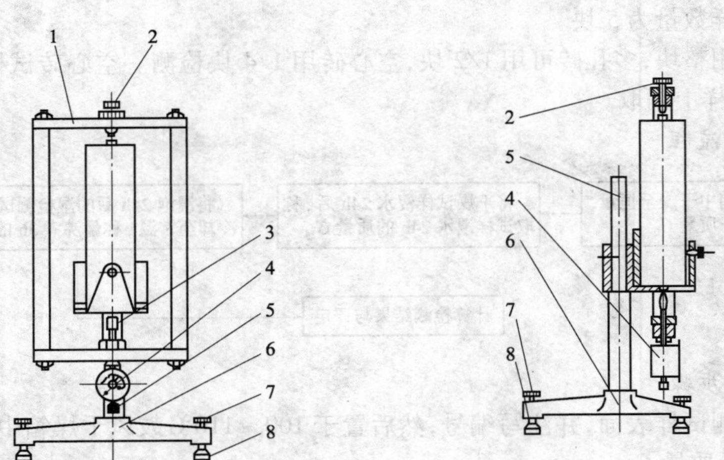

图3-12 收缩测定仪示意图

1—测量框架;2—上支点螺栓;3—下支点;4—百分表;5—立柱;6—底座;7—调平螺栓;8—调平座

(2)收缩头:如图3-13所示。用不锈钢或黄铜制成。

(3)鼓风干燥箱或调温调湿箱:鼓风干燥箱或调温调湿箱的箱体容积不小于0.05m³或大于试件总体积的5倍。箱体湿度以饱和氯化钙控制,每立方米箱体应给予不低于0.3m²暴露面积,且含有充分固体的氯化钙饱和溶液。

（4）搪瓷样盘。

（5）冷却箱：冷却箱可用金属板加工，且备有温度观测装置及具有良好的密封性。

2. 检测条件

试验应在（20±1）℃的温度下进行。

3. 检测试样

（1）检测试样尺寸与数量：3块240mm×115mm×53mm的试样为一组。

（2）检测试件制备：

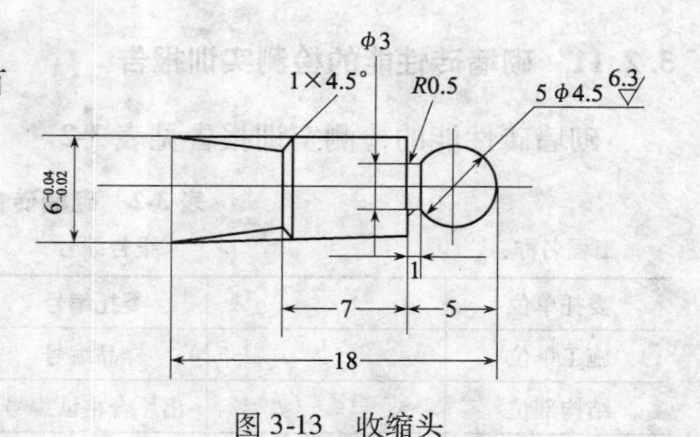

图3-13　收缩头

① 在检测试样两个顶面的中心，各钻一个直径6~8mm、深13mm的孔，编号并注明上下测点。

② 将检测试样浸水4~6h后取出，在孔内灌入水泥净浆或其他粘结剂，然后埋置收缩头，收缩头中心线应与试样中心线重合，检测试样顶面应保持平整，待收缩头固定后，清除其表面残留粘结剂。

4. 具体检测步骤

（1）制成的试件放置1d后，于（20±1）℃的水中浸泡4d，浸泡时，检测试件间的距离及水面至试件距离不小于20mm。

（2）将试件从水中取出，用湿布拭去表面水分并将收缩头擦干净。

（3）以标准杆确定仪器百分表原点（一般取5.00mm），然后按标明的上下点测定检测试件的初始长度，记录初始百分表读数。

（4）将检测试件放入温度为（50±1）℃，湿度在鼓风干燥箱或调温调湿箱中进行干燥至少44h，在干燥过程中，不得再放入其他湿试件。

（5）取出检测试件，置于冷却箱中冷却至（20±1）℃（一般需4h）后，在（20±1）℃的温度下进行检测，检测前应校准仪器百分表原点。

（6）每2d按步骤（4）和（5）重复进行干燥、冷却和检测；直至两次测长读数差在0.01mm范围内时为止，以最后两次的平均值作为干燥后读数。

（7）每次检测时，同组试件应在10min内完成。

5. 检测结果计算与评定

（1）干燥收缩值S按式（3-7）计算：

$$S=\frac{L_1-L_2}{L_0+L_1-2L-M_0}\times 1000 \tag{3-7}$$

式中　S——干燥收缩值，mm/m；

L_0——标准杆长度，mm；

L_1——检测试件初始读数（百分表读数），mm；

L_2——检测试件干燥后读数（百分表读数），mm；

L——收缩头长度，mm；

M_0——百分表原点，mm；

1000——系数，mm/m。

（2）检测结果以3块试件干燥收缩值的算术平均值表示，精确至0.01mm/m。

3.2.11 砌墙砖性能的检测实训报告

砌墙砖性能的检测实训报告见表3-2。

表3-2 砌墙砖性能的检测实训报告

工程名称： 报告编号： 工程编号：

委托单位			委托编号		委托日期	
施工单位			样品编号		检验日期	
结构部位			出厂合格证编号		报告日期	
厂　别			检验性质		代表数量(万块)	
设计强度等级	种类				规　格(mm×mm×mm)	
发证单位			见证人		证书编号	
强度指标	指标项目		平均值		平均值	最小值
	技术指标/(≥)MPa					
	抗压强度/MPa					
	变异系数					
耐久性	抗冻(融)循环					
	泛霜					
	石灰爆裂					
物理性质	吸水率	常温水浸泡24h试样吸水率/%				
		试样沸煮3h吸水率/%				
尺寸偏差						
外观质量						
结　论：						
执行标准：						
主要仪器设备	检测仪器				管理编号	
	型号规格				有效期	
	检测仪器				管理编号	
	型号规格				有效期	
备　注						
声　明						
地　址	地址： 邮编： 电话：					

审批(签字)：＿＿＿＿＿＿审核(签字)：＿＿＿＿＿＿校核(签字)：＿＿＿＿＿＿检测(签字)：＿＿＿＿＿＿

检测单位(盖章)：＿＿＿＿＿＿

报 告 日 期： 年 月 日

注：本表一式四份(建设单位、施工单位、检测实验室、城建档案馆存档各一份)。

3.3　混凝土小型空心砌块性能的检测

3.3.1　尺寸的检测和外观质量的检测

1. 量具

钢直尺或钢卷尺，分度值 1mm。

2. 尺寸检测

(1) 长度在条面的中间检测，宽度在顶面的中间检测，高度在顶面的中间检测。每项在对应两面各测一次，精确至 1mm。

(2) 壁、肋厚在最小单位检测，每选两处各测一次，精确至 1mm。

3. 外观质量具体检测步骤

(1) 弯曲测量：将直尺贴靠坐浆面、铺浆面和条面，检测直尺与检测试件之间的最大间距，精确至 1mm。

(2) 缺棱掉角检测：将直尺贴靠棱边，检测缺棱掉角在长、宽、高三个方向的投影尺寸，精确至 1mm。

(3) 裂纹检查：用钢直尺测量裂纹在所在面上的最大投影尺寸，如裂纹由一个面延伸到另一个面时，则累计其延伸的投影尺寸，精确至 1mm。

4. 检测结果评定

(1) 检测试件的尺寸偏差以实际检测的长度、宽度和高度与规定尺寸的差值表示。

(2) 弯曲、缺棱掉角和裂纹长度的检测结果以最大检测值表示。

3.3.2　抗压强度的检测

1. 主要检测仪器设备

材料检测试验机：示值相对误差不大于 ±1%，其下压板应为球形铰支座，预期最大破坏荷载应在量程的 20% ~80% 之间。

钢板：厚度不小于 10mm，平面尺寸应大于 440mm × 240mm。钢板的一面需平整，精度要求在长度方向范围内的平面度不大于 0. 1mm。

玻璃平板：厚度不小于 6mm，平面尺寸要求与钢板相同。

水平尺。

2. 检测试样制备

(1) 取样：检测试件数量为 5 个砌块。

(2) 检测试样制备：处理坐浆面和铺浆面，使之成为互相平行的平面。将钢板置于稳固的底座上，平整面向上，用水平尺调至水平。在钢板上先薄薄地涂一层机油或铺一层湿纸，然后铺一层 1 份质量的 32. 5 级以上的普通硅酸盐水泥和 2 份细砂，加入适量的水调成的砂浆，将试件的坐浆面湿润后平稳地压入砂浆层内，使砂浆层尽可能均匀，厚度为 3 ~5mm。将多余的砂浆沿试件棱边刮掉，静置 24h 后，再按上述方法处理试件的坐浆面。为使两面能彼此平行，在处理铺浆面时，应将水平尺置于现已向上的坐浆面上，调至水平。在温度 10℃ 以上不通风的室内养护 3d 后做抗压强度检测。

(3)为缩短时间,也可在坐浆面砂浆层处理后,不经静置立即在向上的铺浆面上铺一层砂浆,压上事先涂油的玻璃平板,边压边观察砂浆层,将气泡全部排出,并用水平尺调至水平,使砂浆层平而均匀,厚度为 3 ~5mm。

3. 具体检测步骤

(1)按尺寸测量方法测定每个试件的长度和宽度,分别求出各个方向的平均值,精确至 1mm。

(2)将试件置于检测试验机承压板上,将试件的轴线与检测试验机压板的压力中心重合,以 10 ~30N/s 的速度加荷,直至试件破坏,记录最大荷载 F。

若检测试验机压板不足以覆盖检测试件受压面时,可在试件的上、下承压面加辅助钢制压板。辅助钢制压板的背面光洁度应与检测试验机原压板相同,其厚度至少为原压板边至辅助钢制压板最远角距离的 1/3。

4. 抗压强度计算

单个检测试件抗压强度按式(3-8)计算,精确至 0. 1MPa。

$$R = \frac{F}{LB} \tag{3-8}$$

式中　R——检测试件的抗压强度,MPa;

F——破坏荷载,N;

L、B——分别为受压面的长度和宽度,mm;

检测结果以 5 个检测试件抗压强度的算术平均值和单块最小值表示,精确至 0. 1MPa。

3. 3. 3　抗折强度的检测

1. 主要检测仪器设备

材料检测试验机:同 3. 3. 2—1。

钢棒:直径 35 ~40mm,长度 210mm,数量为三根。

抗折支座:由安放在底板上的两根钢棒组成,其中至少有一根是可以自由滚动的。

2. 检测试样制备

(1)取样:检测试件数量为 5 个砌块。

(2)检测试样制备:按检测规定检测每个试件的高度和宽度,分别求出各个方向的平均值。

(3)检测试件表面处理:按规定进行表面处理后,将检测试件孔洞中的砂浆层打掉。

3. 具体检测步骤

(1)将抗折支座置于材料检测试验机承压板上,调整钢棒轴线间的距离,使其等于检测试件长度减一个坐浆面处的肋厚,再使抗折支座的中线与检测试验机压板的压力中心重合。

(2)将检测试件的坐浆面置于抗折支座上。

(3)在检测试件的上部 1/2 长度处放置一根钢棒。

(4)以 250N/s 的速度加荷直至试件破坏,记录最大破坏荷载 F。

4. 结果计算与评定

每个检测试件的抗压强度 R_z 按式(3-9)计算,精确至 0. 1MPa:

$$R_z = \frac{3FL}{2BH^2} \tag{3-9}$$

式中　R_z——检测试件的抗折强度,MPa;

F——最大破坏荷载,N;

L——跨距,mm;

H——检测试样高度,mm;

B——检测试样宽度,mm。

检测结果以 5 个检测试样抗折强度的算术平均值和单块最小值表示,精确至 0.1MPa。

3.3.4　混凝土小型空心砌块性能的检测实训报告

混凝土小型空心砌块性能的检测实训报告见表 3-3。

表 3-3　混凝土小型空心砌块性能的检测实训报告

工程名称:　　　　　　　　　　报告编号:　　　　　　　　　　工程编号:

委托单位		委托编号		委托日期	
施工单位		样品编号		检验日期	
结构部位		出厂合格证编号		报告日期	
厂　别		检验性质		代表数量(万块)	
设计强度等级		种类		规　格(mm×mm×mm)	
发证单位		见证人		证书编号	
强度指标	指标项目	平均值		平均值	最小值
	技术指标/(≥)MPa				
	抗压强度/MPa				
	抗折强度/MPa				
尺寸偏差					
外观质量					
结　论:					
执行标准:					
主要仪器设备	检测仪器		管理编号		
	型号规格		有效期		
	检测仪器		管理编号		
	型号规格		有效期		
备　注					
声　明					
地　址	地址: 邮编: 电话:				

审批(签字):＿＿＿＿＿审核(签字):＿＿＿＿＿校核(签字):＿＿＿＿＿检测(签字):＿＿＿＿＿

检测单位(盖章):＿＿＿＿＿

报　告　日　期:　　年　月　日

注:本表一式四份(建设单位、施工单位、检测实验室、城建档案馆存档各一份)。

3.4　加气混凝土砌块性能的检测

3.4.1　加气混凝土砌块尺寸的检测和外观质量的检测

1. 量具:钢直尺或钢卷尺,最小刻度为1mm。

2. 尺寸检测:长度、宽度和高度分别在两个对应面的端部检测,各量两个尺寸。精确至1mm。

3. 外观质量具体检测步骤

(1)平面弯曲:检测弯曲面的最大缝隙尺寸。

(2)缺棱掉角检查:缺棱或掉角个数,目测;检测砌块破坏部分对砌块的长、宽、高三个方向的投影尺寸,精确至1mm。

(3)裂纹:裂纹条数,目测;长度以所在面最大的投影尺寸为准,若裂纹从一面延伸至另一面,则以两个面上的投影尺寸之和为准。

(4)爆裂和损坏深度:将钢尺平放在砌块表面,用钢卷尺垂直于钢尺,检测其最大深度。

(5)砌块表面油污、表面疏松、层裂:目测。

3.4.2　加气混凝土砌块力学性能的检测

1. 主要检测仪器设备

(1)材料检测试验机:精度(示值的相对误差)不应低于±2%,其量程的选择应能使检测试件的预期最大破坏荷载处在全量程的20%~80%范围内。

(2)托盘天平或磅秤:称量2000g,感量1g。

(3)电热鼓风干燥箱:最高温度200℃。

(4)钢板直尺:规格为300mm,分度值为0.5mm。

2. 检测试件

(1)检测试件制备:按GB/T 11968—2006有关规定进行,受力面必须锉平或磨平。

(2)检测试件尺寸和数量。

① 抗压强度:100mm×100mm×100mm立方体检测试件一组3块。

② 抗折强度:100mm×100mm×400mm棱柱体检测试件一组3块。

(3)检测试件含水状态

① 抗压强度检测试件在质量含水率为25%~45%下进行检测。

② 抗折强度检测试件在质量含水率8%~12%下进行检测。

3. 具体检测步骤

(1)抗压强度

① 检测试件外观。

② 检测试件的尺寸,精确至1mm,并计算试件的受压面积(A_1)。

③ 将检测试件放在材料检测试验机的下压板的中心位置,检测试件的受压方向应垂直于制品的膨胀方向。

④ 开动检测试验机,当上压板与检测试件接近时,调整球座,使接触均衡。

⑤ 以(2.0±0.5)kN/s的速度连续而均匀地加荷，直到试件破坏，记录破坏荷载(p_1)。

⑥ 将检测后的检测试件全部或部分立即称质量，然后在(105±5)℃下烘至恒量，计算其含水率。

(2)抗折强度

① 检测试件外观。

② 在检测试件中部检测其宽度和高度，精确至1mm。

③ 将检测试件放在抗弯支座辊轮上，支点间距为300mm，开动检测试验机，当加压辊轮与试件快接近时，调整加压辊轮及支座辊轮，使接触均衡，其所有间距的尺寸偏差不应大于±1mm。

④ 检测试验机与检测试件接触的两个支座辊轮和两个加压辊轮应具有直径30mm的弧形顶面，并应至少比检测试件的宽度长10mm。其中3个(一个支座辊轮和两个加压辊轮)尽量做到能滚动并前后倾斜。

⑤ 以(0.20±0.05)kN/s的速度连续而均匀地加荷，直到检测试件破坏，记录破坏荷载(p)及破坏位置。

⑥将检测后的短半段试件，立即称其质量，然后在(105±5)℃下烘至恒量，计算其含水率。

4. 检测结果计算与评定

(1)抗压强度按式(3-10)计算：

$$f_{cc}=\frac{p_1}{A_1} \tag{3-10}$$

式中　f_{cc}——检测试件的抗压强度，MPa；

P_1——破坏荷载，N；

A_1——检测试件受压面积，mm^2。

(2)抗压强度按式(3-11)计算：

$$f_f=\frac{p\cdot L}{b\cdot h^2} \tag{3-11}$$

式中　f_f——检测试件的抗折强度，MPa；

P——破坏荷载，N；

b——检测试件宽度，mm；

h——检测试件高度，mm。

(3)抗压强度的计算精确至0.1MPa；抗折强度的计算精确至0.01MPa。

3.4.3　加气混凝土砌块性能的检测实训报告

加气混凝土砌块性能的检测实训报告见表3-4。

表 3-4 加气混凝土砌块性能的检测实训报告

工程名称： 报告编号： 工程编号：

委托单位		委托编号		委托日期	
施工单位		样品编号		检验日期	
结构部位		出厂合格证编号		报告日期	
厂　别		检验性质		代表数量（万块）	
设计强度等级		种类		规　格（mm × mm × mm）	
发证单位		见证人		证书编号	
强度指标	指标项目	平均值	平均值	最小值	
	技术指标/（≥）MPa				
	抗压强度/MPa				
	抗折强度/MPa				
尺寸偏差					
外观质量					
结　论：					
执行标准：					
主要仪器设备	检测仪器		管理编号		
	型号规格		有效期		
	检测仪器		管理编号		
	型号规格		有效期		
备　注					
声　明					
地　址	地址： 邮编： 电话：				

审批（签字）：________ 审核（签字）：________ 校核（签字）：________ 检测（签字）：________

检测单位（盖章）：________

报 告 日 期： 年 月 日

注：本表一式四份（建设单位、施工单位、检测实验室、城建档案馆存档各一份）。

第4章　无机胶凝材料性能的检测与实训

教学目的：通过加强无机胶凝材料的检测与实训，可让学生掌握无机胶凝材料是如何取样、送样及其各项检测项目是如何进行检测的，从而达到“教、学、做”合一，实现学生岗位核心能力的培养目标。

教学要求：全面了解无机胶凝材料的各项检测项目（包括水泥的密度、比表面积、细度、胶砂强度、标准稠度用水量、凝结时间和安定性等性能）是如何取样、送样，重点掌握其检测技术。

4.1　无机胶凝材料性能检测的基本规定

4.1.1　执行标准

《通用硅酸盐水泥》（GB 175—2007）；

《水泥细度检验方法　筛析法》（GB/T 1345—2005）；

《水泥比表面积测定方法　勃氏法》（GB/T 8074—2008）；

《水泥标准稠度用水量、凝结时间、安定性检验方法》（GB/T 1346—2001）；

《水泥胶砂强度检验方法（ISO 法）》（GB/T 17671—1999）；

《水泥胶砂流动度测定方法》（GB/T 2419—2005）。

4.1.2　无机胶凝材料性能的检测项目

无机胶凝材料性能的检测项目、组批原则及抽样规定见表4-1。

表4-1　无机胶凝材料性能的检测项目、组批原则及抽样规定

序号	材料名称及标准规范	检测项目	组批原则及取样规定
1	水泥 GB 175—2007 GB/T 1345—2005 GB/T 8074—2008 GB/T 1346—2001 GB/T 2419—2005 GB/T 17671—1999	必检：胶砂强度、水泥安定性、凝结时间 其他：细度、比表面积、标准稠度用水量、胶砂流动度	1. 袋装水泥以同品种、同强度等级、同出厂编号的水泥200t为一批，不足200t仍作一批。散装水泥以同一出厂编号的500t为一批；每批抽样不少于一次。 2. 随机在20个以上不同部位抽取等量样品并拌匀。取样应有代表性，可连续取。取样工具可采用自动连续取样器（见图4-1）和人工取样器——袋装水泥取样采用“袋装水泥取样器”，散装水泥采用“散装水泥槽形管状取样器”（分别见图4-2和图4-3）。样品总量至少12kg，混拌均匀后分成两份，一份由检测实验室按标准进行检测，一份密封保管3个月，以备有疑问时复验。 3. 当在使用中对水泥质量有怀疑或水泥出厂超过3个月时，应进行复检，并按复检结果使用。 4. 对水泥质量发生疑问需要作仲裁时，应按仲裁的方法进行。 5. 交货与验收。交货时水泥的质量验收可抽取实物检测试样，以其检测结果为依据，也可以水泥厂同编号水泥的检测报告为依据。采取何种方法验收由买卖双方商定，并在合同协议中注明

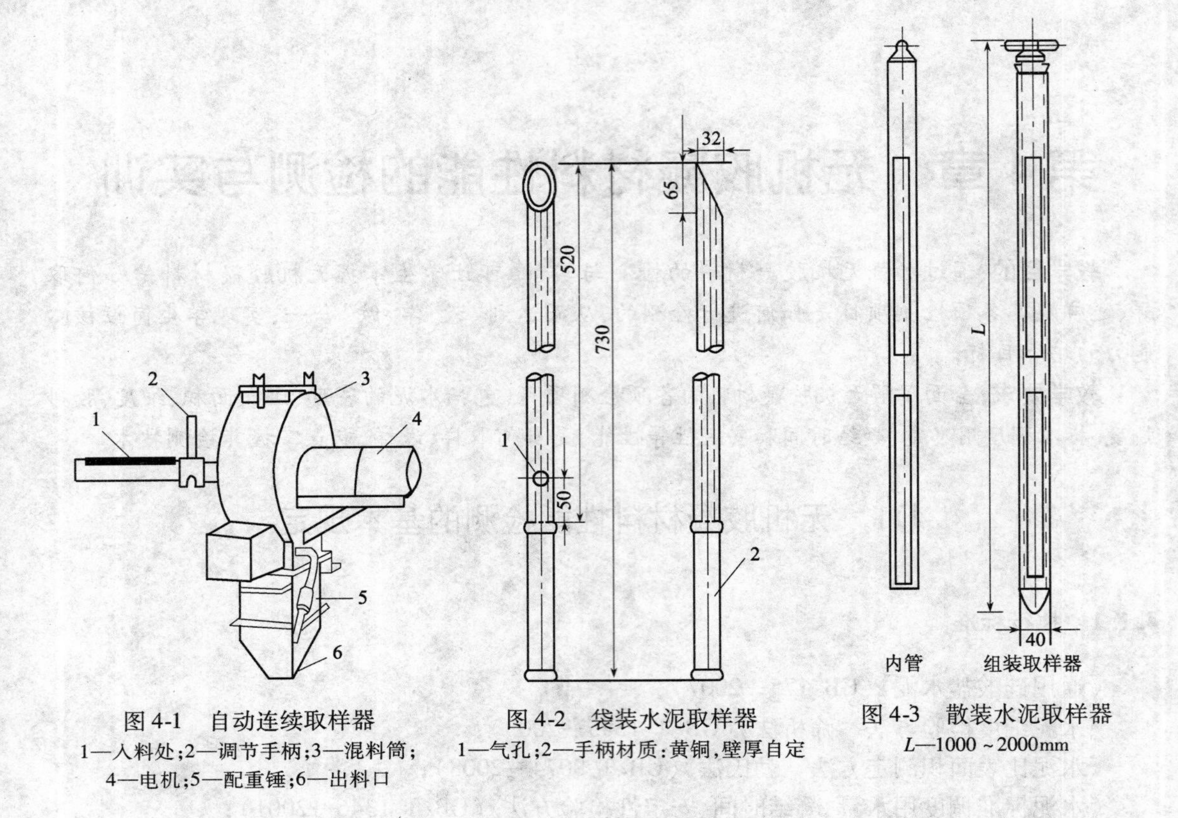

图 4-1 自动连续取样器
1—入料处;2—调节手柄;3—混料筒;4—电机;5—配重锤;6—出料口

图 4-2 袋装水泥取样器
1—气孔;2—手柄材质:黄铜,壁厚自定

图 4-3 散装水泥取样器
L—1000 ~ 2000mm

4.2 石灰性能的检测

4.2.1 检测目的

检测石灰中有效氧化钙、氧化镁含量的一般方法是俗称的蔗糖法。

石灰中有效氧化钙是指活性游离的氧化钙。它不同于总钙量,因为有效氧化钙不包括碳酸钙、硅酸钙以及其他钙盐中的钙。石灰中有效氧化钙含量,是指能溶解于蔗糖溶液中,并能与蔗糖作用而生成蔗糖钙的氧化钙含量占原检测试样的质量百分率。原理是活性游离氧化钙与蔗糖化合成在水中溶解度较大的蔗糖钙,而其他钙盐则不与蔗糖作用,故利用不同的反应条件,用已知浓度的盐酸进行滴定(用酚酞指示剂),根据盐酸达到终点时的耗量,可以计算出有效 CaO 的含量。氧化镁的滴定方法是用 EDTA 络合滴定法。先测定钙镁含量,然后测定出钙含量与钙镁含量的差值,通过计算检测氧化镁的含量。石灰的质量主要取决于有效氧化钙和氧化镁的含量,它们的含量越高,则石灰黏结性越好。

4.2.2 主要检测仪器与试剂

1. 主要检测仪器

(1)筛子:0.15mm,1 个。

(2)烘箱:50 ~ 250℃,1 台。

(3)干燥器:ϕ25cm 干燥器,1 个。
(4)称量瓶:ϕ30mm × 50mm,10 个。
(5)瓷研钵:ϕ12 ~ 13cm,1 个。
(6)分析天平:万分之一,1 台。
(7)架盘天平:感量 0.1g,1 台。
(8)电炉:1500W,1 个。
(9)石棉网:20cm × 20cm,1 块。
(10)玻璃珠:ϕ3mm,一袋(0.25kg)。
(11)木塞三角瓶:250mL,20 个。
(12)漏斗:短颈,3 个。
(13)塑料洗瓶:1 个。
(14)塑料桶:20L,1 个。
(15)下口蒸馏水瓶:5000mL,1 个。
(16)三角瓶:300mL,10 个。
(17)容量瓶:250mL、1000mL,各 1 个。
(18)量筒:200mL、100mL、50mL、5mL,各 1 个。
(19)试剂瓶:250mL、1000mL,各 5 个。
(20)塑料试剂瓶:1L,1 个。
(21)烧杯:50mL,5 个;250mL(或 300mL),10 个。
(22)棕色广口瓶:60mL,4 个;250mL,5 个。
(23)滴瓶:60mL,3 个。
(24)酸滴定管:50mL,2 支。
(25)滴定台及滴定管夹:各一套。
(26)大肚移液管:25mL、50mL,各 1 支。
(27)表面皿:7cm,10 块。
(28)玻璃棒:8mm × 250mm 及 4mm × 180mm 各 10 支。
(29)试剂勺:5 个。
(30)吸水管:8mm × 150mm,5 支。
(31)洗耳球:大、小各 1 个。

2. 主要检测试剂

(1)盐酸:分析纯。
(2)蔗糖:分析纯。
(3)酚酞:优级纯。
(4)酒石酸钾钠:分析纯。
(5)氯化氨:分析纯。
(6)氢氧化氨:分析纯。
(7)三乙醇胺:分析纯。
(8)酸性络蓝 K:优级纯。
(9)萘酚绿 B:优级纯。

(10)钙指示剂(钙试剂羧酸钠盐):分析纯。

(11)氯化钠:分析纯。

(12)氢氧化钠:分析纯。

(13)乙二胺四乙酸二钠盐(Na_2EDTA):分析纯。

(14)无水碳酸钠:保证试剂(标定 HCl)用。

(15)碳酸钙:优级纯(标定 EDTA)用,分析纯。

(16)无水乙醇:分析纯。

(17)精密试纸:pH =9.5 ~13.0。

4.2.3 试剂标定

1. 检测有效氧化钙用试剂的配制

(1)酚酞指示剂:称取0.5g 酚酞溶于50mL95%乙醇中。

(2)0.1%甲基橙水溶液:称取0.05g 甲基橙溶于50mL 蒸馏水中。

(3)0.5mol/L 盐酸标准溶液:将42mL 浓盐酸(相对密度1.19)稀释至1L。按下述方法标定其摩尔浓度后备用。

称取0.800 ~1.000g(准确至0.0002g)已在180℃烘干2h 的碳酸钠,置于250mL 锥形瓶中,加100mL 水使其完全溶解;然后加入2 ~3 滴0.1%甲基橙指示剂,用待标定的盐酸标准溶液滴定,至碳酸钠溶液由黄色变为橙红色;将溶液加热至沸,并保持微沸3min,然后放在冷水中冷却至室温,如此时橙红色变为黄色,则再用盐酸标准溶液滴定,至溶液出现稳定橙红色时为止。

盐酸标准溶液的摩尔浓度按下式计算:

$$N = \frac{m}{V \times 0.053} \tag{4-1}$$

式中 N——盐酸标准溶液摩尔浓度;

m——称取碳酸钠的质量,g;

V——滴定时消耗盐酸标准溶液的体积,mL。

2. 检测氧化镁用试剂的配制

(1)1∶10 盐酸:将1 体积盐酸(相对密度1.19)用10 体积蒸馏水稀释。

(2)氨水-氯化铵缓冲溶液(pH≈10):将67.5g 氯化铵溶于300mL 新煮沸后冷却的蒸馏水中,加浓氢氧化铵(相对密度为0.90)570mL,然后用水稀释至1000mL。

(3)酸性铬蓝 K-萘酚绿 B(1∶2.5)混合指示剂:称取0.3g 酸性铬蓝 K 和0.75g 萘酚绿 B 与50g 已在105℃烘干的硝酸钾混合研细,保存于棕色广口瓶中。

(4)EDTA 二钠标准溶液:将10gEDTA 二钠溶于温热蒸馏水中,待全部溶解并冷却至室温后,用水稀释至1000mL。

(5)氧化钙标准溶液:精确称取1.7848g 在105℃烘干2h 的碳酸钙(优级纯),置于250mL 烧杯中,盖上表面皿,从杯嘴缓慢滴加1∶10 盐酸100mL,加热溶解,待溶液冷却后,移入1000mL 的容量瓶中,用新煮沸冷却后的蒸馏水稀释至刻度摇匀,此溶液每毫升相当于1mg 氧化钙。

(6)20%氢氧化钠溶液:将20g 氢氧化钠溶于80mL 蒸馏水中。

(7)钙指示剂:将0.2g钙试剂羟酸钠和20g已在105℃烘干的硫酸钾混合研细,保存于棕色广口瓶中。

(8)10%酒石酸钾钠溶液:将10g酒石酸钾钠溶于90mL蒸馏水中。

(9)三乙醇胺(1:2)溶液:将1体积三乙醇胺以2体积蒸馏水稀释摇匀。

3. EDTA标准溶液与氧化钙和氧化镁关系的标定

精确吸取50mL氧化钙标准溶液放于300mL锥形瓶中,用水稀释至100mL左右,然后加入钙指示剂约0.1g,以20%氢氧化钠溶液调整溶液碱度到出现酒红色,再过量加3~4mL。然后以EDTA二钠标准液滴定,至溶液由酒红色变成纯蓝色时为止。

EDTA二钠标准溶液对氧化钙滴定度按下式计算:

$$T_{CaO}=\frac{C\times V_1}{V_2} \tag{4-2}$$

式中　T_{CaO}——EDTA标准溶液对氧化钙的滴定度,即1mL的EDTA标准溶液相当于氧化钙的毫克数;

C——1mL氧化钙标准溶液含有氧化钙的毫克数,本检测中每毫升相当于1mg;

V_1——吸取氧化钙标准溶液体积,mL;

V_2——消耗EDTA标准溶液体积,mL。

EDTA二钠标准溶液对氧化镁的滴定度(T_{MgO}),即1mL的EDTA二钠标准液相当于氧化镁的毫克数按下式计算:

$$T_{MgO}=\frac{40.31}{56.08}\times T_{CaO}=0.72\times T_{CaO} \tag{4-3}$$

4.2.4　具体检测方法

1. 有效钙含量的检测(中和法)

(1)将石灰检测试样粉碎,通过1mm筛孔用四分法缩分为200g,再用研钵磨细通过0.1mm筛孔,用四分法缩分为10g左右。

(2)将检测试样在105~110℃的烘箱中烘干2~3h,然后移于干燥器中冷却。

(3)用称量瓶按减量法称取试样约0.3g(准确至0.5mg),移于干燥的250mL锥形瓶中,迅速加入蔗糖约5g盖于检测试样表面(以减少试样与空气接触),同时加入玻璃珠15~20粒,随即加入新煮沸并已冷却的蒸馏水40~50mL,立即加盖瓶塞,并强烈摇荡15min(注意时间不宜过短)。如果检测试样结块或出现粘于瓶壁现象,则应重新取样重做。

(4)摇荡后开启瓶塞,用盛有新煮沸并已冷却蒸馏水洗瓶冲洗,将瓶塞和瓶内壁黏附物洗入溶液中。加入酚酞指示剂2~3滴,溶液即呈现粉红色,然后用盐酸标准化溶液滴定。在滴定时应读出滴定管初数,然后以2~3滴/s的速度滴定,直至粉红色消失。如果在30s内仍出现红色,应再补滴盐酸以中和,最后记录盐酸标准溶液耗用体积(V)。

2. 氧化镁含量的检测(络合法)

(1)采用与有效钙测定相同的方法,用称量瓶称取石灰试样0.5g(准确至0.5mg),移于250mL的烧杯中,用蒸馏水湿润,并加30mL1:10的盐酸,用表面皿盖着烧杯,在煤气炉(或电炉)上加热接近沸腾并保持微沸 8～10min,使其溶解、酸化。然后用吸管取蒸馏水冲洗表面皿,洗液冲入烧杯中。

(2)待冷却后将烧杯内的溶液和沉淀物移入 250mL 的容量瓶中,加蒸馏水至刻度线,仔细摇匀静置。待容量瓶中沉淀物沉淀后,用移液管吸取 25mL 试液置于 250mL 的锥形瓶中,加 50mL 蒸馏水稀释。然后,顺序加入掩蔽助剂酒石酸钾钠溶液 1mL;掩蔽剂三乙醇胺溶液 5mL;调节剂氨性缓冲溶液 10mL,使试液调节至 pH 等于 10。再加入酸性络蓝 K-萘酚绿 B 指示剂约 0.1g,此时溶液呈酒红色。最后用已知浓度(通常用 0.025mol/L)的 EDTA 标准溶液滴定,直至试液由酒红色变为纯蓝色即为滴定终点,记录 EDTA 溶液的耗用体积(V_1)。

(3)再从前述同一容量瓶中,用移液管吸取 25mL 试液置于另一 250mL 的锥形瓶中,加蒸馏水 150mL 稀释。然后,依次加入掩蔽剂三乙醇胺溶液 5mL,调节剂 20% 氢氧化钠 5mL,使试液调节至 pH≥12。再加入钙指示剂约 0.1g,此时试液呈酒红色。最后用已知浓度(通常用 0.025mol/L)的 EDTA 标准溶液滴定,直至试液由酒红色转变为纯蓝色即为滴定终点,记录 EDTA 溶液的耗用体积(V_2)。

4.2.5 检测结果计算与评定

1. 石灰有效钙含量按下式计算:

$$w_{(CaO)_{ef}} = \frac{V \times N \times 0.028}{m} \tag{4-4}$$

式中 $w_{(CaO)_{ef}}$——石灰有效氧化钙含量,%;

V——滴定时消耗盐酸标准溶液体积,mL;

N——盐酸标准溶液摩尔浓度;

0.028——氧化钙毫克数;

m——石灰试样质量,g。

2. 石灰中氧化镁含量按下式计算:

$$w_{MgO} = \frac{T_{MgO}(V_1 - V_2)}{m \times \frac{1}{10} \times 1000} \times 100\% = \frac{T_{MgO}(V_1 - V_2) \times 10}{m \times 1000} \times 100\% \tag{4-5}$$

式中 w_{MgO}——石灰中氧化镁含量,%;

T_{MgO}——EDTA 二钠标准溶液对氧化镁的滴定度(即 1mL 的 EDTA 二钠标准溶液相当于氧化镁毫克数);

V_1——滴定钙、镁含量消耗的 EDTA 二钠标准溶液体积,mL;

V_2——滴定钙含量消耗的 EDTA 二钠标准溶液体积,mL;

10——总溶液对分取溶液的体积倍数;

m——石灰试样质量,g。

4.2.6 石灰性能的检测实训报告

石灰性能的检测实训报告见表 4-2。

表 4-2　石灰性能的检测实训报告

工程名称：　　　　报告编号：　　　　工程编号：

委托单位		委托编号		委托日期	
施工单位		样品编号		检验日期	
结构部位		出厂合格证编号		报告日期	
厂　　别		检验性质		代表数量	
发证单位		见证人		证书编号	

1. 石灰有效钙的检测

滴定时消耗盐酸标准溶液体积 V/mL	盐酸标准溶液摩尔浓度 N	石灰试样质量 m/g
石灰有效氧化钙含量 $w_{(CaO)_{ef}}$/%	$w_{(CaO)_{ef}} = \frac{V \times N \times 0.028}{m} =$	

结　论：

执行标准：

2. 石灰中氧化镁含量的检测

EDTA 二钠标准溶液对氧化镁的滴定度 T_{MgO}	滴定钙、镁含量消耗的 EDTA 二钠标准溶液体积 V_1/mL	滴定钙含量消耗的 EDTA 二钠标准溶液体积 V_2/mL	石灰试样质量 m/g
石灰中氧化镁含量 w_{MgO}/%	$w_{MgO} = \frac{T_{MgO}(V_1 - V_2) \times 10}{m \times 1000} \times 100\% =$		

结　论：

执行标准：

主要仪器设备	检测仪器		管理编号	
	型号规格		有效期	
	检测仪器		管理编号	
	型号规格		有效期	
	检测仪器		管理编号	
	型号规格		有效期	
	检测仪器		管理编号	
	型号规格		有效期	
备　注				
声　明				
地　址	地址： 邮编： 电话：			

审批（签字）：______审核（签字）：______校核（签字）：______检测（签字）：______

检测单位（盖章）：______

报　告　日　期：　年　月　日

注：本表一式四份（建设单位、施工单位、检测实验室、城建档案馆存档各一份）。

4.3 水泥密度的检测

水泥密度与其熟料的矿物组成和掺用的混合材料有关,水泥受潮密度也会减小。因此本检测方法适用于测定水硬性水泥的密度和测定采用本方法的其他粉状物料的密度。

4.3.1 检测原理

将定量水泥装入盛有一定数量无水煤油(主要不使水泥水化)的李氏瓶中,根据阿基米德原理,水泥的体积等于它所排开液体的体积,因此计算出水泥单位体积的质量。

4.3.2 主要检测仪器

1. 李氏瓶

容积约为250mL,瓶颈刻度由0~24mL,且0~1mL和18~24mL应以0.1mL刻度,任何标明的容量误差都不得大于0.05mL,见图4-4。

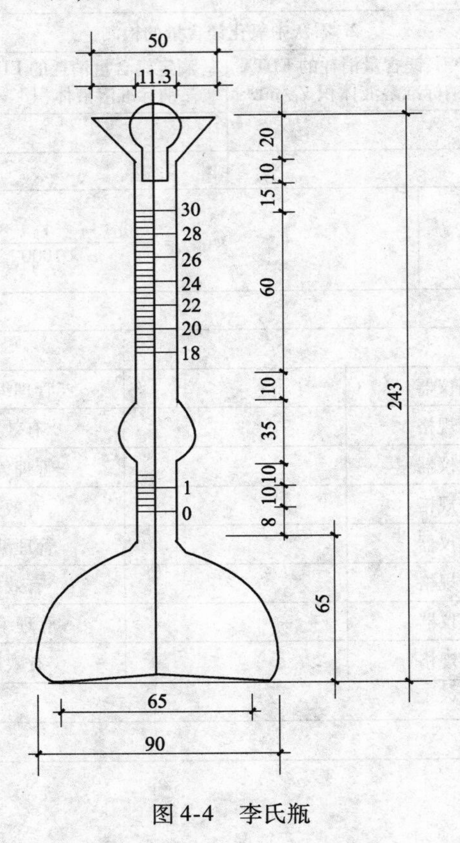

图4-4 李氏瓶

李氏瓶的结构材料是优质玻璃,透明无条纹,具有抗化学侵蚀性且热滞后性小,要有足够的强度,以确保较好的耐裂性。

2. 无水煤油符合《煤油》(GB 253—2008)的要求。

3. 恒温水槽。

4.3.3 主要检测流程

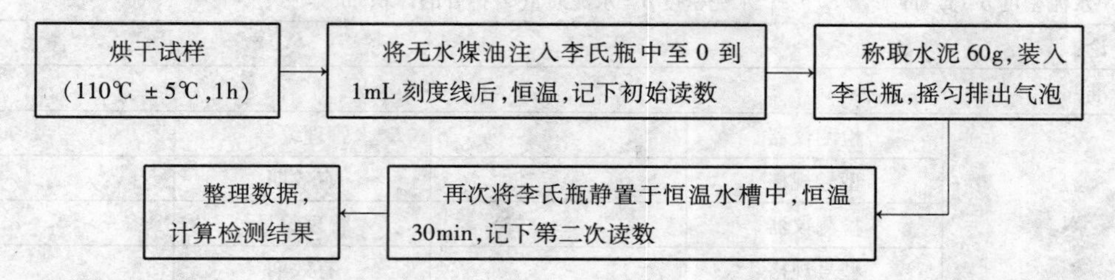

4.3.4 具体检测步骤

1. 将无水煤油注入李氏瓶中至0到1mL刻度线后(以弯月面下部为准),盖上瓶塞放入恒温水槽内,使刻度部分浸入水中(水温应控制在李氏瓶刻度时的温度),恒温30min,记下初始(第一次)读数。

2. 从恒温水槽中取出李氏瓶,用滤纸将李氏瓶细长颈内没有煤油的部分仔细擦干净。

3. 水泥检测试样应预先通过0.90mm方孔筛,在(110±5)℃温度下干燥1h,并在干燥器内冷却至室温,称取水泥60g,称准至0.01g。

4. 用小匙将水泥样品一点点地装入李氏瓶中,反复摇动(亦可用超声波振动),至没有气泡排出,再次将李氏瓶静置于恒温水槽中,恒温30min,记下第二次读数。

5. 第一次读数和第二次读数时,恒温水槽的温度差不大于0.2℃

4.3.5 检测结果计算与评定

1. 水泥体积应为第二次读数减去初始(第一次)读数,即水泥所排开的无水煤油的体积(mL)。

2. 水泥密度ρ(g/cm^3)按下式计算:

水泥密度ρ=水泥质量(g)/排开的体积(cm^3)

结果计算到小数第三位,且取整数到0.01g/cm^3,检测结果取两次检测结果的算术平均值,两次检测结果之差不得超过0.02g/cm^3。

4.3.6 水泥密度性能的检测实训报告

水泥密度性能的检测实训报告见表4-3。

表4-3　水泥密度性能的检测实训报告

工程名称:　　　　报告编号:　　　　工程编号:

委托单位		委托编号		委托日期	
施工单位		样品编号		检验日期	
结构部位		出厂合格证编号		报告日期	
厂　别		检验性质		代表数量	
发证单位		见证人		证书编号	

试样名称	水泥的质量/g	第一次读数 V_1/cm^3	第二次读数 V_2/cm^3	排开的体积(V_2-V_1)/cm^3

续表 4-3

水泥密度 $\rho/(g/cm^3)$	水泥密度 ρ = 水泥质量 g/排开的体积 cm^3 =			
结　　论:				
执行标准:				
主要仪器设备	检测仪器		管理编号	
	型号规格		有效期	
	检测仪器		管理编号	
	型号规格		有效期	
	检测仪器		管理编号	
	型号规格		有效期	
	检测仪器		管理编号	
	型号规格		有效期	
备　　注				
声　　明				
地　　址	地址: 邮编: 电话:			

审批(签字):＿＿＿＿＿审核(签字):＿＿＿＿＿校核(签字):＿＿＿＿＿检测(签字):＿＿＿＿＿

检测单位(盖章):＿＿＿＿＿

报　告　日　期:　　年　月　日

注:本表一式四份(建设单位、施工单位、检测实验室、城建档案馆存档各一份)。

4.4　水泥比表面积的检测

4.4.1　检测原理

用比表面积仪表测定水泥的比表面积能较为合理检测水泥的细度,而且还能反映水泥颗粒级配的情况。单位质量的水泥所覆盖的面积(cm^2/g 或 m^2/kg)即为比表面积。

本方法主要根据一定量的空气通过具有一定空隙率和固定厚度的水泥层时,所受阻力不同而引起流速的变化,来检测水泥的比表面积。在一定空隙率的水泥层中,孔隙的大小和数量是颗粒尺寸的函数,同时也决定了通过料层的气流速度。

4.4.2　主要检测仪器与材料

1. 透气仪:如图 4-5 所示,由透气圆筒、压力计、抽气装置等三部分组成。

2. 透气圆筒:内径为(12.7 +0.05)mm,由不锈钢制成。圆筒内表面的光洁度为$\overset{1.6}{\bigtriangledown}$,圆筒的上口边应与圆筒主轴垂直,圆筒下部锥度应与压力计上玻璃磨口锥度一致,二者应严密连接。在圆筒壁,距离圆筒上口边(55 ±10)mm 处有一突出的宽度为 0.5 ~1mm 的边缘,以放置金属穿孔板。

3. 穿孔板:由不锈钢或其他不受腐蚀的金属制成,厚度为(1.0 ±0.1)mm,在其面上,等距离地打有 35 个直径 1mm 的小孔,穿孔板应与圆筒内壁密合,穿孔板两平面应平行。

4. 捣器：用不锈钢制成，插入圆筒时，其间隙不大于 0.1mm。捣器的底面应与主轴垂直，侧面有一个扁平槽，宽度(3.0 ±0.3)mm。捣器的顶部有一个支持环，当捣器放入圆筒时，支持环与圆筒上口边接触，这时捣器底面与穿孔板之间的距离为(15.0 ±0.5)mm。

5. 压力计：U 形压力计尺寸如图 4-5 所示，由外径为 9mm 的具有标准厚度的玻璃管制成。压力计一个臂的顶端有一锥形磨口，与透气圆筒紧密连接，在连接透气圆筒的压力计臂上刻有环形线。从压力计底部往上 280 ~ 300mm 处有一个出口管，管上装有一个阀门，连接抽气装置。

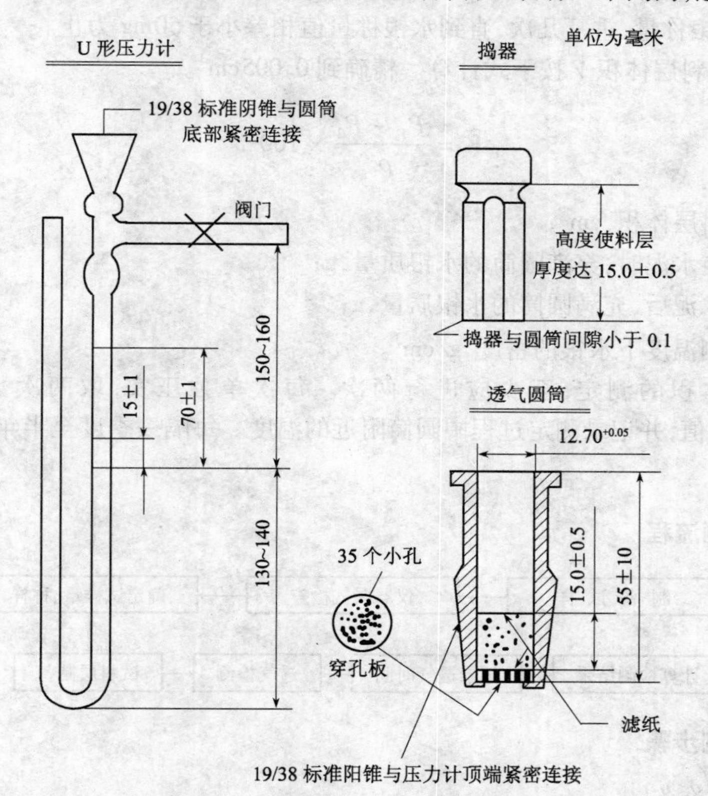

图 4-5 比表面积 U 形压力计示意图

6. 抽气装置：用小型电磁泵或抽气球均可。

7. 滤纸：采用符合国标 GB/T 1914 的中速定量滤纸。

8. 分析天平：分度值为 0.001g。

9. 计时秒表：精确读到 0.5s。

10. 烘干箱：控制温度灵敏度 ±1℃。

11. 压力计液体：采用带有颜色的蒸馏水或直接采用无色蒸馏水。

12. 基准材料：GSB 14—1511 或相同等级的标准物质。有争议时以 GSB 14—1511 为准。

4.4.3 仪器标准

1. 漏气检查

将透气圆筒上口用橡皮塞塞紧，接到压力计上。用抽气装置从压力计一臂中抽出部分气体，然后关闭阀门，观察是否漏气。如发现漏气，用活塞油脂加以密封。

2. 试料层体积的测定

① 用水银排代法：将二片滤纸沿圆筒壁放入透气圆筒内，用一直径比透气圆筒略小的细长棒往下按，直到滤纸平整放在金属穿孔板上。然后装满水银，用一小块薄玻璃板轻压水银表面，使水银面与圆筒口平齐，并须保证在玻璃板与水银表面之间没有气泡或空洞存在。从圆筒中倒出水银，称量精确至0.05g。重复几次检测，到数值基本不变为止。然后从圆筒中取出一片滤纸，试用约3.3g的水泥，压实水泥层。再在圆筒上部空间注入水银，同上述方法除去气泡、压平、倒出水银称量，重复几次，直到水银称量值相差小于50mg为止。

② 圆筒内试料层体积 V 按下式计算。精确到0.005cm^3。

$$V = \frac{P_1 - P_2}{\rho_s} \times 100\% \tag{4-6}$$

式中 V——试料层体积，cm^3；

P_1——未装水泥时，充满圆筒的水银质量，g；

P_2——装水泥后，充满圆筒的水银质量，g；

ρ_s——检测温度下水银的密度，g/cm^3。

③ 试料层体积的测定，至少应进行两次。每次单独压实，取两次数值相差不超过0.005cm^3 的平均值，并记录测定过程中圆筒附近的温度。每隔一季度至半年应重新校正试料层体积。

4.4.4 主要检测流程

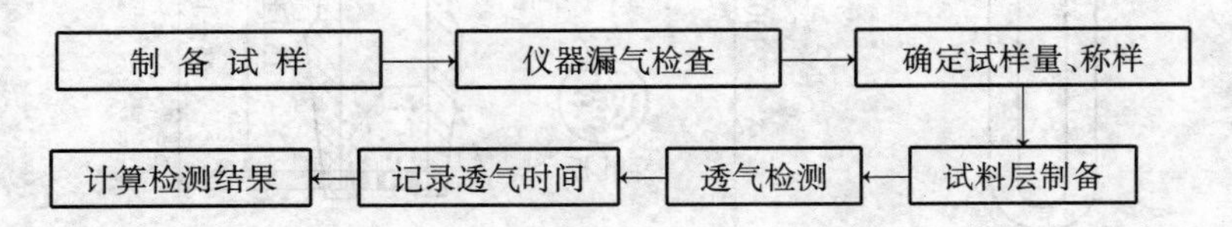

4.4.5 具体检测步骤

1. 检测试样准备

(1)将(110±5)℃下烘干并在干燥器中冷却到室温的标准检测试样，倒入100mL的密闭瓶内，用力摇动2min，将结块成团的试样压碎，使检测试样松散。静置2min后，打开瓶盖，轻轻搅拌，使在松散过程中落到表面的细粉，分布到整个试样中。

(2)水泥检测试样应先通过0.90mm方孔筛，再在(110±5)℃下烘干，并在干燥器中冷却至室温。

2. 确定检测试样量

校正检测用的标准检测试样量和被测定的水泥量，应达到在制备的试料层中空隙率为0.500±0.005，计算式为：

$$m = \rho \cdot V(1 - \varepsilon) \tag{4-7}$$

式中 m——需要的试样量，g；

ρ——试样密度，g/cm^3；

V——试料层体积，cm^3；

ε——试料层空隙率[注]。

注：空隙率是指试料层中孔的容积与试料层总的容积之比，PⅠ、PⅡ型水泥的空隙率采用0.500±0.005，其他水泥或粉料的空隙率选用0.530±0.005。如有些粉料按上式算出的检测试样量在圆筒的有效体积中容纳不下或经捣实后未能充满圆筒的有效体积，则允许适当地改变空隙率，空隙率的调整以2000g砝码（5等砝码）将试样压实至试料层制备规定的位置为准。

3. 试料层装备

将穿孔板放入透气圆筒的突缘上，用一根直径比圆筒略小的细棒把一片滤纸[注]送到穿孔板上，边缘压紧。称取按第4.4.5步骤2确定的水泥量，精确到0.001g，倒入圆筒内。轻敲圆筒的边，使水泥层表面平坦。再放入一片滤纸，用捣器均匀捣实试料直至捣器的支持环紧紧接触圆筒顶边并旋转两周，慢慢取出捣器。

注：穿孔板上的滤纸，应是与圆筒内径相同、边缘光滑的圆片。穿孔板上滤纸片如比圆筒内径小时，会有部分试样粘于圆筒内壁高出圆板上部；当滤纸直径大于圆筒内径时，会引起滤纸片皱起，使结果不准，每次测定需用新的滤纸片。

4. 透气检测

（1）把装有试料层的透气圆筒下锥面涂一薄层活塞油脂，然后把它插入压力计顶端锥型磨口处，旋转1～2圈。要保证紧密连接不致漏气，并不振动所制备的试料层。

（2）打开微型电磁泵慢慢从压力计一臂中抽出空气，直到压力计内液面上升到扩大部下端时关闭阀门。当压力计内液体的凹月面下降到第一个刻线时开始计时，当液体的凹月面下降到第二个刻线时停止计时，记录液面从第一条刻度线到第二条刻度线所需的时间。以秒记录，并记下检测时的温度（℃）。每次透气检测，应重新制备试料层。

4.4.6　检测结果计算与评定

1. 当被测物料的密度、试料层中空隙率与标准试样相同，检测时温差≤3℃时，可按下式计算：

$$S = \frac{S_s \sqrt{T}}{\sqrt{T_s}} \tag{4-8}$$

如检测时温差＞3℃时，则按下式计算：

$$S = \frac{S_s \sqrt{T} \cdot \sqrt{\eta_s}}{\sqrt{T_s} \cdot \sqrt{\eta}} \tag{4-9}$$

式中　S——被测试样的比表面积，cm²/g；

S_s——标准检测试样的比表面积，cm²/g；

T——被测试样检测时，压力计中液面降落测得的时间，s；

T_s——标准检测试样检测时，压力计中液面降落测得的时间，s；

η——被测试样检测温度下的空气黏度，μPa·s；

η_s——标准检测试样检测温度下的空气黏度，μPa·s。

2. 当被测试样的试料层中空隙率与标准检测试样试料层中空隙率不同，检测时温差≤3℃时，可按下式计算：

$$S = \frac{S_s\sqrt{T} \cdot (1-\varepsilon_s) \cdot \sqrt{\varepsilon^3}}{\sqrt{T_s} \cdot (1-\varepsilon) \cdot \sqrt{\varepsilon_s^{\,3}}} \tag{4-10}$$

如检测时温差 >3℃时，则按下式计算：

$$S = \frac{S_s\sqrt{T}\cdot(1-\varepsilon_s)\cdot\sqrt{\varepsilon^3}\cdot\sqrt{\eta_s}}{\sqrt{T_s}\cdot(1-\varepsilon)\cdot\sqrt{\varepsilon_s^3}\cdot\sqrt{\eta}} \tag{4-11}$$

式中　ε——被测试样试料层中的空隙率。

ε_s——标准检测试样试料层中的空隙率。

3. 当被测试样的密度和空隙率均与标准检测试样不同，检测时温差≤3℃时，可按下式计算：

$$S = \frac{S_s\sqrt{T}\cdot(1-\varepsilon_s)\cdot\sqrt{\varepsilon^3}\cdot\rho_s}{\sqrt{T_s}\cdot(1-\varepsilon)\cdot\sqrt{\varepsilon_s^3}\cdot\rho} \tag{4-12}$$

如检测时温差 >3℃时，则按下式计算：

$$S = \frac{S_s\sqrt{T}\cdot(1-\varepsilon_s)\cdot\sqrt{\varepsilon^3}\cdot\rho_s\cdot\sqrt{\eta_s}}{\sqrt{T_s}\cdot(1-\varepsilon)\cdot\sqrt{\varepsilon_s^3}\cdot\rho\cdot\sqrt{\eta}} \tag{4-13}$$

式中　ρ——被测试样的密度，g/cm^3；

ρ_s——标准检测试样的密度，g/cm^3。

4. 水泥比表面积应由二次透气检测结果的平均值确定。如二次检测结果相差 2% 以上时，应重新检测。计算应精确至 $10cm^2/g$，$10cm^2/g$ 以下的数值按四舍五入计。

5. 以 cm^2/g 为单位算得的比表面积值换算为 cm^2/kg 单位时，需乘以系数 0.1。

4.4.7　水泥比表面积的检测实训报告

水泥比表面积的检测实训报告见表 4-4。

表 4-4　水泥比表面积的检测实训报告

工程名称：　　　　　　　　　　报告编号：　　　　　　　　　　工程编号：

委托单位		委托编号		委托日期	
施工单位		样品编号		检验日期	
结构部位		出厂合格证编号		报告日期	
厂　　别		检验性质		代表数量	
发证单位		见证人		证书编号	

试样名称	检测次数	被测试样检测时，压力计中液面降落测得的时间 T/s	被测试样检测温度下的空气黏度 $\eta/\mu Pa\cdot s$	被测试样的比表面积 $S/(cm^2/g)$
	第一次			
	第二次			
被测试样的比表面积 $S=(S_1+S_2)/2=$				
结　　论：				
执行标准：				

续表 4-4

<table>
<tr><td rowspan="8">主要仪器设备</td><td>检测仪器</td><td></td><td>管理编号</td><td></td></tr>
<tr><td>型号规格</td><td></td><td>有效期</td><td></td></tr>
<tr><td>检测仪器</td><td></td><td>管理编号</td><td></td></tr>
<tr><td>型号规格</td><td></td><td>有效期</td><td></td></tr>
<tr><td>检测仪器</td><td></td><td>管理编号</td><td></td></tr>
<tr><td>型号规格</td><td></td><td>有效期</td><td></td></tr>
<tr><td>检测仪器</td><td></td><td>管理编号</td><td></td></tr>
<tr><td>型号规格</td><td></td><td>有效期</td><td></td></tr>
<tr><td>备　注</td><td colspan="4"></td></tr>
<tr><td>声　明</td><td colspan="4"></td></tr>
<tr><td>地　址</td><td colspan="4">地址：
邮编：
电话：</td></tr>
</table>

审批（签字）：＿＿＿＿　审核（签字）：＿＿＿＿　校核（签字）：＿＿＿＿　检测（签字）：＿＿＿＿

检测单位（盖章）：＿＿＿＿

报　告　日　期：　年　月　日

注：本表一式四份（建设单位、施工单位、检测实验室、城建档案馆存档各一份）。

4.5　水泥细度的检测

4.5.1　检测原理

水泥细度是指水泥颗粒粗细程度。一般同样成分的水泥，颗粒越细，与水接触的表面积越大，水化反应越快，早期强度发展越快。但颗粒过细，凝结硬化时收缩较大，易产生裂缝，也容易吸收水分和二氧化碳使水泥风化而失去活性，同时粉磨过程中耗能多，提高了水泥的成本，所以细度应控制在适当范围。

1. *水泥细度的检测方法*

水泥细度的检验按国标《水泥细度检验方法　筛析法》（GB/T 1345—2005）的规定进行，筛析法即以存留在 80μm（即 0.080mm）或 45μm（即 0.045mm）方孔筛上的筛余百分率表示，筛析法又分为负压筛法、水筛法和手工干筛法三种。

2. *检测目的*

本检测的目的是评定水泥细度是否达到标准要求。

4.5.2　主要检测仪器设备

1. *检测筛*

（1）检测筛由圆形筛框和框网组成的，分负压筛、水筛和手工筛三种，负压筛和水筛结构尺寸见图 4-6 和图 4-7。负压筛应附有透明筛盖，筛盖与盖上口应有良好的密封性。手工筛结构应符合《金属丝编织网试验筛》（GB/T 6003.1—1997）的规定，其中筛框高度为 50mm，筛子的直径为 150mm。

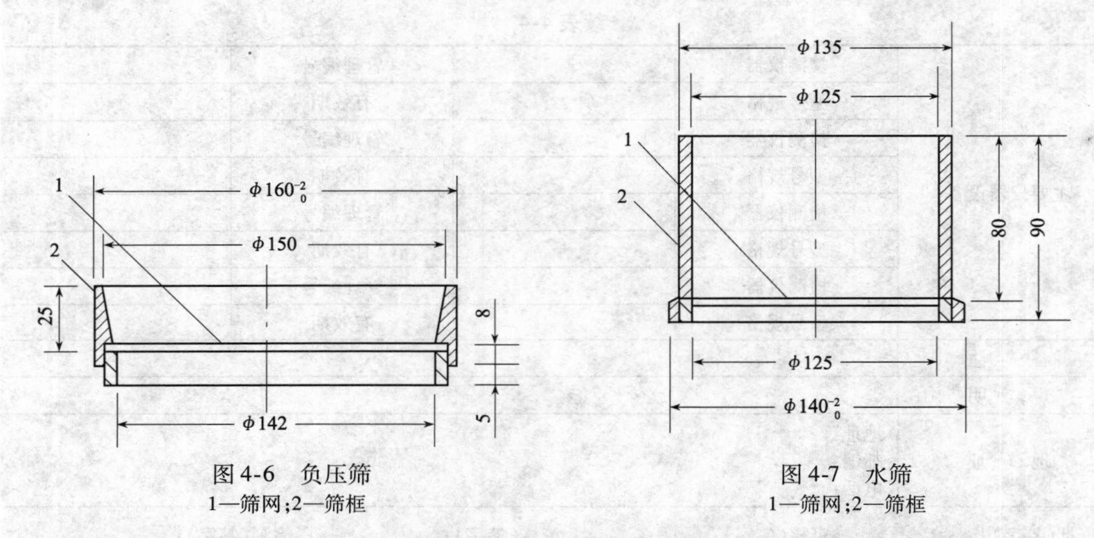

图4-6　负压筛
1—筛网;2—筛框

图4-7　水筛
1—筛网;2—筛框

(2)筛网应紧绷在筛框上,筛网和筛框接触处,应用防水胶密封,防止水泥嵌入。

(3)筛孔尺寸的检验方法按 GB 6003.1—1997 规定进行。

2. 负压筛析仪

(1)负压筛析仪由筛座、负压筛、负压源及吸尘器组成,其中筛座由转速为(30 ±2) r/min 的喷气嘴、负压表、控制板、微电机及壳体等构成,见图4-8。

(2)筛析仪负压可调范围为4000 ~6000Pa。

(3)喷气嘴上口平面与筛网之间距离为2 ~8mm。

(4)喷气嘴的上开口尺寸见图4-9。

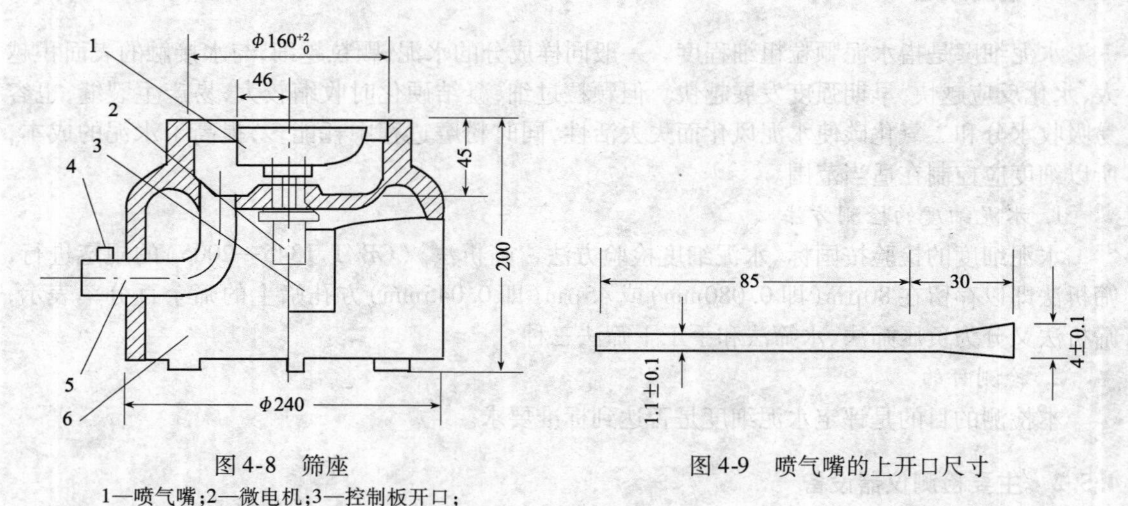

图4-8　筛座
1—喷气嘴;2—微电机;3—控制板开口;
4—负压表接口;5—负压源及吸尘器接口;6—壳体

图4-9　喷气嘴的上开口尺寸

(5)负压源和吸尘器,由功率600W 的工业吸尘器和小型旋风吸尘筒组成,或用其他具有相当功能的设备。

3. 水筛架和喷头

水筛架和喷头的结构见图4-10,水筛架上筛座内径为 125^{+2}_{0} mm。

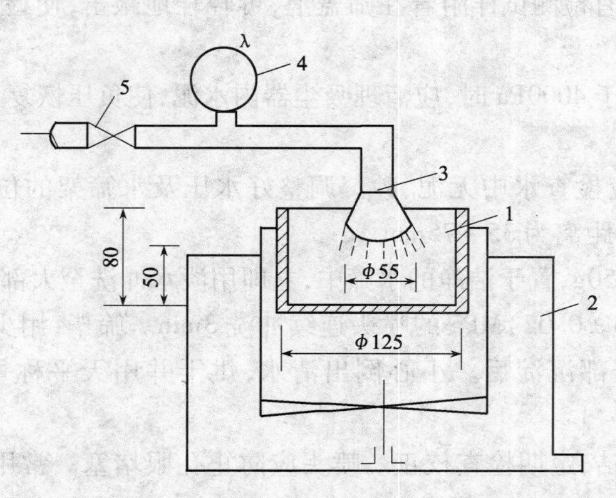

图4-10　水筛架和喷头

1—标准筛;2—筛座;3—喷头;4—水压表;5—开关

4. 天平

最大称量为100g,分度值不大于0.05g。

4.5.3　主要检测流程

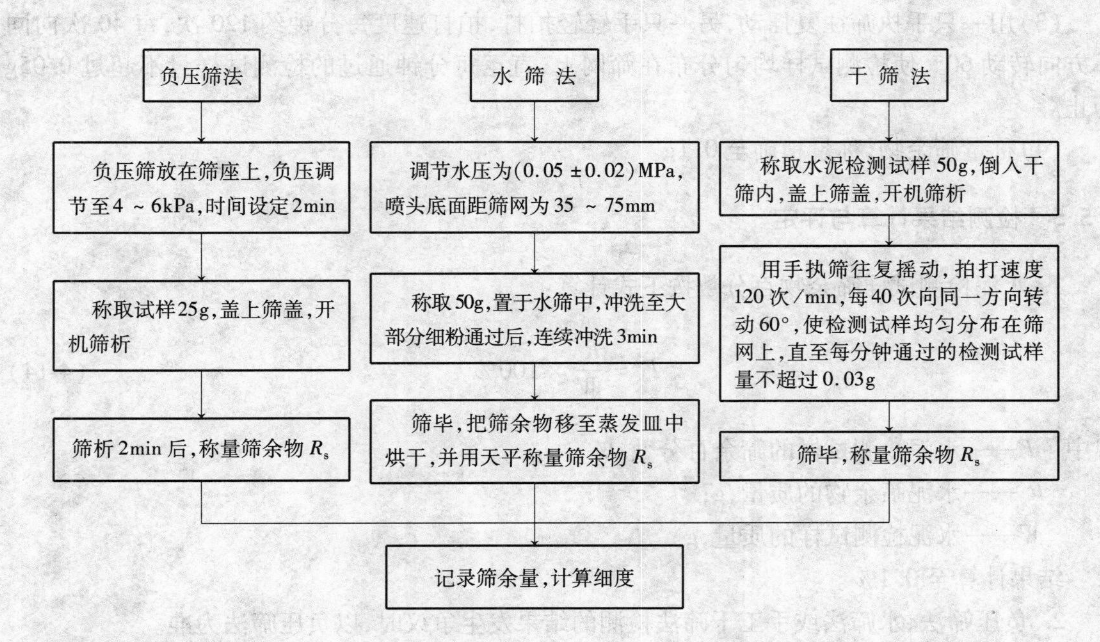

4.5.4　具体检测步骤

1. 负压筛法

(1)筛析检测前,应把负压筛放在筛座上,盖上筛盖,接通电源,检查控制系统,调节负压至4000~6000Pa范围内。

(2)称取检测试样25g,置于洁净的负压筛中,盖上筛盖,放在筛座上,并开动筛析仪连续筛析2min,在此期间如有检测试样附着在筛盖上,可轻轻地敲击,使检测试样落下。筛毕,用天平称量筛余物。

(3)当工作负压小于4000Pa时,应清理吸尘器内水泥,使负压恢复正常。

2. 水筛法

(1)筛析检测前,应检查水中无泥、砂。调整好水压及水筛架的位置,使其能正常运转。喷头底面和筛网之间的距离为35~75mm。

(2)称取检测试样50g,置于洁净的水筛中,立即用淡水冲洗至大部分细粉通过后,放在水筛架上,用水压为(0.05±0.02)MPa的喷头连续冲洗3min。筛毕,用少量水把筛余物冲至蒸发皿中,等水泥颗粒全部沉淀后。小心倒出清水,烘干并用天平称量筛余物,称量精确至0.1g。

(3)筛子应保持清洁,定期检查校正。喷头应防止孔眼堵塞。常用的筛子可浸于净水中保存,一般在使用20~30次后,必须用0.3~0.5mol/L的乙酸或食醋进行清洗。

3. 干筛法

在没有负压筛析仪和水筛的情况下,允许用手工干筛法检测。

(1)检测筛必须经常保持清洁,筛孔通畅。如其筛孔被水泥堵塞影响筛余量时,可用弱酸浸泡,用毛刷轻轻刷洗,用淡水冲净、晾干。

(2)称取水泥检测试样50g,倒入干筛内。

(3)用一只手执筛往复摇动,另一只手轻轻拍打,拍打速度每分钟约120次,每40次向同一方向转动60°,使检测试样均匀分布在筛网上,直至每分钟通过的检测试样量不超过0.05g为止。

(4)称量筛余物,称量精确至0.1g。

4.5.5 检测结果计算与评定

1. 水泥检测试样筛余物百分数按下式计算:

$$F = \frac{R_s}{W} \times 100\% \tag{4-14}$$

式中 F——水泥检测试样的筛余百分数,%;

R_s——水泥筛余物的质量,g;

W——水泥检测试样的质量,g。

结果计算至0.1%。

2. 负压筛法、水筛法或手工干筛法检测的结果发生争议时,以负压筛法为准。

4.5.6 水泥细度的检测实训报告

水泥细度的检测实训报告见表4-5。

表4-5 水泥细度的检测实训报告

工程名称： 报告编号： 工程编号：

委托单位		委托编号		委托日期	
施工单位		样品编号		检验日期	
结构部位		出厂合格证编号		报告日期	
厂　　别		检验性质		代表数量	
发证单位		见证人		证书编号	

试样名称	水泥试样的质量 W/g	水泥筛余物的质量 R_s/g	水泥试样的筛余百分数 F/%

结　论：

执行标准：

主要仪器设备	检测仪器		管理编号	
	型号规格		有效期	
	检测仪器		管理编号	
	型号规格		有效期	
	检测仪器		管理编号	
	型号规格		有效期	
	检测仪器		管理编号	
	型号规格		有效期	
备　注				
声　明				
地　址	地址： 邮编： 电话：			

审批（签字）：________审核（签字）：________校核（签字）：________检测（签字）：________

检测单位（盖章）：________

报　告　日　期：　　年　月　日

注：本表一式四份（建设单位、施工单位、检测实验室、城建档案馆存档各一份）。

4.6 水泥标准稠度用水量、凝结时间和安定性的检测

4.6.1 检测原理

1. 水泥标准稠度净浆对标准检测试杆（或试锥）的沉入具有一定阻力。通过检测不同含水量水泥净浆的穿透性，以确定水泥标准稠度净浆中所需加水的水量。

2. 凝结时间以试针沉入水泥标准稠度净浆至一定深度所需的时间表示。

3. 安定性

（1）雷氏法是观测由两个试针的相对位移所指示的水泥标准稠度净浆体积膨胀的程度。

（2）试饼法是观测水泥标准稠度净浆试饼的外形变化程度。

4.6.2 主要检测仪器设备

1. 水泥净浆搅拌机：符合《水泥净浆搅拌机》JC/T 729—2005 的要求。

2. 标准法维卡仪：如图 4-11 所示，标准稠度检测用试杆由有效长度为(50 ±1)mm、直径为(ϕ10 ±0. 05)mm 的圆柱形耐腐蚀金属制成。检测初凝时间的试针和终凝时间的试针由钢制成，其有效长度初凝针为(50 ±1)mm、终凝针为(30 ±1)mm、直径为(ϕ1. 13 ±0. 05)mm 的圆柱体。滑动部分的总质量为(300 ±1)g。与试杆、试针联结的滑动杆表面应光滑，能靠重力自由下落，不得有紧涩和晃动现象。

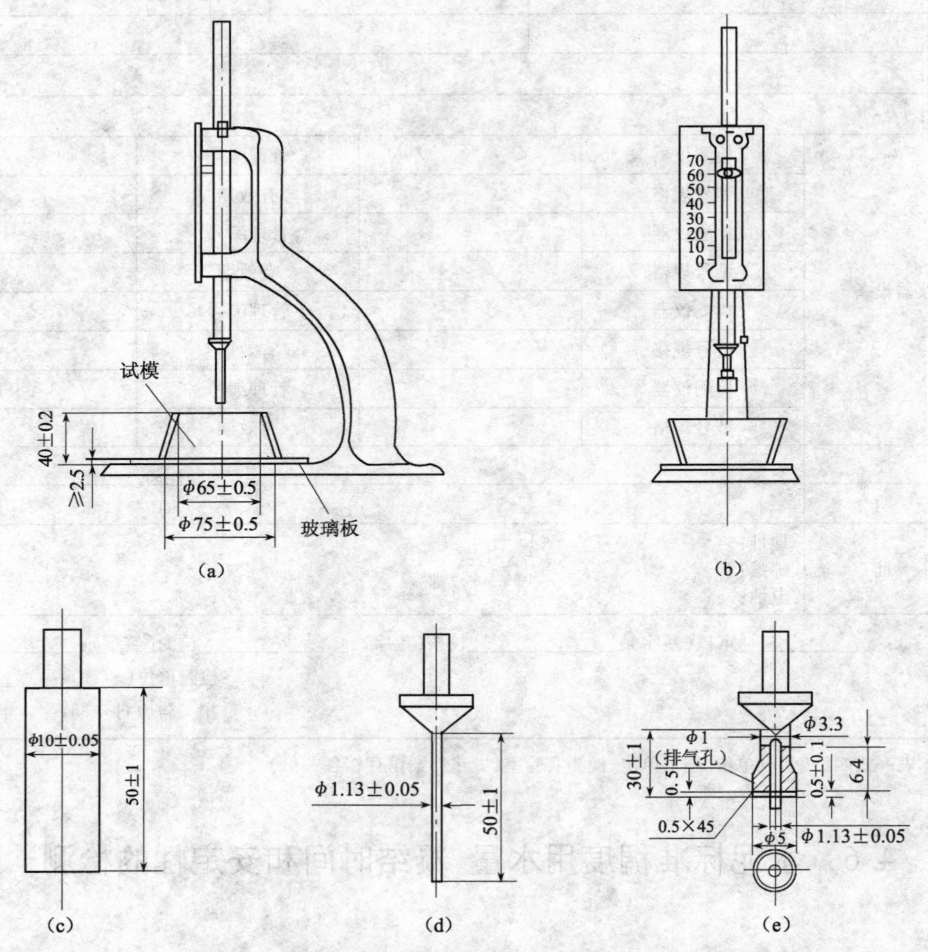

图 4-11 检测水泥标准稠度和凝结时间用的维卡仪

(a)初凝时间测定用立式试模的侧视图；(b)终凝时间测定用反转试模的前视图；(c)标准稠度试杆；(d)初凝用试针；(e)终凝用试针

3. 代用法维卡仪：符合《水泥净浆搅拌机》JC/T 729—2005 要求。

4. 量水器：最小刻度为 0. 1mL，精度 1%。

5. 天平：最大称量不小于 1000g，分度值不大于 1g。

6. 湿气养护箱：应能使温度控制在(20 ±1)℃，相对湿度大于 90%。

7. 沸煮箱：有效容积约为410mm×240mm×310mm，篦板的结构应不影响检测结果，篦板与加热器之间的距离大于50mm。箱的内层由不易锈蚀的金属材料制成，能在(30±5)min内将箱内的检测用水由室温升至沸腾状态并保持3h以上，整个检测过程中不需要补充水量。

8. 雷氏夹：由铜质材料制成，其结构如图4-12所示。当一根指针的根部先悬挂在一根金属丝或尼龙丝上，另一根指针的根部再挂上300g砝码时，两根指针针尖的距离增加应在(17.5±2.5)mm范围内，当去掉砝码后针尖的距离能恢复至挂砝码前的状态。

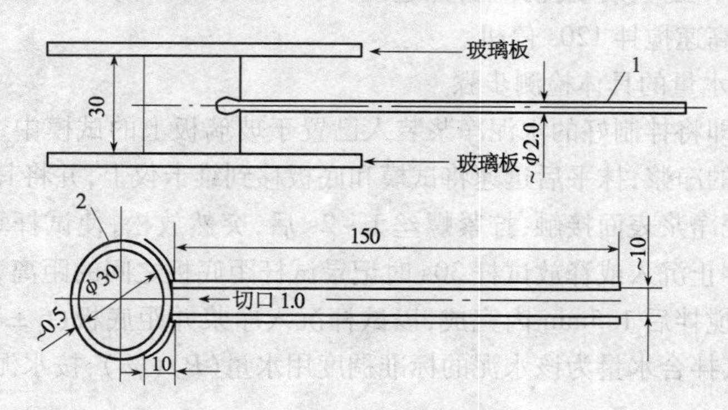

图4-12　雷氏夹的结构
1—指针；2—环模

9. 雷氏夹膨胀测定仪：如图4-13所示，标尺最小刻度为0.5mm。

10. 盛装水泥净浆的试模：如图4-14所示。由耐腐蚀的、有足够硬度的金属制成。试模为深(40±0.2)mm、顶内径(φ65±0.5)mm、底内径(φ75±0.5)mm的截顶圆锥体，每只试模应配备一个大于试模底面、厚度≥2.5mm的平板玻璃底板。

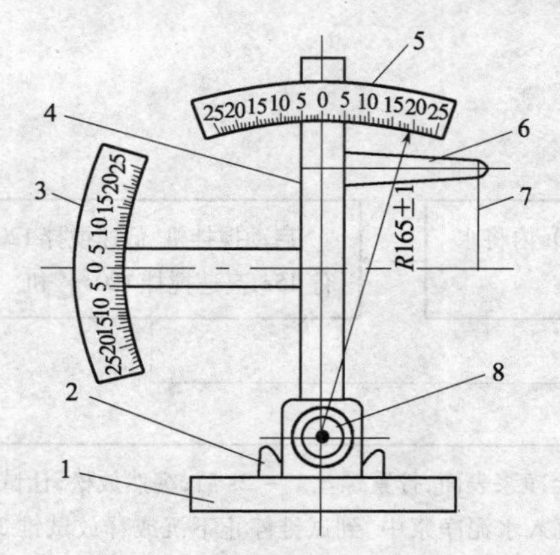

图4-13　雷氏夹膨胀测定仪
1—底座；2—模子座；3—测弹性标尺；4—立柱；
5—测膨胀值标尺；6—悬臂；7—悬丝；8—弹簧顶扭

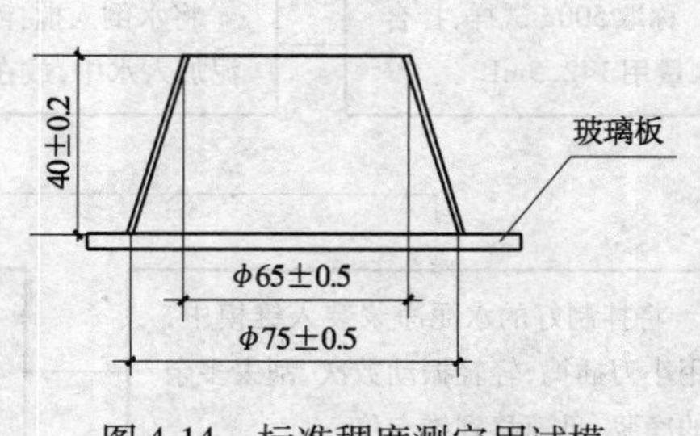

图4-14　标准稠度测定用试模

4.6.3　水泥标准稠度用水量的检测（标准法）

1. 标准法

(1)检测前必须做到

① 维卡仪的金属棒能自由滑动。

② 调整至试杆接触玻璃板时指针对准零点。

③ 搅拌机运行正常。

(2)水泥净浆的拌制

用水泥净浆搅拌机搅拌，搅拌锅和搅拌叶片先用湿布擦过，将拌合水倒入搅拌锅内，然后在5～10s内小心将称好的500g水泥加入水中，防止水和水泥溅出；拌合时，先将锅放在搅拌机的锅座上，升至搅拌位置，启动搅拌机，低速搅拌120s，停15s，同时将叶片和锅壁上的水泥浆刮入锅中间，接着高速搅拌120s停机。

(3)标准稠度用水量的具体检测步骤

拌合结束后，立即将拌制好的水泥净浆装入已置于玻璃板上的试模中，用小刀插捣，轻轻振动数次，刮去多余的净浆；抹平后迅速将试模和底板移到维卡仪上，并将其中心定在试杆下，降低试杆直至与水泥净浆表面接触，拧紧螺丝1～2s后，突然放松，使试杆垂直自由地沉入水泥净浆中。在试杆停止沉入或释放试杆30s时记录试杆距底板之间的距离，升起试杆后，立即擦净；整个操作应在搅拌后1.5min内完成，以试杆沉入净浆并距底板(6±1)mm的水泥净浆为标准稠度净浆。其拌合水量为该水泥的标准稠度用水量(P)(%)，按水泥质量的百分比计，即

$$P = \frac{\text{拌合用水量}}{\text{水泥用量}} \times 100\% \tag{4-15}$$

2. 代用法

(1)检测前必须做到

维卡仪的金属棒能自由滑动；调整试锥降至试锥接触锥模顶面时指针对准零点；搅拌机运行正常。

(2)水泥净浆的拌制同标准法。

(3)主要检测流程

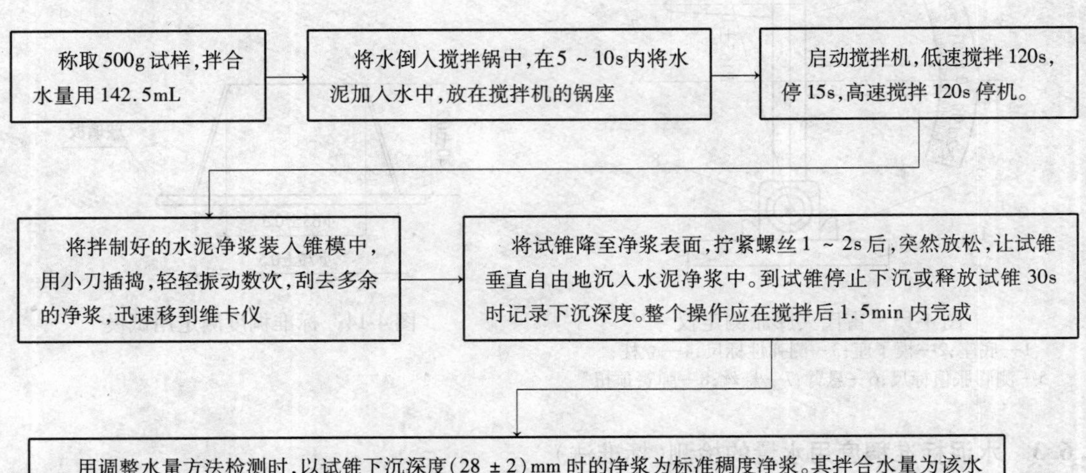

(4)标准稠度的具体检测步骤

① 采用代用法检测水泥标准稠度用水量可用调整水量和不变水量两种方法中的任一种检测。采用调整水量方法时拌合水量按经验找水，采用不变水量方法时拌合水量用142.5mL。

② 拌合结束后，立即将拌制好的水泥净浆装入锥模中，用小刀插捣，轻轻振动数次，刮去多余的净浆；抹平后迅速放到试锥下面固定的位置上，将试锥降至净浆表面，拧紧螺丝1～2s后，突然放松，让试锥垂直自由地沉入水泥净浆中。到试锥停止下沉或释放试锥30s时记录下沉深度。整个操作应在搅拌后1.5min内完成。

③ 用调整水量方法检测时，以试锥下沉深度(28±2)mm时的净浆为标准稠度净浆。其拌合水量为该水泥的标准稠度用水量(P)，按水泥质量的百分比计。如下沉深度超过范围需另称检测试样，调整水量，重新检测，直至达到(28±2)mm为止。

④ 用不变水量方法检测时，根据测得的试锥下沉深度S(mm)按下式(或仪器上对应标尺)计算得到标准稠度用水量P(%)即

$$P = 33.4 - 0.185S \tag{4-16}$$

当试锥下沉深度小于13mm时，应改用调整水量法测定。

当试锥下沉深度正好符合26～30mm时，水泥净浆可以做检测；不符合26～30mm时，要重新称样，按测得的标准稠度计算拌合水量。

4.6.4　水泥凝结时间的检测

1. 检测目的

凝结时间对施工有重要的意义，本试验的目的是检测初凝时间和终凝时间是否符合标准规定的要求。

2. 主要检测流程

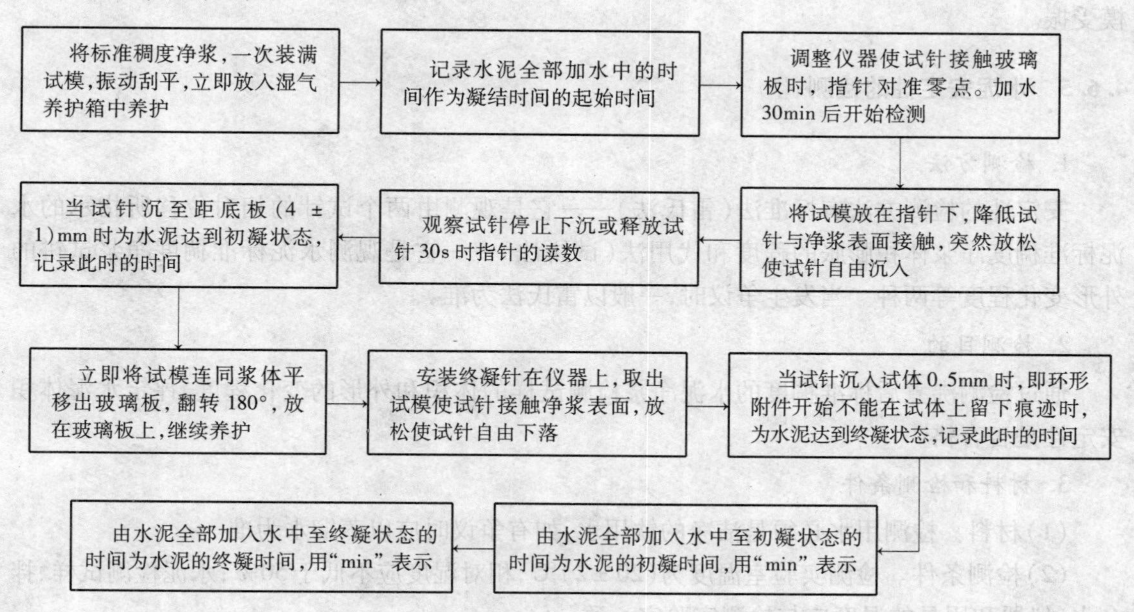

3. 具体检测步骤

(1)检测前准备工作。调整凝结时间检测仪的试针接触玻璃板时,指针对准零点。

(2)检测试件的制备。称取水泥500g,以标准稠度用水量按检测标准稠度时制备净浆的方法,制成标准稠度净浆,一次装满试模,振动数次刮平,立即放入湿气养护箱中。记录水泥全部加水中的时间作为凝结时间的起始时间。

(3)初凝时间的检测。试件在湿气养护箱中养护至加水后30min时进行第一次检测。检测时,从湿气养护箱中取出试模放到试针下,降低试针与水泥净浆表面接触,拧紧螺丝1~2s后,突然放松,试针垂直自由地沉入水泥净浆。观察试针停止下沉或释放试针30s时指针的读数。当试针沉至距底板(4±1)mm时为水泥达到初凝状态;由水泥全部加入水中至初凝状态的时间为水泥的初凝时间,用"min"表示。

(4)终凝时间的检测。为了准确观测试针沉入的状况,在终凝针上安装一个环形附件,在完成初凝时间测定后,立即将试模连同浆体以平移的方式从玻璃板取下,翻转180°,直径大端向上,小端向下放在玻璃板上,再放入湿气养护箱中继续养护,临近终凝时间时每隔15min检测一次,当试针沉入试体0.5mm时,即环形附件开始不能在试体上留下痕迹时,为水泥达到终凝状态,由水泥全部加入水中至终凝状态的时间为水泥的终凝时间,用"min"表示。

4. 检测时应注意的事项

检测时应注意,在最初测定的操作时应轻轻扶持金属柱,使其徐徐下降,以防试针撞弯,但结果以自由下落为准;在整个检测过程中试针沉入的位置至少要距试模内壁10mm。临近初凝时每隔5min检测一次,临近终凝时每隔5min测定一次,到达初凝或终凝时应立即重复检测一次,当两次结论相同时才能定为到达初凝或终凝状态。每次检测不能让试针落入原针孔,每次检测完毕必须将试针擦净并将试模放回湿气养护箱内,在整个检测过程要防止试模受振。

4.6.5 水泥安定性的检测

1. 检测方法

安定性的检测方法有标准法(雷氏法)——它是观测由两个试针的相对位移所指示的水泥标准稠度净浆体积膨胀的程度和代用法(试饼法)——它是观测水泥标准稠度净浆试饼的外形变化程度等两种。当发生争议时,一般以雷氏法为准。

2. 检测目的

通过检测沸煮后标准稠度的水泥净浆检测试样的体积和外形的变化程度,评定水泥体积安定性是否合格。

3. 材料和检测条件

(1)材料。检测用水必须是洁净的饮用水,如有争议时应以蒸馏水为准。

(2)检测条件。检测实验室温度为(20±2)℃,相对湿度应不低于50%;水泥检测试样、拌合水、仪器和用具的温度应与检测实验室一致。

4. 主要检测流程

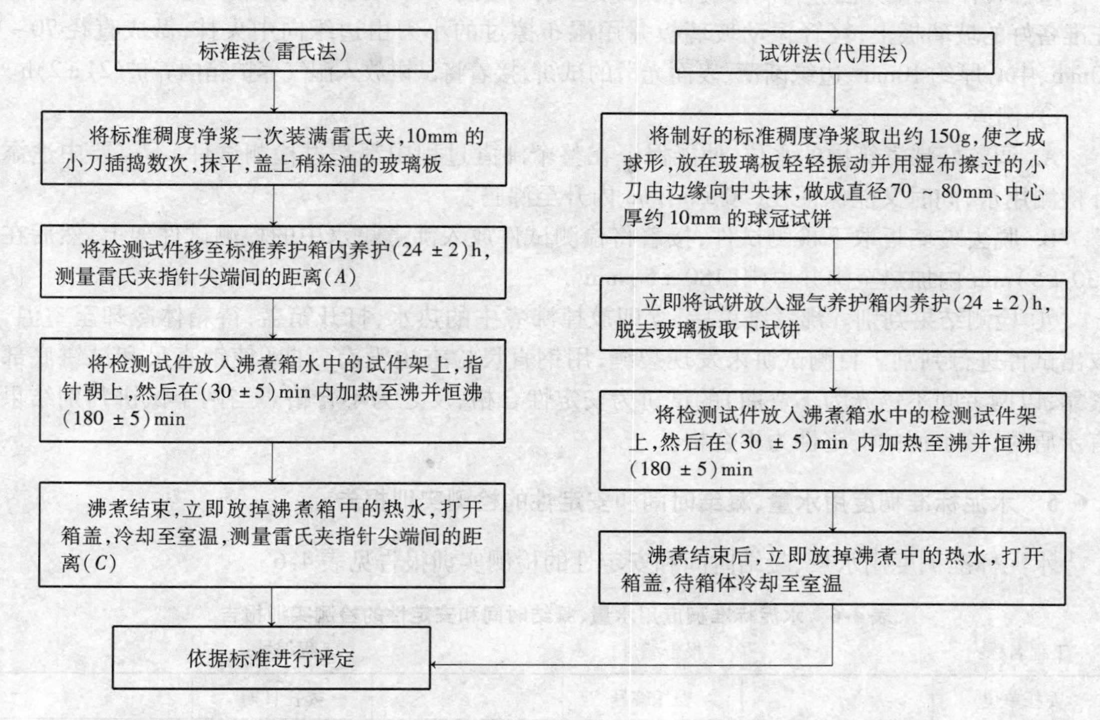

(1)标准法(雷氏法)。

① 检测前的准备工作。每个检测试样需要成型两个检测试件,每个雷氏夹需要配备质量约75~85g的玻璃板两块,凡与水泥净浆接触的玻璃板和雷氏夹内表面都要稍稍涂上一层油。

② 雷氏夹检测试件的成型。将预先准备好的雷氏夹放在已稍擦油的玻璃板上,并立即将已制好的标准稠度净浆一次装满雷氏夹,装浆时一只手轻轻扶持雷氏夹,另一只手用宽约10mm的小刀插捣数次,然后抹平,盖上稍涂油的玻璃板,接着立即将检测试件移至湿气养护箱内养护(24 ±2)h。

③ 沸煮。

A. 调整好沸煮箱内的水位,使其能保证在整个沸煮过程中都超过检测试件,不需要中途添补检测用水,同时又能保证在(30 ±5)min内升至沸腾。

B. 脱去玻璃板取下检测试件,先测量雷氏夹指针尖端间的距离(*A*),精确到0.5mm,接着将检测试件放入沸煮箱水中的试件架上,指针朝上,然后在(30 ±5)min内加热至沸并恒沸(180 ±5)min。

④ 检测结果判别。沸煮结束后,立即放掉沸煮箱中的热水,打开箱盖,待箱体冷却至室温,取出检测试件进行判别。当两个检测试件的(*C*-*A*)值相差不大于4.0mm时,即认为该水泥安定性合格。当两个检测试件的(*C*-*A*)值相差超过4.0mm时,应用同一样品立即重做一次检测。再如此,则认为该水泥为安定性不合格。

(2)试饼法(代用法)。

① 检测前的准备工作。每个样品需要准备两块约100mm×100mm的玻璃板,凡与水泥净浆接触的玻璃板都要稍稍涂上一层油。

② 试饼的成型方法。将制好的标准稠度净浆取出约150g，分成两等份，使之成球形，放在预先准备好的玻璃板上，轻轻振动玻璃板并用湿布擦过的小刀由边缘向中央抹，做成直径70～80mm、中心厚约10mm、边缘渐薄、表面光滑的试饼，接着将试饼放入湿气养护箱内养护(24±2)h。

③ 沸煮。

A. 调整好沸煮箱内的水位，使能保证在整个沸煮过程中都超过检测试件，不需要中途添补检测用水，同时又能保证在(30±5)mm 内升至沸腾。

B. 脱去玻璃板取下检测试件，接着将检测试件放入沸煮箱水中的检测试件架上，然后在(30±5)min 内加热至沸并恒沸(180±5)min。

④ 检测结果判别。沸煮结束后，立即放掉沸煮中的热水，打开箱盖，待箱体冷却至室温，取出试件进行判别。目测试饼未发现裂缝，用钢直尺检查也没有弯曲(使钢直尺和试饼底部紧靠，以两者间不透光为不弯曲)的试饼为安定性合格，反之为不合格。当两个试饼判别结果有矛盾时，该水泥的安定性为不合格。

4.6.6 水泥标准稠度用水量、凝结时间和安定性的检测实训报告

水泥标准稠度用水量、凝结时间和安定性的检测实训报告见表4-6。

表4-6 水泥标准稠度用水量、凝结时间和安定性的检测实训报告

工程名称： 报告编号： 工程编号：

委托单位		委托编号		委托日期	
施工单位		样品编号		检验日期	
结构部位		出厂合格证编号		报告日期	
厂　　别		检验性质		代表数量	
发证单位		见证人		证书编号	

1. 水泥标准稠度用水量的检测

试样名称	试样质量/g	加水量/mL	指针下沉深度 S/mm	标准稠度 P/%

结　　论：

执行标准：

2. 水泥凝结时间的检测

试样名称	试样质量/g	加水时间 min	指针距底板(4±1) mm 时间/min	指针沉入净浆 0.5mm 时间/min	凝结时间/min	
					初凝	终凝

结　　论：

执行标准：

续表 4-6

3. 水泥安定性的检测							
试样名称	试样质量/g	加水量/mL	指针下沉深度 S/mm	雷氏法			试饼法
				C 值 mm	A 值 mm	$(C-A)$ 值/mm	煮沸后试饼
结　　论：							
执行标准：							

主要仪器设备	检测仪器		管理编号	
	型号规格		有效期	
	检测仪器		管理编号	
	型号规格		有效期	
	检测仪器		管理编号	
	型号规格		有效期	
	检测仪器		管理编号	
	型号规格		有效期	
备　　注				
声　　明				
地　　址	地址： 邮编： 电话：			

审批(签字)：________审核(签字)：________校核(签字)：________检测(签字)：________

检测单位(盖章)：________

报　告　日　期：　　年　月　日

注：本表一式四份(建设单位、施工单位、检测实验室、城建档案馆存档各一份)。

4.7　水泥胶砂强度的检测(ISO 法)

4.7.1　检测目的

通过检测不同龄期的抗折强度、抗压强度，确定水泥的强度等级或评定水泥强度是否符合标准规定。

4.7.2 主要检测仪器设备

1. 行星式水泥胶砂搅拌机：它由搅拌锅、搅拌叶、电动机等组成，如图4-15所示。应符合《行星式水泥胶砂搅拌机》（JC/T 681—2005）标准要求。

搅拌叶片高速和低速时的自转和公转速度应符合表4-7的要求。

表4-7 行星式水泥胶砂搅拌机主要参数

速度	搅拌叶自转/(r/min)	搅拌叶公转/(r/min)
低	140 ± 5	62 ± 5
高	285 ± 10	125 ± 10

注：叶片与锅底、锅壁的工作间隙(3 ± 1)mm。

搅拌锅可以任意挪动，但可以很方便地固定在锅底上，而且搅拌时也不会明显晃动和转动。搅拌叶片呈扇形，搅拌时除顺时针自转外，还沿锅边逆时针公转，并且有高低两种速度。

2. 水泥胶砂试模：它是由3个水平槽模组成，可同时成型3条截面为40mm × 40mm，长160mm的棱形试体，其材质和制造尺寸符合《水泥胶砂试模》（JC/T 726—2005）要求，如图4-16所示。成型操作时，应在试模上面加有一个壁高20mm的金属模套，当从上往下看时，模套壁与模型内壁应该重叠，超出内壁应大于1mm。为了控制料层厚度和刮平胶砂，应备有两个播料器和一金属刮平直尺。

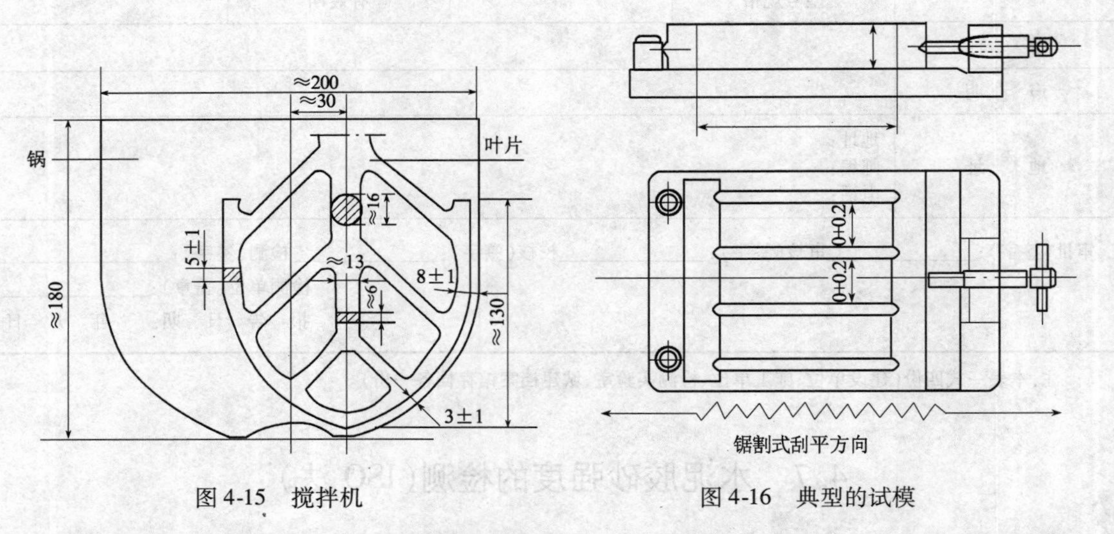

图4-15 搅拌机　　图4-16 典型的试模

3. 振实台：其性能应符合《水泥胶砂检测试体成型振实台》（JC/T 682—2005）标准要求，如图4-17所示。振实台振幅(15.0 ± 0.3)mm，振动频率60次/(60 ± 2)s。振实成型方法用伸臂式振实台。振实台应安装在高度约400mm的混凝土基座上。混凝土体积约为0.25m^3，重约600kg。需要防外部振动影响振实效果时，可在整个混凝土基座下放一层厚约5mm的天然橡胶弹性衬垫。将仪器用地脚螺栓固定在基座上，安装后设备成水平状态，仪器底座与基座之间要铺一层砂浆以保证它们的完全接触。

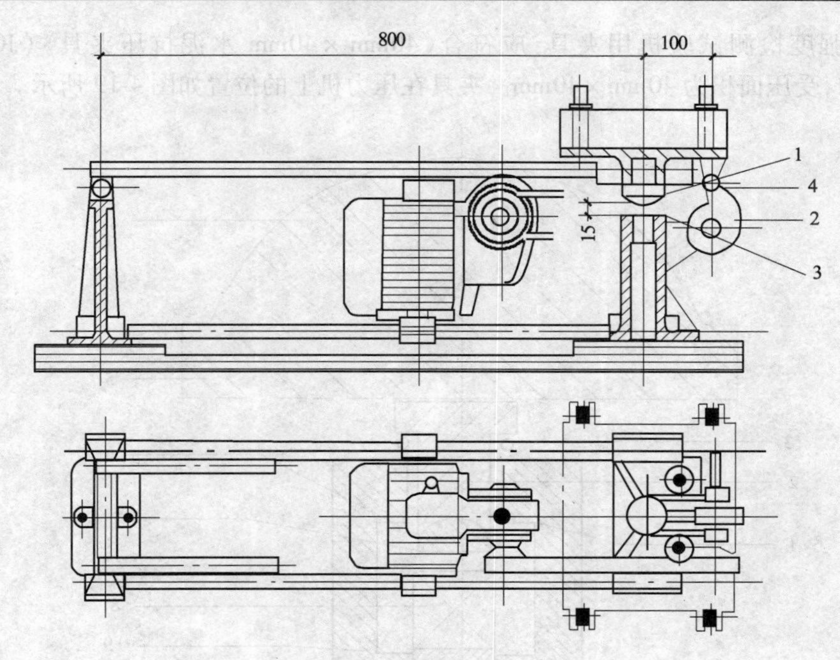

图 4-17　典型的振实台

1—突头;2—凸轮;3—止动器;4—滑动轮

4. 抗折强度检测试验机:符合《水泥胶砂电动抗折试验机》(JC/T 724—2005)的要求。一般采用杠杆比值为 1 : 50 的电动抗折检测试验机。抗折夹具的加荷与支撑圆柱直径应为(10 ± 0.1)mm,两个支撑圆柱中心距为(100 ± 0.2)mm。检测试件在夹具中受力状态如图 4-18 所示。

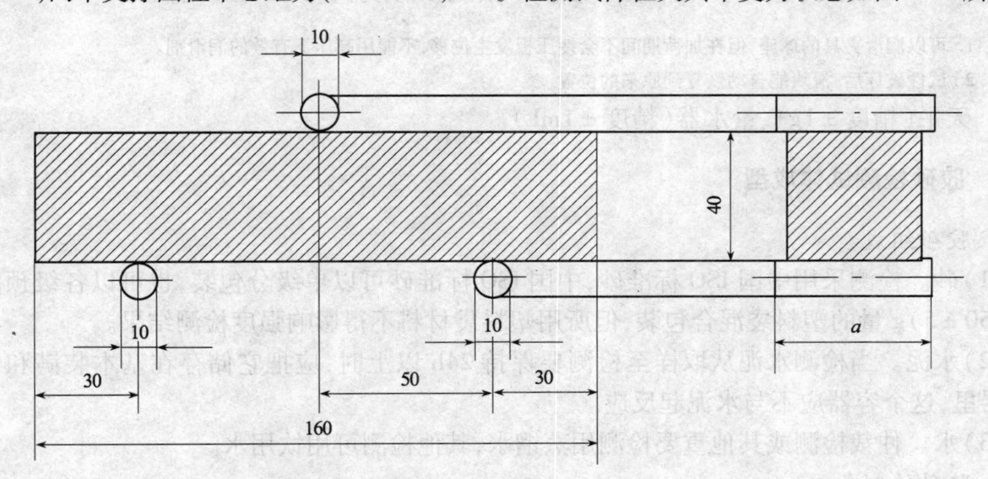

图 4-18　抗折强度测定加荷图

抗折强度也可以用抗压强度检测试验机来测定,此时应使用符合上述规定的夹具。

5. 抗压强度检测试验机:在较大的五分之四量程范围内使用时记录的荷载应有 ±1% 精度,具有按(2400 ± 200)N/s 速率的加荷能力,应有一个能指示检测试件破坏时荷载并把它保持到检测试验机卸荷以后的指示器,可以用表盘里的峰值指针或显示器来达到。人工操纵的检测试验机配有一个速度动态装置以便于控制荷载增加。

6. 抗压强度检测试验机用夹具：应符合《40mm × 40mm 水泥抗压夹具》（JC/T 683—2005）的要求，受压面积为 40mm × 40mm。夹具在压力机上的位置如图 4-19 所示。

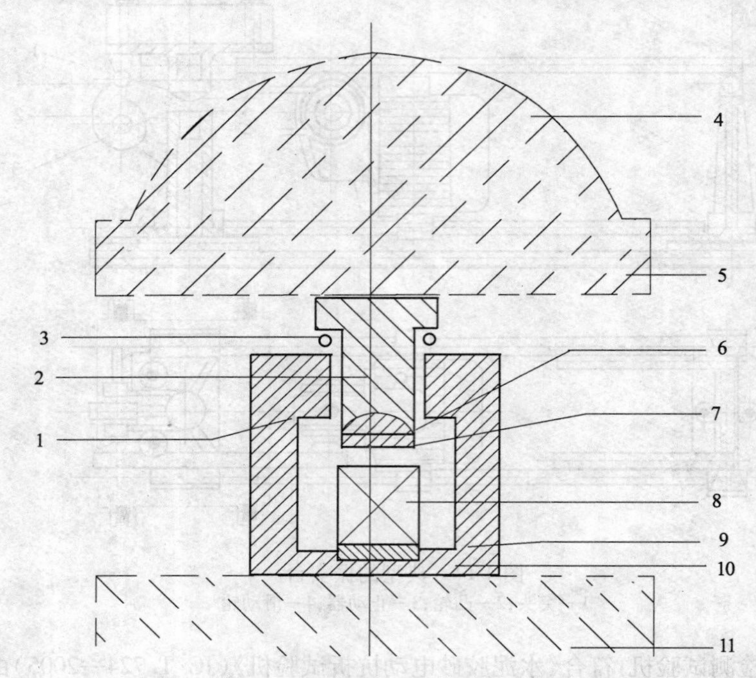

图 4-19　典型的抗压强度试验

1—滚珠轴承；2—滑块；3—复位弹簧；4—压力机球座；5—压力机上压板；6—夹具球座；7—夹具上压板；8—试体；9—底板；10—夹具下垫板；11—压力机下压板

注：1. 可以润滑夹具的球座，但在加荷期间不会使压板发生位移，不能用高压下有效的润滑剂。

2. 试件破坏后，滑块能自动恢复到原来的位置。

7. 天平（精度 ±1g）、量水器（精度 ±1mL）。

4.7.3　胶砂检测试体成型

1. 胶砂组成

（1）砂。检测采用中国 ISO 标准砂，中国 ISO 标准砂可以单级分包装，也可以各级预配合以（1350 ±5）g 量的塑料袋混合包装，但所用塑料袋材料不得影响强度检测结果。

（2）水泥。当检测水泥从取样至检测要保持 24h 以上时，应把它储存在基本装满和气密的容器里，这个容器应不与水泥起反应。

（3）水。仲裁检测或其他重要检测用蒸馏水，其他检测可用饮用水。

2. 胶砂的制备

（1）制备原则。按《水泥胶砂强度检验方法（ISO 法）》（GB/T 17671—1999）进行检测。但火山灰水泥、粉煤灰水泥、复合水泥和掺火山灰混合材料的普通水泥在进行胶砂强度检测时，其用水量按 0.50 水灰比和胶砂流动度不小于 180mm 来确定。当流动度小于 180mm 时，须以 0.01 的整倍数递增的方法将水灰比调整至胶砂流动度不小于 180mm。

（2）配合比。胶砂的质量配合比应为一份水泥、三份标准砂和半份水（水泥：标准砂：水 = 1：3：0.5）。一锅胶砂成型三条试块，每锅材料需要量为水泥（450 ±2）g、中国 ISO 标准砂(1350 ±5)g,水(225 ±1)mL。

(3)搅拌。每锅胶砂用搅拌机进行机械搅拌。先使搅拌机处于待工作状态,然后按以下的程序进行操作:

把水加入锅里,再加入水泥,把锅放在固定架上,上升至固定位置。然后立即开动机器,低速搅拌 30s 后,在第二个 30s 开始的同时均匀地将砂子加入,当各级砂是分装时,从最粗粒级开始,依次将所需的每级砂量加完。把机器转至高速再拌 30s。停拌 90s,在第一个 15s 内用一胶皮刮具将叶片和锅壁上的胶砂刮入锅中间。在高速下继续搅拌 60s。各个搅拌阶段,时间误差应在 ±1s 以内。

3. 检测试件的制备

(1)用振实台成型。胶砂制备后立即进行成型。将空试模和模套固定在振实台上,用一个适当勺子直接从搅拌锅里将胶砂分两层装入试模,装第一层时,每个槽里约放 300g 胶砂,用大播料器垂直架在模套顶部沿每个模槽来回一次将料层播平,接着振实 60 次。再装入第二层胶砂,用小播料器播平,再振实 60 次。移走模套,从振实台上取下试模,用一金属直尺以近似 90°的角度架在试模模顶的一端,然后沿试模长度方向以横向锯割动作慢慢地向另一端移动,一次将超过试模部分的胶砂刮去,并用同一直尺以近乎水平的情况下将检测试体表面抹平。

(2)用振动台成型。当使用代用的振动台成型时,操作如下:在搅拌胶砂的同时将试模和下料漏斗卡紧在振动台的中心。将搅拌好的全部胶砂均匀地装入下料漏斗中,开动振动台,胶砂通过漏斗流入试模。振动(120 ±5)s 停车。振动完毕,取下试模,用刮平尺以规定的刮平手法刮去其高出试模的胶砂并抹平。

(3)在试模上做标记或加字条标明检测试件编号和检测试件相对于振实台的位置。

4. 试件的脱模和养护

(1)脱模前的处理和养护。去掉留在模子四周的胶砂。立即将做好标记的试模放入养护箱(温度20℃ ±1℃,相对湿度90%以上)养护,养护时不应将试模放在其他试模上。一直养护到规定的脱模时间时取出脱模。脱模前,用防水墨汁或颜料笔对试体进行编号和做其他标记。两个龄期以上的检测试体,在编号时应将同一试模中的三条检测试体分在两个以上龄期内。

(2)脱模。脱模应非常小心。对于 24h 龄期的,应在破型检测前 20min 内脱模;对于 24h 以上龄期的,应在成型后 20 ~24h 之间脱模。

注:如经 24h 养护,会因脱模对强度造成损害时,可以延迟至 24h 以后脱模,但在检测报告中应予说明。

已确定作为 24h 龄期检测(或其他不下水直接做检测)的已脱模试体,应用湿布覆盖至做检测时为止。

(3)水中养护。将做好标记的检测试件立即水平或竖直放在(20 ±1)℃水中养护,水平放置时刮平面应朝上。试件放在不易腐烂的篦子上,并彼此间保持一定间距,以让水与检测试件的六个面接触。养护期间试件之间间隔或检测试体上表面的水深不得小于 5mm。除 24h 龄期或延迟至 48h 脱模的检测试体外,任何到龄期的检测试体应在试验(破型)前 15min 从水中取出。揩去试体表面沉积物,并用湿布覆盖至检测为止。

4.7.4　强度的具体检测

检测试体龄期是从水泥加水搅拌开始检测时算起。不同龄期强度检测按表 4-8 时间里进行:

表 4-8　不同龄期强度检测的时间

龄　　期	时　　间
1	1d ± 15min
2	2d ± 30min
3	3d ± 45min
7	7d ± 2h
28	>28d ± 8h

1. 抗折强度的检测

将检测试体一个侧面放在检测试验机支撑圆柱上，试体长轴垂直于支撑圆柱，通过加荷圆柱以(50 ± 10) N/s 速率均匀地将荷载垂直加在棱柱体相对侧面上，直至折断。保持两个半截棱柱体处于潮湿状态直至抗压检测。

抗折强度 f_t 以 MPa 为单位，按下式进行计算（精确至 0.01MPa）：

$$f_t = \frac{1.5F_tL}{b^3} \tag{4-17}$$

式中　f_t——抗折强度，MPa；

F_t——折断时施加于棱柱体中部的荷载，N；

L——支撑圆柱之间的距离，mm；

b——棱柱体正方形截面的边长，mm。

2. 抗压强度的检测

抗压强度检测用规定的抗压强度检测试验机和抗压强度检测试验机用夹具，在半截棱柱体的侧面上进行。半截棱柱体中心与压力机压板受压中心差应在 ±0.5mm 内，棱柱体露在压板外的部分约有 10mm。在整个加荷过程中以(2400 ± 200) N/s 速率均匀地加荷直至破坏。

抗压强度 f_c 以 MPa 为单位，按下式进行计算（精确至 0.1MPa）：

$$f_c = \frac{F_c}{A} \tag{4-18}$$

式中　f_c——抗压强度，MPa；

F_c——破坏时的最大荷载，N；

A——受压部分面积，mm^2。

4.7.5　检测结果计算与评定

1. 抗折强度

以一组三个棱柱体抗折结果的平均值作为检测结果。当三个强度值中有超出平均值 ±10% 时，应剔除后再取平均值作为抗折强度检测结果。

2. 抗压强度

以一组三个棱柱体上得到的 6 个抗压强度检测测定值的算术平均值为检测结果。如果 6 个测定值中有一个超出 6 个平均值的 ±10%，就应剔除这个结果，而以剩下 5 个的平均数为结果。如果 5 个检测值中再有超过它们平均数 ±10% 的，则此组结果作废。

3. 检测结果的评定

各试体的抗折强度记录至0.01MPa，按规定计算平均值，计算精确至0.01MPa。各个半棱柱体得到的单个抗压强度结果计算至0.1MPa，按规定计算平均值，计算精确至0.1MPa。

4.7.6 水泥胶砂强度的检测（ISO法）实训报告

水泥胶砂强度的检测（ISO法）实训报告见表4-9。

表4-9　水泥胶砂强度的检测（ISO法）实训报告

工程名称：　　报告编号：　　工程编号：

委托单位		委托编号		委托日期	
施工单位		样品编号		检验日期	
结构部位		出厂合格证编号		报告日期	
厂　　别		检验性质		代表数量	
发证单位		见证人		证书编号	

试样编号	龄期	抗折破坏荷载/N	抗折强度/MPa	抗折强度平均值/MPa	抗压破坏荷载/MPa		抗压强度/MPa	抗压强度平均值/MPa
1	3d							
2								
3								
1	28d							
2								
3								

结　　论：

执行标准：

主要仪器设备	检测仪器		管理编号	
	型号规格		有效期	
	检测仪器		管理编号	
	型号规格		有效期	
	检测仪器		管理编号	
	型号规格		有效期	
	检测仪器		管理编号	
	型号规格		有效期	
备　　注				
声　　明				
地　　址	地址： 邮编： 电话：			

审批（签字）：________审核（签字）：________校核（签字）：________检测（签字）：________

检测单位（盖章）：________

报　告　日　期：　　年　月　日

注：本表一式四份（建设单位、施工单位、检测实验室、城建档案馆存档各一份）。

4.8 水泥强度的快速检测

在水泥胶砂强度检验方法的基础上，用55℃湿热养护24h，获得水泥快速强度来预测水泥28d抗压强度，用于水泥生产和使用的质量控制。

4.8.1 主要检测设备仪器与材料

（1）胶砂搅拌机、振动台、试模、抗压检测试验机及抗压夹具应符合GB/T 17671—1999《水泥胶砂强度检验方法（ISO法）》的规定。

（2）湿热养护箱：箱体内径尺寸650mm×350mm×260mm，试件架距箱底高度为150mm；加热功率1kW以上；控制在(55±2)℃范围内的控温装置。

（3）采用水泥胶砂强度检测试验所用的标准砂和水。

4.8.2 主要检测流程

试件成型和抗压强度检测与水泥胶砂强度检测相同，差异在养护方法。

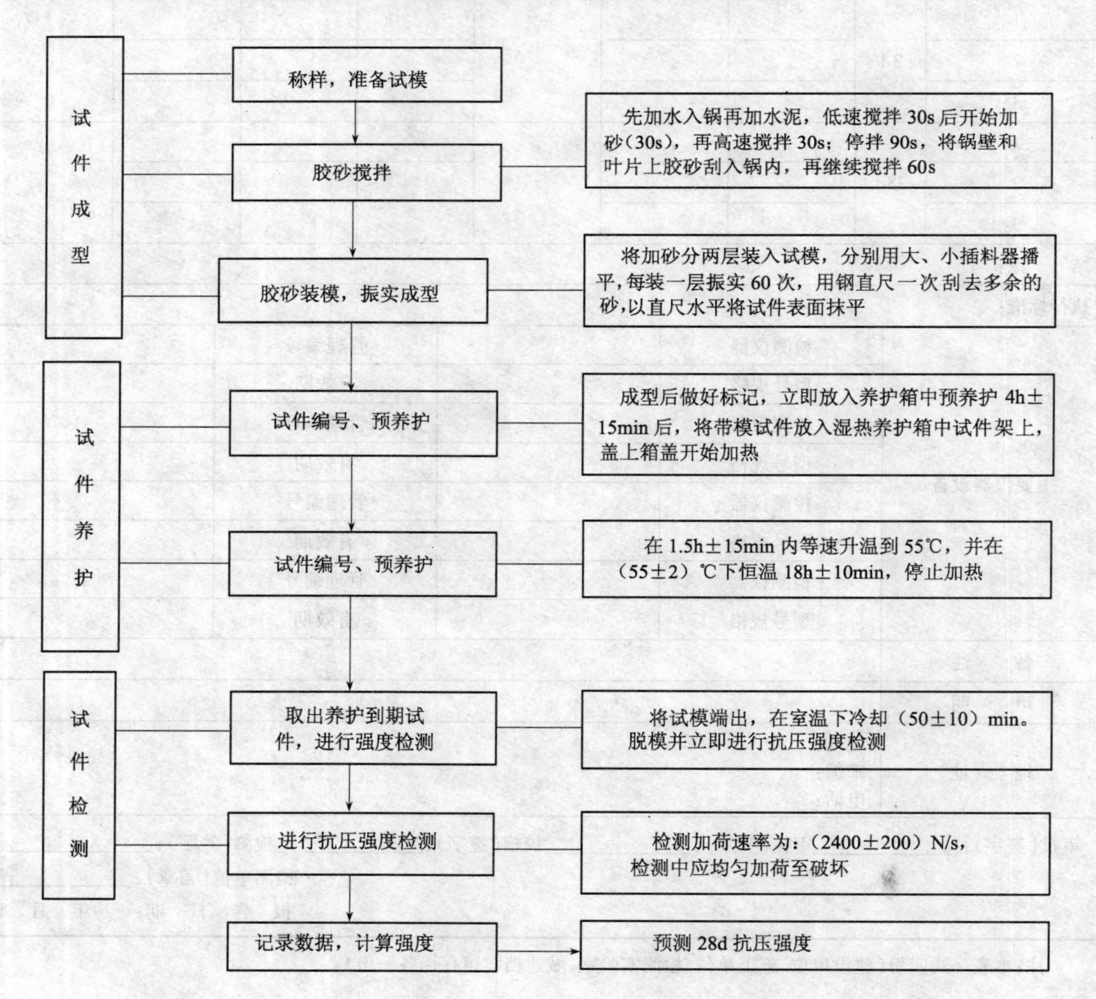

4.8.3　检测结果与评定

水泥28d抗压强度按式(4-19)进行计算：

$$R_{28} = A \cdot R_{k} + B \tag{4-19}$$

式中　R_{28}——预测的水泥28d抗压强度，MPa；

R_{k}——快速测定的水泥抗压强度，MPa；

A,B——常数。经积累较多数据后通过回归方程确定，其相关系数应不小于0.75，并要求剩余标准偏差s不大于所用全部水泥样品28d实测抗压强度平均值的7.0%。

4.8.4　水泥28d抗压强度预测公式的建立

为提高预测水泥28d抗压强度的准确性，其检测组数n应不小于30组。常数A、B按下列公式进行计算：

$$A = \frac{\sum_{i=1}^{n} R_{28i} \cdot R_{ki} - \frac{1}{n}\left(\sum_{i=1}^{n} R_{28i}\right)\left(\sum_{i=1}^{n} R_{ki}\right)}{\sum_{i=1}^{n} R_{ki}^{2} - \frac{1}{n}\left(\sum_{i=1}^{n} R_{ki}\right)} \tag{4-20}$$

$$B = \overline{R}_{28} - A \cdot \overline{R}_{k} \tag{4-21}$$

$$\overline{R}_{28} = \frac{1}{n}\sum_{i=1}^{n} R_{28i} \tag{4-22}$$

$$\overline{R}_{k} = \frac{1}{n}\sum_{i=1}^{n} R_{ki} \tag{4-23}$$

式中　$\overline{R}_{28}$——n组水泥28d抗压强度平均值，MPa；

R_{28i}——第i组水泥28d抗压强度测定值，MPa；

$\overline{R}_{k}$——n组水泥快速测定28d抗压强度平均值，MPa；

R_{ki}——第i组水泥快速测定28d抗压强度测定值，MPa；

n——检测组数。

将确定的常数A、B值代入水泥28d强度预测式(4-19)中，即可得到本单位使用的专用式，根据使用情况，必要时修正A、B值(约一年修正一次)。

为确定所建立的水泥28d强度预测公式的可靠性，应计算检测数据的相关系数r和剩余标准偏差s，要求相关系数$r \geqslant 0.75$，剩余标准偏差$\frac{s}{\overline{R}_{28}} \leqslant 0.07$。此时建立的水泥28d强度预测公式是可以使用的，其预测结果是可靠的。相关系数r按式(4-24)计算：

$$r = \frac{\sum_{i=1}^{n} R_{28i} \cdot R_{ki} - \frac{1}{n}\left(\sum_{i=1}^{n} R_{28i}\right)\left(\sum_{i=1}^{n} R_{ki}\right)}{\sqrt{\left[\sum_{i=1}^{n} R_{28i}^{2} - \frac{1}{n}\left(\sum_{i=1}^{n} R_{28i}\right)^{2}\right]\left[\sum_{i=1}^{n} R_{ki}^{2} - \frac{1}{n}\left(\sum_{i=1}^{n} R_{ki}\right)^{2}\right]}} \tag{4-24}$$

$$s = \frac{\sqrt{(1 - r^2)\left[\sum_{i=1}^{n} R_{28i}^2 - \frac{1}{n}\left(\sum_{i=1}^{n} R_{28i}\right)^2\right]}}{n - 2} \tag{4-25}$$

注：当单位确定 A、B 值有难度时，对于五大硅酸盐水泥可按 A 取 1.22、B 取 18.3，则参考预测公式为：$R_{28} = 1.22R_k + 18.3$（MPa）。初期按参考预测公式进行，当检测组数超过 30 组后，可按照上述程序建立本单位水泥 28d 强度预测公式或修正预测公式。最好划分不同水泥品种，以提高换算准确度。

4.9 水泥胶砂流动度的检测

4.9.1 主要检测仪器设备

1. 水泥胶砂搅拌机。应符合《行星式水泥胶砂搅拌机》（JC/T 681—2005）的性能要求。

2. 跳桌及其附件。

（1）跳桌主要由铸铁机架和跳动部分组成，如图 4-20 所示。

（2）转动轴与转速为 60r/min 的同步电机，其转动机构能保证胶砂流动度测定仪在（25 ± 1）s 内跳动 25 次。跳桌底座有三个直径为 12mm 的孔，以便与混凝土基座连接，三个孔均匀分布在直径 200mm 的圆上。

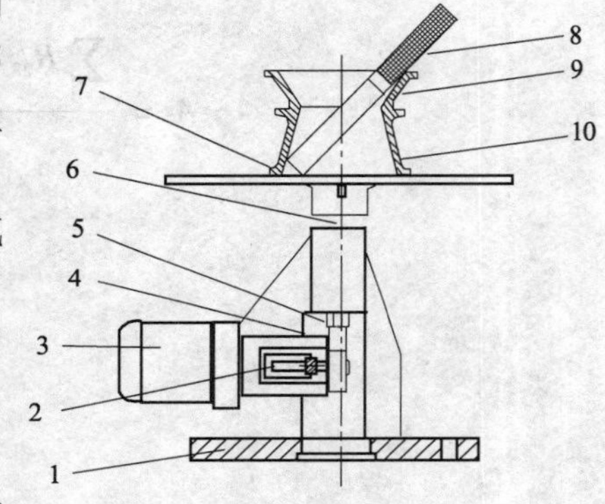

图 4-20 跳桌结构示意图

1—机架；2—接近开关；3—电机；4—凸轮；5—滑轮；6—推杆；7—圆盘桌面；8—捣棒；9—模套；10—截锥圆模

3. 试模。由截锤圆模和模套组成，金属材料制成的，内表面加工光滑。圆模直径为（60 ± 0.5）mm，上口内径为（70 ± 0.5）mm，下口内径为（100 ± 0.5）mm，下口外径为 120mm，模壁厚大于 5mm。

4. 圆柱捣棒。由金属材料制成，直径为（20 ± 0.5）mm，长约 200mm。捣棒底面与侧面成直角，其下部光滑，上部手柄滚花。

5. 卡尺。量程不小于 300mm，分度值不大于 0.5mm。

6. 小刀。刀口平直，长度大于 80mm。

7. 天平。量程不小于 100g，分度值不大于 1g。

4.9.2 具体检测步骤

1. 制备胶砂

由《水泥胶砂流动度测定方法》（GB/T 2419—2005）规定，一次检测用的材料数量为：水泥 540g，标准砂 1350g，水按预定的水灰比进行计算。

按《水泥胶砂强度检验方法（ISO）法》（GB/T 17671 – 1999）的规定进行搅拌。

2. 湿润仪器

在拌合胶砂的同时，用湿布抹擦跳桌台面、捣棒、截锥圆模和模套内壁，并把它们置于玻璃板中心，盖上湿布。

3. 装模

将拌合好的水泥胶砂迅速分两层装入模内。第一层装到圆锥模高的 2/3 处，用小刀在相互垂直的两个方向上各划5次，再用圆柱捣棒自边缘至中心均匀捣压15次(图4-21)。接着装第二层胶砂，装至高出圆模约20mm，同样用小刀在相互垂直两个方向各划5次，再用圆柱捣棒自边缘至中心均匀捣压10次(图4-22)。捣压深度，第一层捣至胶砂高度1/2，第二层捣至不超过已捣实的底层表面。

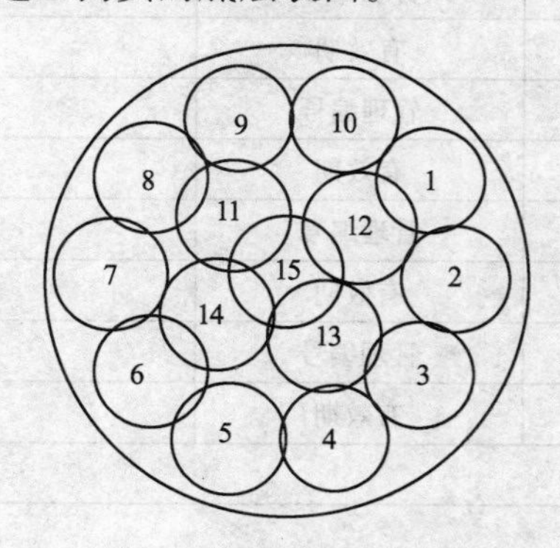

图4-21　第一次捣压位置示意图

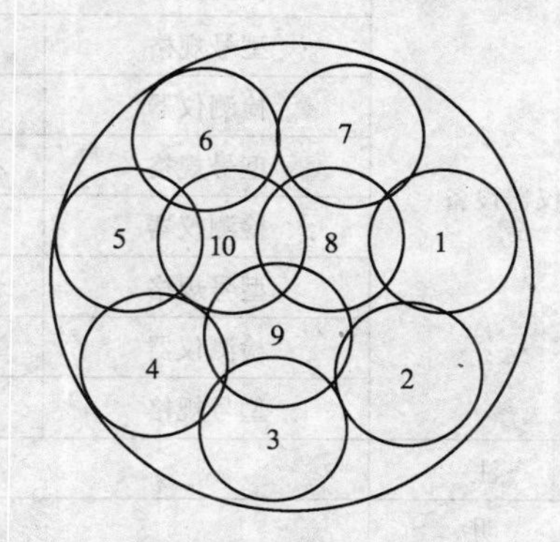

图4-22　第二次捣压位置示意图

装胶砂与捣实时用手将截锥圆模扶住，不要移动。

4. 卸模

捣压完毕后，取下模套，用小刀由中间向边缘分两次将高出截锥圆模的胶砂刮去并抹平，擦去落在桌面上的胶砂，将截锥圆模垂直向上轻轻提起，立刻开动跳桌，约每秒钟一次，在(25±1)s内完成25次跳动。

4.9.3　检测结果评定

跳动完毕，用卡尺检测胶砂底面互相垂直的两个方向直径，计算平均值，取整数，以“mm”为单位。该平均值即为该用水量的水泥胶砂流动度。

胶砂流动度检测，从胶砂加水开始到检测扩散直径结束，应在6min内完成。

4.9.4　水泥胶砂流动度的检测实训报告

水泥胶砂流动度的检测实训报告见表4-10。

表4-10　水泥胶砂流动度的检测实训报告

工程名称：　　　　报告编号：　　　　工程编号：

委托单位		委托编号		委托日期	
施工单位		样品编号		检验日期	
结构部位		出厂合格证编号		报告日期	
厂　　别		检验性质		代表数量	
发证单位		见证人		证书编号	

试样编号	试样质量/g	标准砂质量/g	加水量/mL	预定水灰比 W/C	扩散直径/mm		
					直径1/mm	直径2/mm	平均直径/mm

续表 4-10

结　论：

执行标准：

主要仪器设备	检测仪器		管理编号	
	型号规格		有效期	
	检测仪器		管理编号	
	型号规格		有效期	
	检测仪器		管理编号	
	型号规格		有效期	
	检测仪器		管理编号	
	型号规格		有效期	
备　注				
声　明				
地　址	地址： 邮编： 电话：			

审批（签字）：＿＿＿＿审核（签字）：＿＿＿＿校核（签字）：＿＿＿＿检测（签字）：＿＿＿＿

检测单位（盖章）：＿＿＿＿

报 告 日 期：　年　月　日

注：本表一式四份（建设单位、施工单位、检测实验室、城建档案馆存档各一份）。

第5章　水泥混凝土及砂浆性能的检测与实训

教学目的:通过加强水泥混凝土及砂浆的检测与实训,可让学生掌握水泥混凝土及砂浆是如何取样、送样及其各项检测项目是如何进行检测的,从而达到"教、学、做"合一,实现学生岗位核心能力的培养目标。

教学要求:全面了解水泥混凝土及砂浆的各项检测项目(包括水泥混凝土用砂、碎石的性能,水泥混凝土拌合物性能,水泥混凝土物理力学性能,水泥混凝土耐久性能和砌筑砂浆性能等)是如何取样、送样的,重点掌握其检测技术。

5.1　水泥混凝土及砂浆性能检测的基本规定

5.1.1　执行标准

《普通混凝土用砂、石质量及检验方法标准》(JGJ 52—2006);
《建筑用砂》(GB/T 14684—2001);
《建筑用卵石、碎石》(GB/T 14685—2001);
《混凝土结构工程施工质量验收规范》(GB 50204—2002);
《普通混凝土配合比设计规程》(JGJ 55—2000);
《混凝土质量控制标准》(GB 50164—1992);
《混凝土强度检验评定标准》(GBJ 107—1987);
《普通混凝土力学性能试验方法标准》(GB/T 50081—2002);
《普通混凝土拌合物性能试验方法标准》(GB/T 50080—2002);
《砌体工程施工质量验收规范》(GB 50203—2002);
《建筑砂浆基本性能试验方法》(JGJ 70—1990);
《砌筑砂浆配合比设计规程》(JGJ 98—2000);

5.1.2　水泥混凝土及砂浆性能的检测项目、组批原则及抽样规定

水泥混凝土及砂浆性能的检测项目、组批原则及抽样规定见表5-1～表5-3。

表 5-1 水泥混凝土及砂浆性能的检测项目、组批原则及抽样规定

序号	材料名称及标准规范	检测项目	组批原则及取样规定
1	细骨料——砂 JGJ 52—2006 GB/T 14684—2001 JTG E 41—2005 JTG E 42—2005	筛分析、相对密度、表观密度、含泥量、泥块	1. 对每一单项检测,每组检测试样的取样数量宜不少于表 5-2 所规定的最少取样量。需做几项检测时,如确能保证试样经一项检测后不致影响另一项检测的结果时,可用同一组试样进行几项不同的检测; 2. 在料堆上取样时,取样部位应均匀分布。取样前先将取样部位表层铲除,然后从不同部位抽取大致等量的砂 8 份(天然砂每份 11kg 以上,人工砂每份 26kg 以上),搅拌均匀后用四分法缩分至 22kg 或 52kg 组成一组样品;从皮带运输机上取样时,应用接料器在皮带运输机机尾的出料处定时抽取大致相等的砂 4 份(天然砂每份 22kg 以上,人工砂每份 52kg 以上),搅拌均匀后用四分法缩分至 22kg 或 52kg 组成一组样品;从火车、汽车、货船上取样时,从不同部位和深度抽取大致相等的 8 份为一组样品; 3. 供货单位应提供产品合格证或质量检验报告。购货单位可按出厂检验的批量和抽样方法进行取样:即按同分类、规格,适用等级及日产量每 600t 或 400m^3 为一批,不足 600t 或 400m^3 亦为一批,日产量超过 2000t,按 1000t 为一批,不足 1000t 亦为一批
2	粗骨料——石子 GB/T 14685—2001 JGJ 52—2006 JTG E 41—2005 JTG E 42—2005	筛分析、表观密度、堆积密度、含水率、吸水率、岩石抗压强度、针片状颗粒总含量	1. 对每一单项检测,每组检测试样的取样数量宜不少于表 5-3 所规定的最少取样量。需做几项检测时,如确能保证试样经一项检测后不致影响另一项检测的结果时,可用同一组试样进行几项不同的检测; 2. 在材料场同批来料的料堆上取样时,应先铲除堆脚等处无代表性的部分,再在料堆的顶部、中部和底部,各由均匀分布的几个不同部位,取得大致相等的若干份(大致 15 份)组成一组检测试样,务必使所取检测试样能代表本批来料的情况和品质; 3. 通过皮带运输机的材料如采石场的生产线、沥青拌合料的冷料输送带、无机结合料稳定骨料、级配碎石混合料等,应从皮带运输机上采集检测样品。取样时,可在皮带运输机骤停的状态下取其中一截的全部材料,或在皮带运输机的端部连续接一定时间的料得到,将间隔 3 次以上所取的检测试样组成一组检测试样,作为代表性检测试样; 4. 从火车、汽车、货船上检测取样时,应从各不同部位和深度处,抽取大致相等的试样若干份,组成一组检测试样。抽取的具体份数(大致 16 份),应视能够组成本批来料代表样的需要而定; 5. 从沥青拌合料的热料仓取样时,应在放料口的全断面上取样。通常宜将一开始按正式生产的配比投料拌合的几锅(至少 5 锅以上)废弃,然后分别将每个熟料仓放出至装载机上,倒在水泥地上,适当拌合,从 3 处以上的位置取样,拌合均匀,取要求数量的检测试样
3	混凝土拌合物性能检测 GB 50204—2002 JGJ 55—2000 GB/T 50081—2002 GBJ 107—1987 GB 50164—1992 GB/T 50080—2002	稠度、凝结时间、泌水与压力泌水、表观密度等	1. 同一组混凝土拌合物的取样应从同一盘搅拌或同一车运送的混凝土中取样;取样数量应多于检测所需量的 1.5 倍,且宜不少于 20L; 2. 混凝土工程施工中取样进行混凝土拌合物性能试验时,其取样方法和原则应按 GB 50204—2002《混凝土结构工程施工质量验收规范》及其有关规定执行; 3. 混凝土拌合物的取样应具有代表性,宜采用多次采样的方法。一般在同一盘混凝土或同一车混凝土中的约 1/4 处、1/2 处和 3/4 处之间分别取样,从第一次取样到最后一次取样不宜超过 15min,然后人工搅拌均匀; 4. 从取样完毕到开始做各项性能检测不宜超过 5min

续表 5-1

序号	材料名称及标准规范	检测项目	组批原则及取样规定
4	混凝土力学检测 GB 50204—2002 JGJ 55—2000 GB/T 50081—2002 GBJ 107—1987 GB 50164—1992	抗压、抗折强度、劈裂抗拉强度等	1. 每拌制100盘不超过$100m^3$的同配合比的混凝土，其取样不得少于一次； 2. 每工作班拌制的同配合比的混凝土不足100盘时，其取样不得少于一次； 3. 连续浇筑超过$1000m^3$时，同一配合比的混凝土，每$200m^3$取样不得少于一次； 4. 每一楼层、同一配合比的混凝土，其取样不得少于一次； 5. 每次取样至少留一组标准养护试件，同条件养护试件的留置组数根据需要定； 6. 从混凝土浇灌地点随机取样；即混凝土料堆上随机至少抽取3处，并搅拌均匀后入模
5	混凝土耐久性的检测	抗渗性、抗冻性、收缩性、抗碳化能力等	1. 进行混凝土抗渗性检测时，同一工程、同一配合比的混凝土，取样不应少于一次，留置组数可根据实际需要确定；从混凝土浇灌地点随机取样，即混凝土料堆上随机至少抽取3处，并搅拌均匀后入模；试件应在浇筑地点制作，每次制作1组，每组试块6块； 2. 进行混凝土收缩检测时，根据混凝土工程量及质量控制要求确定批量；每次成型1组共3个试件；试件成型时，如用机油作隔离剂则采用的机油的黏度不应过大，以免阻碍以后试件的湿度交换，影响测值； 3. 普通混凝土配合比设计应提供以下材料：水泥50kg、砂80kg、石130kg、外加剂5kg
6	砂浆性能的检测 GB 50203—2002 JGJ 98—2000 JGJ 70—1990	稠度、分层度、抗压强度等	1. 建筑砂浆检测用料应根据不同要求，可以从同一盘搅拌机或同一车运送的砂浆中取出；在检测实验室取样时，可从机械或人工拌合的砂浆中取出； 2. 施工中取样进行砂浆检测时，其取样方法和原则按相应的施工验收规范执行。应在使用地点的砂浆槽、砂浆运送车或搅拌机出料口等至少三个不同部位取样。所取检测试样的数量应多于检测用料的1~2倍； 3. 检测用水泥和其他原材料应与现场使用材料一致。水泥如有结块应充分混合均匀，以0.9mm筛过筛，砂也应以5mm筛过筛； 4. 检测实验室用搅拌机搅拌砂浆时，搅拌的用量宜少于搅拌机容量的20%，搅拌时间不宜少于2min； 5. 砂浆拌合物取样后，应尽快进行检测。现场取来的检测试样，在检测前应经人工再翻拌以保证其质量均匀

表 5-2　各检测项目所需细骨料的最小取样质量

序　号	检　测　项　目	最少取样数量/kg
1	颗粒级配	4.4
2	含泥量	4.4
3	石粉含量	6.0
4	泥块含量	20.0
5	云母含量	0.6
6	轻物质含量	3.2
7	有机物含量	2.0

续表 5-2

序　号	检　测　项　目		最少取样数量/kg
8	硫化物与硫酸盐含量		0.6
9	氯化物含量		4.4
10	坚固性	天然砂	8.0
		人工砂	20.0
11	表观密度		2.6
12	堆积密度与空隙率		5.0
13	碱-骨料反应		20.0

表 5-3　各检测项目所需粗骨料的最小取样质量

检　测　项　目	相对于下列公称最大粒径(mm)的最小取样量/kg										
	4.75	9.5	13.2	16	19	26.5	31.5	37.5	53	63	75
表观密度	6	8	8	8	8	8	12	16	20	24	24
含水率	2	2	2	2	2	2	3	3	4	4	6
吸水率	2	2	2	2	4	4	4	6	6	6	8
堆积密度	40	40	40	40	40	40	80	80	100	120	120

5.1.3　水泥混凝土性能检测的试件制作和养护

1. 检测实验室拌制的混凝土制作试件时，其材料用量以质量计，称量的精度为：水泥、水和外加剂均为 ±0.5%；骨料为 ±1.0%。拌合用的骨料应提前送入室内，拌合时检测实验室的温度应保持(20 ±5)℃。施工单位拌制的混凝土，其称量用量也应以质量计，各组成称量计算结果的偏差：水泥、水和外加剂均为 ±2.0%；骨料为 ±3.0%。

2. 所有检测试件应在取样后立即制作，试件的成型方法应根据混凝土的稠度而定。坍落度≤70mm 的混凝土，宜用振动台振实；坍落度 >70mm 的宜用捣棒，人工捣实。

3. 制作试件的试模由铸铁或钢制成，应具有足够的刚度并卸装方便。试模的内表面应机械加工，其不平度应为每 100mm 不超过 0.05mm。组装后各相邻面的不垂直度不应超过 ±0.5°。制作试件前应将试模擦干净并在前内壁涂上一层矿物油脂或其他脱模剂。

4. 采用振动台成型时，应将水泥混凝土拌合物一次装入试模，装料时应用抹刀沿试模内壁略加插捣并使水泥混凝土拌合物高出试模上口。振动时应防止试模在振动台上自由跳动，振动应持续到混凝土表面出浆为止，刮除多余的水泥混凝土，并用抹刀抹平。

5. 人工插捣时，水泥混凝土拌合物应分两层装入试模，每层的装料厚度大致相同。插捣用的钢制捣棒长为 650mm，直径为 16mm，端部应磨圆。插捣应按螺旋方向从边缘向中心均匀进行，插捣底层时，捣棒应达到试模表面；插捣上层时，捣棒应穿入下层深度为 20 ~ 30mm。插捣时捣棒应保持垂直，同时，还应用抹刀沿试模内壁插入数次。每层的插捣次数应根据试件的截面而定，一般每 $100cm^2$ 截面积不应少于12次。插捣完后，刮除多余的水泥混凝土，并用抹刀抹平。

6. 标准养护的试件成型后应覆盖表面，以防止水分蒸发，并应在(20±5)℃情况下静置24~48h，然后编号拆模。

拆模后的试件应立即放在温度为(20±2)℃，相对湿度为95%以上的标准养护室内养护。在标准养护室内，试件应放在架上，彼此间隔为10~20mm，并应避免用水直接冲淋试件。当无标准养护室时，水泥混凝土试件可在(20±2)℃的不流动的氢氧化钙饱和溶液中养护。

7. 混凝土试件一般标准养护到28d(由成型算起)进行检测。但也可按工程要求(如需确定拆模、起吊、施工预应力或承受施工荷载等时的力学性能)养护到所需的龄期。

5.1.4　水泥混凝土的拌合方法

1. 人工拌合法

将称好的砂料、水泥放在铁板上，用铁铲将水泥和砂料翻拌均匀，然后加入称好的粗骨料(石子)，再将全部拌合均匀。将拌合均匀的拌合物堆成圆锥形，在中心做一凹坑，将称量好的水(约一半)倒入凹坑中，勿使水溢出，小心拌合均匀。再将材料堆成圆锥形做一凹坑，倒入剩余的水，继续拌合。每翻一次，用铁铲在全部拌合物面上压切一次，翻拌一般不少于6次。拌合时间(从加水算起)随拌合物体积不同，宜按如下规定控制：拌合物体积在30L以下时，拌合4~5min；体积在30~50L时，拌合5~9min；体积超过50L时，拌合9~12min。水泥混凝土拌合物体积超过50L时，应特别注意拌合物的均匀性。从开始加水时算起，全部操作必须30min内完成。

2. 机械拌合法

按照所需数量，称取各种材料，分别按石、水泥、砂依次装入料斗，开动机器徐徐将定量的水加入，继续搅拌2~3min(或根据不同情况，按规定进行搅拌)，将水泥混凝土拌合物倾倒在铁板上，再经人工翻拌1~2min，使拌合物均匀一致后用做检测。从开始加水时算起，全部操作必须30min内完成。

5.2　水泥混凝土用砂的性能检测

5.2.1　砂的筛分析检测

1. 主要检测设备仪器

(1)鼓风烘箱：能使温度控制在(105±5)℃。

(2)天平：称量1000g，感量1g。

(3)方孔筛：孔径为150μm、300μm、600μm、1.18mm、2.36mm、4.75mm及9.50mm的筛各一只，并附有筛底和筛盖。

(4)摇筛机；

(5)搪瓷盘，毛刷等。

2. 主要检测流程

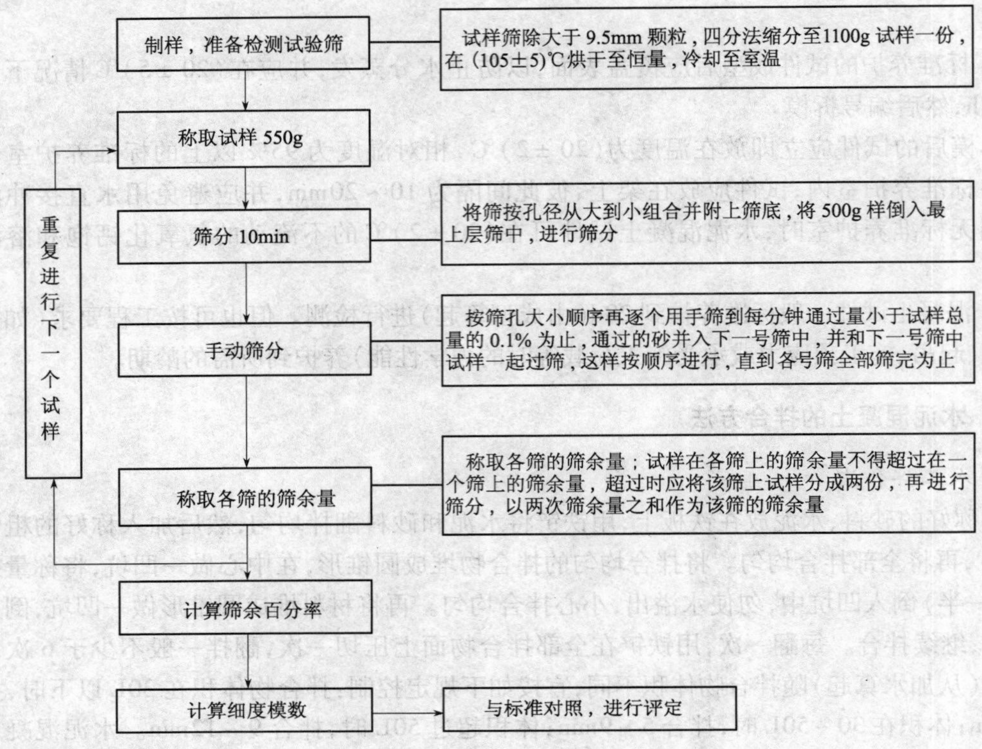

3. 具体检测步骤

(1)按规定取样，并将试样缩分至约 1100g，放在烘箱中于(105±5)℃下烘干至恒量，待冷却至室温后，筛除大于 9.50mm 的颗粒(并算出其筛余百分率)，分为大致相等的两份备用。

(2)称取检测试样 500g，精确至 1g。将试样倒入按孔径大小从上到下组合的套筛(附筛底)上，然后进行筛分。

(3)将套筛置于摇筛机上，摇 10min；取下套筛，按筛孔大小顺序再逐个用手筛，筛至每分钟通过量小于试样总量 0.1% 为止。通过的试样并入下一号筛中，并和下一号筛中的试样一起过筛，这样顺序进行，直至各号筛全部筛完为止。

(4)称出各号筛的筛余量，精确至 1g，检测试样在各号筛上的筛余量不得超过按下式计算出的量：

$$G = \frac{A \times d^{\frac{1}{2}}}{200} \tag{5-1}$$

式中 G——在一个筛上的筛余量，g；

A——筛面面积，mm^2；

d——筛孔尺寸，mm。

如超过此量时应按下列方法之一处理：

① 将该粒级试样分成两份，分别筛分，并以筛余量之和作为该号筛的筛余量。

② 将该粒级及以下各粒级的筛余混合均匀，称出其质量，精确至 1g。再用四分法缩分为大致相等的两份，取其中一份，称出其质量，精确至 1g，继续筛分。计算该粒级及以下各粒级

的分计筛余量时应根据缩分比例进行修正。

4. 检测结果计算与评定

(1)计算分计筛余百分率。各号筛的筛余量与检测试样总量之比,计算精确至0.1%。

(2)计算累计筛余百分率。该号筛的筛余百分率加上该号筛以上各筛余百分率之和,精确至0.1%。筛分后,如每号筛的筛余量与筛底的剩余量之和同原检测试样质量之差超过1%时,必须重新检测。

(3)砂的细度模数按下式计算(精确至0.01):

$$M_x = \frac{(A_2 + A_3 + A_4 + A_5 + A_6) - 5A_1}{100 - A_1} \tag{5-2}$$

式中　M_x——细度模数;

$A_1, A_2, A_3, A_4, A_5, A_6$——4.75mm,2.36mm,1.18mm,600μm,300μm,150μm筛的累计筛余百分率。

(4)累计筛余百分率取两次检测结果的算术平均值,精确至1%。细度模数取两次检测结果的算术平均值,精确至0.1;如两次检测的细度模数之差超过0.20时,必须重新检测。

5.2.2　砂的含泥量检测

1. 主要检测设备仪器

(1)鼓风烘箱:能使温度控制在(105±5)℃。

(2)天平:称量1000g,感量0.1g。

(3)方孔筛:孔径为75μm及1.18mm筛各一只,并附有筛底和筛盖。

(4)容器:要求淘洗检测试样时,保持检测试样不溅出(深度大于250mm)。

(5)搪瓷盘,毛刷等。

2. 主要检测流程

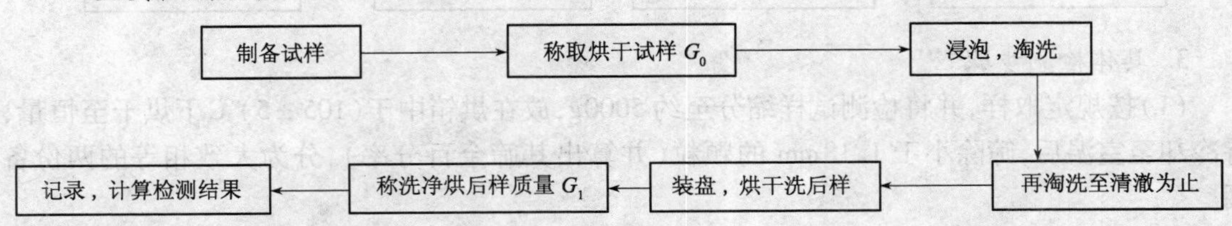

3. 具体检测步骤

(1)按规定取样,并将检测试样缩分至约1100g,放在烘箱中于(105±5)℃下烘干至恒量,待冷却至室温后,筛除大于9.50mm的颗粒(并算出其筛余百分率),分为大致相等的两份备用。

(2)称取检测试样500g,精确至0.1g。将检测试样倒入淘洗容器中,注入清水,使水面高于检测试样面大约150mm,充分搅拌均匀后,浸泡2h,然后用手在水中淘洗检测试样,使尘屑、淤泥、黏土与砂粒分离,使浑水缓缓倒入1.18mm及75μm的套筛上,滤去小于75μm的颗粒。检测前筛子的两面应先用水润湿,在整个过程中应小心防止砂粒流失。

(3)再向容器中注入清水,重复上述操作,直到容器内的水目测清澈为止。

(4)用水淋洗剩余在筛上的细粒,并将75μm筛放在水中来回摇动,以充分洗掉小于

75μm 的颗粒,然后将两只筛的筛余颗粒和清洗容器中已经洗净的试样一并倒入搪瓷盘,放在烘箱中于(105 ±5)℃下烘干到恒量,待冷却到室温后,称出其质量,精确到 0. 1g。

4. 检测结果计算与评定

(1)含泥量按下式计算,精确至 0. 1%。

$$Q_a = \frac{G_0 - G_1}{G_0} \times 100\% \tag{5-3}$$

式中 Q_a——含泥量,%;

G_0——检测前烘干检测试样的质量,g;

G_1——检测后烘干检测试样的质量,g。

(2)含泥量取两个检测试样的检测结果算数的平均值作为测定值。

5. 2. 3 砂的泥块含量检测

1. 主要检测设备仪器

(1)鼓风烘箱:能使温度控制在(105 ±5)℃。

(2)天平:称量 1000g,感量 0. 1g。

(3)方孔筛:孔径为 600μm 及 1. 18mm 筛各一只,并附有筛底和筛盖。

(4)容器:要求淘洗试样时,保持试样不溅出(深度大于 250mm)。

(5)搪瓷盘,毛刷等。

2. 主要检测流程

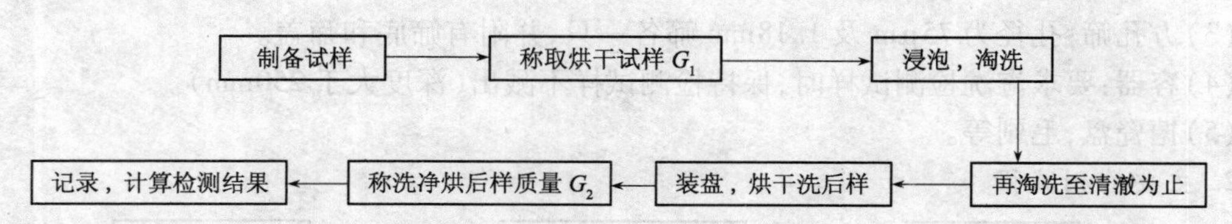

3. 具体检测步骤

(1)按规定取样,并将检测试样缩分至约 5000g,放在烘箱中于(105 ±5)℃下烘干至恒量,待冷却至室温后,筛除小于 1. 18mm 的颗粒(并算出其筛余百分率),分为大致相等的两份备用。

(2)称取检测试样 200g,精确至 0. 1g。将检测试样倒入淘洗容器中,注入清水,使水面高于检测试样面大约 150mm,充分搅拌均匀后,浸泡 24h,然后用手在水中碾碎泥块,再将检测试样放在 600μm 筛上,用水淘洗,直到容器内的水目测清澈为止。

(3)保留下来的试样小心地从筛中取出,装入浅盘后,放在烘箱中于(105 ±5)℃下烘干到恒量,待冷却到室温后,称出其质量,精确到 0. 1g。

4. 检测结果计算与评定

(1)泥块含量按下式计算,精确至 0. 1%。

$$Q_b = \frac{G_1 - G_2}{G_1} \times 100\% \tag{5-4}$$

式中 Q_b——含泥量,%;

G_1——1.18mm筛检测筛余试样的质量,g;

G_2——检测后烘干检测试样的质量,g。

(2)泥块取两个检测试样的检测结果算数的平均值作为测定值。

5.2.4　砂中石粉含量的检测

1. 试剂和材料

(1)亚甲蓝($C_{16}H_{18}ClN_3S \cdot 3H_2O$):含量≥95%。

(2)亚甲蓝溶液:将亚甲蓝粉末在(100±5)℃下烘干至恒量(若烘干温度超过105℃,亚甲蓝粉末会变质),称取烘干亚甲蓝粉末10g,精确至0.01g,倒入盛有约600mL蒸馏水(水温加热至35~40℃)的烧杯中,用玻璃棒持续搅拌40min,直至亚甲蓝粉末完全溶解,冷却至20℃。将溶液倒入1L容量瓶中,用蒸馏水淋洗烧杯,使所有亚甲蓝溶液全部移入容量瓶,容量瓶和溶液的温度应保持在(20±1)℃,加蒸馏水至容量瓶1L刻度。振荡容量瓶以保证亚甲蓝粉末完全溶解。将容量瓶中溶液移入深色储藏瓶中,标明制备日期、失效日期(亚甲蓝溶液保质期应不超过28d),并置于阴暗处保存。

(3)定量滤纸:快速。

2. 主要检测设备仪器

(1)鼓风烘箱:能使温度控制在(105±5)℃。

(2)天平:称量1000g,感量0.1g及称量100g,感量0.01g各一台。

(3)方孔筛:孔径为75μm及1.18mm的筛各一只。

(4)容器:要求淘洗试样时,保持试样不溅出(深度大于250mm)。

(5)移液管:5mL、2mL移液管各一个。

(6)三片或四片式叶轮搅拌器:转速可调[最高达(600±60)r/min],直径(75±10)mm。

(7)定时装置:精度1s。

(8)玻璃容量瓶:1L。

(9)温度计:精度1℃。

(10)玻璃棒:2支(直径8mm,长300mm)。

(11)搪瓷盘、毛刷、1000mL烧杯等。

3. 具体检测步骤

(1)亚甲蓝*MB*值的测定

① 按规定取样,并将检测试样缩分至约400g,放在烘箱中于(105±5)℃下烘干至恒量,待冷却至室温后,筛除大于2.36mm的颗粒备用。

② 称取检测试样200g,精确至0.1g。将试样倒入盛有(500±5)mL蒸馏水的烧杯中,用叶轮搅拌机以(600±60)r/min转速搅拌5min,形成悬浮液,然后持续以(400±40)r/min转速搅拌,直至检测结束。

③ 悬浮液中加入5mL亚甲蓝溶液,以(400±40)r/min转速搅拌至少1min后,用玻璃棒蘸取一滴悬浮液(所取悬浮液滴应使沉淀物直径在8~12mm内),滴于滤纸(置于空烧杯或其他合适的支撑物上,以使滤纸表面不与任何固体或液体接触)上。若沉淀物周围未出现色晕,再加入5mL亚甲蓝溶液,继续搅拌1min,再用玻璃棒蘸取一滴悬浮液,滴于滤纸上,若沉淀物周围仍未出现色晕。重复上述步骤,直至沉淀物周围出现约1mm的稳定浅蓝色色晕。此时,

应继续搅拌,不加亚甲蓝溶液,每 1min 进行一次沾染试验。若色晕在 4min 内消失,再加入 5mL 亚甲蓝溶液;若色晕在第 5min 消失,再加入 2mL 亚甲蓝溶液。两种情况下,均应继续进行搅拌和沾染检测,直至色晕可持续 5min。

④ 记录色晕持续 5min 时所加入的亚甲蓝溶液总体积,精确至 1mL。

(2)亚甲蓝的快速检测

① 按检测步骤(1)中规定制样和搅拌。

② 一次性向烧杯中加入 30mL 亚甲蓝溶液,在(400±40)r/min 转速持续搅拌 8min,然后用玻璃棒蘸取一滴悬浮液,滴于滤纸上,观察沉淀物周围是否出现明显色晕。

(3)测定人工砂中石粉含量的检测步骤按照(1)③所述进行。

4. 检测结果计算与评定

(1)亚甲蓝 MB 值结果计算。亚甲蓝值按下式计算(精确至 0.1):

$$MB=\frac{V}{G}\times 10 \tag{5-5}$$

式中 MB——亚甲蓝值(表示每千克 0~2.36mm 粒级试样所消耗的亚甲蓝克数),g/kg;

G——检测试样质量,g;

V——所加入的亚甲蓝溶液的总量,mL。

注:上式中的系数 10 用于将每千克试样消耗的亚甲蓝溶液体积换算成亚甲蓝质量。

(2)亚甲蓝快速试验结果评定。若沉淀物周围出现明显色晕,则判定亚甲蓝快速试验为合格;若沉淀物周围未出现明显色晕,则判定亚甲蓝快速检测为不合格。

5.2.5 砂的表观密度检测

1. 主要检测设备仪器

(1)鼓风烘箱:能使温度控制在(105±5)℃。

(2)天平:称量 1000g,感量 1g。

(3)容量瓶:500mL。

(4)干燥器、搪瓷盘、滴管、毛刷等。

2. 主要检测流程

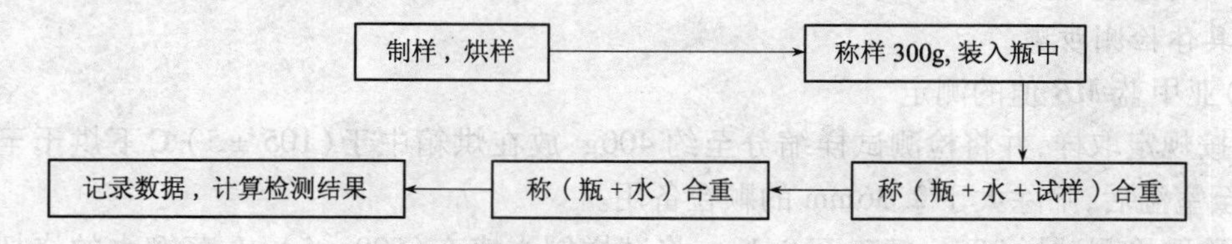

3. 具体检测步骤

(1)按规定取样,并将检测试样缩分至约 660g,放在烘箱中于(105±5)℃下烘干至恒量,待冷却至室温后,分为大致相等的两份备用。

(2)称取检测试样 300g,精确至 1g。将检测试样装入容量瓶,注入冷开水至接近 500mL 的刻度处,用手旋转摇动容量瓶,使砂样充分摇动,排除气泡,塞紧瓶盖,静置 24h。然后用滴管小心加水至容量瓶 500mL 刻度处,塞紧瓶塞,擦干瓶外水分,称出其质量 G_1,精确至 1g。

(3)倒出瓶内水和检测试样，洗净容量瓶，再向容量瓶内注冷开水(与上面冷开水温度不超过 2℃)至 500mL 刻度处，塞紧瓶塞，擦干瓶外水分，称出其质量 G_2，精确至 1g。

4. 检测结果计算与评定

(1)砂的表观密度按下式计算(精确至 $10kg/m^3$)：

$$\rho_0 = \left(\frac{G_0}{G_0 + G_2 - G_1}\right) \times \rho_{水} \times 1000 \tag{5-6}$$

式中　ρ_0——表观密度，kg/m^3；

$\rho_{水}$——水的密度，$1000kg/m^3$，见表 1-4；

G_0——烘干检测试样的质量，g；

G_1——检测试样、水及容量瓶的总质量，g；

G_2——水及容量瓶的总质量，g。

(2)表观密度取两次检测结果的算术平均值，精确至 $10kg/m^3$；如果两次检测结果之差大于 $20kg/m^3$，必须重新检测。

5.2.6　砂的堆积密度与空隙率的检测

1. 主要检测设备仪器

(1)鼓风烘箱：能使温度控制在(105 ±5)℃。

(2)台秤：称量 5kg，感量 5g。

(3)容量筒：圆柱形金属筒，内径 108mm，净高 109mm，壁厚 2mm，筒底厚约 5mm，容积为 1L。

(4)方孔筛：孔径为 4.75mm 的筛一只。

(5)垫棒：直径 10mm，长 500mm 的圆钢。

(6)直尺、漏斗或料勺、搪瓷盘、毛刷等。

2. 主要检测流程

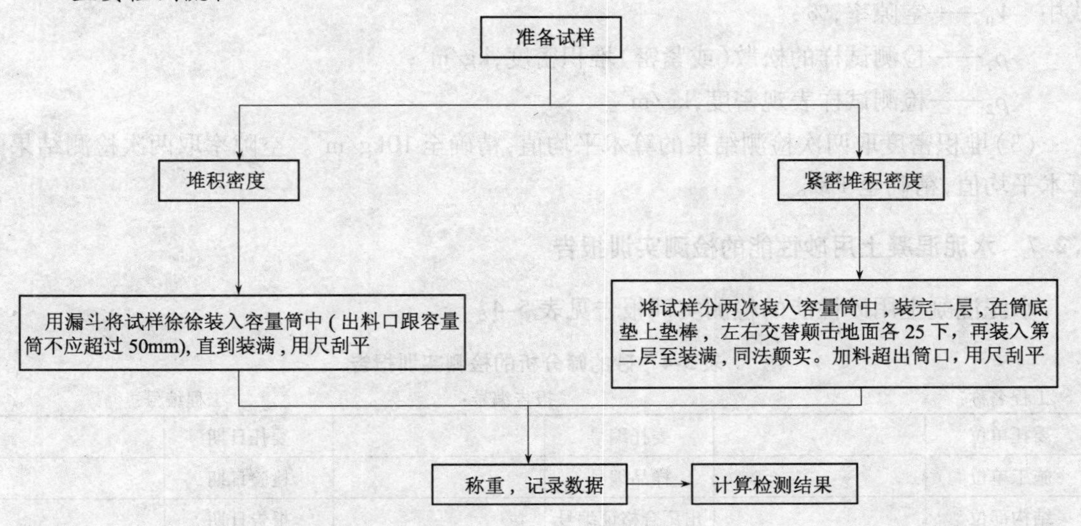

3. 具体检测步骤

(1)按规定取样,用搪瓷盘装取试样约3L,放在烘箱中于(105±5)℃下烘干至恒量,待冷却至室温后,筛除大于4.75mm的颗粒,分为大致相等的两份备用。

(2)松散堆积密度。取检测试样一份,用漏斗或料勺将试样从容量筒中心上方50mm处徐徐倒入,让检测试样以自由落体落下,当容量筒上部检测试样呈锥体,且容量筒四周溢满时,即停止加料。然后用直尺沿筒口中心线向两边刮平(检测过程应防止触动容量筒),称出检测试样和容量筒总质量 G_1,精确至1g。

(3)紧密堆积密度。取检测试样一份分两次装入容量筒。装完第一层后,在筒底垫放一根直径为10mm的圆钢,将筒按住,左右交替击地面各25次。然后装入第二层,第二层装满后用同样方法颠实(但筒底所垫钢筋的方向与第一层时的方向垂直)后,再加试样直至超过筒口,然后用直尺沿筒口中心线向两边刮平,称出检测试样和容量筒总质量 G_1,精确至1g。

4. 检测结果计算与评定

(1)松散或紧密堆积密度按下式计算(精确至10kg/m³):

$$\rho_1 = \left(\frac{G_1 - G_2}{V}\right) \tag{5-7}$$

式中　ρ_1——松散堆积密度或紧密堆积密度,kg/m³;

G_1——容量筒和检测试样总质量,g;

G_2——容量筒质量,g;

V——容量筒的容积,L。

(2)空隙率按下式计算(精确至1%):

$$V_0 = \left(1 - \frac{\rho_1}{\rho_2}\right) \times 100 \tag{5-8}$$

式中　V_0——空隙率,%;

ρ_1——检测试样的松散(或紧密)堆积密度,kg/m³;

ρ_2——检测试样表观密度,kg/m³。

(3)堆积密度取两次检测结果的算术平均值,精确至10kg/m³。空隙率取两次检测结果的算术平均值,精确至1%。

5.2.7　水泥混凝土用砂性能的检测实训报告

水泥混凝土用砂性能的检测实训报告见表5-4。

表5-4　砂的筛分析的检测实训报告

工程名称:　　　　报告编号:　　　　工程编号:

委托单位		委托编号		委托日期	
施工单位		样品编号		检验日期	
结构部位		出厂合格证编号		报告日期	
厂别		检验性质		代表数量	

续表 5-4

发证单位		见证人		证书编号	

1. 砂的筛分析检测

筛孔尺寸/mm		4.75	2.36	1.18	0.60	0.30	0.15	<0.15	细度模数 M_x
第一次筛分	筛余量/g								
	分计筛余率/g								
	累计筛余率/g								
第二次筛分	筛余量/g								
	分计筛余率/g								
	累计筛余率/g								

细度模数 M_x 的平均值：

级配曲线图(标准图)
请将该砂级配曲线绘制在标准图中。

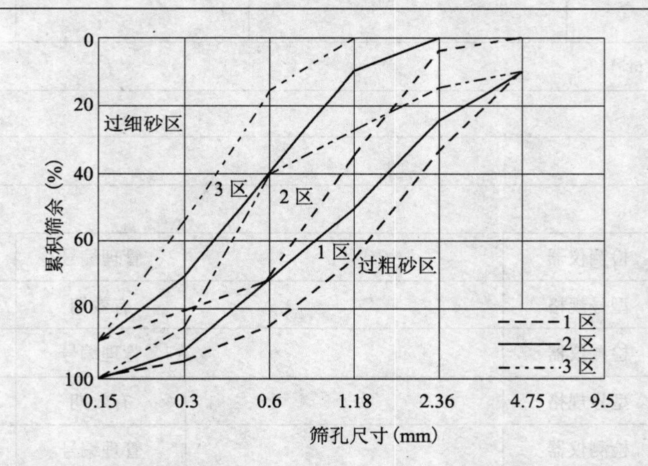

结　　论：该砂样属于________砂；级配情况：________________

执行标准：

2. 砂的含泥量的检测

编号	试样原质量/g	洗净烘干质量/g	含泥量/g	平均值/%
1				
2				

结　　论：

执行标准：

3. 砂的泥块含量的检测

编号	试样原质量/g	洗净烘干质量/g	泥块含量/%	平均值/%
1				
2				

结　　论：

执行标准：

续表 5-4

4. 砂的表观密度的检测

编号	试样烘干质量 m_0/g	水和容量瓶质量 G_2/g	试样、水及容量瓶的总质量 G_1/g	表观密度/ρ_0(kg/m^3)
1				
2				

表观密度平均值 ρ_0/(kg/m^3)：

结　论：

执行标准：

5. 砂的堆密度和空隙率的检测

编号	容量筒的容积 V/L	容量筒和试样总质量 G_1/g	容量筒的质量 G_1/kg	堆密度 ρ_1/(kg/m^3)
1				
2				

堆密度的平均值 ρ_1/(kg/m^3)

空隙率 V_0/%

结　论：

执行标准：

主要仪器设备	检测仪器		管理编号	
	型号规格		有效期	
	检测仪器		管理编号	
	型号规格		有效期	
	检测仪器		管理编号	
	型号规格		有效期	
	检测仪器		管理编号	
	型号规格		有效期	
备　注				
声　明				
地　址	地址： 邮编： 电话：			

审批(签字)：________ 审核(签字)：________ 校核(签字)：________ 检测(签字)：________

检测单位(盖章)：________

报 告 日 期 ：　年　月　日

注：本表一式四份(建设单位、施工单位、检测实验室、城建档案馆存档各一份)。

5.3　水泥混凝土用的碎(卵)石的性能检测

5.3.1　碎(卵)石的颗粒级配(筛分析)的检测

1. 主要检测设备仪器

(1)鼓风烘箱:能使温度控制在(105±5)℃。

(2)台秤:称量10kg,感量1g。

(3)方孔筛:孔径为2.36mm、4.75mm、9.50mm、16.0mm、19.0mm、26.5mm、31.5mm、37.5mm、53.0mm、63.0mm、75.0mm及90mm的筛各一只,并附有筛底和筛盖(筛框内径为300mm)。

(4)摇筛机。

(5)搪瓷盘,毛刷等。

2. 主要检测流程

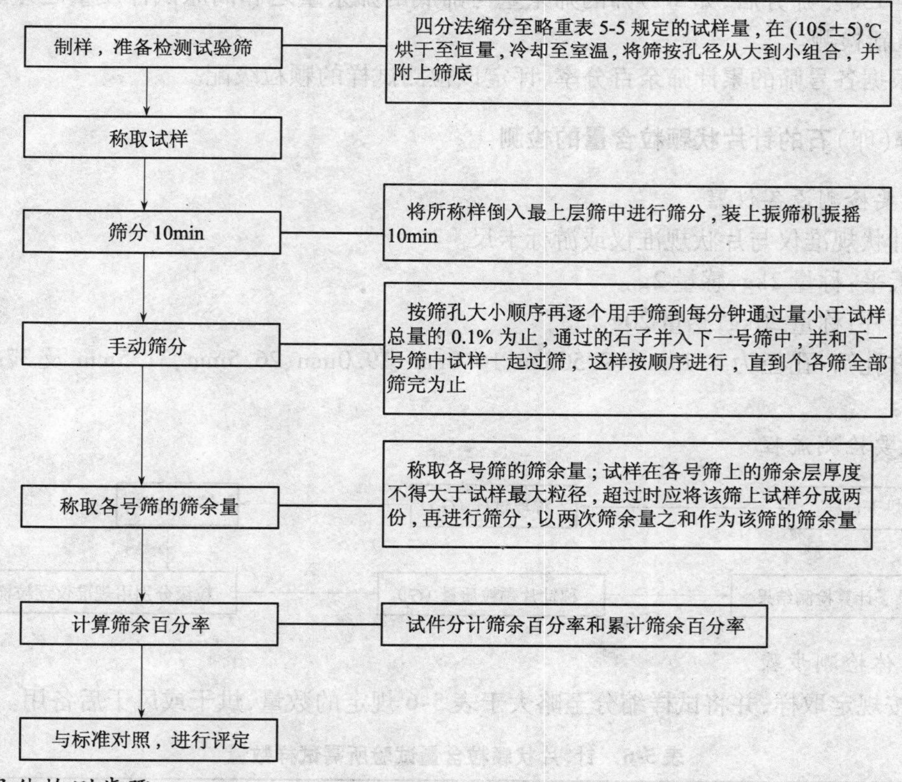

3. 具体检测步骤

(1)按表5-1取样,并将检测试样缩分至略大于表5-5规定的数量,烘干或风干后备用(缩取后所余部分留作表观密度、堆密度检测之用)。

表 5-5　颗粒级配试验所需试样数量

最大粒径/mm	9.5	16.0	19.0	26.5	31.5	37.5	63.0	75.0
最少试样质量/kg	2.0	3.2	4.0	5.0	6.3	8.0	12.6	16.0

(2)称取按表 5-5 规定数量的检测试样一份,精确到 1g。将试样倒入按孔径大小从上到下组合的套筛上,然后进行筛分。

(3)将套筛置于摇筛机上,摇 5min;取下套筛,按筛孔大小顺序再逐个用手筛,筛至每分钟通过量小于检测试样总量 0.1% 为止。通过的颗粒并入下一号筛中,并和下一号筛中的试样一起过筛,这样顺序进行,直至各号筛全部筛完为止。当试样粒径大于 19mm 时,在筛分过程中,允许用手拨动检测试样颗粒,使其能通过筛孔。

(4)称出各号筛的筛余量,精确至 1g。

4. 检测结果计算与评定

(1)计算分计筛余百分率。各号筛的筛余量与试样总质量之比,计算精确至 0.1%。

(2)计算累计筛余百分率。该号筛的筛余百分率加上该号筛以上各分计筛余百分率之和,精确至 1%。筛分后,如每号筛的筛余量与筛底的筛余量之和同原试样质量之差超过 1% 时,必须重新检测。

(3)根据各号筛的累计筛余百分率,评定该检测试样的颗粒级配。

5.3.2　碎(卵)石的针片状颗粒含量的检测

1. 主要检测设备仪器

(1)针状规准仪与片状规准仪或游标卡尺。

(2)天平:称量 2kg,感量 2g。

(3)台秤:称量 20kg,感量 20g。

(4)方孔筛:孔径为 4.75mm、9.50mm、16.0mm、19.0mm、26.5mm、31.5mm 及 37.5mm 的筛各一个。

2. 主要检测流程

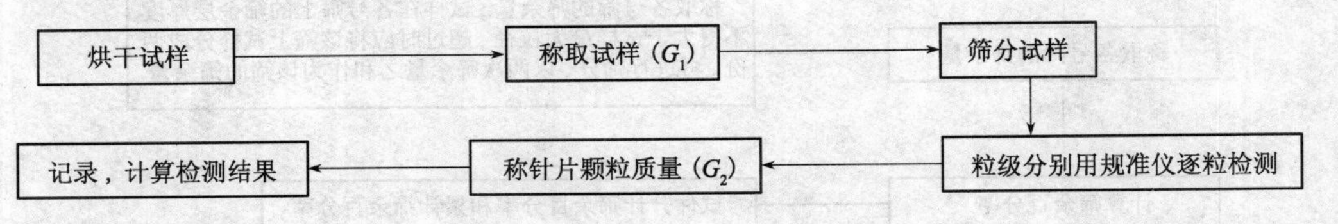

3. 具体检测步骤

(1)按规定取样,并将试样缩分至略大于表 5-6 规定的数量,烘干或风干后备用。

表 5-6　针、片状颗粒含量试验所需试样数量

最大粒径/mm	9.5	16.0	19.0	26.5	31.5	37.5	63.0	75.0
最少试样质量/kg	0.3	1.0	2.0	3.0	5.0	10.0	10.0	10.0

(2)称取按表 5-7 规定数量的试样一份,精确到 1g。然后按附表 5-7 规定的粒级按“粗骨料的颗粒级配”中的规定进行筛分。

(3)按表 5-7 规定的粒级分别用规准仪逐粒检验,凡颗粒长度大于针状规准仪上相应间距者，为针状颗粒；颗粒厚度小于片状规准仪上相应孔宽者，为片状颗粒。称出其总质量，精确至1g。

表5-7　针、片状颗粒含量试验的粒级划分及其相应的规准仪孔宽或间距

石子粒级/mm	4.75～9.50	9.50～16.0	16.0～19.0	19.0～26.5	26.5～31.5	31.5～37.5
片状规准仪相对应孔宽/mm	2.8	5.1	7.0	9.1	11.6	13.8
针状规准仪相对应间距/mm	17.1	30.6	42.0	54.6	69.6	82.8

(4)石子粒径大于37.5mm的碎石或卵石可用卡尺检测针片状颗粒，卡尺卡口的设定宽度应符合附表5-8的规定。

表5-8　大于37.5mm颗粒针、片状颗粒含量试验的粒级划分及其相应的卡尺卡口设定宽度

石子粒级/mm	37.5～53.0	53.0～63.0	63.0～75.0	75.0～90.0
检验片状颗粒的卡尺卡口设定宽度/mm	18.1	23.2	27.6	33.0
检验针状颗粒的卡尺卡口设定宽度/mm	108.6	139.2	165.6	198.0

4. 检测结果计算与评定

针片状颗粒含量按下式计算(精确至1%)：

$$Q_c = \frac{G_2}{G_1} \times 100 \tag{5-9}$$

式中　Q_c——针、片状颗粒含量，%；

G_1——检测试样的质量，g；

G_2——检测试样中所含针片状颗粒的总质量，g。

5.3.3　碎(卵)石的表观密度、吸水率和堆密度的检测

详见"1.2 土木工程材料(粗骨料)密度及吸水率的检测(网篮法)"和"1.3 土木工程材料(粗骨料)堆积密度及空隙率的检测"的内容。

5.3.4　碎(卵)石的含水率的检测

1. 主要检测设备仪器

(1)鼓风烘箱：能使温度控制在(105±5)℃，并保持恒温。

(2)台秤：称量20kg，感量20g。

(3)浅盘等。

2. 主要检测流程

3. 具体检测步骤

(1)按表5-1取样，并将检测试样缩分至不小于表5-3规定的数量，分成两份备用。

(2)将检测试样置于干净的容器中，称取检测试样和容器的总质量(m_1)，放在烘箱中于(105±5)℃下烘干至恒量。

(3)取出检测试样,冷却后称取检测试样与容器的总质量(m_2),并称取容器的质量(m_3)。

4. 检测结果计算与评定

碎(卵)石的含水率按下式计算(精确至1%):

$$w_{wc}=\frac{m_1-m_2}{m_2-m_3}\times 100\% \tag{5-10}$$

式中　w_{wc}——碎(卵)石的含水率,%;

m_1——烘干前检测试样和容器总质量,g;

m_2——烘干后检测试样和容器总质量,g;

m_3——容器质量,g。

碎(卵)石的含水率的检测应用两份试样检测两次,并以两次检测结果的算术平均值作为最终检测结果。

5.3.5　岩石抗压强度的检测

1. 主要检测仪器设备

(1)压力检测试验机:量程1000kN;示值相对误差2%。

(2)钻石机或切割机。

(3)岩石磨光机。

(4)游标卡尺和角尺。

2. 检测试件

(1)立方体试件尺寸:50mm×50mm×50mm。

(2)圆柱体试件尺寸:ϕ50mm×50mm。

(3)试件与压力机压头接触的两个面要磨光并保持平行,6个试件为一组。对有明显层理的岩石,应制作两组,一组保持层理与受力方向平行,另一组保持层理与受力方向垂直,分别测试。

3. 主要检测流程

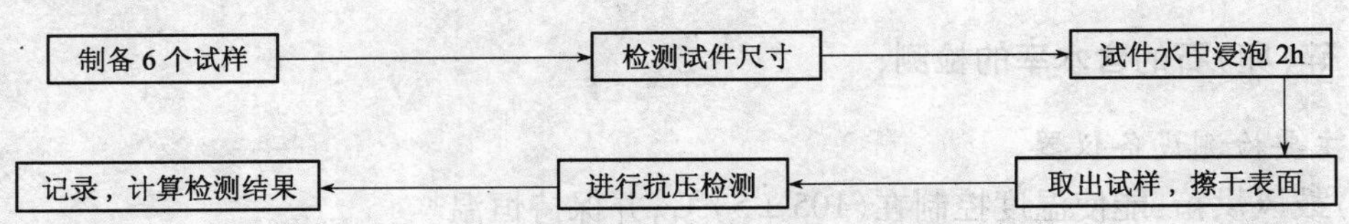

4. 具体检测步骤

(1)用游标卡尺测定试件尺寸,精确至0.1mm,并计算顶面和底面的面积。取顶面和底面的算术平均值作为计算抗压强度所用的截面积。将试件浸没于水中浸泡48h。

(2)从水中取出试件,擦干表面,放在压力机上进行强度检测,加荷速度为0.5~1MPa/s。

5. 检测结果计算与评定

(1)检测试件抗压强度按下式计算,精确至0.1MPa。

$$f=\frac{F}{A} \tag{5-11}$$

式中　f——抗压强度,MPa;

F——破坏荷载,N;

A——检测试件的截面积,mm^2。

(2)检测结果的评定

① 岩石抗压强度取 6 个检测试件的检测结果的算术平均值,并给出最小值,精确至 1MPa。如 6 个检测试件深红的两个与其他 4 个检测试件抗压强度算术平均值相差在 3 倍以上时,则取检测结果相接近的 4 个试件的抗压强度算术平均值作为抗压强度检测值。

② 对存在明显层理的岩石,应分别给出受力方向平行层理的岩石抗压强度与受力方向垂直层理的岩石抗压强度。

注:仲裁检测时,以 ϕ50mm×50mm 圆柱体试件的抗压强度为准。

5.3.6 碎(卵)石性能的检测实训报告

碎(卵)石性能的检测实训报告见表 5-9。

表 5-9 碎(卵)石性能的检测的检测实训报告

工程名称: 报告编号: 工程编号:

委托单位		委托编号		委托日期	
施工单位		样品编号		检验日期	
结构部位		出厂合格证编号		报告日期	
厂别		检验性质		代表数量	
发证单位		见证人		证书编号	

1. 碎(卵)石的筛分析检测

筛孔尺寸/mm	筛余量/kg	分计筛余百分率/%	累计筛余百分率/%
90.0			
75.0			
63.0			
53.0			
37.5			
31.5			
26.5			
19.0			
16.0			
9.50			
4.75			
2.36			

结　论:最大粒径 D_{max}:__________mm;级配情况:__________

执行标准:

续表 5-9

2. 碎(卵)石的含水率的检测

编号	烘干前试样和容器总质量 m_1/g	烘干后试样和容器总质量 m_2/g	容器质量 m_3/g	含水率/%
1				
2				

结　　论:

执行标准:

3. 碎(卵)石的吸水率的检测

编号	烘干后试样和浅盘总质量 m_1/g	烘干前试样和浅盘总质量 m_2/g	浅盘的质量 m_3/%	吸水率/%
1				
2				

结　　论:

执行标准:

4. 碎(卵)石的表观密度的检测

编号	试样烘干质量 m_0/g	吊篮在水中质量 m_1/g	吊篮和试样在水中的质量 m_2/g	表观密度/ρ(kg/m^3)
1				
2				

表观密度平均值/ρ(kg/m^3):

结　　论:

执行标准:

5. 碎(卵)石的堆密度的检测

编号	容量筒的容积 V/L	容量筒质量 m_1/kg	试件和容量筒的质量 m_2/kg	堆密度 ρ_1/(kg/m^3)
1				
2				

堆密度的平均值 ρ_1/(kg/m^3)

结　　论:

执行标准:

6. 碎(卵)石中针、片状颗粒的总含量的检测

编号	试样总质量 m_0/g	各粒级针、片状颗粒的总量 m_1/g	针、片状颗粒的总含量 ω_p/%
1			
2			

结　　论:

执行标准:

7. 碎(卵)石抗压强度的检测

编　　号	1	2	3	4	5	6
试件截面积/mm^2						
破坏荷载/N						
抗压强度/MPa						

续表 5-9

结　论：				
执行标准：				
主要仪器设备	检测仪器		管理编号	
	型号规格		有效期	
	检测仪器		管理编号	
	型号规格		有效期	
	检测仪器		管理编号	
	型号规格		有效期	
	检测仪器		管理编号	
	型号规格		有效期	
备　注				
声　明				
地　址	地址： 邮编： 电话：			

审批（签字）：________审核（签字）：________校核（签字）：________检测（签字）：________

检测单位（盖章）：________
报 告 日 期：　　年　月　日

注：本表一式四份（建设单位、施工单位、检测实验室、城建档案馆存档各一份）。

5.4　水泥混凝土拌合物性能的检测

5.4.1　水泥混凝土拌合物和易性的检测

水泥混凝土拌合物和易性的评定，通常采用检测混凝土拌合物的流动性，辅以直观经验评定黏聚性和保水性，来确定和易性。测定水泥混凝土拌合物的流动性，应按《普通混凝土拌合物性能试验方法标准》（GB/T 50080—2002）进行。流动性大小用“坍落度”或“维勃稠度”指标表示。

1. 水泥混凝土拌合物坍落度与坍落扩展度测定

本测定用以判断水泥混凝土拌合物的流动性，主要适用于坍落度值不小于 10mm 的混凝土拌合物的稠度测定，骨料最大粒径不大于 40mm。

（1）主要检测设备仪器

① 坍落度筒：为薄钢板制成的截头圆锥筒，其内壁应光滑、无凸凹部位。底面和顶面应互相平行并与锥体的轴线垂直。在坍落度筒外 2/3 高度处安两个手把，下端应焊脚踏板。筒的内部尺寸为：底部直径（200 ± 2）mm；顶部直径（100 ± 2）mm；高度（300 ± 2）mm；壁厚度：不小于 1.5mm。如图 5-1 所示；

② 金属捣棒：直径 16mm，长 650mm，端部为弹头形；

③ 铁板：尺寸 600mm × 600mm，厚度 3 ~ 5mm，表面平整；

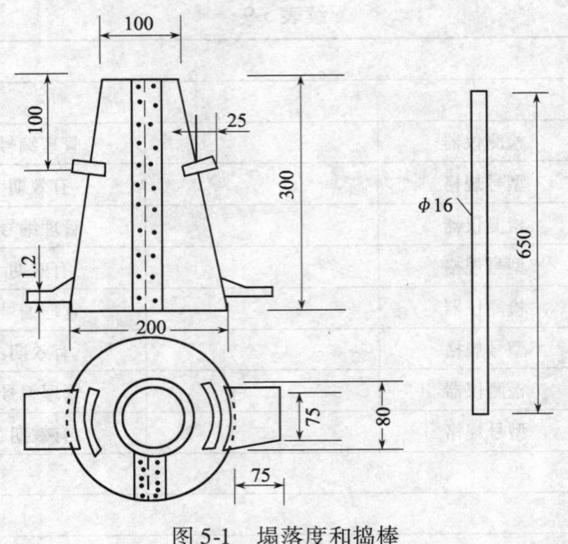

图 5-1　塌落度和捣棒

④ 钢尺和直尺:300 ~ 500mm,最小刻度 1mm;

⑤ 小铁铲、抹刀等。

(2)主要检测流程

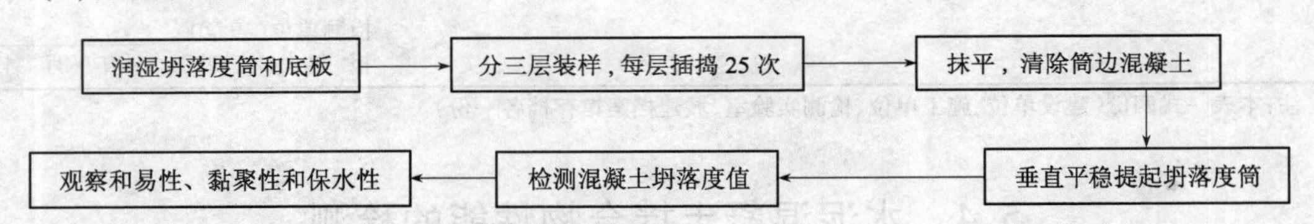

(3)具体检测步骤

① 用水湿润坍落度筒及其他用具,并把坍落度筒放在已准备好的刚性水平 600mm × 600mm 的铁板上,用脚踩住两边的脚踏板,使坍落度筒在装料时保持在固定位置。

② 把按要求取得的混凝土试样用小铲分三层均匀的装入筒内,使捣实后每层高度为筒高的 1/3 左右。每层用捣棒沿螺旋方向由外向中心插捣 25 次,每次插捣应在截面上均匀分布。插捣筒边混凝土时,捣棒可以稍稍倾斜。插捣底层时,捣棒应贯穿整个深度,插捣第二层和顶层时,捣棒应插透本层至下层的表面。浇灌顶层时,混凝土应灌到高出筒口。插捣顶层过程中,如混凝土沉落到低于筒口,则应随时添加。顶层插捣完后,刮去多余的混凝土,并用抹刀抹平。

③ 清除筒边底板上的水泥混凝土后,垂直平稳地在 5 ~ 10s 内提起坍落度筒。从开始装料到提坍落度筒的整个过程应不间断地进行,并应在 150s 内完成。

④ 提起坍落度筒后,测量筒高与坍落后混凝土试体最高点之间的高度差,即为该混凝土拌合物的坍落度值;坍落度筒提离后,如混凝土发生崩坍成一边剪坏现象,则应重新取样另行检测;如第二次检测仍出现上述现象,则表示该混凝土和易性不好,应予记录备查。

⑤ 观察坍落后的混凝土拌合物试体的黏聚性与保水性:黏聚性的检查方法是用捣棒在已坍落的混凝土截锥体侧面轻轻敲打,此时如果截锥试体逐渐下沉(或保持原状),则表示黏聚性良好,如果锥体倒坍、部分崩裂或出现离析现象,则表示黏聚性不好。保水性以混凝土拌合物中稀浆析出的程度来评定,坍落度筒提起后如有较多稀浆从底部析出,锥体部分的混凝土也

因失浆而骨料外露,则表明其保水性能不好。如坍落度筒提起后无稀浆或仅有少量稀浆自底部析出,则表示其保水性能良好。

⑥ 当混凝土拌合物的坍落度大于 220mm 时,用钢尺测量混凝土扩展后最终的最大直径和最小直径,在这两个直径之差小于 50mm 的条件下,用其算术平均值作为坍落扩展度值;否则,此次检测无效。

如果发现粗骨料在中央集堆或边缘有水泥浆析出,表示此混凝土拌合物抗离析性不好,应予记录。

⑦ 混凝土拌合物坍落度和坍落扩展度值以毫米为单位,测量精确至 1mm,结果表达修约至 5mm。

2. 维勃稠度测定

本方法适用于骨料最大粒径不大于 40mm,维勃稠度在 5 ~ 30s 之间的混凝土拌合物稠度测定。坍落度不大于 50mm 或干硬性混凝土和维勃稠度大于 30s 的特干硬性混凝土拌合物的稠度可采用增实因数法来测定。

(1)主要检测设备仪器

① 维勃稠度仪:维勃稠度仪(见图 5-2);由以下部分组成:

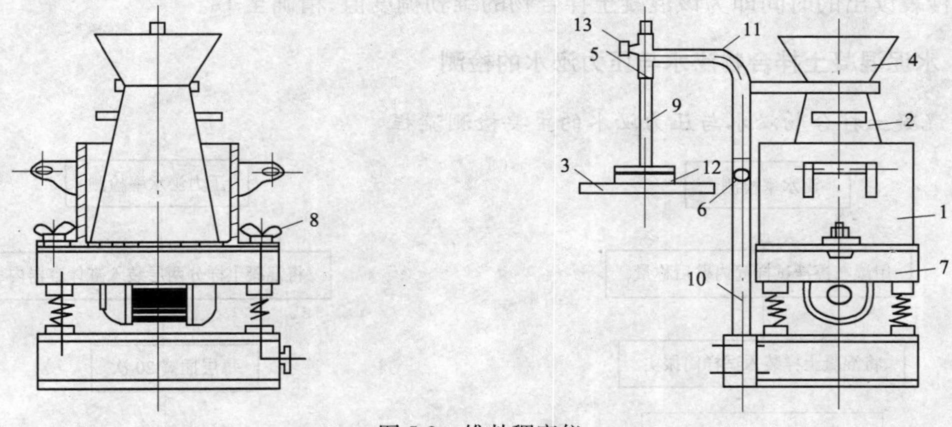

图 5-2　维勃稠度仪

1—容器;2—坍落度筒;3—透明圆盘;4—喂料斗;5—套管;6—定位螺丝;7—振动台;8—固定螺丝;9—测杆;10—支柱;11—旋转架;12—荷重块;13—测杆螺丝

A. 振动台:台面长 380mm,宽 260mm,支撑在四个减振器上。台面底部安有频率为(50 ± 3)Hz 的振动器。装有空容器时台面的振幅度为(0.5 ±0.1)mm;

B. 容器:由钢板制成,内径为(240 ±5)mm,高为(200 ±2)mm,筒壁厚 3mm,筒底厚为 7.5mm;

C. 坍落度筒:其内部尺寸,底部直径为(200 ±2)mm,顶部直径(100 ±2)mm,高度为(300 ± 2)mm;

D. 旋转架:旋转架与测杆及喂料斗相连。测杆下部安装有透明且水平的圆盘,并用测杆螺丝把测杆固定在套管中。旋转架安装在支柱上,通过十字凹槽来固定方向,并用定位螺丝来固定其位置。就位后测杆或喂料斗的轴线均应与容器的轴线重合。透明圆盘直径为(230 ± 2)mm,厚度为(10 ±2)mm。荷重块直接固定在圆盘上。由测杆、圆盘和荷重块组成的滑动部分总质量为(2750 ±50)g。

② 金属捣棒：直径 16mm，长 650mm，端部为弹头形。

(2)具体检测步骤

① 把维勃稠度仪放置在坚实水平的地面上，用湿布把容器、坍落度筒、喂料斗内壁及其他用具湿润。

② 将喂料斗提到坍落度筒上方扣紧，校正容器位置，使其中心与喂料斗中心重合，然后拧紧固定螺丝。

③ 把按要求取样或制作的混凝土拌合物试样用小铲分三层经喂料斗均匀地装入筒内，装料及插捣方法应符合要求(与坍落度测定装料方法相同)。

④ 把喂料斗转离，垂直地提起坍落度筒，此时应注意不使混凝土试体产生横向扭动；

⑤ 把透明圆盘转到混凝土圆台体顶面，放松测杆螺丝，降下圆盘，使其轻轻接触到混凝土顶面。

⑥ 拧紧定位螺丝，并检查测杆螺丝是不是已经完全放松。

⑦ 在开启振动台的同时用秒表计时，当振动到透明圆盘的底面被水泥浆布满的瞬间停止计时，并关闭振动台。

(3)检查结果

由秒表读出的时间即为该混凝土拌合物的维勃稠度值，精确至 1s。

5.4.2　水泥混凝土拌合物泌水与压力泌水的检测

1. 混凝土拌合物泌水与压力泌水的主要检测流程

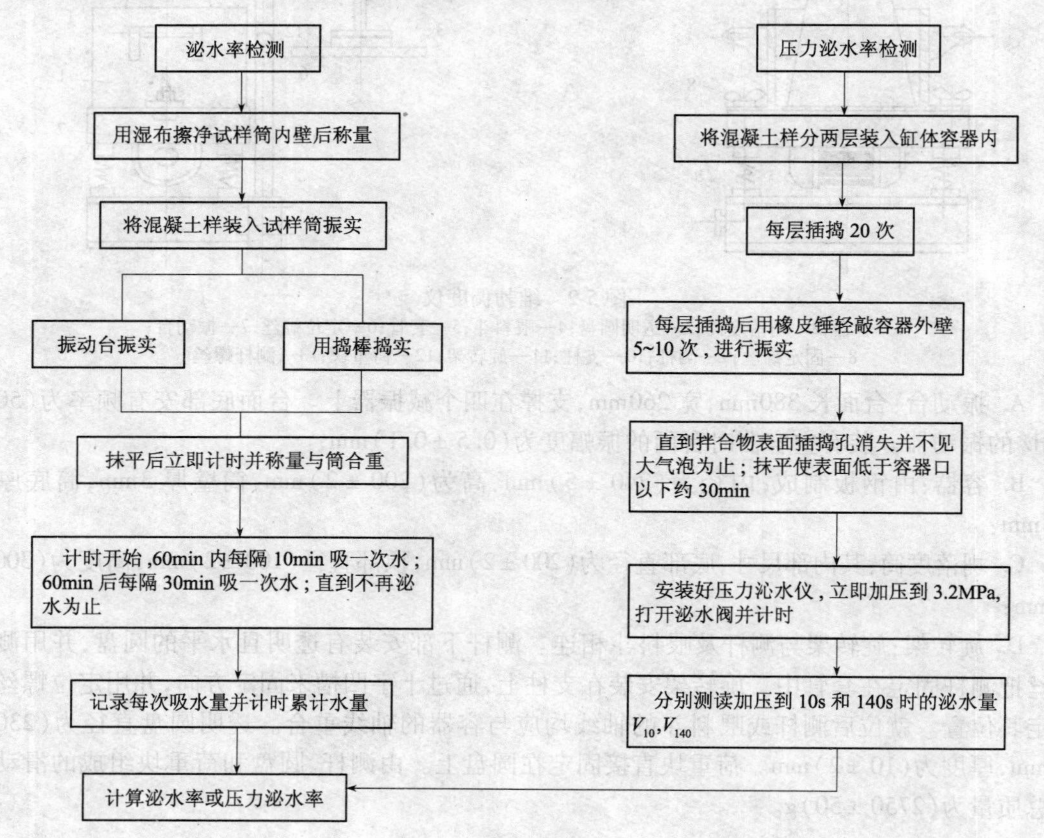

2. 混凝土拌合物泌水的检测

混凝土拌合物泌水的检测，是为了检查混凝土拌合物在固体组分沉降过程中水分离析的趋势，也适用于评定外加剂的品质和混凝土配合比的适用性。本检测方法适用于骨料最大粒径不大于40mm的混凝土拌合物泌水检测。

(1)主要检测设备仪器

① 检测试样筒：内径和高(186 ±2)mm、壁厚3mm、容积为5L的带盖金属圆筒。当骨料的最大粒径大于40mm时，容量筒的内径与高均应大于骨料最大粒径4倍。

② 振实设备可选用下列三种之一：

A. 振动台：频率(3000 ±200)次/min，空载振幅(0.5 ±0.1)mm；

B. 振动棒：直径为30 ~35mm；

C. 钢制捣棒：直径16mm，长650mm，一端为弹头形。

③ 磅秤：称量50kg，感量50g。

④ 带盖量筒：容积100mL、50mL，最小刻数1mL。

⑤ 小铁铲、抹刀和吸液管等。

(2)具体检测步骤

① 应用湿布湿润检测试样筒内壁后立即称量，记录检测试样筒的质量。再将混凝土试样装入检测试样筒，混凝土的装料及捣实方法有两种：

A. 方法一：用振动台振实。将检测试样一次装入检测试样筒内，开启振动台，振动应持续到表面出浆为止，且应避免过振；并使混凝土拌合物表面低于检测试样筒筒口(30 ±3)mm，用抹刀抹平。抹平后立即计时并称量，记录检测试样筒与检测试样的总质量。

B. 方法二：用捣棒捣实。采用捣棒捣实时，混凝土拌合物应分两层装入，每层的插捣次数应为25次；捣棒由边缘向中心均匀地插捣，插捣底层时捣棒应贯穿整个深度，插捣第二层时，捣棒应插透本层至下一层的表面；每一层捣完后用橡皮锤轻轻沿容量外壁敲打5 ~10次，进行振实，直至拌合物表面插捣孔消失并不见大气泡为止；并使混凝土拌合物表面低于检测试样筒筒口(30 ±3)mm，用抹刀抹平。抹平后立即计时并称量，记录检测试样筒与检测试样的总质量。

② 在以下吸取混凝土拌合物表面泌水的整个过程中，应使试样筒保持水平、不受振动；除了吸水操作外，应始终盖好盖子；室温应保持在(20 ±2)℃。

③ 从计时开始后60min内，每隔10min吸取1次试件表面渗出的水。60min后，每隔30min吸1次水，直至认为不再泌水为止。为了便于吸水，每次吸水前2min，将一片35mm厚的垫块垫入筒底一侧使其倾斜，吸水后平稳地复原。吸出的水放入量筒中，记录每次吸水的水量并计算累计水量，精确至1mL。

(3)泌水量和泌水率的检测结果与评定

泌水量和泌水率的结果计算及其确定应按下列方法进行：

① 泌水量应按下式计算：

$$B_a = \frac{V}{A} \tag{5-12}$$

式中　B_a——泌水量，mL/mm^2；

V——最后一次吸水后累计的泌水量，mL；

A——检测试样外露的表面面积，mm^2；

计算应精确至 $0.01mL/mm^2$。泌水量取三个检测试样测值的平均值。三个测值中的最大值或最小值，如果有一个与中间值之差超过中间值的15%，则以中间值为检测结果；如果最大值和最小值与中间值之差均超过中间值的15%，则此次检测无效。

② 泌水率应按下式计算：

$$B = \frac{V_w}{(W/C) \cdot G_w} \times 100 \tag{5-13}$$

$$G_w = G_1 - G_0 \tag{5-14}$$

式中　B——泌水率，%；

V_w——泌水总量，mL；

G_w——检测试样质量，g；

W——混凝土拌合物总用水量，mL；

G——混凝土拌合物总质量，g；

G_1——试样筒及检测试样总质量，g；

G_0——检测试样筒质量，g。

计算应精确至1%。泌水率取三个检测试样测值的平均值。三个测值中的最大值或最小值，如果有一个与中间值之差超过中间值的15%，则以中间值为检测结果；如果最大值和最小值与中间值之差均超过中间值的15%时，则此次检测无效。

3. *混凝土拌合物压力泌水的检测*

本方法适用于骨料最大粒径不大于40mm的混凝土拌合物压力泌水的检测。

(1)主要检测设备仪器

① 压力泌水仪：其主要部件包括压力表、缸体、工作活塞、筛网等(见图5-3)。压力表最大量程6MPa，最小分度值不大于0.1MPa；缸体内径(125±0.02)mm，内高(200±0.2)mm；工作活塞压强为3.2MPa，公称直径为125mm；筛网孔径为0.315mm。

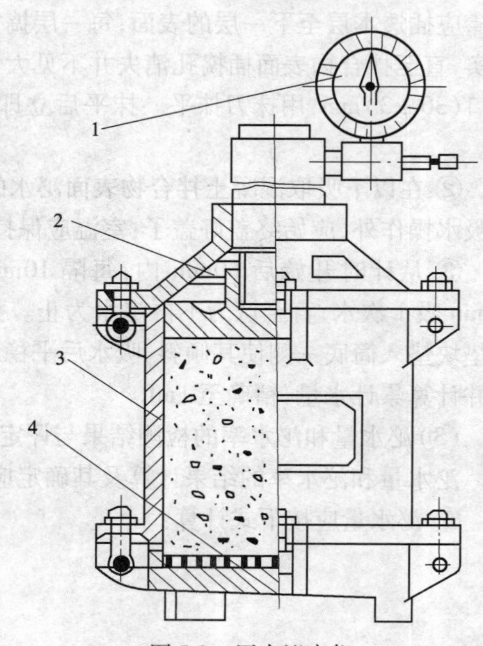

图5-3　压力泌水仪

1—压力表；2—工作活塞；3—缸体；4—筛网

② 钢制捣棒：直径16mm，长650mm，一端为弹头形。

③ 量筒：200mL量筒。

(2)具体检测步骤

① 混凝土拌合物应分两层装入压力泌水仪的缸体容器内，每层的插捣次数应为20次。捣棒由边缘向中心均匀地插捣，插捣底层时捣棒应贯穿整个深度，插捣第二层时，捣棒应插透本层至下一层的表面；每一层捣完后用橡皮锤轻轻沿容器外壁敲打5～10次，进行振实，直至拌合物表面插

捣孔消失并不见大气泡为止；并使拌合物表面低于容器口以下约 30mm 处，用抹刀将表面抹平。

② 将容器外表擦干净，压力泌水仪按规定安装完毕后应立即给混凝土试样施加压力至 3.2MPa，并打开泌水阀门同时开始计时，保持恒压，泌出的水接入 200mL 量筒里；加压至 10s 时读取泌水量 V_{10}，加压至 140s 时读取泌水量 V_{140}。

(3) 压力泌水率的检测结果与评定

压力泌水率应按下式计算：

$$B_v = \frac{V_{10}}{V_{140}} \times 100 \qquad (5\text{-}15)$$

式中　B_v——压力泌水率，%；

V_{10}——加压至 10s 时的泌水量，mL；

V_{140}——加压至 140s 的泌水量，mL。

压力泌水率的计算应精确至 1%。

5.4.3　水泥混凝土凝结时间的检测

检测不同水泥品种、不同外加剂、不同混凝土配合比以及不同气温环境下混凝土拌合物的凝结时间，可以控制现场施工流程。本检测方法适用于从混凝土拌合物中筛出的砂浆用贯入阻力法来确定坍落度值不为零的混凝土拌合物凝结时间的检测。

1. 主要检测设备仪器

贯入阻力仪应由加荷装置、测针、砂浆试样筒和标准筛组成，可以是手动的，也可以是自动的。贯入阻力仪应符合下列要求：

(1) 加荷装置：最大测量值应不小于 1000N，精度为 ±10N；

(2) 测针：长为 100mm，承压面积为 100mm²、50mm² 和 20mm² 三种测针；在距贯入端 25mm 处刻有一圈标记；

(3) 砂浆试样筒：上口径为 160mm，下口径为 150mm，净高为 150mm 刚性不透水的金属圆筒，并配有盖子；

(4) 标准筛：筛孔为 5mm 的符合现行国家标准《试验筛　金属丝编织网、穿孔板和电线型薄板　筛孔的基本尺寸》(GB/T 6005—2008) 规定的金属圆孔筛。

2. 具体检测步骤

(1) 应从按 5.1.3 制备或现场取样的混凝土拌合物试样中，用 4.75mm 标准筛筛出砂浆，每次应筛净，然后将其拌合均匀。将砂浆一次分别装入三个检测试样筒中，做三次检测。取样混凝土坍落度不大于 70mm 的混凝土宜用振动台振实砂浆；取样混凝土坍落度大于 70mm 的宜用捣棒人工捣实。用振动台振实砂浆时，振动应持续到表面出浆为止，不得过振；用捣棒人工捣实时，应沿螺旋方向由外向中心均匀插捣 25 次，然后用橡皮锤轻轻敲打筒壁，直至插捣孔消失为止。振实或插捣后，砂浆表面应低于砂浆试样筒口约 10mm；砂浆试样筒应立即加盖。

(2) 砂浆试样制备完毕，编号后应置于温度为 (20 ±2)℃ 的环境中或现场同条件下待试，并在以后的整个测试过程中，环境温度应始终保持 (20 ±2)℃。现场同条件测试时，应与现场条件保持一致。在整个测试过程中，除在吸取泌水或进行贯入检测外，试样筒应始终加盖。

（3）凝结时间测定从水泥与水接触瞬间开始计时。根据混凝土拌合物的性能，确定测针检测时间，以后每隔0.5h测试一次，在临近初、终凝时可增加测定次数。

（4）在每次测试前2min，将一片20mm厚的垫块垫入筒底一侧使其倾斜，用吸管吸去表面的泌水，吸水后平稳地复原。

（5）测试时将砂浆试样筒置于贯入阻力仪上，测针端部与砂浆表面接触，然后在(10±2)s内均匀地使测针贯入砂浆(25±2)mm深度，记录贯入压力，精确至10N；记录测试时间，精确至1min；记录环境温度，精确至0.5℃

（6）各测点的间距应大于测针直径的两倍且不小于15mm，测点与试样筒壁的距离应不小于25mm。

（7）贯入阻力测试在0.2～28MPa之间应至少进行6次，直至贯入阻力大于28MPa为止。

（8）在测试过程中应根据砂浆凝结状况，适时更换测针，更换测针宜按表5-10选用。

表5-10 测针选用规定表

贯入阻力/MPa	0.2～3.5	3.5～20	20～28
测针面积/mm²	100	50	20

3. 检测结果与评定

（1）贯入阻力应按下式计算：

$$f_{PR} = \frac{P}{A} \tag{5-16}$$

式中 f_{PR}——贯入阻力，MPa；

P——贯入压力，N；

A——测针面积，mm^2。

计算应精确至0.1MPa。

（2）凝结时间宜通过线性回归方法确定，是将贯入阻力 f_{PR} 和时间 t 分别取自然对数 $\ln(f_{PR})$ 和 $\ln(t)$，然后把 $\ln(f_{PR})$ 当做自变量，$\ln(t)$ 当做因变量作线性回归得到回归方程式：

$$\ln(t) = A + B\ln(f_{PR}) \tag{5-17}$$

式中 t——时间，min；

f_{PR}——贯入阻力，MPa；

A、B——线性回归系数。

根据上式求得当贯入阻力为3.5MPa时为初凝时间 t_s，贯入阻力为28MPa时为终凝时间 t_e：

$$t_s = e^{[A + B\ln(3.5)]} \tag{5-18}$$

$$t_e = e^{[A + B\ln(28)]} \tag{5-19}$$

式中　t_s——初凝时间，min；

t_e——终凝时间，min；

A、B——线性回归系数。

凝结时间也可用绘图拟合方法确定，是以贯入阻力为纵坐标，经过的时间为横坐标（精确至1min），绘制出贯入阻力与时间之间的关系曲线，以3.5MPa和28MPa画两条平行于横坐标的直线，分别与曲线相交的两个交点的横坐标即为混凝土拌合物的初凝和终凝时间。

（3）用三个检测结果的初凝和终凝时间的算术平均值作为此次检测的初凝和终凝时间。如果三个测值的最大值或最小值中有一个与中间值之差超过中间值的10%，则以中间值为检测结果；如果三个测值的最大值和最小值与中间值之差均超过中间值的10%，则此次检测无效。

凝结时间用h或min表示，并修约至5min。

5.4.4　水泥混凝土拌合物表观密度的检测

混凝土拌合物表观密度的检测方法适用于测定混凝土拌合物捣实后的单位体积质量（即表观密度）。

1. 主要检测设备仪器

（1）容量筒：金属制成的圆筒，两旁装有提手。对骨料最大粒径不大于40mm的拌合物采用容积为5L的容量筒，其内径与内高均为（186±2）mm，筒壁厚为3mm骨料最大粒径大于40mm时，容量筒的内径与内高均应大于骨料最大粒径的4倍。容量筒上缘及内壁应光滑平整，顶面与底面应平行并与圆柱体的轴垂直。

容量筒容积应予以标定，标定方法可采用一块能覆盖住容量筒顶面的玻璃板，先称出玻璃板和空桶的质量，然后向容量筒中灌入清水，当水接近上口时，一边不断加水，一边把玻璃板沿筒口徐徐推入盖严，应注意使玻璃板下不带入任何气泡；然后擦净玻璃板面及筒壁外的水分，将容量筒连同玻璃板放在台秤上称其质量；两次质量之差（kg）即为容量筒的容积（L）；

（2）台秤：称量50kg，感量50g；

（3）振动台：应符合《混凝土试验用振动台》（JG/T　3020—1994）中技术要求的规定；

（4）捣棒：应符合《混凝土坍落度仪》（JG　3021—1994）的规定。

2. 主要检测流程

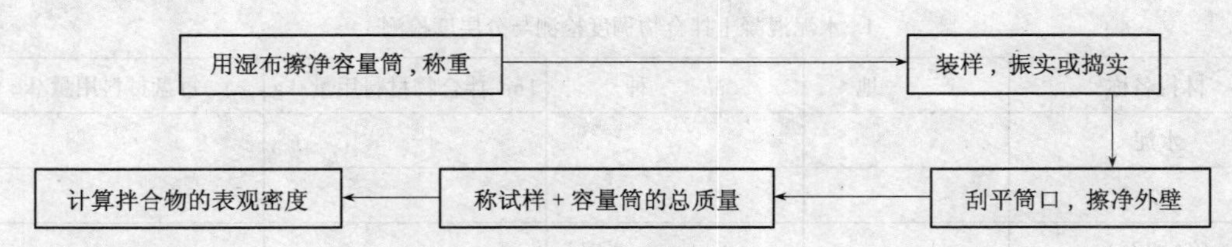

3. 具体检测步骤

（1）用湿布把容量筒内外擦干净，称出容量筒质量，精确至50g。

（2）混凝土的装料及捣实方法应根据拌合物的稠度而定。坍落度不大于70mm的混凝土，用振动台振实为宜；大于70mm的用捣棒捣实为宜。采用捣棒捣实时，应根据容量筒的大小决定分层与插捣次数：用5L容量筒时，混凝土拌合物应分两层装入，每层的插捣次数应为25次；用大于5L的容量筒时，每层混凝土的高度不应大于100mm，每层插捣次数应按每 10000mm^2 截面不小于 12 次计算。各次插捣应由边缘向中心均匀地插捣，插捣底层时捣棒应贯穿整个深度，插捣第二层时，捣棒应插透本层至下一层的表面；每一层捣完后用橡皮锤轻轻沿容器外壁敲打 5～10 次，进行振实，直至拌合物表面插捣孔消失并不见大气泡为止。

采用振动台振实时，应一次将混凝土拌合物灌到高出容量筒口。装料时可用捣棒稍加插捣，振动过程中如混凝土低于筒口，应随时添加混凝土，振动直至表面出浆为止。

(3)用刮尺将筒口多余的混凝土拌合物刮去，表面如有凹陷应填平；将容量筒外壁擦净，称出混凝土检测试样与容量筒总质量精确至 50g。

4. 检测结果与评定

$$\gamma_h = \frac{W_2 - W_1}{V} \times 1000 \tag{5-20}$$

式中 γ_h——表观密度，kg/m^3；

W_1——容量筒质量，kg；

W_2——容量筒和检测试样总质量，kg；

V——容量筒容积，L。

检测结果的计算精确至 10kg/m^3。

5.4.5 水泥混凝土拌合物性能检测实训报告

水泥混凝土拌合物性能检测实训报告见表 5-11。

表 5-11 水泥混凝土拌合物性能检测实训报告

工程名称： 报告编号： 工程编号：

委托单位		委托编号		委托日期	
施工单位		样品编号		检验日期	
结构部位		出厂合格证编号		报告日期	
厂别		检验性质		代表数量	
发证单位		见证人		证书编号	

1. 水泥混凝土拌合物稠度检测与分层度检测

材料名称	产　地	品　种	1m^3 拌合物材料用量/kg	每盘材料用量/kg
水泥				
砂				
碎(卵石)				
水				
外加剂				
坍落度(或坍落扩展度值)/mm：			维勃稠度/s：	
结　论：				
执行标准：				

续表 5-11

2. 水泥混凝土拌合物泌水的检测

混凝土拌合物总用水量 W/mL	混凝土拌合物总质量 G/g	试样筒及试样总质量 G_1/g	试样筒质量 G_0/g	试样质量 G_w/g	泌水总量 V_w/mL	泌水率 B/%

结　　论：泌水率（三次检测的平均值）B/%：$B=\dfrac{B_1+B_2+B_3}{3}=$

执行标准：

3. 水泥混凝土拌合物压力泌水的检测

加压至10s时的泌水量 V_{10}/mL	加压至140s的泌水量 V_{140}/mL	压力泌水率 $\dot{B}_v$/%

结　　论：

执行标准：

4. 水泥混凝土拌合物凝结时间的检测

检测次数	环境温度/℃	时间/min	贯入压力/N	测针面积/mm^3	贯入阻力值/MPa
1					
2					
3					

贯入阻力与时间的关系曲线：

续表 5-11

初凝时间 t_s/min 为：	终凝时间 t_e/min 为：
结　论：	
执行标准：	

5. 水泥混凝土拌合物表观密度的检测

容量筒质量 W_1/kg	容量筒容积 V/L	容量筒和试样总质量 W_2/kg	表观密度 γ_h/(kg/m³)

结　论：

执行标准：

主要仪器设备	检测仪器		管理编号	
	型号规格		有效期	
	检测仪器		管理编号	
	型号规格		有效期	
	检测仪器		管理编号	
	型号规格		有效期	
	检测仪器		管理编号	
	型号规格		有效期	
备　注				
声　明				
地　址	地址： 邮编： 电话：			

审批(签字)：__________ 审核(签字)：__________ 校核(签字)：__________ 检测(签字)：__________

检测单位(盖章)：__________

报 告 日 期 ：　年　月　日

注：本表一式四份(建设单位、施工单位、检测实验室、城建档案馆存档各一份)。

5.5　水泥混凝土物理力学性能的检测

5.5.1　水泥混凝土立方体抗压强度的检测

检测水泥混凝土立方体的抗压强度，可用以检验材料的质量，确定、校核混凝土配合比，并为控制施工质量提供依据。水泥混凝土立方体抗压强度检测所用立方体试件是以同一龄期者为一组，每组至少三个同时制作并共同养护的混凝土试件。混凝土试件的尺寸按骨料的最大粒径规定，见表 5-12。

表 5-12　插捣次数及尺寸换算系数

试件尺寸/(mm×mm×mm)	骨料最大粒径/mm	每层插捣次数/次	抗压强度换算系数
100×100×100	31.5	12	0.95
150×150×150	40	25	1
200×200×200	63	50	1.05

1. 主要检测设备仪器

压力检测试验机：测量精度为±1%，试件破坏荷载应大于压力机全量程的20%且小于压力机全量程的80%。应具有加荷速度指示装置或加荷速度控制装置，并应能均匀、连续加荷。

混凝土强度等级≥C60时，试件周围应设防崩裂网置。检测试验机上、下压板的平面度公差为0.04mm；表面硬度不小于55HRC；硬化层厚度约为5mm。如不符合时则应垫厚度不小于25mm，平面度和硬度与检测试验机相同的钢垫板。

2. 主要检测流程(同样适合于轴心抗压强度检测)

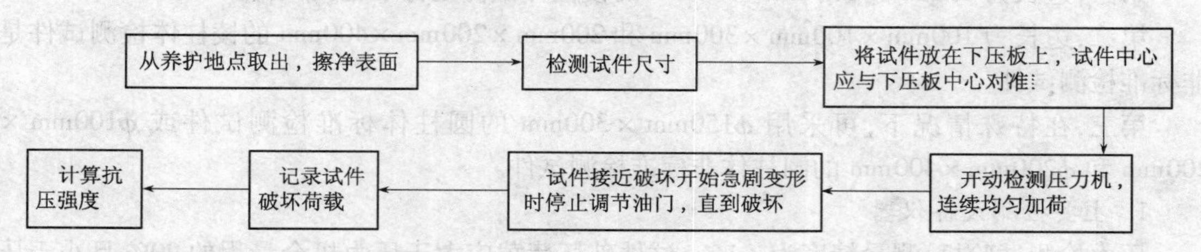

3. 具体检测步骤

(1)检测试件从养护地点取出后应及时进行检测，将试件表面与上下承压板面擦干净。

(2)将检测试件安放在检测试验机的下压板或垫板上，检测试件的承压面应与成型时的顶面垂直。检测试件的中心应与检测试验机下压板中心对准，开动检测试验机，当上压板与试件或钢垫板接近时，调整球座，使接触均衡。

(3)在检测过程中应连续均匀地加荷，当混凝土强度等级＜C30时，加荷速度取每秒钟0.3～0.5MPa；当混凝土强度等级≥C30且＜C60时，取每秒钟0.5～0.8MPa；当混凝土强度等级≥C60时，取每秒钟0.8～1.0MPa。

(4)当检测试件接近破坏开始急剧变形时，应停止调整检测试验机油门，直至破坏。然后记录破坏荷载。

4. 检测结果计算与评定

立方体抗压强度检测结果计算及确定按下列方法进行：

(1)混凝土立方体抗压强度应按下式计算：

$$f_{cc}=\frac{F}{A} \tag{5-21}$$

式中　f_{cc}——混凝土立方体试件抗压强度，MPa；

F——检测试件破坏荷载，N；

A——检测试件承压面积，mm^2。

混凝土立方体抗压强度计算应精确至0.1MPa。

(2)强度值的确定应符合下列规定：

① 三个检测试件测值的算术平均值作为该组检测试件的强度值(精确至0.1MPa)；

② 三个测值中的最大值或最小值中如有一个与中间值的差值超过中间值的15%时，则把最大及最小值一并舍除，取中间值作为该组检测试件的抗压强度值；

③ 如最大值和最小值与中间值的差均超过中间值的15%，则该组检测试件的检测结果无效。

(3)当混凝土强度等级＜C60时，用非标准检测试件测得的强度值均应乘以尺寸换算系数；当混凝土强度等级≥C60时，宜采用标准检测试件；使用非标准检测试件时，尺寸换算系数应由检测试验确定。

5.5.2 水泥混凝土轴心抗压强度的检测

本检测方法适用于检测棱柱体混凝土试件的轴心抗压强度。检验其是不是符合结构设计要求。混凝土轴心抗压强度检测试件尺寸应符合：

第一，边长为150mm×150mm×300mm的棱柱体试件是标准检测试件。

第二，边长为100mm×100mm×300mm和200mm×200mm×400mm的棱柱体检测试件是非标准检测试件。

第三，在特殊情况下，可采用ϕ150mm×300mm的圆柱体标准检测试件或ϕ100mm×200mm和ϕ200mm×400mm的圆柱体非标准检测试件。

1. 主要检测设备仪器

压力检测试验机：测量精度为±1%，试件破坏荷载应大于压力机全量程的20%且小于压力机全量程的80%。应具有加荷速度指示装置或加荷速度控制装置，并应能均匀、连续加荷。

混凝土强度等级≥C60时，检测试件周围应设防崩裂网罩。检测试验机上、下压板的平面度公差为0.04mm；表面硬度不小于55HRC；硬化层厚度约为5mm。如不符合时则应垫厚度不小于25mm，平面度和硬度与检测试验机相同的钢垫板。

2. 具体检测步骤

(1)检测试件从养护地点取出后应及时进行检测，用干毛巾将检测试件表面与上下承压板面擦干净。

(2)将试件直立放置在检测试验机的下压板或钢垫板上，并使试件轴心与下压板中心对准。

(3)开动检测试验机，当上压板与试件或钢垫板接近时，调整球座，使接触均衡。

(4)应连续均匀地加荷，不得有冲击。当混凝土强度等级＜C30时，加荷速度取每秒钟0.3～0.5MPa；当混凝土强度等级≥C30且＜C60时，取每秒钟0.5～0.8MPa；当混凝土强度等级≥C60时，取每秒钟0.8～1.0MPa。

(5)检测试件接近破坏而开始急剧变形时，应停止调整检测试验机油门，直至破坏。然后记录破坏荷载。

3. 检测结果计算与评定

(1)混凝土试件轴心抗压强度应按下式计算：

$$f_{cp}=\frac{F}{A} \tag{5-22}$$

式中 f_{cp}——混凝土轴心检测试件抗压强度，MPa；

F——检测试件破坏荷载,N;

A——检测试件承压面积,mm^2。

混凝土轴心抗压强度计算应精确至0.1MPa。

(2)混凝土轴心抗压强度值的确定应符合:三个测值中的最大值或最小值中如有一个与中间值的差值超过中间值的15%时,则把最大及最小值一并舍除,取中间值作为该组检测试件的抗压强度值。

(3)混凝土强度等级<C60时,用非标准检测试件测得的强度值均应乘以尺寸换算系数,其值为对200mm×200mm×400mm检测试件为1.05;对100mm×100mm×300mm检测试件为0.95。当混凝土强度等级≥C60时,宜采用标准检测试件;使用非标准检测试件时,尺寸换算系数应由检测试验确定。

5.5.3 水泥混凝土劈裂抗拉强度的检测

1. 主要检测设备仪器

(1)检测试验机:测量精度为±1%,检测试件破坏荷载应大于压力机全量程的20%且小于压力机全量程的80%。应具有加荷速度指示装置或加荷速度控制装置,并应能均匀、连续加荷。

混凝土强度等级≥C60时,检测试件周围应设防崩裂网罩。检测试验机上、下压板的平面度公差为0.04mm;表面硬度不小于55HRC;硬化层厚度约为5mm。如不符合时则应垫厚度不小于25mm,平面度和硬度与检测试验机相同的钢垫板。

(2)垫块:采用半径为75mm的钢制弧形长度与检测试件相同的垫块,其横截面尺寸如图5-4所示。

(3)垫条:三层胶合板制成,宽度为20mm,厚度为3~4mm,长度不小于检测试件长度,垫条不得重复使用。

(4)支架、钢支架。如图5-5所示。

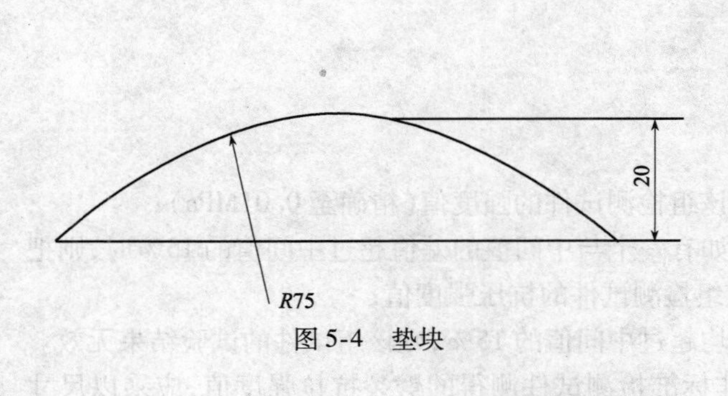

图5-4　垫块

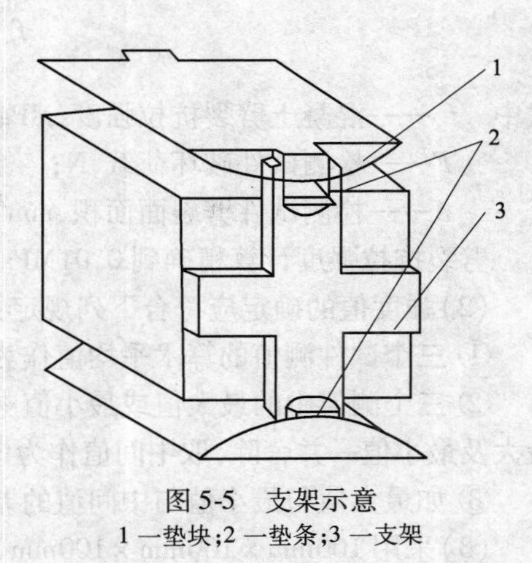

图5-5　支架示意

1—垫块;2—垫条;3—支架

(5)检测试件:劈裂抗拉强度试件应符合下列规定:

① 边长为150mm的立方体检测试件是标准检测试件。

② 边长为100mm和200mm的立方体检测试件是非标准检测试件。

③ 在特殊情况下，可采用 ϕ150mm × 300mm 的圆柱体标准检测试件或 ϕ100mm × 200mm 和 ϕ200mm × 400mm 的圆柱体非标准检测试件。

2. 主要检测流程

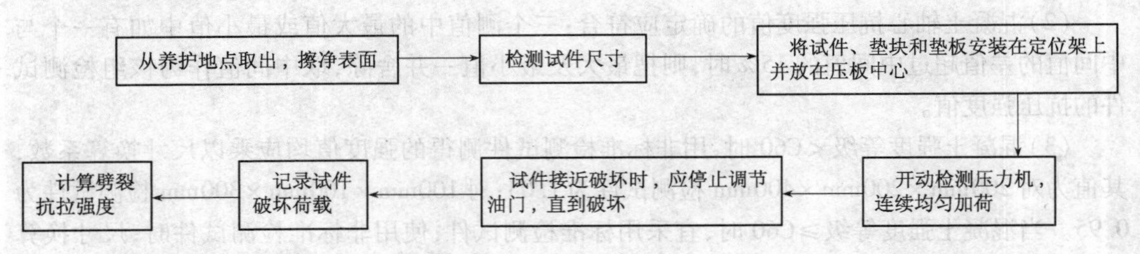

3. 具体检测步骤

(1)检测试件从养护地点取出后应及时进行检测，将检测试件表面与上下承压板面擦干净。

(2)将检测试件放在检测试验机下压板的中心位置，劈裂承压面和劈裂面应与检测试件成型时的顶面垂直；在上、下压板与试件之间垫以圆弧形垫块及垫条各一条，垫块与垫条应与试件上、下面的中心线对准并与成型时的顶面垂直。宜把垫条及试件安装在定位架上使用(如图 5-5 所示)。

(3)开动检测试验机，当上压板与圆弧形垫块接近时，调整球座，使接触均衡。加荷应连续均匀，当混凝土强度等级 < C30 时，加荷速度取每秒钟 0.02 ~ 0.05MPa；当混凝土强度等级 ≥C30 且 < C60 时，取每秒钟 0.05 ~ 0.08MPa；当混凝土强度等级 ≥ C60 时，取每秒钟 0.08 ~ 0.10MPa，至检测试件接近破坏时，应停止调整检测试验机油门，直至检测试件破坏，然后记录破坏荷载。

4. 检测结果计算与评定

(1)混凝土劈裂抗拉强度应按下式计算：

$$f_{ts} = \frac{2F}{\pi A} = 0.637 \frac{F}{A} \tag{5-23}$$

式中 f_{ts}——混凝土劈裂抗拉强度，MPa；

F——检测试件破坏荷载，N；

A——检测试件劈裂面面积，mm^2；

劈裂抗拉强度计算精确到 0.01MPa。

(2)强度值的确定应符合下列规定：

① 三个试件测值的算术平均值作为该组检测试件的强度值(精确至 0.01MPa)；

② 三个测值中的最大值或最小值中如有一个与中间值的差值超过中间值的 15% 时，则把最大及最小值一并舍除，取中间值作为该组检测试件的抗压强度值；

③ 如最大值与最小值与中间值的差均超过中间值的 15%，则该组试件的试验结果无效。

(3)采用 100mm × 100mm × 100mm 非标准检测试件测得的劈裂抗拉强度值，应乘以尺寸换算系数 0.85；当混凝土强度等级 ≥ C60 时，宜采用标准检测试件；使用非标准检测试件时，尺寸换算系数应由检测试验确定。

5.5.4　水泥混凝土抗折强度的检测

抗折强度是指材料或构件在承受弯曲时达到破裂前单位面积上的最大应力。

测定混凝土的抗折(即弯曲抗拉)强度,检验其是否符合结构设计要求。抗折强度试件应符合下列规定:

第一,边长为150mm×150mm×600mm(或550mm)的棱柱体检测试件是标准检测试件。

第二,边长为100mm×100mm×400mm的棱柱体检测试件是非标准检测试件。

第三,在长向中部1/3区段内不得有表面直径超过5mm、深度超过2mm的孔洞。

1. 主要检测设备仪器

(1)检测试验机:测量精度为±1%,检测试件破坏荷载应大于压力机全量程的20%且小于压力机全量程的80%。应具有加荷速度指示装置或加荷速度控制装置,并应能均匀、连续加荷。

混凝土强度等级≥C60时,检测试件周围应设防崩裂网罩。检测试验机上、下压板的平面度公差为0.04mm;表面硬度不小于55HRC;硬化层厚度约为5mm。如不符合时则应垫厚度不小于25mm,平面度和硬度与检测试验机相同的钢垫板。

(2)检测试验机应能施加均匀、连续、速度可控的荷载,并带有能使两个相等荷载同时作用在检测试件跨度3分点处的抗折检测试验装置;如图5-6所示。

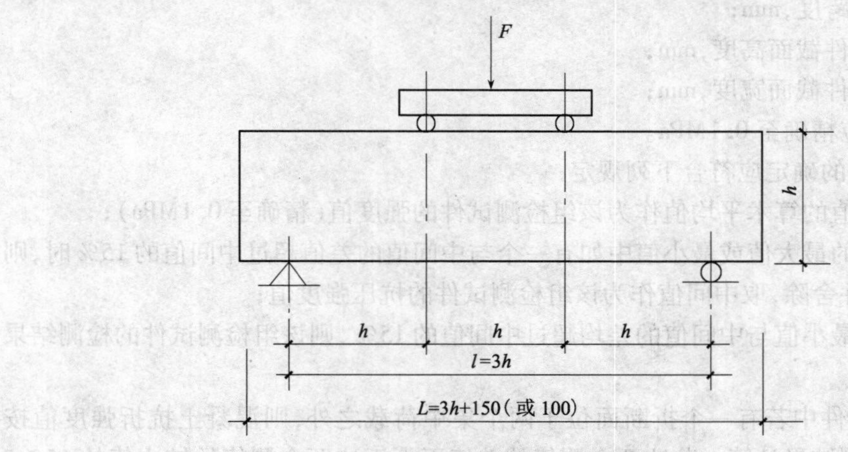

图5-6　抗折检测试验装置

(3)检测试件的支座和加荷头应采用直径为20~40mm、长度不小于(b+10)mm的硬钢圆柱,支座立脚点固定铰支,其他应为滚动支点。

2. 主要检测流程

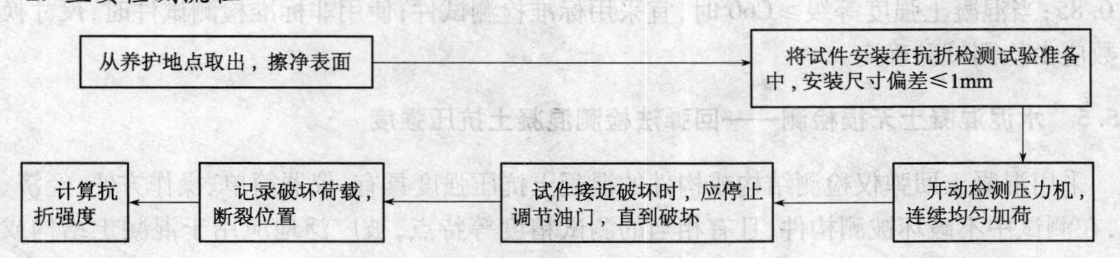

3. 具体检测步骤

(1)检测试件从养护地取出后应及时进行检测,将检测试件表面擦干净。

(2)按图5－6装置试件,安装尺寸偏差不得大于1mm。试件的承压面应为试件成型时的侧面。支座及承压面与圆柱的接触面应平稳、均匀,否则应垫平。

(3)施加荷载应保持均匀、连续。当混凝土强度等级＜C30时,加荷速度取每秒0.02～0.05MPa;当混凝土强度等级≥C30且＜C60时,取每秒钟0.05～0.08MPa;当混凝土强度等级≥C60时,取每秒钟0.08～0.10MPa,至检测试件接近破坏时,应停止调整检测试验机油门,直至检测试件破坏,然后记录破坏荷载。

(4)记录检测试件破坏荷载的检测试验机示值及检测试件下边缘断裂位置。

4. 检测结果计算与评定

(1)若检测试件下边缘断裂位置处于二个集中荷载作用线之间,则检测试件的抗折强度f_f(MPa)按下式计算:

$$f_f = \frac{Fl}{bh^2} \tag{5-24}$$

式中 f_f——混凝土抗折强度,MPa;

F——检测试件破坏荷载,N;

l——支座间跨度,mm;

h——检测试件截面高度,mm;

b——检测试件截面宽度,mm;

抗折强度计算应精确至0.1MPa。

(2)抗折强度值的确定应符合下列规定:

① 三个试件测值的算术平均值作为该组检测试件的强度值(精确至0.1MPa);

② 三个测值中的最大值或最小值中如有一个与中间值的差值超过中间值的15%时,则把最大值及最小值一并舍除,取中间值作为该组检测试件的抗压强度值;

③ 如最大值和最小值与中间值的差均超过中间值的15%,则该组检测试件的检测结果无效。

(3)三个检测试件中若有一个折断面位于两个集中荷载之外,则混凝土抗折强度值按另两个检测试件的检测结果计算。若这两个测值的差值不大于这两个测值的较小值的15%时,则该组检测试件的抗折强度值按这两个测值的平均值计算,否则该组检测试件的检测无效。若有两个检测试件的下边缘断裂位置位于两个集中荷载作用线之外,则该组检测试件检测无效。

(4)当检测试件尺寸为100mm×100mm×400mm非标准检测试件时,应乘以尺寸换算系数0.85;当混凝土强度等级≥C60时,宜采用标准检测试件;使用非标准检测试件时,尺寸换算系数应由检测试验确定。

5.5.5 水泥混凝土无损检测——回弹法检测混凝土抗压强度

采用混凝土回弹仪检测结构或构件的混凝土抗压强度具有:仪器简单、操作方便、经济、迅速,在测试中不破坏被测构件,且有相当的测试精度等特点,被广泛地应用于混凝土结构或构件检测中。

1. 回弹法的基本原理

回弹值 R 的大小,主要取决于与冲击能量有关的回弹能量,而回弹能量取决于被测混凝土的弹塑形性能。混凝土的强度越低,则塑性变形越大,消耗于产生塑性变形的功也越大,弹击锤所获得的回弹功能就越小,回弹距离相应也越小,从而回弹值就越小,反之亦然。

2. 主要检测设备仪器

中型回弹仪(如图5-7所示):水平弹击时,弹击锤脱钩的瞬间,回弹仪的标准能量应为2.207J;

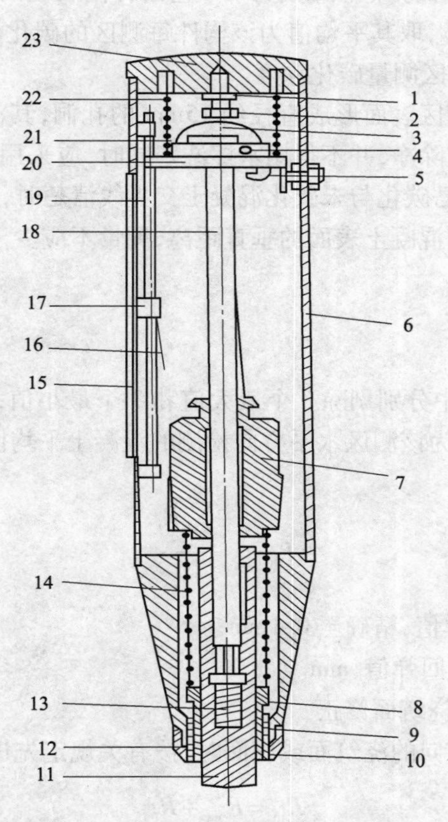

图5-7 回弹仪构造和主要零件名称

1—紧固螺母;2—调零螺钉;3—挂钩;4—挂钩销子;5—按钮;6—机壳;7—弹击锤;8—拉簧座;9—卡环;10—密封毡圈;11—弹击杆;12—盖帽;13—缓冲压簧;14—弹击拉簧;15—刻度尺;16—指针片;17—指针块;18—中心导杆;19—指针轴;20—导向法兰;21—挂钩压簧;22—压簧;23—尾盖

钢钻:洛氏硬度HRC为60±2。

3. 具体检测步骤

(1)回弹仪率定:将回弹仪垂直向下在钢钻上弹击,取三次的稳定回弹值进行平均计算。弹击杆应分四次旋转,每次旋转90°弹击杆每旋转一次的率定平均值应符合(80±2)的要求,否则不能使用。

(2)混凝土构件测区预测面布置:对长度不小于3m的构件,其测区数应不少于10个;长度小于3m且高度低于0.6m的构件,其测区数量可以适当减少,但不少于5个,相邻两测区间距不超过2m。测区应均匀分布,并具有代表性,宜选择在侧面为好。每个测区宜有两个相对的测面，每个测面约 200mm×200mm。

(3)测面应平整光滑，必要时可以用砂轮作表面加工，测面应自然干燥。每个测面上布置 8 个测点。若一个测区只有一个测面，应选择 16 个测点。测点应均匀分布。

(4)回弹仪垂直对准混凝土表面，轻压回弹仪，使弹击杆伸出，挂钩挂上弹击锤，将回弹仪弹击杆垂直对准检测点，缓慢均匀施压。待弹击锤脱钩后冲击弹击杆，弹击锤带动指针向后移动直至到达一定的位置时，读出回弹值 R_i(精确至 1mm)。

(5)碳化深度值的测量：回弹值测量完毕后，应在有代表性的位置上测量碳化深度，测点不应少于构件测区数的 30%，取其平均值为该构件每测区的碳化深度值。当碳化深度值极差大于 2.0mm 时，应在每一测区测量碳化深度。

可采用适当的工具在测区表面形成直径约 15mm 的孔洞，其深度应大于混凝土的碳化深度。孔洞中的粉末和碎屑应除净，并不得用水擦洗。同时，应采用浓度为 1% 的酚酞酒精溶液滴在孔洞内壁的边缘处，当已碳化与未碳化混凝土交界线清楚时，再用深度测量工具测量已碳化与未碳化混凝土交界面到混凝土表面的垂直距离，测量不应少于 3 次取其平均值 d_m。每次读数精确到 0.5mm。

4. 检测结果计算与评定

(1)回弹值的计算

从测区的 16 个回弹值中分别剔除 3 个最大值和 3 个最小值，取其余 10 个回弹值的算术平均值。计算至 0.1mm，作为该测区水平方向检测的混凝土平均回弹值，计算式如下：

$$R_m = \frac{\sum_{i=1}^{10} R_i}{10} \tag{5-25}$$

式中 R_m——测区平均回弹值，精确至 0.1mm；

R_i——第 i 个测点的回弹值，mm。

(2)回弹值检测角度及浇筑面修正

若检测方向为非水平方向的浇筑面或底面时，按有关规定先进行角度修正，计算式如下：

$$R_m = R_{ma} + R_{\partial a} \tag{5-26}$$

式中 R_{ma}——非水平状态检测时测区的平均回弹值，精确至 0.1mm；

$R_{\partial a}$——非水平状态检测时回弹值修正值，可按本节附录 A 采用。

然后再进行浇筑面修正，计算式如下：

$$R_m = R_m^t + R_\partial^t \tag{5-27}$$

$$R_m = R_m^b + R_\partial^b \tag{5-28}$$

式中 R_m^t、R_∂^t——水平方向检测混凝土浇筑表面、底面时，测区的平均回弹值，精确至 0.1mm；

R_m^b、R_∂^b——混凝土浇筑表面、底面回弹值的修正值，应按本节附录 B 采用。

(3)求测区混凝土强度值

根据室内检测试验建立的强度与回弹值关系曲线，查得构件测区混凝土强度换算值。

在无专用测强曲线和地区测强曲线时，可按标准《回弹法检测混凝土抗压强度技术规程》

(JGJ/T 23—2001)中统一测强曲线,由回弹值与碳化深度求得测区混凝土求得换算值,可由本章附录 C 查表得出。当碳化深度不大于 2.0mm 时,每一测区混凝土求得换算值应按本章附录 D 修正。

(4)测定值的评定

结构或构件的测区混凝土强度平均值可根据各测区的混凝土强度换算值计算。当测区数为 10 个及以上时,应计算强度标准差。平均值及标准差应按下面公式进行计算:

$$m_{f_{cu}^c} = \frac{\sum_{i=1}^{n} f_{cu,i}^c}{n} \tag{5-29}$$

$$s_{f_{cu}^c} = \sqrt{\frac{\sum_{i=1}^{n} (f_{cu,i}^c)^2 - n(m_{f_{cu}^c})^2}{n-1}} \tag{5-30}$$

式中　$m_{f_{cu}^c}$——结构或构件的测区混凝土强度平均值(MPa),精确至 0.1MPa;

$f_{cu,i}^c$——结构或构件的测区混凝土强度换算值,MPa;

n——对于单个检测的构件,取一个构件的测区数;对批量检测的构件,取被抽检构件测区数之和;

$s_{f_{cu}^c}$——结构或构件测区混凝土强度换算值的标准差,MPa。

结构或构件的混凝土推定值指相应于强度换算值总体分布中保证率不低于 95% 的结构或构件中的混凝土抗压强度值。混凝土强度推定值 $f_{cu,e}$(精确至 0.1MPa)按如下确定:

① 当该结构或构件测区数少于 10 个时,计算式为:

$$f_{cu,e} = f_{cu,min}^c \tag{5-31}$$

式中　$f_{cu,min}^c$——结构或构件中最小的测区混凝土强度换算值,MPa。

② 当该结构或构件测区强度值中出现小于 10.0MPa 时,计算式为:

$$f_{cu,e} < 10.0\text{MPa} \tag{5-32}$$

③ 当该结构或构件测区数不少于 10 个或按批量检测时,计算式为:

$$f_{cu,e} = m_{f_{cu}^c} - 1.645 s_{f_{cu}^c} \tag{5-33}$$

(5)对按批量检测的构件,当该批构件混凝土强度标准差出现下列情况之一时,则该批构件应全部按单个构件检测:

① 当该批构件混凝土强度平均值小于 25MPa 时,其强度标准差按下式进行计算:

$$s_{f_{cu}^c} > 4.5\text{MPa} \tag{5-34}$$

② 当该批构件混凝土强度平均值不小于 25MPa 时,其强度标准差按下式进行计算:

$$s_{f_{cu}^c} > 5.5\text{MPa} \tag{5-35}$$

5. 回弹法检测混凝土抗压强度实例

【例】某会议室大梁长 6m,混凝土强度等级为 C25,使用的原材料均符合国家标准,自然养护,龄期为 5 个月,因试块缺乏代表性现采用回弹法检测混凝土强度。

(1)测试:按要求布置10个测区,回弹仪水平方向测试构件侧面,然后测量其碳化深度值;

(2)记录:见表5-13;

表5-13 回弹法测试原始记录表

单位工程名称:会议室

编号		回弹值/N																	碳化深度/mm
构件	测区	1	2	3	4	5	6	7	8	9	10	11	12	13	14	15	16	R_m	
大梁 $\frac{A-B}{②}$	1	36	35	29	34	35	35	34	34	29	31	35	34	36	34	35	35	34.5	3.0
	2	37	39	43	38	36	39	37	41	35	35	43	43	37	36	40	35	38.0	3.5
	3	36	29	35	35	37	36	37	35	36	37	35	36	35	36	30	30	35.5	4.0
	4	40	38	35	34	35	38	39	39	38	37	33	33	39	34	41	35	36.8	3.0
	5	39	38	39	40	33	37	42	33	40	38	42	35	39	39	36	35	38.0	3.0
	6	32	38	35	36	33	34	37	39	39	36	37	39	40	40	33	41	37.0	3.0
	7	44	41	44	45	44	41	45	41	42	43	44	39	39	43	43	41	42.6	3.0
	8	38	41	42	41	44	35	45	45	43	39	45	42	43	37	40	41	41.6	3.0
	9	38	36	40	41	44	45	41	39	40	43	42	41	42	37	44	41	41.0	1.5
	10	37	41	45	37	38	39	41	40	41	43	41	42	44	41	41	43	41.0	3.5

测面状态	侧面,表面,底面,风干,潮湿,光洁,粗糙	回弹值仪	型号	ZC3—A	备注
			编号		
测试角度	水平、向上、向下		率定值	80	

测试: 记录: 计算: 测试日期:

(3)计算:

① 计算每一测区的平均回弹值 R_m,计算至0.1,计算结果见表5-14。

表5-14 构件混凝土强度计算表

项目 \ 测区号		1	2	3	4	5	6	7	8	9	10
回弹值	测区平均值	34.5	38.0	35.5	36.8	38.0	37.0	42.6	41.6	41.0	41.0
	角度修正值										
	角度修正后										
	浇筑面修正值										
	浇筑面修正后										
平均碳化深度值 d_m/mm		3.0	3.5	4.0	3.0	3.0	3.0	3.0	3.0	1.5	3.5
测区强度值 f^c_{cu}/MPa		24.2	28.1	23.8	27.5	29.2	27.2	35.9	34.2	38.0	32.3
强度计算/MPa $n=10$		$m_{f^c_{cu}}=30.1$			$s_{f^c_{cu}}=4.83$			$f_{cu,e}=m_{f^c_{cu}}-1.645s_{f^c_{cu}}=22.2$(MPa)			
使用测区强度换算表名称: 规程 地区 专用							备注:				

测试: 计算: 复核: 计算日期:

② 根据每一测区平均回弹值 R_m 和平均碳化深度值 d_m,查附表A,求出该测区混凝土强度换算值 $f^c_{cu,i}$。

③ 计算平均值、备注值、最小强度值。计算结果见表 5-14。

④ 该梁强度推定值为$f_{cu,e}=m_{f_{cu}^{c}}-1.645s_{f_{cu}^{c}}=30.1-1.645\times4.83=22.2(\text{MPa})$。

5.5.6 水泥混凝土物理力学检测实训报告

水泥混凝土物理力学检测实训报告见表 5-15。

表 5-15　水泥混凝土物理力学检测实训报告

工程名称：　　　　报告编号：　　　　工程编号：

委托单位		委托编号		委托日期	
施工单位		样品编号		检验日期	
结构部位		出厂合格证编号		报告日期	
厂别		检验性质		代表数量	
发证单位		见证人		证书编号	

1. 配合比设计要求及说明

强度等级	试配强度/MPa	坍落度/mm	维勃稠度/s	其他要求

检测目的：

2. 原材料情况

(1)水泥

检测编号	厂别、牌号	品种、强度等级	实际强度	其他指标

(2)砂

检测编号	产地	细度模数	含泥量	泥块含量

(3)石子

检测编号	产地规格、品种	含泥量	泥块含量	针片状含量

(4)掺合料

检测编号	名称	等级	技术指标

(5)外加剂

检测编号	名称	厂别	技术指标

3. 水泥混凝土立方体抗压强度的检测

编号	龄期/3d					龄期/7d					龄期/28d				
	试压日期	强度/MPa			$15cm^3$强度	试压日期	强度/MPa			$15cm^3$强度	试压日期	强度/MPa			$15cm^3$强度
		1	2	3			1	2	3			1	2	3	
1															
2															
3															
4															
5															

续表 5-15

编号	龄期/3d					龄期/7d					龄期/28d				
	试压日期	强度/MPa			$15cm^3$ 强度	试压日期	强度/MPa			$15cm^3$ 强度	试压日期	强度/MPa			$15cm^3$ 强度
		1	2	3			1	2	3			1	2	3	
1															
2															
3															
4															
5															

说　　明：该检测报告表格同样适用于轴心抗压强度、劈裂抗拉强度和抗折强度的检测。

结　　论：

执行标准：

4. 回弹法检测水泥混凝土立方体抗压强度

编号		回弹值/N																	碳化深度/mm
构件	测区	1	2	3	4	5	6	7	8	9	10	11	12	13	14	15	16	R_m	
大梁 A－B ②	1																		
	2																		
	3																		
	4																		
	5																		
	6																		
	7																		
	8																		
	9																		
	10																		

测面状态	侧面，表面，底面，风干，潮湿，光洁，粗糙	回弹值仪	型号		备注
			编号		
测试角度	水平、向上、向下		率定值		

项目 \ 测区号		1	2	3	4	5	6	7	8	9	10
回弹值	测区平均值										
	角度修正值										
	角度修正后										
	浇筑面修正值										
	浇筑面修正后										
平均碳化深度值 d_m/mm											
测区强度值 f_{cu}^{c}/MPa											
强度计算/MPa　$n=10$		$m_{f_{cu}^{c}}=$			$s_{f_{cu}^{c}}=$			$f_{cu,e}=m_{f_{cu}^{c}}-1.645s_{f_{cu}^{c}}=$			

使用测区强度换算表名称：　规程　地区　专用　　备注：

结　　论：

执行标准：

续表 5-15

<table>
<tr><td rowspan="8">主要仪器设备</td><td>检测仪器</td><td></td><td>管理编号</td><td></td></tr>
<tr><td>型号规格</td><td></td><td>有效期</td><td></td></tr>
<tr><td>检测仪器</td><td></td><td>管理编号</td><td></td></tr>
<tr><td>型号规格</td><td></td><td>有效期</td><td></td></tr>
<tr><td>检测仪器</td><td></td><td>管理编号</td><td></td></tr>
<tr><td>型号规格</td><td></td><td>有效期</td><td></td></tr>
<tr><td>检测仪器</td><td></td><td>管理编号</td><td></td></tr>
<tr><td>型号规格</td><td></td><td>有效期</td><td></td></tr>
<tr><td>备　注</td><td colspan="4"></td></tr>
<tr><td>声　明</td><td colspan="4"></td></tr>
<tr><td>地　址</td><td colspan="4">地址：
邮编：
电话：</td></tr>
</table>

审批（签字）：________　审核（签字）：________　校核（签字）：________　检测（签字）：________

检测单位（盖章）：________

报告日期：　年　月　日

注：本表一式四份（建设单位、施工单位、检测实验室、城建档案馆存档各一份）。

5.6　水泥混凝土耐久性能的检测

5.6.1　水泥混凝土抗渗性能的检测

混凝土的抗渗性是指抵抗压力水渗透的能力。混凝土渗透能力的形成，是由于混凝土中多余水分蒸发后留下了孔洞或孔道，同时新拌混凝土因泌水在粗骨料颗粒与钢筋下缘形成的水膜，或泌水留下的孔道和水囊，在压力水的作用下会形成内部渗水的管道。再加之施工缝处理不好、捣固不密实等，都能引起混凝土渗水，甚至引起钢筋的锈蚀和保护层的开裂、剥落等破坏现象。

混凝土的抗渗能力，用抗渗等级来表示，也可用渗水高度和渗透系数表示，抗渗等级的表示方法，它是以28d龄期按标准要求制作、养护的标准试件，按标准方法进行抗渗检测，以不出现渗水现象的最大水压（MPa）来确定抗渗等级。抗渗等级用P表示，可分为P6、P8、P10、P12等。混凝土抗渗能力的改善，主要措施是提高混凝土的密实度，切断其渗水通道，尽量采用较小的水灰比。

1. 混凝土抗渗等级

（1）主要检测设备仪器和材料

① 混凝土渗透仪：HS40或KS60型。

② 成型试模：上口直径175mm，下口直径185mm，高150mm。

③ 螺旋加压器、烘箱、电炉、浅盘、铁锅、钢丝刷等。

④ 密封材料:如石蜡,内掺松香约2%。

(2)主要检测流程

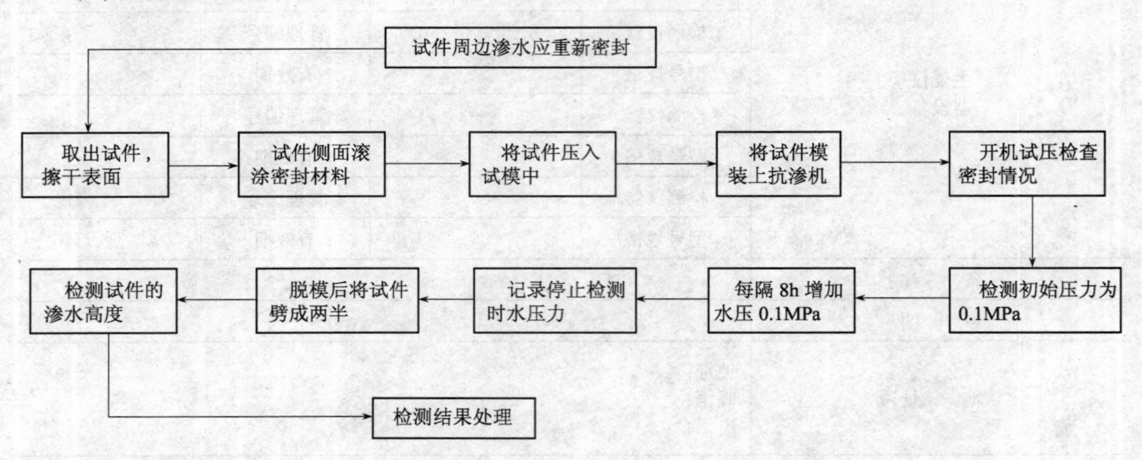

(3)具体检测步骤

① 检测试件的成型和养护应按标准有关规定执行,以六个检测试件为一组。

② 检测试件成型后24h拆模,用钢丝刷刷去两端面水泥浆膜,标准养护至28d,如有特殊要求,也可养护至其他龄期。

③ 检测试件养护到期后提前一天取出,擦干表面,用钢丝刷刷净两端面。待表面干燥后,在检测试件侧面滚涂一层熔化的密封材料。然后立即在螺旋加压器上压入经过烘箱或电炉预热过的试模中,使检测试件底面和试模底平齐。待试模变冷后,即可解除压力,装至渗透仪上进行检测。

如在检测过程中,水从检测试件周边渗出,说明密封不好,要重新密封。

④ 检测时,水压从$0.1N/mm^2$开始,每隔8h增加水压$0.1N/mm^2$,并随时注意观察试件端面情况,一直加至6个检测试件中有3个检测试件表面发现渗水,记下此时的水压力,即可停止检测。

注:当加压至设计抗渗等级,经8h后第3个检测试件仍不渗水,表明混凝土已满足设计要求,也可停止检测。

(4)检测结果计算与评定

混凝土的抗渗等级以每组6个检测试件中4个未发现有渗水现象时的最大水压力表示。抗渗等级按下式计算:

$$P = H - 0.1 \tag{5-36}$$

式中　P——混凝土抗渗等级;

H——发现第3个检测试件顶面开始有渗水现象时的水压力,MPa。

2. *混凝土渗水高度的检测*

通过混凝土渗水高度的检测,比较混凝土的密实性,即防止钢筋锈蚀的性能。也可用于比较混凝土的抗渗性,适用于室内检验。其基本原理是:不同密实性的混凝土内部孔隙组织不同,压力水在一定时间内渗入的深度也不同。在给定的时间和压力下,比较渗水深度,即可相对比较混凝土的密实性。

(1)主要检测设备仪器

① 压力机。

② 玻璃板:梯形,尺寸如图5-8所示,画有10条等间距且垂直于上下两端的直线。亦可采用尺寸约为200mm×200mm的玻璃板,将图形画在上面。

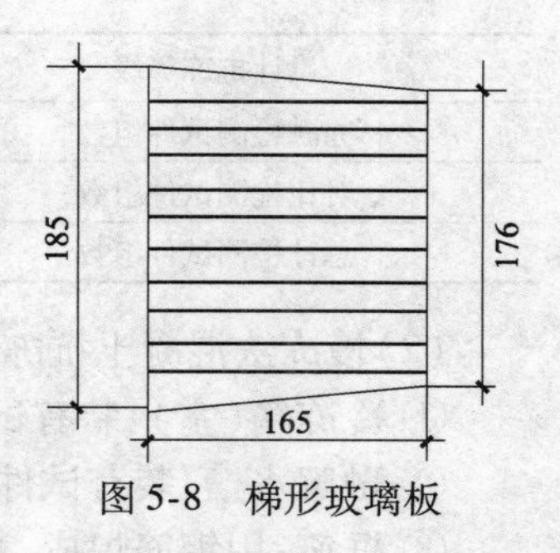

图5-8　梯形玻璃板

③ 钢尺:精度1mm。

(2)具体检测步骤

① 检测试件的成型、养护、端面处理、封蜡,应按抗渗检测的规定执行。

注:比较水泥品种不同的混凝土时,试件应养护至28d;比较水泥品种相同的混凝土时,检测试件可养护至14d。

② 检测时,水压控制恒定在抗渗等级要求值,24h后停止检测,取出检测试件。

③ 将检测试件放在检测压力机上,沿纵断面将检测试件劈成两半。待看清水痕后(约过2~3min),用墨汁描出水痕,即为渗水轮廓。笔迹不宜太粗。

④ 将梯形玻璃板放在试件劈裂面上,用尺测量10条线上的渗水高度(准确至0.1cm)。

(3)检测结果计算与评定

以10个测点处渗水高度的算术平均值作为该检测试件的渗水高度。然后再计算6个检测试件的渗水高度的算术平均值,作为该组检测试件的平均渗水高度。

注:如检测试件的渗水高度均匀(3个检测试件渗水高度值中最大值与最小值之差不大于3个数的平均值的30%)时,允许从6个检测试件中先取3个检测试件进行检测,其渗水高度取3个检测试件的算术平均值。

根据检测所得渗水高度的大小,相对比较混凝土的密实性。

5.6.2　水泥混凝土抗冻性能的检测

混凝土的抗冻性是指其在饱和水状态下遭受冰冻时,抵抗冰冻破坏的能力。抗冻性是评定混凝土耐久性的重要指标。抗冻性以抗冻等级(F)表示。它是按标准方法将检测试件进行冻融循环,以强度降低不超过25%或质量损失不大于5%时所能承受的最多冻融循环次数来确定。抗冻等级可分为F25、F50、F100、F150、F200、F250、F300等。影响混凝土抗冻性的主要因素,除使用原材料本身的条件外,还与混凝土的孔隙率有关。因此常常采用小水灰比以提高混凝土的密实度和采用加气混凝土等办法来提高混凝土的抗冻性能。

混凝土抗冻性能检测可采用慢冻法和快冻法进行测定。

1. 慢冻法

该检测方法适用于检验以混凝土试件所能经受的冻融循环次数为指标的抗冻等级。

(1)慢冻法混凝土抗冻性能检测的试件

每次检测所需的试件组数应符合表5-16的规定,每组检测试件应为3块。

表5-16　慢冻法试验所需的试件组数

设计抗冻等级	D25	D50	D100	D150	D200	D250	D300
检查强度时的冻融循环次数	25	50	50 及 100	100 及 150	150 及 200	200 及 250	250 及 300
鉴定28d强度所需试件组数	1	1	1	1	1	1	1

续表 5-16

设计抗冻等级	D25	D50	D100	D150	D200	D250	D300
冻融检测试件组数	1	1	2	2	2	2	2
对比检测试件组数	1	1	2	2	2	2	2
总计检测试件组数	3	3	5	5	5	5	5

(2)慢冻法混凝土抗冻性能主要检测设备仪器

① 冷冻箱(室):装有试件后能使箱(室)内温度保持在 -15 ~ -20℃的范围以内。

② 融解水槽:装有试件后能使水温保持在 15 ~20℃的范围以内。

③ 框篮:用钢筋焊成,其尺寸应与所装的检测试件相适应。

④ 台秤:称量 10kg,感量为 5g。

⑤ 压力检测试验机:精度至少为 ±2%,其量程应能使检测试件的预期破坏荷载值不小于全量程的 20%,也不大于全量程的 80%。

检测试验机上、下压板及检测试件之间可各垫以钢垫板,钢垫板两承压面均应机械加工。

与检测试件接触的压板或垫板的尺寸应大于检测试件承压面,其不平度应为每 100mm 不超过 0.02mm。

(3)慢冻法混凝土抗冻性能具体检测步骤

① 如无特殊要求,检测试件应在 28d 龄期时进行冻融检测。检测前 4d 应把冻融检测试件从养护地点取出,进行外观检查,随后放在 15 ~20℃水中浸泡,浸泡时水面至少应高出检测试件顶面 20mm,冻融检测试件浸泡 4d 后进行冻融检测。对比检测试件则应保留在标准养护室内,直到完成冻融循环后,与抗冻检测试件同时试压。

② 浸泡完毕后,取出检测试件,用湿布擦除表面水分、称重,按编号置入框篮后即可放入冷冻箱(室)开始冻融检测。在箱(室)内,框篮应架空。检测试件与框篮接触处应垫以垫条,并保证至少留有 20mm 的空隙。框篮中各检测试件之间至少保持 50mm 的空隙。

③ 抗冻检测冻结时温度应保持在 -15 ~ -20℃。试件在箱内温度达到 -20℃时放入,装完检测试件如温度有较大升高,则以温度新降至 -15℃时起算冻结时间。每次从装完检测试件到重新降至 -15℃所需的时间不应超过 2h。冷冻箱(室)内温度均以其中心处温度为准。

④ 每次循环中检测试件的冻结时间应按其尺寸而定,对 100mm × 100mm × 100mm 及 150mm × 150mm × 150mm 的检测试件,冻结时间不应小于 4h,对 200mm × 200mm × 200mm 检测试件,不应小于 6h。

如果在冷冻箱(室)内同时进行不同规格尺寸检测试件的冻结检测,其冻结时间应按最大尺寸检测试件计。

⑤ 冻结检测结束后,检测试件即可取出并应立即放入能使水温保持在 15 ~20℃的水槽中进行融化。此时,槽中水面应至少高出检测试件表面 20mm,检测试件在水中融化的时间不应小于 4h。融化完毕即为该次冻融循环结束,取出检测试件送入冷冻箱(室)进行下一次循环检测。

⑥ 应经常对冻融检测试件进行外观检查。发现有严重破坏时应进行称重,如检测试件的平均失重率超过 5%,即可停止其冻融循环检测。

⑦ 混凝土试件达到规定的冻融循环次数后,即应进行抗压强度检测。

抗压检测前应称重并进行外观检查,详细记录试件表面破损、裂缝及边角缺损情况。

如果检测试件表面破损严重,则应用石膏找平后再进行试压。

⑧ 在冻融过程中，如因故需中断检测，为避免失水和影响强度，应将冻融检测试件移入标准养护室保存，直至恢复冻融检测为止。此时应将故障原因及暂停时间在检测结果中注明。

(4)检测结果计算与评定

① 混凝土冻融检测后应按下式计算其强度损失率：

$$\Delta f_c = \frac{f_{c0} - f_{c_n}}{f_{c0}} \times 100 \tag{5-37}$$

式中　Δf_c——N次冻融循环后的混凝土强度损失率，以3个检测试件的平均值计算，%；

f_{c0}——对比检测试件的抗压强度平均值，MPa；

f_{c_n}——经N次冻融循环后的3个检测试件抗压强度平均值，MPa。

② 混凝土试件冻融后的重量损失率可按下式计算：

$$\Delta w_n = \frac{G_0 - G_n}{G_0} \times 100\% \tag{5-38}$$

式中　Δw_n——N次冻融循环后的质量损失率，以3个检测试件的平均值计算，%；

G_0——冻融循环检测前的试件质量，kg；

G_n——N次冻融循环后的试件质量，kg。

混凝土的抗冻标号，以同时满足强度损失率不超过25%，质量损失率不超过5%时的最大循环次数来表示。

2. 快冻法

该检测方法适用于在水中经快速冻融来测定混凝土的抗冻性能，特别适用于抗冻性要求高的混凝土。快冻法抗冻性能的指标可用能经受快速冻融循环的次数或耐久性系数来表示。

(1)检测试件

本检测采用100mm×100mm×400mm的棱柱体检测试件。混凝土试件每组3块，在检测过程中可连续使用，除制作冻融检测试件外，尚应制备同样形状尺寸，中心埋有热电偶的测温检测试件，制作测温检测试件所用混凝土的抗冻性能应高于冻融检测试件。

(2)主要检测设备仪器

① 快速冻融装置：能使检测试件静置在水中不动，依靠热交换液体的温度变化而连续、自动地按照本方法第(3)条第⑤款的要求进行冻融的装置。满载运转时冻融箱内各点温度的极差不得超过2℃。

② 试件盒：由1~2mm厚的钢板制成。其净截面尺寸应为110mm×110mm，高度应比检测试件高出50~100mm。检测试件底部垫起后盒内水面应至少能高出检测试件顶面5mm。

③ 台秤：称量10kg，感量5g；或称量20kg，感量10g。

④ 动弹性模量测定仪：共振法或敲击法动弹性模量测定仪。

⑤ 热电偶、电位差计：能在20~-20℃范围内测定检测试件中心温度。测量精度不低于±0.5℃

(3)具体检测步骤

① 如无特殊规定，检测试件应在28d龄期时开始冻融检测。冻融检测前4d应把试件从养护地点取出，进行外观检查，然后在温度为15~20℃的水中浸泡(包括测温检测试件)。浸

泡时水面至少应高出检测试件顶面 20mm，检测试件浸泡 4d 后进行冻融检测。

② 浸泡完毕后，取出检测试件，用湿布擦除表面水分、称重，并按“普通混凝土动弹性模量试验”的规定测定其横向基频的初始值。

③ 将检测试件放入检测试件盒内，为了使检测试件受温均衡，并消除试件周围因水分结冰引起的附加压力，检测试件的侧面与底部应垫放适当宽度与厚度的橡胶板，在整个检测过程中，盒内水位高度应始终保持高出检测试件顶面 5mm 左右。

④ 把检测试件盒放入冻融箱内。其中装有测温检测试件的检测试件盒应放在冻融箱的中心位置。此时即可开始冻融循环。

⑤ 冻融循环过程应符合下列要求：

A. 每次冻融循环应在 2～4h 内完成，其中用于融化时间不得小于整个冻融时间的 1/4。

B. 在冻结和融化终了时，检测试件中心温度应分别控制在(－17±2)℃和(8±2)℃。

C. 每块检测试件从 6℃降至－15℃所用的时间不得少于冻结时间的 1/2。每块检测试件从－15℃升至 6℃所用的时间也不得少于整个融化时间的 1/2，试件内外的温差不宜超过 28℃。

D. 冻和融之间的转换时间不宜超过 10min。

⑥ 检测试件一般应每隔 25 次循环作一次横向基频测量，测量前应将检测试件表面浮渣清洗干净，擦去表面积水，并检查其外部损伤及质量损失。横向基频的测量方法及步骤应按“普通混凝土动弹性模量检测”的规定执行。测完后，应即把检测试件掉一个头重新装入检测试件盒内。检测试件的测量、称量及外观检查应尽量迅速，以免水分损失。

⑦ 为保证检测试件在冷液中冻结时温度稳定均衡，当有一部分检测试件停冻取出时，应另用检测试件填充空位。

如冻融循环因故中断，检测试件应保持在冻结状态下，并最好能将检测试件保存在原容器内用冰块围住。如无这一可能。则应将检测试件在潮湿状态下用防水材料包裹，加以密封，并存放在－17～2℃的冷冻室或冰箱中。

检测试件处在融解状态下的时间不宜超过两个循环。特殊情况下，超过两个循环周期的次数，在整个检测过程中只允许 1～2 次。

⑧ 冻融达到以下三种情况之一即可停止检测：

A. 已达到 300 次循环；

B. 相对动弹性模量下降到 60% 以下；

C. 质量损失率达 5%。

(4) 检测结果计算与评定

① 混凝土试件的相对动弹性模量可按下式计算：

$$P = \frac{f_n^2}{f_0^2} \times 100\% \tag{5-39}$$

式中　P——经 N 次冻融循环后试件的相对动弹性模量，以 3 个检测试件的平均值计算，%；

f_n——N 次冻融循环后检测试件的横向基频，Hz；

f_0——冻融循环检测前测得的检测试件横向基频初始值，Hz。

② 混凝土试件冻融后的重量损失率应按下式计算：

$$\Delta w_n = \frac{G_0 - G_n}{G_0} \times 100\% \tag{5-40}$$

式中　Δw_n——N 次冻融循环后的质量损失率，以 3 个检测试件的平均值计算，%；

G_0——冻融循环检测前的检测试件质量，kg；

G_n——N 次冻融循环后的检测试件质量，kg。

混凝土耐快速冻融循环次数应以同时满足相对动弹性模量值不小于 60% 和质量损失率不超过 5% 时的最大循环次数来表示。

③ 混凝土耐久性系数应按下式计算：

$$K_n = \frac{P \cdot N}{300} \tag{5-41}$$

式中　K_n——混凝土耐久性系数；

N——达到本检测方法的第(3)条第⑧款要求时的冻融循环次数；

P——经 N 次冻融循环后检测试件的相对动弹性模量。

5.6.3　水泥混凝土收缩的检测

收缩是指因物理和化学作用而产生体积缩小的现象。水泥混凝土按收缩的原因分为干缩、冷缩（又称温度收缩）和碳化收缩等，主要与原材料性质、配合比、养护方法等有关。不均匀的收缩将在制品和构件中产生内应力，甚至发生裂缝，影响混凝土的质量和耐久性。

该收缩检测方法适用于测定混凝土试件在规定的温湿度条件下，不受外力作用所引起的长度变化，即收缩。本检测方法也可用以测定在其他条件下混凝土的收缩与膨胀。

1. 检测试件

测定混凝土收缩时以 100mm×100mm×515mm 的棱柱体检测试件为标准检测试件，它适用于骨料最大粒径不超过 30mm 的混凝土。

混凝土骨料最大粒径大于 30mm 时，可采用截面为 150mm×150mm（骨料最大粒径不超过 40mm）或截面为 200mm×200mm（骨料最大粒径不超过 60mm）的棱柱体检测试件。

采用混凝土收缩仪时，应用外形为 100mm×100mm×515mm 的棱柱体标准检测试件。试件两端应预埋测头或留有埋设测头的凹槽。测头应由不锈钢或其他不锈的材料制成，并应具有图 5-9 的外形。

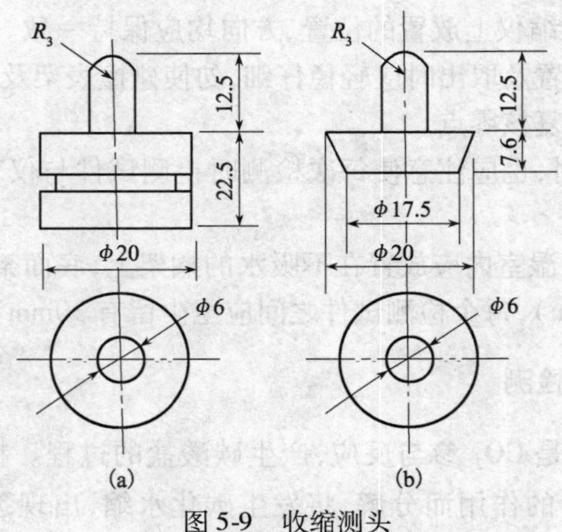

图 5-9　收缩测头
(a) 收缩测头；(b) 后埋测头

非标准检测试件采用接触式引伸仪时，所用检测试件的长度应至少比仪器的测量标距长出一个截面边长。测钉应粘贴在检测试件两侧面的轴线上。

使用混凝土收缩仪时，制作检测试件的试模应具有能固定测头或预留凹槽的端板。使用接触式引伸仪时，可用一般棱柱体试模制作检测试件。检测试件成型时如用机油作隔离剂，则所用机油的黏度不应过大，以免阻碍以后试件的湿度交换，影响测值。

如无特殊规定，检测试件应带模养护1～2d（视当时混凝土实际强度而定）。拆模后应立即粘或埋好测头或测钉，送至温度为(20±3)℃、湿度为90%以上的标准养护室养护。

2. 主要检测设备仪器

(1)变形测量装置可以有以下两种形式：

① 混凝土收缩仪：测量标距为540mm，装有精度为0.01mm的百分表或测微器；

② 其他形式的变形测量仪表：其测量标距不应小于100mm及骨料最大粒径的3倍。并至少能达到相对变形为20×10^{-6}的测量精度。

检测混凝土变形的装置应具有石英玻璃制作的标准杆，以便在检测前及检测过程中校核仪表的读数。

(2)恒温恒湿室：能使室温保持在(20±2)℃，相对湿度保持在(60±5)%。

3. 具体检测步骤

(1)检测代表某一混凝土收缩性能的特征值时，检测试件应在3d龄期（从搅拌混凝土加水时算起）从标准养护室取出，并立即移入恒温恒湿室测定其初始长度，此后至少应按以下规定的时间间隔测量其变形读数：

1、3、7、14、28、45、60、90、120、150、180d（从移入恒温恒湿室内算起）。

检测混凝土在某一具体条件下的相对收缩值时（包括在徐变检测时的混凝土收缩变形测定），应按要求的条件安排检测，对非标准养护检测试件如需移入恒温恒湿室进行检测，应先在该室内预置4h，再测其初始值，以使它们具有同样的温度基准。检测时并应记下检测试件的初始干湿状态。

(2)检测前应先用标准杆校正仪表的零点，并应在半天的检测过程中至少再复核1～2次（其中一次在全部检测试件测读完后）。如复核时发现零点与原值的偏差超过±0.01mm，调零后应重新检测。

(3)检测试件每次在收缩仪上放置的位置、方向均应保持一致。为此，检测试件上应标明相应的记号，检测试件在放置及取出时应轻稳仔细，勿使碰撞表架及表杆，如发生碰撞，则应取下检测试件，重新以标准杆复核零点。

用接触式引伸仪检测时，也应注意使每次检测时检测试件与仪表保持同样的方向性。每次读数应重复3次。

(4)检测试件在恒温恒湿室内应放置在不吸水的搁架上，底面架空，其总支承面积不应大于100乘试件截面边长(mm)，每个检测试件之间应至少留有30mm的间隙。

5.6.4 水泥混凝土碳化的检测

碳化是碳酸化的简称，是CO_2参与反应，产生碳酸盐的过程。粉煤灰等硅酸盐混凝土中水化硅酸钙，受大气中CO_2的作用而分解，将发生碳化水缩，出现裂缝并降低强度。与此同时，其中游离$Ca(OH)_2$受碳化作用将发生膨胀，并提高强度。一般说来，硅酸盐混凝土中水化硅酸钙的碱度大、结晶度好，有适量的游离 $Ca(OH)_2$，混凝土的密实度大，耐碳化性能就高。硅酸盐混凝土的耐碳化性能常以其碳化系数表示。

普通混凝土碳化检测按下列要求进行，本检测方法适用于检测在一定浓度的二氧化碳气体介质中混凝土试件的碳化程度，以评定该混凝土的抗碳化能力。

1. 主要检测设备仪器

(1)碳化箱：带有密封盖的密闭容器，容器的容积至少应为预定进行检测的检测试件体积的两倍。箱内应有架空检测试件的铁架，二氧化碳引入口，分析取样用的气体引出口，箱内气体对流循环装置，温、湿度检测以及为保持箱内恒温恒湿所需的设施。必要时，可设玻璃观察口以对箱内的温、湿度进行读数。

(2)气体分析仪：能分析箱内气体中的二氧化碳浓度，精确到 1%。

(3)二氧化碳供气装置：包括气瓶、压力表及流量计。

2. 具体检测步骤

(1)将经过处理的检测试件放入碳化箱内的铁架上，各检测试件经受碳化的表面之间的间距至少应不少于 50mm。

(2)将碳化箱盖严密封。密封可采用机械办法或油封，但不得采用水封，以免影响箱内的湿度调节。开动箱内气体对流装置，徐徐充入二氧化碳，并检测箱内的二氧化碳浓度，逐步调节二氧化碳的流量，使箱内的二氧化碳浓度保持在(20 ±3)%。在整个试验期间可用去湿装置或放入硅胶，使箱内的相对湿度控制在(70 ±5)%的范围内。碳化检测应在(20 ±5)℃的温度下进行。

(3)每隔一定时期对箱内的 CO_2 浓度、温度及湿度作一次检测。一般在第一、第二天每隔 2h 检测一次，以后每隔 4h 检测一次。并根据所测得的 CO_2 浓度随时调节其流量。去湿用的硅胶应经常更换。

(4)碳化到了 3d、7d、14d 及 28d 时，各取出检测试件，破型以检测其碳化浓度。棱柱体检测试件在压力检测试验机上用劈裂法从一端开始破型。每次切除的厚度约为检测试件宽度的一半，用石蜡将破型后检测试件的切断面封好，再放入箱内继续碳化，直到下一个检测试验期。如采用立方体检测试件，则在检测试件中部劈开。立方体检测试件只作一次检测，劈开后不再放回碳化箱重复使用。

(5)将切除所得的检测试件部分刮去断面上残存的粉末，随时喷上(或滴上)浓度为 1% 的酚酞酒精溶液(含 20% 的蒸馏水)。经 30s 后，按原先标划的每 10mm 一个测定点用钢板尺分别测出两侧面各点的碳化浓度。如果测点处的碳化分界线上刚好嵌有粗骨料颗粒，则可取该颗粒两侧处碳化浓度的平均值作为该点的深度值。碳化深度检测精确至 1mm。

3. 检测结果计算与评定

混凝土各检测龄期时的平均碳化深度应按下式计算，精确至 0. 1mm：

$$d_t = \frac{\sum_{i=1}^{n} d_i}{n} \tag{5-42}$$

式中　d_t ——检测试件碳化 td 后的平均碳化浓度，mm；

d_i ——两个侧面上各测点的碳化深度，mm；

n——两个侧面上的测点总数。

以在标准条件下[即 CO_2 浓度为(20 ±3)%,温度为(20 ±5)℃,相对湿度为(70 ±5)%]的3个试件碳化28d的碳化深度平均值作为供相对对比用的混凝土碳化值,以此值来对比各种混凝土的抗碳化能力及其对钢筋的保护作用。

以各龄期计算所得的碳化深度绘制碳化时间与碳化深度的关系曲线,以表示在该条件下的混凝土碳化发展规律。

5.6.5 水泥混凝土耐久性能检测实训报告

水泥混凝土耐久性能检测实训报告见表5-17。

表5-17　水泥混凝土耐久性能检测实训报告

工程名称:　　　　报告编号:　　　　工程编号:

委托单位		委托编号		委托日期	
施工单位		样品编号		检验日期	
结构部位		出厂合格证编号		报告日期	
厂别		检验性质		代表数量	
发证单位		见证人		证书编号	

1. 水泥混凝土的抗渗性能检测

编　号	发现第3个试件顶面开始有渗水现象时的水压力 H/MPa						混凝土抗渗等级P
	1	2	3	4	5	6	
1							
2							
3							
结　论:							
执行标准:							

2. 慢冻法混凝土抗冻性能的检测

试　件	对比试件的抗压强度平均值 f_{co}/MPa	冻融循环检测前的试件质量 G_0/kg	N 次冻融循环后的试件质量 G_n/kg
试件1			
试件2			
试件3			
经 N 次冻融循环后的抗压强度平均值 f_{cn}/MPa			
N 次冻融循环后的混凝土强度损失率平均值 Δf_c/%			
N 次冻融循环后的质量损失率的平均值 Δw_n/%			
结　论:			
执行标准:			

续表 5-17

3. 快冻法混凝土抗冻性能的检测

试　件	N 次冻融循环后试件的横向基频 f_n/Hz	冻融循环检测前测得的试件横向基频初始值 f_0/Hz	冻融循环检测前的试件质量 G_0/kg	N 次冻融循环后的试件质量 G_n/kg
试件 1				
试件 2				
试件 3				
经 N 次冻融循环后试件的相对动弹性模量的平均值 P/%				
N 次冻融循环后的质量损失率的平均值 Δw_n/%				
混凝土耐久性系数应按下式计算：$K_n = \frac{P \cdot N}{300}$				
结　论：				
执行标准：				

4. 水泥混凝土碳化的检测

试　件	两个侧面上各测点的碳化深度 d_i/mm	两个侧面上的测点总数 n	试件碳化 t(d) 后的碳化浓度平均值 d_t/mm
试件 1			
试件 2			
试件 3			
结　论：			
执行标准：			

主要仪器设备	检测仪器		管理编号	
	型号规格		有效期	
	检测仪器		管理编号	
	型号规格		有效期	
	检测仪器		管理编号	
	型号规格		有效期	
	检测仪器		管理编号	
	型号规格		有效期	
备　注				
声　明				
地　址	地址： 邮编： 电话：			

审批（签字）：________审核（签字）：________校核（签字）：________检测（签字）：________

检测单位（盖章）：________

报 告 日 期 ：　年　月　日

注：本表一式四份（建设单位、施工单位、检测实验室、城建档案馆存档各一份）。

5.7 砌筑砂浆性能的检测

5.7.1 砌筑砂浆稠度的检测

砂浆的稠度即砂浆在外力作用下的流动性，它反映了砂浆在实际施工应用中的可操作性。设计砂浆配合比时，可以通过稠度检测来确定能够满足施工要求的用水量。

1. 主要检测设备仪器

(1)砂浆搅拌机。

(2)拌和铁板：约 1.5m×2m，厚度为 3mm。

(3)磅秤：称量 50kg，感量 50g。

(4)台秤：称量 10kg，感量 5g。

(5)砂浆稠度仪：由试锥、容器和支座三部分组成，见图 5-10 所示。试锥高度为 145mm，锥底直径为 75mm，试锥连同滑杆的质量为 300g；盛砂浆容器高为 180mm，锥底直径为 150mm，支座分底座、支架、稠度读数盘三部分。

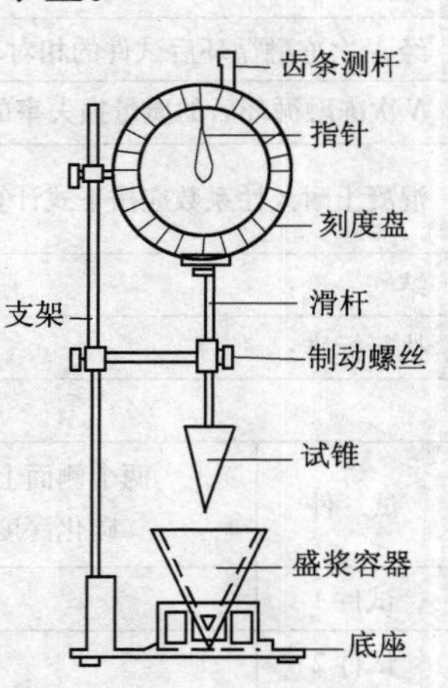

图 5-10 砂浆稠度测定仪

(6)钢制捣棒，直径 10mm，长 350mm，端部磨圆。

(7)铁铲、抹刀、量筒、秒表、盛器等。

2. 拌和方法

(1)人工拌和

① 将称量好的砂子倒在拌板上，然后加入水泥，用拌铲拌和至混合物颜色均匀为止。

② 将混合物堆成堆，在中间作凹槽。将称好的石灰膏倒入凹槽中(若为水泥砂浆，则将称好的水的一半倒入凹槽中)，再加适量的水将石灰膏调稀，然后与水泥、砂共同拌和，用量筒逐次加水并拌和，直至拌合物色泽一致，和易性凭经验调整至符合要求为止。

③ 水泥砂浆每翻拌一次，需用拌铲将全部砂浆压切一次。一般每次拌和需 3～5min(从加水完毕时算起)。

(2)机械拌和

① 先拌适量砂浆(应与正式拌和时的砂浆配合比相同)，使搅拌机内壁黏附一薄层水泥砂浆，使正式拌和时的砂浆配合比成分准确，保证拌制质量。

② 称出各项材料用量，再将砂、水泥装入搅拌机内。

③ 开动搅拌机，将水徐徐加入(混合砂浆需将石灰膏用水调稀至浆状)，搅拌约 3min(搅拌的用量不宜少于搅拌机容量的 20%，搅拌时间不宜小于 2min)。

④ 将砂浆搅拌物倒入拌和铁板上，用拌铲翻拌约两次，使之混合均匀。

3. 主要检测流程

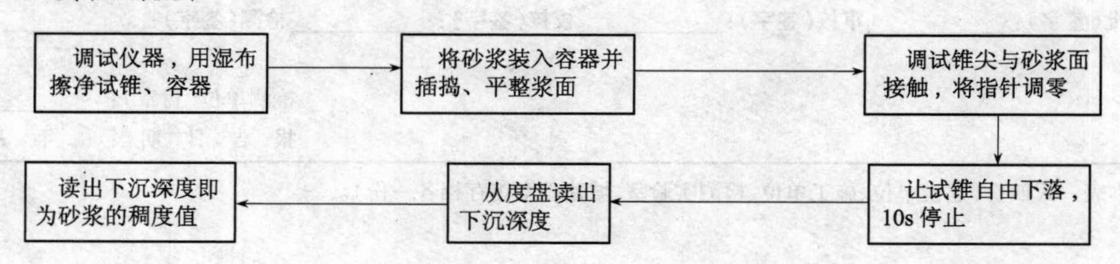

4. 具体检测步骤

(1)将盛浆容器和试锥表面用湿布擦干净,检查滑杆能否自由滑动。

(2)将砂浆拌合物一次装入容器,使砂浆表面低于容器口10mm左右,用捣棒自容器中心开始向边缘插捣25次,然后轻轻地将容器摇动或敲击5～6次,使砂浆表面平整,然后将容器置于稠度测定仪底座上。

(3)放松试锥滑杆的制动螺丝,使试锥尖端与砂浆表面刚好接触,拧紧制动螺丝,将齿条测杆下端刚接触滑杆上端,并将指针对准零点上。

(4)突然松开制动螺丝,使试锥沉入砂浆中,待10s后立即固定螺丝,将齿条测杆下端接触滑杆上端,从刻度盘上读出下沉深度(精确至1mm),即为砂浆的稠度值(沉入度)。

(5)圆锥形容器内的砂浆,只允许检测一次稠度,重复检测时,应重新进行取样后再进行检测。

5. 检测结果评定

取两次检测结果的算术平均值作为砂浆稠度检测结果(计算值精确至1mm)。若两次检测值之差大于20mm,则应另取砂浆配料搅拌后重新检测。

5.7.2　砌筑砂浆分层度的检测

检测砂浆的分层度,是评定砂浆保水性的一个重要指标。

1. 主要检测设备仪器

(1)分层度筒:其内径为150mm,上节高度200mm,下节带底净高100mm,用金属板(多为铁质)制成圆筒仪器,见图5-11所示。连接时,在上、下层之间加设橡胶垫圈。

(2)砂浆稠度仪、木锤等。

图5-11　砂浆分层度测定仪

2. 主要检测流程

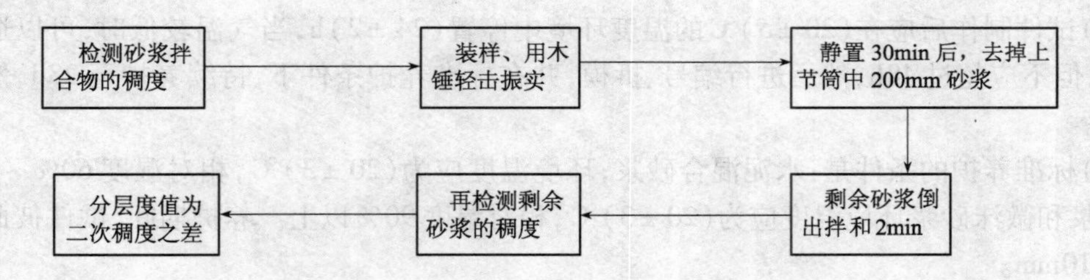

3. 检测步骤

(1)先按砂浆稠度检测方法评定拌合物的稠度。

(2)将砂浆拌合物一次装入分层度筒内,待装满后,用木槌在容器周围距离大致相等的四个不同部位轻轻敲击1～2次,如砂浆沉落到低于筒口状态,则应随时添加同批拌制的砂浆,然后刮去多余的砂浆,并用抹刀将筒口抹平。

(3)静置30min后,去掉上部200mm的砂浆,剩余100mm的砂浆倒入搅拌锅内重新搅拌2min,然后按前述的稠度检测方法测定其稠度。前后两次测得的稠度之差即为砂浆的分层度值。

4. 检测结果评定

(1)取两次检测结果的算术平均值作为该批砂浆的分层度值。

(2)两次分层度检测值之差若大于20mm,应重新再做取样检测。

5.7.3 砌筑砂浆立方体抗压强度的检测

砂浆立方体抗压强度是评定砂浆强度等级的依据,是砂浆质量评定的主要指标。

1. 主要检测设备仪器

试模:内壁边长为70.7mm的无底立方体金属试模。由铸铁或钢制成,应具有足够的强度和刚度并能方便拆装。试模的内表面应进行机械加工,其不平整度应为每100mm不超过0.05mm,组装后各相邻面的不垂直度不应超过±0.5°。

捣棒:直径10mm、长350mm的钢棒,端部应磨圆。

压力检测试验机:采用精度(示值的相对误差)不大于±2%的检测试验机,其量程应能使检测试件的预期破坏荷载值不小于全量程的20%,也不大于全量程的80%。

垫板:检测试验机上、下压板及试件之间可垫钢垫板,垫板的尺寸应大于检测试件的承压面,其不平度应为每100mm不超过0.02mm。

2. 检测试件的制作及养护

(1)将无底试模置于铺有一层吸水性较好的纸的普通黏土砖上(砖的吸水率不小于10%,含水率不大于2%),试模内壁事先涂刷一薄层机油或脱模剂。

(2)放于砖上的湿纸,应为湿的新闻纸(或其他未粘过胶凝材料的纸),纸的大小要以能盖过砖的四边为准,砖的使用面要平整,砖的四个垂直面粘过水泥或其他胶结材料后,不允许再使用。

(3)向试模内一次注满砂浆,并使其高出模口,用捣棒均匀地由外向里按螺旋方向插捣25次,然后在试模皿内侧用油灰刀沿试模壁插捣数次,砂浆应高出顶面6~8mm。

(4)当砂浆表面开始出现麻斑状态时(约15~30min),将高出部分的砂浆沿试模顶面削去并抹平。

(5)试件制作后应在(20±5)℃的温度环境中停置(24±2)h,当气温较低时,可以适当延长时间,但不应超过48h,然后进行编号、拆模,并在标准养护条件下,持续养护至28d,然后进行试压。

(6)标准养护的条件是:水泥混合砂浆,环境温度应为(20±3)℃,相对湿度60%~80%;水泥砂浆和微沫砂浆环境温度应为(20±3)℃,相对湿度90%以上。养护期间,试件彼此间隔不小于10mm。

注意:当无标准养护条件时,可采用自然养护,其条件是:水泥混合砂浆应为正温度,相对湿度为60%~80%不通风的室内或养护箱;水泥砂浆和微沫砂浆应为正温度并保持表面湿润(如将试块置于湿砂堆中);养护期间必须做好温度记录。在有争议时,以标准养护条件为准。

3. 抗压强度主要检测流程

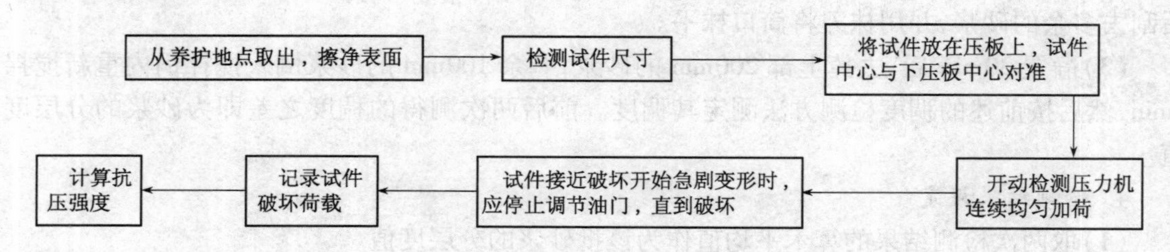

4. 抗压强度具体检测步骤

(1)将检测试样从养护地点取出后应尽快进行检测,以免试件内部的温、湿度发生显著变化。检测前先将试件表面擦拭干净,并测量尺寸,检查其外观。试块尺寸测量精确至1mm,并据此计算检测试件的承压面积。若实测尺寸与公称尺寸之差不超过1mm,可按公称尺寸进行计算。

(2)将检测试件置于压力机的下压板上,检测试件的承压面应与成型时的顶面垂直,检测试件中心应与下压板中心对准。

(3)开动检测压力机,当上压板与检测试件接近时,调整球座,使接触面均衡受压。加荷应均匀而连续。加荷速度应为0.5~1.5kN/s(砂浆强度不大于5MPa时,取下限为宜;大于5MPa时,取上限为宜),当试件接近破坏而开始变形时,停止调整压力机油门,直至试件破坏,记录下破坏荷载N。

5. 检测结果计算

单个砂浆检测试件的抗压强度由下式计算(精确至0.1MPa):

$$f_{m,cu} = \frac{N_u}{A} \tag{5-43}$$

式中　$f_{m,cu}$——砂浆立方体抗压强度,MPa;

N_u——立方体破坏荷载,N;

A——检测试件承压面积,mm^2。

强度检测时,每组至少应备6个检测试件,取其抗压强度的算术平均值作为该组检测试件的抗压强度值(平均值计算结果精确到0.1MPa)。

当6个检测试件的最大值或最小值与平均值之差值超过20%时,以中间4个检测试件的平均值作为该组试件的抗压强度值。

6. 砌筑砂浆强度检验评定

砌筑砂浆强度检验评定根据《砌体工程施工质量验收规范》(GB 50203—2002)的要求进行。

(1)每一检验批次不超过$250m^3$。砌体的各类型及强度等级的砌筑砂浆,每台搅拌机应至少抽检一次;

(2)在施工现场砂浆搅拌机出料口随机取样制作砂浆试块(同盘砂浆只应做一组试块);

(3)砂浆强度应以标准养护、龄期为28d的试块抗压检测结果为准。

同一验收批的砌筑砂浆试块强度验收时,其强度合格标准应同时符合下列要求:

$$f_{2.m} \geq f_2 \tag{5-44}$$

$$f_{2.min} \geq 0.75f_2 \tag{5-45}$$

式中　$f_{2.m}$——同一验收批中砂浆检测试块立方体抗压强度平均值,MPa;

f_2——验收批砂浆设计强度等级所对应的立方体抗压强度,MPa;

$f_{2.min}$——同一验收批中砂浆检测试块立方体抗压强度的最小一组平均值,MPa。

砌筑砂浆的验收批,同一类型、强度等级的砂浆检测试块应不少于三组。当同一验收批只有一组检测试块时,该组检测试块抗压强度的平均值必须大于或等于设计强度等级所对应的立方体抗压强度。

5.7.4 砌筑砂浆检测实训报告

砌筑砂浆检测实训报告见表5-18。

表5-18 砌筑砂浆检测实训报告

工程名称： 报告编号： 工程编号：

委托单位		委托编号		委托日期	
施工单位		样品编号		检验日期	
结构部位		出厂合格证编号		报告日期	
厂别		检验性质		代表数量	
发证单位		见证人		证书编号	

1. 砌筑砂浆稠度检测与分层度检测

材料名称	产　地	品　种	1m^3 砂浆材料用量/kg	每盘材料用量/kg
水泥				
砂				
石灰膏				
掺合料				
水				

稠度/mm： 分层度/mm：

结　论：质量配合比为：________________

执行标准：

2. 砌筑砂浆抗压强度的检测

砂浆品种		使用部位			成型日期	
强度等级		稠度(mm)			检测日期	
质量配合比		执行标准			实际龄期/d	
编号	试件边长/mm	承压面积/mm^2	破坏荷载/kN		抗压强度/MPa	达到设计强度等级百分比/%
			单块	平均		
1						
2						
3						
4						
5						
6						

结　论：

单块试件抗压强度最大值 $f_{m,cu} = \frac{N_u}{A} =$

单块试件抗压强度最小值 $f_{m,cu,min} = \frac{N_u}{A} =$

检测抗压强度平均值 $\bar{f}_{m,cu} =$

砂浆强度等级为：

续表 5-18

执行标准：

主要仪器设备	检测仪器		管理编号	
	型号规格		有效期	
	检测仪器		管理编号	
	型号规格		有效期	
	检测仪器		管理编号	
	型号规格		有效期	
	检测仪器		管理编号	
	型号规格		有效期	
备　注				
声　明				
地　址	地址： 邮编： 电话：			

审批（签字）：＿＿＿＿＿审核（签字）：＿＿＿＿＿校核（签字）：＿＿＿＿＿检测（签字）：＿＿＿＿＿

检测单位（盖章）：＿＿＿＿＿

报 告 日 期 ：　年　月　日

注：本表一式四份（建设单位、施工单位、检测实验室、城建档案馆存档各一份）。

附录A　非水平状态检测时的回弹值修正值

R_{ma}	检测角度							
	向　上				向　下			
	90°	60°	45°	30°	-30°	-45°	-60°	-90°
20	-6.0	-5.0	-4.0	-3.0	+2.5	+3.0	+3.5	+4.0
21	-5.9	-4.9	-4.0	-3.0	+2.5	+3.0	+3.5	+4.0
22	-5.8	-4.8	-3.9	-2.9	+2.4	+2.9	+3.4	+3.9
23	-5.7	-4.7	-3.9	-2.9	+2.4	+2.9	+3.4	+3.9
24	-5.6	-4.6	-3.8	-2.8	+2.3	+2.8	+3.3	+3.8
25	-5.5	-4.5	-3.8	-2.8	+2.3	+2.8	+3.3	+3.8
26	-5.4	-4.4	-3.7	-2.7	+2.2	+2.7	+3.2	+3.7
27	-5.3	-4.3	-3.7	-2.7	+2.2	+2.7	+3.2	+3.7
28	-5.2	-4.2	-3.6	-2.6	+2.1	+2.6	+3.1	+3.6
29	-5.1	-4.1	-3.6	-2.6	+2.1	+2.6	+3.1	+3.6
30	-5.0	-4.0	-3.5	-2.5	+2.0	+2.5	+3.0	+3.5
31	-4.9	-4.0	-3.5	-2.5	+2.0	+2.5	+3.0	+3.5
32	-4.8	-3.9	-3.4	-2.4	+1.9	+2.4	+2.9	+3.4
33	-4.7	-3.9	-3.4	-2.4	+1.9	+2.4	+2.9	+3.4

续附录 A

R_{ma}	检测角度							
	向上				向下			
	90°	60°	45°	30°	-30°	-45°	-60°	-90°
34	-4.6	-3.8	-3.3	-2.3	+1.8	+2.3	+2.8	+3.3
35	-4.5	-3.8	-3.3	-2.3	+1.8	+2.3	+2.8	+3.3
36	-4.4	-3.7	-3.2	-2.2	+1.7	+2.2	+2.7	+3.2
37	-4.3	-3.7	-3.2	-2.2	+1.7	+2.2	+2.7	+3.2
38	-4.2	-3.6	-3.1	-2.1	+1.6	+2.1	+2.6	+3.1
39	-4.1	-3.6	-3.1	-2.1	+1.6	+2.1	+2.6	+3.1
40	-4.0	-3.5	-3.0	-2.0	+1.5	+2.0	+2.5	+3.0
41	-4.0	-3.5	-3.0	-2.0	+1.5	+2.0	+2.5	+3.0
42	-3.9	-3.4	-2.9	-1.9	+1.4	+1.9	+2.4	+2.9
43	-3.9	-3.4	-2.9	-1.9	+1.4	+1.9	+2.4	+2.9
44	-3.8	-3.3	-2.8	-1.8	+1.3	+1.8	+2.3	+2.8
45	-3.8	-3.3	-2.8	-1.8	+1.3	+1.8	+2.3	+2.8
46	-3.7	-3.2	-2.7	-1.7	+1.2	+1.7	+2.2	+2.7
47	-3.7	-3.2	-2.7	-1.7	+1.2	+1.7	+2.2	+2.7
48	-3.6	-3.1	-2.6	-1.6	+1.1	+1.6	+2.1	+2.6
49	-3.6	-3.1	-2.6	-1.6	+1.1	+1.6	+2.1	+2.6
50	-3.5	-3.0	-2.5	-1.5	+1.0	+1.5	+2.0	+2.5

注:1. R_{ma}小于 20 或 50 时,均分别按 20 或 50 查表。

2. 表中未列入的相应于 R_{ma} 的修正值 R_{ma},可用内插法求得,精确至 0.1mm。

附录 B 不同浇筑面的回弹值修正值

R_m^t 或 R_m^b	表面修正值 R_a^t	底面修正值 R_a^b	R_m^t 或 R_m^b	表面修正值 R_a^t	底面修正值 R_a^b
20	+2.5	-3.0	33	+1.2	-1.7
21	+2.4	-2.9	34	+1.1	-1.6
22	+2.3	-2.8	35	+1.0	-1.5
23	+2.2	-2.7	36	+0.9	-1.4
24	+2.1	-2.6	37	+0.8	-1.3
25	+2.0	-2.5	38	+0.7	-1.2
26	+1.9	-2.4	39	+0.6	-1.1
27	+1.8	-2.3	40	+0.5	-1.0
28	+1.7	-2.2	41	+0.4	-0.9
29	+1.6	-2.1	42	+0.3	-0.8
30	+1.5	-2.0	43	+0.2	-0.7
31	+1.4	-1.9	44	+0.1	-0.6
32	+1.3	-1.8	45	0	-0.5

续附录 B

R_m^t 或 R_m^b	表面修正值 R_a^t	底面修正值 R_a^b	R_m^t 或 R_m^b	表面修正值 R_a^t	底面修正值 R_a^b
46	0	-0.4	49	0	-0.1
47	0	-0.3	50	0	0
48	0	-0.2			

注：1. R_m^t 或 R_m^b 小于 20 或 50 时，均分别按 20 或 50 查表；

2. 表中有关混凝土浇筑表面的修正系数，是指一般原浆抹面的修正值；

3. 表中有关混凝土浇筑底面的修正系数，是指构件底面与侧面采用同一类模板在正常浇筑情况下的修正值；

4. 表中未列入的相应于 R_m^t 或 R_m^b 的 R_a^t 或 R_a^b 值，可用内插法求得，精确至 0.1mm。

附录 C　测区强度换算表

平均回弹值 R_m	测区混凝土求得换算表 $f_{cu,i}^c$ /MPa												
	平均碳化深度值 d_m /mm												
	0.0	0.5	1.0	1.5	2.0	2.5	3.0	3.5	4.0	4.5	5.0	5.5	≥6.0
20.0	10.3	10.1	—	—	—	—	—	—	—	—	—	—	—
20.2	10.5	10.3	10.0	—	—	—	—	—	—	—	—	—	—
20.4	10.7	10.5	10.2	—	—	—	—	—	—	—	—	—	—
20.6	11.0	10.8	10.4	10.1	—	—	—	—	—	—	—	—	—
20.8	11.2	11.0	10.6	10.3	—	—	—	—	—	—	—	—	—
21.0	11.4	11.2	10.8	10.5	10.0	—	—	—	—	—	—	—	—
21.2	11.6	11.4	11.0	10.7	10.2	—	—	—	—	—	—	—	—
21.4	11.8	11.6	11.2	10.9	10.4	10.0	—	—	—	—	—	—	—
21.6	12.0	11.8	11.4	11.0	10.6	10.2	—	—	—	—	—	—	—
21.8	12.3	12.1	11.7	11.3	10.8	10.5	10.1	—	—	—	—	—	—
22.0	12.5	12.2	11.9	11.5	11.0	10.6	10.2	—	—	—	—	—	—
22.2	12.7	12.4	12.1	11.7	11.2	10.8	10.4	10.0	—	—	—	—	—
22.4	13.0	12.7	12.4	12.0	11.4	11.0	10.7	10.3	10.0	—	—	—	—
22.6	13.2	12.9	12.5	12.1	11.6	11.2	10.8	10.4	10.2	—	—	—	—
22.8	13.4	13.1	12.7	12.3	11.8	11.4	11.0	10.6	10.3	—	—	—	—
23.0	13.7	13.4	13.0	12.6	12.1	11.6	11.2	10.8	10.5	10.1	—	—	—
23.2	13.9	13.6	13.2	12.8	12.2	11.8	11.4	11.0	10.7	10.3	10.0	—	—
23.4	14.1	13.8	13.4	13.0	12.4	12.0	11.6	11.2	10.9	10.4	10.2	—	—
23.6	14.4	14.1	13.7	13.2	12.7	12.2	11.8	11.4	11.1	10.7	10.4	10.1	—
23.8	14.6	14.3	13.9	13.4	12.8	12.4	12.0	11.5	11.2	10.8	10.6	10.2	—
24.0	14.9	14.6	14.2	13.7	13.1	12.7	12.2	11.8	11.5	11.0	10.8	10.4	10.1
24.2	15.1	14.8	14.3	13.9	13.3	12.8	12.4	11.9	11.6	11.2	11.0	10.6	10.3
24.4	15.4	15.1	14.6	14.2	13.6	13.1	12.6	12.2	11.9	11.4	11.2	10.8	10.4
24.6	15.6	15.3	14.8	14.4	13.7	13.3	12.8	12.3	12.0	11.5	11.2	10.9	10.6
24.8	15.9	15.6	15.1	14.6	14.0	13.5	13.0	12.6	12.2	11.8	11.4	11.1	10.7
25.0	16.2	15.9	15.4	14.9	14.3	13.8	13.3	12.8	12.5	12.0	11.7	11.3	10.9

续附录 C

平均回弹值 R_m	测区混凝土求得换算表 $f_{cu,i}^{c}$/MPa												
	平均碳化深度值 d_m/mm												
	0.0	0.5	1.0	1.5	2.0	2.5	3.0	3.5	4.0	4.5	5.0	5.5	≥6.0
25.2	16.4	16.1	15.6	15.1	14.4	13.9	13.4	13.0	12.6	12.1	11.8	11.5	11.0
25.4	16.7	16.4	15.9	15.4	14.7	14.2	13.7	13.2	12.9	12.4	12.0	11.7	11.2
25.6	16.9	16.6	16.1	15.7	14.9	14.4	13.9	13.4	13.0	12.5	12.2	11.8	11.3
25.8	17.2	16.9	16.3	15.8	15.1	14.6	14.1	13.6	13.2	12.7	12.4	12.0	11.5
26.0	17.5	17.2	16.6	16.1	15.4	14.9	14.4	13.8	13.5	13.0	12.6	12.2	11.6
26.2	17.8	17.4	16.9	16.4	15.7	15.1	14.6	14.0	13.7	13.2	12.8	12.4	11.8
26.4	18.0	17.6	17.1	16.6	15.8	15.3	14.8	14.2	13.9	13.3	13.0	12.6	12.0
26.6	18.3	17.9	17.4	16.8	16.1	15.6	15.0	14.4	14.1	13.5	13.2	12.8	12.1
26.8	18.6	18.2	17.7	17.1	16.4	15.8	15.3	14.6	14.3	13.8	13.4	12.9	12.3
27.0	18.9	18.5	18.0	17.4	16.6	16.1	15.5	14.8	14.6	14.0	13.6	13.1	12.4
27.2	19.1	18.7	18.1	17.6	16.8	16.2	15.7	15.0	14.7	14.1	13.8	13.3	12.6
27.4	19.4	19.9	18.4	17.8	17.0	16.4	15.9	15.2	14.9	14.3	14.0	13.4	12.7
27.6	19.7	19.3	18.7	18.0	17.2	16.6	16.1	15.4	15.1	14.5	14.1	13.6	12.9
27.8	20.0	19.6	19.0	18.2	17.4	16.8	16.3	15.6	15.3	14.7	14.2	13.7	13.0
28.0	20.3	19.7	19.2	18.4	17.6	17.0	16.5	15.8	15.4	14.8	14.4	13.9	13.2
28.2	20.6	20.0	19.5	18.6	17.8	17.2	16.7	16.0	15.6	15.0	14.6	14.0	13.3
28.4	20.9	20.3	19.7	18.8	18.0	17.4	16.9	16.2	15.8	15.2	14.8	14.2	13.5
28.6	21.2	20.6	20.0	19.1	18.2	17.6	17.1	16.4	16.0	15.4	15.0	14.3	13.6
28.8	21.5	20.9	20.2	19.4	18.5	17.8	17.3	16.6	16.2	15.6	15.2	14.5	13.8
29.0	21.8	21.1	20.5	19.6	18.7	18.1	17.5	16.8	16.4	15.8	15.4	14.6	13.9
29.2	22.1	21.4	20.8	19.9	19.0	18.3	17.7	17.0	16.6	16.0	15.6	14.8	14.1
29.4	22.4	21.7	21.1	20.2	19.3	18.6	17.9	17.2	16.8	16.2	15.8	15.0	14.2
29.6	22.7	22.0	21.3	20.4	19.5	18.8	18.2	17.5	17.0	16.4	16.0	15.1	14.4
29.8	23.0	22.3	21.6	20.7	19.8	19.1	18.4	17.7	17.2	16.6	16.2	15.3	14.5
30.0	23.3	22.6	21.9	21.0	20.0	19.3	18.6	17.9	17.4	16.8	16.4	15.4	14.7
30.2	23.6	22.9	22.2	21.2	20.3	19.6	18.9	18.2	17.6	17.0	16.6	15.6	14.9
30.4	23.9	23.2	22.5	21.5	20.6	19.8	19.1	18.4	17.8	17.2	16.8	15.8	15.1
30.6	24.3	23.6	22.8	21.9	20.9	20.2	19.4	18.7	18.0	17.5	17.0	16.0	15.2
30.8	24.6	23.9	23.1	22.1	21.2	20.4	19.7	18.9	18.2	17.7	17.2	16.2	15.4
31.0	24.9	24.2	23.4	22.4	21.4	20.7	19.9	19.2	18.4	17.9	17.4	16.4	15.5
31.2	25.2	24.4	23.7	22.7	21.7	20.9	20.2	19.4	18.6	18.1	17.6	16.6	15.7
31.4	25.6	24.8	24.1	23.0	22.0	21.2	20.5	19.7	18.9	18.4	17.8	16.9	15.8
31.6	25.9	25.1	24.3	23.3	22.3	21.5	20.7	19.9	19.2	18.6	18.0	17.1	16.0
31.8	26.2	25.4	24.6	23.6	22.5	21.7	21.0	20.2	19.4	18.9	18.2	17.3	16.2

续附录 C

平均回弹值 R_m	测区混凝土求得换算表 $f^{c}_{cu,i}$/MPa												
	平均碳化深度值 d_m/mm												
	0.0	0.5	1.0	1.5	2.0	2.5	3.0	3.5	4.0	4.5	5.0	5.5	≥6.0
32.0	26.5	25.7	24.9	23.9	22.8	22.0	21.2	20.4	19.6	19.1	18.4	17.5	16.4
32.2	26.9	26.1	25.3	24.2	23.1	22.3	21.5	20.7	19.9	19.4	18.6	17.7	16.6
32.4	27.2	26.4	25.6	24.5	23.4	22.6	21.8	20.9	20.1	19.6	18.8	17.9	16.8
32.6	27.6	26.8	25.9	24.8	23.7	22.9	22.1	21.3	20.4	19.9	19.0	18.1	17.0
32.8	27.9	27.1	26.2	25.1	24.0	23.2	22.3	21.5	20.6	20.1	19.2	18.3	17.2
33.0	28.2	27.4	26.5	25.4	24.3	23.4	22.6	21.7	20.9	20.3	19.4	18.5	17.4
33.2	28.6	27.7	26.8	25.7	24.6	23.7	22.9	22.0	21.2	20.5	19.6	18.7	17.6
33.4	28.9	28.0	27.1	26.0	24.9	24.0	23.1	22.3	21.4	20.7	19.8	18.9	17.8
33.6	29.3	28.4	27.4	26.4	25.2	24.2	23.3	22.6	21.7	20.9	20.0	19.1	18.0
33.8	29.6	28.7	27.7	26.6	25.4	24.4	23.5	22.8	21.9	21.1	20.2	19.3	18.2
34.0	30.0	29.1	28.0	26.8	25.6	24.6	23.7	23.0	22.1	21.3	20.4	19.5	18.3
34.2	30.3	29.4	28.3	27.0	25.8	24.8	23.9	23.2	22.3	21.5	20.6	19.7	18.4
34.4	30.7	29.8	28.6	27.2	26.0	25.0	24.1	23.4	22.5	21.7	20.8	19.8	18.6
34.6	31.1	30.2	28.9	27.4	26.2	25.2	24.3	23.6	22.7	21.9	21.0	20.0	18.8
34.8	31.4	30.5	29.2	27.6	26.4	25.4	24.5	23.8	22.9	22.1	21.2	20.2	19.0
35.0	31.8	30.8	29.6	28.0	26.7	25.8	24.8	24.0	23.2	22.3	21.4	20.4	19.2
35.2	32.1	31.1	29.9	28.2	27.0	26.0	25.0	24.2	23.4	22.5	21.6	20.6	19.4
35.4	32.5	31.5	30.2	28.6	27.3	26.3	25.4	24.4	23.7	22.8	21.8	20.8	19.6
35.6	32.9	31.9	30.6	29.0	27.6	26.6	25.7	24.7	24.0	23.0	22.0	21.0	19.8
35.8	33.3	32.3	31.0	29.3	28.0	27.0	26.0	25.0	24.3	23.3	22.2	21.2	20.0
36.0	33.6	32.6	31.2	29.6	28.2	27.2	26.2	25.2	24.5	23.5	22.4	21.4	20.2
36.2	34.0	33.0	31.6	29.9	28.6	27.5	26.5	25.5	24.8	23.8	22.6	21.6	20.4
36.4	34.4	33.4	32.0	30.3	28.9	27.9	26.8	25.8	25.1	24.1	22.8	21.8	20.6
36.6	34.8	33.8	32.4	30.6	29.2	28.2	27.1	26.1	25.4	24.4	23.0	22.0	20.8
36.8	35.2	34.1	32.7	31.0	29.6	28.5	27.5	26.4	25.7	24.6	23.2	22.2	21.1
37.0	35.5	34.4	33.0	31.2	29.8	28.8	27.7	26.6	25.9	24.8	23.4	22.4	21.3
37.2	35.9	34.8	33.4	31.6	30.2	29.1	28.0	26.9	26.2	25.1	23.7	22.6	21.5
37.4	36.3	35.2	33.8	31.9	30.5	29.4	28.3	27.2	26.5	25.4	24.0	22.9	21.8
37.6	36.7	35.6	34.1	32.3	30.8	29.7	28.6	27.5	26.8	25.7	24.2	23.1	22.0
37.8	37.1	36.0	34.5	32.6	31.2	30.0	28.9	27.8	27.1	26.0	24.5	23.4	22.3
38.0	37.5	36.4	34.9	33.0	31.5	30.3	29.2	28.1	27.4	26.2	24.8	23.6	22.5
38.2	37.9	36.8	35.2	33.4	31.8	30.6	29.5	28.4	27.7	26.5	25.0	23.9	22.7
38.4	38.3	37.2	35.6	33.7	32.1	30.9	29.8	28.7	28.0	26.8	25.3	24.1	23.0
38.6	38.7	37.5	36.0	34.1	32.4	31.2	30.1	29.0	28.3	27.0	25.5	24.4	23.2

续附录 C

平均回弹值 R_m	测区混凝土求得换算表 $f^{c}_{cu,i}$ / MPa												
	平均碳化深度值 d_m /mm												
	0.0	0.5	1.0	1.5	2.0	2.5	3.0	3.5	4.0	4.5	5.0	5.5	≥6.0
38.8	39.1	37.9	36.4	34.4	32.7	31.5	30.4	29.3	28.5	27.2	25.8	24.6	23.5
39.0	39.5	38.2	36.7	34.7	33.0	31.8	30.6	29.6	28.8	27.4	26.0	24.8	23.7
39.2	39.9	38.5	37.0	35.0	33.3	32.1	30.8	29.8	29.0	27.6	26.2	25.0	24.0
39.4	40.3	38.8	37.3	35.3	33.6	32.4	31.0	30.0	29.2	27.8	26.4	25.2	24.2
39.6	40.7	39.1	37.6	35.6	33.9	32.7	31.2	30.2	29.4	28.0	26.6	25.4	24.4
39.8	41.2	39.6	38.0	35.9	34.2	33.0	31.4	30.5	29.7	28.2	26.8	25.6	24.7
40.0	41.6	39.9	38.3	36.2	34.5	33.3	31.7	30.8	30.0	28.4	27.0	25.8	25.0
40.2	42.0	40.3	38.6	36.5	34.8	33.6	32.0	31.1	30.2	28.6	27.3	26.0	25.2
40.4	42.4	40.7	39.0	36.9	35.1	33.9	32.3	31.4	30.5	28.8	27.6	26.2	25.4
40.6	42.8	41.1	39.4	37.2	35.4	34.2	32.6	31.7	30.8	29.1	27.8	26.5	25.7
40.8	43.3	41.6	39.8	37.7	35.7	34.5	32.9	32.0	31.2	29.4	28.1	26.8	26.0
41.0	43.7	42.0	40.2	38.0	36.0	34.8	33.2	32.3	31.5	29.7	28.4	27.1	26.2
41.2	44.1	42.3	40.6	38.4	36.3	35.1	33.5	32.6	31.8	30.0	28.7	27.3	26.5
41.4	44.5	42.7	40.9	38.7	36.6	35.4	33.8	32.9	32.0	30.3	28.9	27.6	26.7
41.6	45.0	43.2	41.4	39.2	36.9	35.7	34.2	33.3	32.4	30.6	29.2	27.9	27.0
41.8	45.4	43.6	41.8	39.5	37.2	36.0	34.5	33.6	32.7	30.9	29.5	28.1	27.2
42.0	45.9	44.1	42.2	39.9	37.6	36.3	34.9	34.0	33.0	31.2	29.8	28.5	27.5
42.2	46.3	44.4	42.6	40.3	38.0	36.6	35.2	34.3	33.3	31.5	30.1	28.7	27.8
42.4	46.7	44.8	43.0	40.6	38.3	36.9	35.5	34.6	33.6	31.8	30.4	29.0	28.0
42.6	47.2	45.3	43.4	41.1	38.7	37.3	35.9	34.9	34.0	32.1	30.7	29.3	28.3
42.8	47.6	45.7	43.8	41.4	39.0	37.6	36.2	35.2	34.3	32.4	30.9	29.5	28.6
43.0	48.1	46.2	44.2	41.8	39.4	38.0	36.6	35.6	34.6	32.7	31.3	29.8	28.9
43.2	48.5	46.6	44.6	42.2	39.8	38.3	36.9	35.9	34.9	33.0	31.5	30.1	29.1
43.4	49.0	47.0	45.1	42.6	40.2	38.7	37.2	36.3	35.3	33.3	31.8	30.4	29.4
43.6	49.4	47.4	45.4	43.0	40.5	39.0	37.5	36.6	35.6	33.6	32.1	30.6	29.6
43.8	49.9	47.9	45.9	43.4	40.9	39.4	37.9	36.9	35.9	33.9	32.4	30.9	29.9
44.0	50.4	48.4	46.4	43.8	41.3	39.8	38.3	37.3	36.3	34.3	32.8	31.2	30.2
44.2	50.8	48.8	46.7	44.2	41.7	40.1	38.6	37.6	36.6	34.5	33.0	31.5	30.5
44.4	51.3	49.2	47.2	44.6	42.1	40.5	39.0	38.0	36.9	34.9	33.3	31.8	30.8
44.6	51.7	49.6	47.6	45.0	42.4	40.8	39.3	38.3	37.2	35.2	33.6	32.1	31.0
44.8	52.2	50.1	48.0	45.4	42.8	41.2	39.7	38.6	37.6	35.5	33.9	32.4	31.3
45.0	52.7	50.6	48.5	45.8	43.2	41.6	40.1	39.0	37.9	35.8	34.3	32.7	31.6
45.2	53.2	51.1	48.9	46.3	43.6	42.0	40.4	39.4	38.3	36.2	34.6	33.0	31.9
45.4	53.6	51.5	49.4	46.6	44.0	42.3	40.7	39.7	38.6	36.4	34.8	33.2	32.2

续附录 C

平均回弹值 R_m	测区混凝土求得换算表 $f_{cu,i}^{c}$ / MPa												
	平均碳化深度值 d_m/mm												
	0.0	0.5	1.0	1.5	2.0	2.5	3.0	3.5	4.0	4.5	5.0	5.5	≥6.0
45.6	54.1	51.9	49.8	47.1	44.4	42.7	41.1	40.0	39.0	36.8	35.2	33.5	32.5
45.8	54.6	52.4	50.2	47.5	44.8	43.1	41.5	40.4	39.3	37.1	35.5	33.9	32.8
46.0	55.0	52.8	50.6	47.9	45.2	43.5	41.9	40.8	39.7	37.5	35.8	34.2	33.1
46.2	55.5	53.3	51.1	48.3	45.5	43.8	42.2	41.1	40.0	37.7	36.1	34.4	33.3
46.4	56.0	53.8	51.5	48.7	45.9	44.2	42.6	41.4	40.3	38.1	36.4	34.7	33.6
46.6	56.5	54.2	52.0	49.2	46.3	44.6	42.9	41.8	40.7	38.4	36.7	35.0	33.9
46.8	57.0	54.7	52.4	49.6	46.7	45.0	43.3	42.2	41.0	38.8	37.0	35.3	34.2
47.0	57.5	55.2	52.9	50.0	47.2	45.2	43.7	42.6	41.4	39.1	37.4	35.6	34.5
47.2	58.0	55.7	53.4	50.5	47.6	45.8	44.1	42.9	41.8	39.4	37.7	36.0	34.8
47.4	58.5	56.2	53.8	50.9	48.0	46.2	44.5	43.3	42.1	39.8	38.0	36.3	35.1
47.6	59.0	56.6	54.3	51.3	48.4	46.6	44.8	43.7	42.5	40.1	38.4	36.6	35.4
47.8	59.5	57.1	54.7	51.8	48.8	47.0	45.2	44.0	42.8	40.5	38.7	36.9	35.7
48.0	60.0	57.6	55.2	52.2	49.2	47.4	45.6	44.4	43.2	40.8	39.0	37.2	36.0
48.2	—	58.0	55.7	52.6	49.6	47.8	46.0	44.8	43.6	41.1	39.3	37.5	36.3
48.4	—	58.6	56.1	53.1	50.0	48.2	46.4	45.1	43.9	41.5	39.6	37.8	36.6
48.6	—	59.0	56.6	53.5	50.4	48.6	46.7	45.5	44.3	41.8	40.0	38.1	36.9
48.8	—	59.5	57.1	54.0	50.9	49.0	47.1	45.9	44.6	42.2	40.3	38.4	37.2
49.0	—	60.0	57.5	54.4	51.3	49.4	47.5	46.2	45.0	42.5	40.6	38.8	37.5
49.2	—	—	58.0	54.8	51.7	49.8	47.9	46.6	45.4	42.8	41.0	39.1	37.8
49.4	—	—	58.5	55.3	52.1	50.2	48.3	47.1	45.8	43.2	41.3	39.4	38.2
49.6	—	—	58.9	55.7	52.5	50.6	48.7	47.4	46.2	43.6	41.7	39.7	38.5
49.8	—	—	59.4	56.2	53.0	51.0	49.1	47.8	46.5	43.9	42.0	40.1	38.8
50.0	—	—	59.9	56.7	53.4	51.4	49.5	48.2	46.9	44.3	42.3	40.4	39.1
50.2	—	—	—	57.1	53.8	51.9	49.9	48.5	47.2	44.6	42.6	40.7	39.4
50.4	—	—	—	57.6	54.3	52.3	50.3	49.0	47.7	45.0	43.0	41.0	39.7
50.6	—	—	—	58.0	54.7	52.7	50.7	49.4	48.0	45.4	43.4	41.4	40.0
50.8	—	—	—	58.5	55.1	53.1	51.1	49.8	48.4	45.7	43.7	41.7	40.3
51.0	—	—	—	59.0	55.6	53.5	51.5	50.1	48.8	46.1	44.1	42.0	40.7
51.2	—	—	—	59.4	56.0	54.0	51.9	50.5	49.2	46.4	44.4	42.3	41.0
51.4	—	—	—	59.9	56.4	54.4	52.3	50.9	49.6	46.8	44.7	42.7	41.3
51.6	—	—	—	—	56.9	54.8	52.7	51.3	50.0	47.2	45.1	43.0	41.6
51.8	—	—	—	—	57.3	55.2	53.1	51.7	50.3	47.5	45.4	43.3	41.8
52.0	—	—	—	—	57.8	55.7	53.6	52.1	50.7	47.9	45.8	43.7	42.3
52.2	—	—	—	—	58.2	56.1	54.0	52.5	51.1	48.3	46.2	44.0	42.6

续附录 C

平均回弹值 R_m	测区混凝土求得换算表 $f^{c}_{cu,i}$ / MPa												
	平均碳化深度值 d_m /mm												
	0.0	0.5	1.0	1.5	2.0	2.5	3.0	3.5	4.0	4.5	5.0	5.5	≥6.0
52.4	—	—	—	—	58.7	56.5	54.4	53.0	51.5	48.7	46.5	44.4	43.0
52.6	—	—	—	—	59.1	57.0	54.8	53.4	51.9	49.0	46.9	44.7	43.3
52.8	—	—	—	—	59.6	57.4	55.2	53.8	52.3	49.4	47.3	45.1	43.6
53.0	—	—	—	—	60.0	57.8	55.6	54.2	52.7	49.8	47.6	45.4	43.9
53.2	—	—	—	—	—	58.3	56.1	54.6	53.1	50.2	48.0	45.8	44.3
53.4	—	—	—	—	—	58.7	56.5	55.0	53.5	50.5	48.3	46.1	44.6
53.6	—	—	—	—	—	59.2	56.9	55.4	53.9	50.9	48.7	46.4	44.9
53.8	—	—	—	—	—	59.6	57.3	55.8	54.3	51.3	49.0	46.8	45.3
54.0	—	—	—	—	—	—	57.8	56.3	54.7	51.7	49.4	47.1	45.6
54.2	—	—	—	—	—	—	58.2	56.7	55.1	52.1	49.8	47.5	46.0
54.4	—	—	—	—	—	—	58.6	57.1	55.6	52.5	50.2	47.9	46.3
54.6	—	—	—	—	—	—	59.1	57.5	56.0	52.9	50.5	48.2	46.6
54.8	—	—	—	—	—	—	59.5	57.9	56.4	53.2	50.9	48.5	47.0
55.0	—	—	—	—	—	—	59.9	58.4	56.8	53.6	51.3	48.9	47.3
55.2	—	—	—	—	—	—	—	58.8	57.2	54.0	51.6	49.3	47.7
55.4	—	—	—	—	—	—	—	59.2	57.6	54.4	52.0	49.6	48.0
55.6	—	—	—	—	—	—	—	59.7	58.0	54.8	52.4	50.0	48.4
55.8	—	—	—	—	—	—	—	—	58.5	55.2	52.8	50.3	48.7
56.0	—	—	—	—	—	—	—	—	58.9	55.6	53.2	50.7	49.1
56.2	—	—	—	—	—	—	—	—	59.3	56.0	53.5	51.1	49.4
56.4	—	—	—	—	—	—	—	—	59.7	56.4	53.9	51.4	49.8
56.6	—	—	—	—	—	—	—	—	—	56.8	54.3	51.8	50.1
56.8	—	—	—	—	—	—	—	—	—	57.2	54.7	52.2	50.5
57.0	—	—	—	—	—	—	—	—	—	57.6	55.1	52.5	50.8
57.2	—	—	—	—	—	—	—	—	—	58.0	55.5	52.9	51.2
57.4	—	—	—	—	—	—	—	—	—	58.4	55.9	53.3	51.6
57.6	—	—	—	—	—	—	—	—	—	58.9	56.3	53.7	51.9
57.8	—	—	—	—	—	—	—	—	—	59.3	56.7	54.0	52.3
58.0	—	—	—	—	—	—	—	—	—	59.7	57.0	54.4	52.7
58.2	—	—	—	—	—	—	—	—	—	—	57.4	54.8	53.0
58.4	—	—	—	—	—	—	—	—	—	—	57.8	55.2	53.4
58.6	—	—	—	—	—	—	—	—	—	—	58.2	55.6	53.8
58.8	—	—	—	—	—	—	—	—	—	—	58.6	55.9	54.1
59.0	—	—	—	—	—	—	—	—	—	—	59.0	56.3	54.5

续附录 C

平均回弹值 R_m	测区混凝土求得换算表 $f_{cu,i}^{c}$ / MPa												
	平均碳化深度值 d_m /mm												
	0.0	0.5	1.0	1.5	2.0	2.5	3.0	3.5	4.0	4.5	5.0	5.5	≥6.0
59.2	—	—	—	—	—	—	—	—	—	—	59.4	56.7	54.9
59.4	—	—	—	—	—	—	—	—	—	—	59.8	57.1	55.2
59.6	—	—	—	—	—	—	—	—	—	—	—	57.5	55.6
59.8	—	—	—	—	—	—	—	—	—	—	—	57.9	56.0
60.0	—	—	—	—	—	—	—	—	—	—	—	58.3	56.4

附录 D　泵送混凝土测区混凝土强度换算值的修正值

碳化深度值/mm	抗压强度值/MPa				
0.0;0.5;1.0	f_{cu}^{c} / MPa	≤40.0	45.0	50.0	55.0 ~ 60.0
	K / MPa	+4.5	+3.0	+1.5	0.0
1.5;2.0	f_{cu}^{c} / MPa	≤30.0	35.0	40.0 ~ 60.0	
	K / MPa	+3.0	+1.5	0.0	

注：表中未列入的 f_{cu}^{c} 值，可用内插法求得，精确至 0.1MPa。

第6章　钢材性能的检测与实训

教学目的：通过加强钢材的检测与实训，可让学生掌握钢材是如何取样、送样及其各项检测项目是如何进行检测的，从而达到“教、学、做”合一，实现学生岗位核心能力的培养目标。

教学要求：全面了解钢筋的各项检测项目（包括钢筋的力学、机械性能，钢筋连接件性能等）是如何取样、送样，重点掌握其检测技术。

6.1　钢材性能检测的基本规定

6.1.1　执行标准

《金属材料　室温拉伸试验方法》（GB/T 228—2002）；

《金属材料　弯曲试验方法》（GB/T 232—1999）；

《钢筋混凝土用钢　第2部分：热轧带肋钢筋》（GB 1499.2—2007）；

《钢筋混凝土用钢　第1部分：热轧光圆钢筋》（GB 1499.1—2008）；

《冷轧带肋钢筋》（GB 13788—2000）；

《钢筋混凝土用余热处理钢筋》（GB/T 13014—1991）；

《低碳钢热轧圆盘条》（GB/T 701—2008）；

《钢筋焊接及验收规程》（JGJ 18—2003）；

《钢筋焊接接头试验方法标准》（JGJ/T 27—2001）；

《钢筋机械连接通用技术规程》（JGJ 107—2003）；

《带肋钢筋套筒挤压连接规程》（JGJ 108—1996）；

《钢筋锥螺纹接头技术规程》（JGJ 109—1996）。

6.1.2　钢材性能的检测项目、组批原则及抽样规定

钢材性能的检测项目、组批原则及抽样规定见表6-1。

表6-1　钢材性能的检测项目、组批原则及抽样规定

序号	材料名称及标准规范	检测项目	批　量	抽样数量	抽样方法
1	热轧光圆钢筋 余热处理钢筋 热轧带肋钢筋 低碳钢热轧圆盘条 碳素结构钢 冷轧带肋钢筋 GB 1499.2—2007 GB/T 13014—1991 GB 1499.1—2008 GB/T 701—2008 GB 13788—2000 GB/T 228—2002 GB/T 232—1999	拉伸 弯曲	按同一牌号、同一规格、同一炉罐号、同一交货状态的每60t钢筋为一验收批，不足60t按一批计	1. 每批直条钢筋应做两个拉伸检测、两个弯曲检测。碳素结构钢每批应做1个拉伸检测、1个弯曲检测； 2. 每批盘条钢筋应做1个拉伸检测、两个弯曲检测； 3. 逐盘或逐捆做1个拉伸检测，CRB550级每批做两个弯曲检测，CRB650级及以上每批做两个反复弯曲检测	每批任选两钢筋切取拉伸试件，长度400～500mm，冷弯试件长度约400mm；圆盘条需矫正

续表 6-1

序号	材料名称及标准规范	检测项目	批　量	抽样数量	抽样方法
2	闪光对焊 JGJ/T 27—2001 JGJ 18—2003 GB/T 232—1999 GB/T 228—2002	拉伸 弯曲	在同一班内，由同一焊工完成的 300 个同级别、同直径钢筋焊接接头作为一批。当同一班内焊接的接头数量较少，可在一周之内累计计算；累计仍不足 300 个接头，应按一批计算	钢筋闪光对焊接头的机械性能试验包括拉伸检测和弯曲检测，应从每批成品中切取 6 个试件，其中 3 个做拉伸检测，3 个做弯曲检测	随机抽取，并检查接头外观，外观合格后方可进行力学检测
3	电弧焊 JGJ/T 27—2001 JGJ 18—2003 GB/T 228—2002	拉伸	在工厂焊接条件下，以 300 个接头（相同钢筋级别、相同接头形式）为一批［在现场安装条件下，对房屋结构不超过二层楼中的 300 个接头（相同之钢筋级别、相同接头形式）］；不足 300 个时，仍作为一批	每批随机切取 3 个接头进行拉伸检测，长度为 450mm	随机抽取，在同一批中若有几种不同直径的接头，应在最大直径钢筋接头中切取
4	电渣压力焊 JGJ/T 27—2001 JGJ 18—2003 GB/T 228—2002	拉伸	在一般构筑物中，每 300 个同级别钢筋接头为一批；在现浇钢筋混凝土框架结构中，每一楼层中或施工区段以 300 个同级别钢筋接头作为一批，不足 300 个接头仍应作为一批。从每批成品中切取 3 个接头做拉伸检测	每批随机切取 3 个接头进行拉伸检测，长度为 450mm	随机抽取，在同一批中若有几种不同直径的接头，应在最大直径钢筋接头中切取
5	钢筋气压焊 JGJ/T 27—2001 JGJ 18—2003 GB/T 232—1999 GB/T 228—2002	拉伸 弯曲	钢筋气压焊的机械性能检测时，在一般构筑物中，以 300 个接头为一批；在现浇钢筋混凝土房屋结构中，在同一楼层中以 300 个接头为一批，不足 300 个接头仍为一批	机械性能检测时，从每批接头中随机切取 3 个接头做拉伸检测。在梁板的水平钢筋的水平连接中，应另切取 3 个接头做弯曲检测	随机抽取，并检查接头外观，外观合格后方可进行力学检测
6	钢筋机械连接 JGJ 107—2003 JGJ 109—1996 JGJ 108—1996 GB/T 228—2002	抗拉 强度	同一施工条件下采用同一批材料的同等级、同形式、同规格接头，以 500 个为一验收批进行检测与验收，不足 500 个也作为一个验收批	对接头的每一验收批，必须在工程结构中随机截取 3 个接头试件作抗拉强度检测，按设计要求的接头等级进行评定	现场检测连接 10 个验收批抽样试件抗拉强度检测 1 次合格率为 100% 时，验收批接头数量可扩大 1 倍

注：1. 各类钢筋每组检测试件数量归纳列表 6-2。

2. 凡表6-2中规定取2个检测试件的(低碳钢热轧圆盘条冷弯试件除外)均应从任意两根(两盘)中分别切取,每根钢筋上切取一个拉力试件、一个冷弯试件。

(1)低碳钢热轧圆盘条,检测冷弯试件应取自同盘的两端。

(2)检测试件切取时,应在钢筋或盘条的任意一端截去500mm后切取。

3. 检测试件截取长度(用L表示)

(1)拉力(伸)试件:

$$L \geqslant 5d + 200\text{mm}(d\text{ 为钢筋直径})$$

(2)冷弯试件:

$$L \geqslant 5d + 150\text{mm}(d\text{ 为钢筋直径})$$

(直径小于等于10mm的光圆钢筋,拉力(伸)试件长度为$L \geqslant 10d + 200\text{mm}$。)

表6-2 各类钢筋每组检测试件数量

钢筋种类	每组检测试件数量	
	拉伸检测	弯曲检测
热轧光圆钢筋	2根	2根
热轧带肋钢筋	2根	2根
低碳钢热轧圆盘条	1根	2根
余热处理钢筋	2根	2根
冷轧带肋钢筋	逐盘1个	每批2个
冷轧扭钢筋	3个	3个

6.2 钢筋的力学、机械性能的检测

6.2.1 主要检测仪器设备

1. 检测试验机:根据相应的荷载能力选择合适的型号或量程,准确度1级或优于1级;
2. 引伸计:其可夹持标距与示值范围应与检测试样要求相吻合,准确度不劣于1级;
3. 游标卡尺、钢直尺等。

6.2.2 钢筋拉伸性能

检测钢筋的屈服强度、抗拉强度及伸长率,注意观察拉力与变形之间的关系,为检测和评定钢材的力学性能提供依据。检测是用拉力拉伸试样,一般拉至断裂,检测钢筋的一项或几项力学性能。检测一般在室温10~30℃范围进行,对温度有特殊要求的检测,检测温度应为(23±5)℃。

1. 检测试样制备

(1)通常,检测试样进行机加工。平行长度和夹持头部之间应以过渡弧连接,过渡弧半径应不小于$0.75d$。平行长度(L_c)的直径(d)一般不应小于3mm。平行长度应不小于($L_0 + d/2$)。机加工检测试样形状和尺寸如图6-1所示。

直径$d \geqslant 4$mm的检测钢筋试样可不进行机加工,根据钢筋直径(d)确定检测试样的原始标距(L_0),一般取$L_0 = 5d$或$L_0 = 10d$。检测试样原始标距(L_0)的标记与最接近夹头间的距离不小于$1.5d$。可在平行长度方向标记一系列套叠的原始标距。不经机加工检测试样形状与尺寸如图6-2所示。

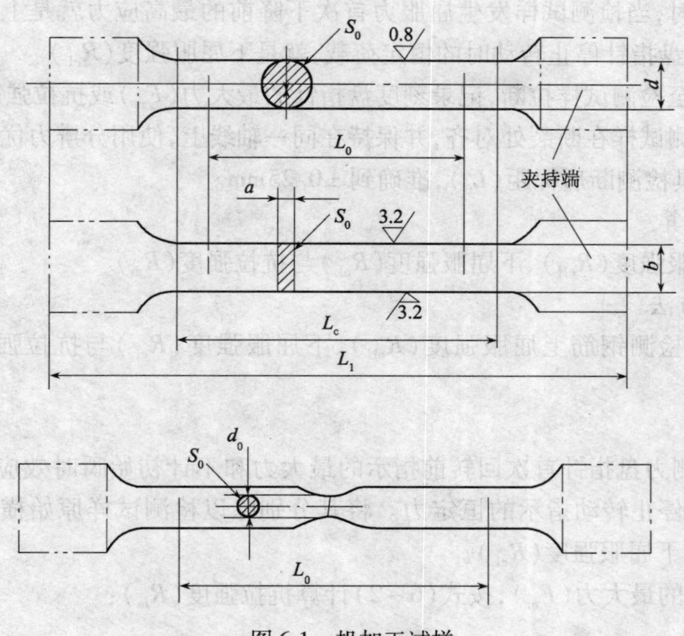

图 6-1　机加工试样

(2)检测原始标距长度(L_0),准确到 ±0.5%。

(3)原始横截面积 S_0 的检测。应在标距的两端及中间三个相互垂直的方向检测直径(d),取其算术平均值,取用三处测得的最小横截面积,按式(6-1)计算:

$$S_0 = \frac{1}{4}\pi d^2 \tag{6-1}$$

式中　d——钢筋直径。

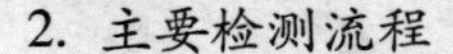

计算检测结果至少保留四位有效数字,所需位数以后的数字按“四舍六入五单双法”处理。

注:四舍六入五单双法:四舍六入五考虑,五后非零应进一,五后皆零视奇偶,五前为偶应舍去,五前为奇则进一。

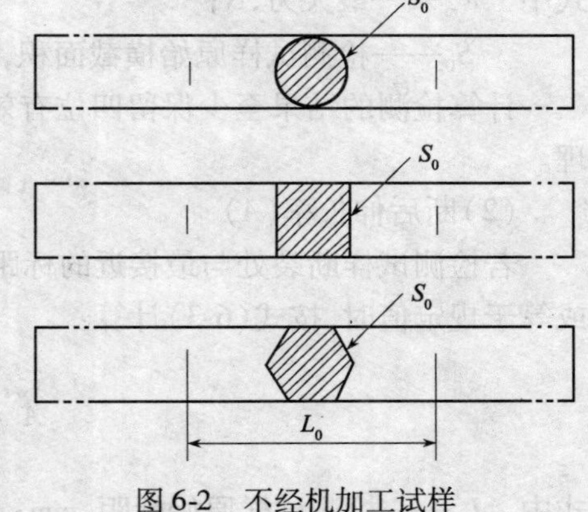

图 6-2　不经机加工试样

2. 主要检测流程

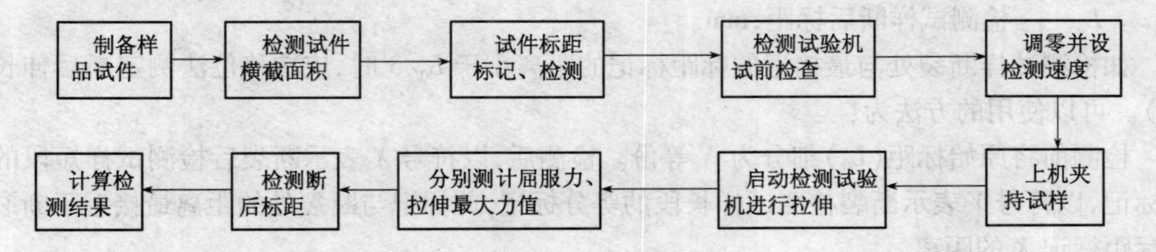

3. 具体检测步骤

(1)调整检测试验机测力度盘的指针,使其对准零点,并拨动副指针,使其与主指针重叠。

(2)将检测试样固定在检测试验机夹头内,开动检测试验机加荷,应变速率不应超过 0.008/s。

(3)加荷拉伸时,当检测试样发生屈服力首次下降前的最高应力就是上屈服强度(R_{eH}),当检测试验机刻度盘指针停止转动时的恒定荷载,就是下屈服强度(R_{eL})。

(4)继续加荷至检测试样拉断,记录刻度盘指针的最大力(F_m)或抗拉强度(R_m)。

(5)将拉断检测试样在断裂处对齐,并保持在同一轴线上,使用分辨力优于0.1mm的游标卡尺、千分尺等量具检测断后标距(L_u),准确到±0.25mm。

4.检测结果计算

(1)钢筋上屈服强度(R_{eH})、下屈服强度(R_{eL})与抗拉强度(R_m)

① 直接读数方法

使用自动装置检测钢筋上屈服强度(R_{eH})、下屈服强度(R_{eL})与抗拉强度(R_m),单位为"MPa"。

② 指针方法

检测时,读取测力盘指针首次回转前指示的最大力和不计初始瞬时效应时屈服阶段中指示的最小力或首次停止转动指示的恒定力。将其分别除以检测试样原始横截面积(S_0)得到上屈服强度(R_{eH})、下屈服强度(R_{eL})。

读取测力盘上的最大力(F_m),按式(6-2)计算抗拉强度(R_m):

$$R_m = \frac{F_m}{S_0} \tag{6-2}$$

式中 F_m——最大力,N;

S_0——检测试样原始横截面积,mm^2。

计算检测的结果至少保留四位有效数字,所需位数以后的数字按"四舍六入五单双法"处理。

(2)断后伸长率(A)

若检测试样断裂处与最接近的标距标记的距离不小于$L_0/3$时,或断后检测的伸长率大于或等于规定值时,按式(6-3)计算:

$$A = \frac{L_u - L_0}{L_0} \times 100\% \tag{6-3}$$

式中 L_0——检测试样原始标距,mm;

L_u——检测试样断后标距,mm。

如检测试样断裂处与最接近的标距标记的距离小于$L_0/3$时,应按移位法测定断后伸长率(A)。可以使用的方法为:

检测前将原始标距(L_0)细分为N等份。检测后,以符号X表示断裂后检测试样短段的标距标记,以符号Y表示断裂检测试样长段的等分标记,此标记与断裂处的距离最接近于断裂处至标距标记X的距离。

如X与Y之间的分格数为n,按如下检测断后伸长率:

① 如$N-n$为偶数,如图6-3(a)所示,检测X与Y之间的距离和测量从Y至距离为$\frac{N-n}{2}$个分格的Z标记之间的距离。断后伸长率(A)按式(6-4)计算:

$$A = \frac{XY + 2YZ - L_0}{L_0} \times 100\% \tag{6-4}$$

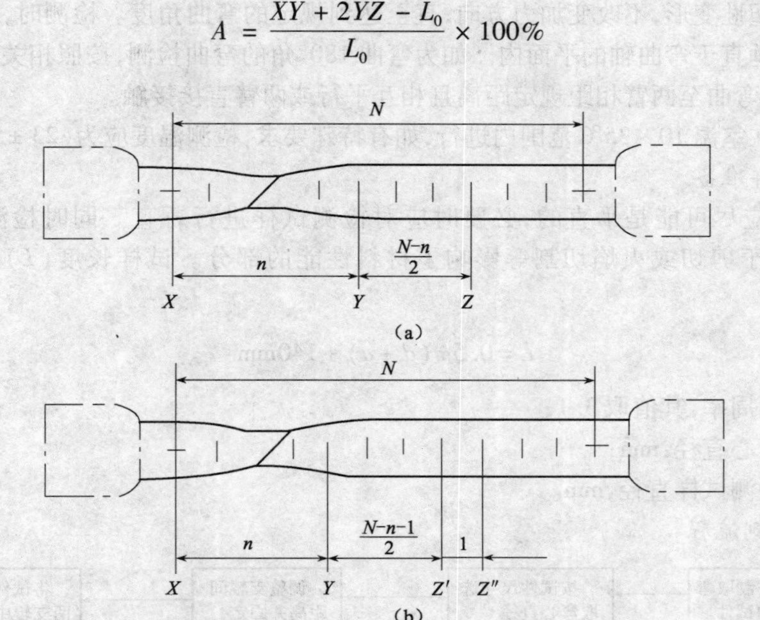

图6-3　移位法的图示说明

② 如 $N-n$ 为奇数，如图6-3（b）所示，检测 X 与 Y 之间的距离和测量从 Y 至距离分别为 $\frac{N-n-1}{2}$ 和 $\frac{N-n+1}{2}$ 个分格的 Z' 和 Z'' 标记之间的距离。断后伸长率（A）按式（6-5）计算：

$$A = \frac{XY + YZ' + YZ'' - L_0}{L_0} \times 100\% \tag{6-5}$$

5. 拉伸的检测结果评定

（1）屈服点、抗拉强度、伸长率均应符合相应标准中规定的指标。

（2）做拉力检测的2根检测试件中，如有一根试件的屈服点、抗拉强度、伸长率三个指标中有一个指标不符合标准时，即为拉力检测不合格，应取双倍试件重新检测；在第二次拉力检测中，如仍有一个指标不符合规定，不论这个指标在第一次检测中是否合格，拉力检测项目定为不合格，表示该批钢筋为不合格品。

（3）检测出现下列情况之一者，检测结果无效，应重做同样数量检测试样的检测。

① 检测试件断在标距外或断在机械刻划的标距标记上，而且断向伸长率小于规定最小值；

② 操作不当，影响检测结果；

③ 检测记录有误或设备发生故障。

检测后检测试样出现两个或两个以上的缩颈以及显示出肉眼可见的冶金缺陷（如分层、气泡、夹渣、缩孔等），应在检测记录和报告中注明。

6.2.3　钢筋冷弯（弯曲）性能

检测钢筋承受规定弯曲程度的弯曲塑性变形能力，从而评定其工艺性能。钢筋在弯曲装置上经受弯曲塑性变形，不改变加力方向，直至达到规定的弯曲角度。检测时，检测试样两臂的轴线保持在垂直于弯曲轴的平面内。如为弯曲180°角的弯曲检测，按照相关产品标准的要求，将检测试样弯曲至两臂相距规定距离且相互平行或两臂直接接触。

检测一般在室温10～35℃范围内进行，如有特殊要求，检测温度应为(23±5)℃。

1. 检测试样准备

检测试样应尽可能是平直的，必要时应对检测试样进行矫直。同时检测试样应通过机加工去除由于剪切或火焰切割等影响了材料性能的部分。试样长度(L)按式(6-6)确定：

$$L=0.5\pi(d+a)+140\text{mm} \tag{6-6}$$

式中 π——圆周率，其值取3.1；

d——弯心直径，mm；

a——检测试样直径，mm。

2. 主要检测流程

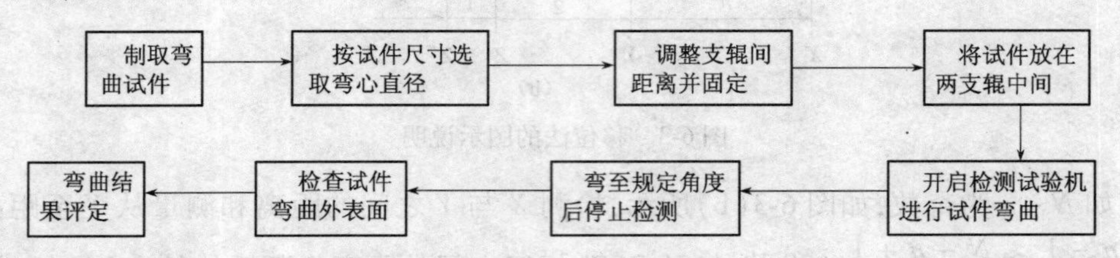

3. 具体检测步骤

(1)规定角度弯曲检测

① 根据检测试样直径选择压头和调整支辊间距，将检测试样放在检测试验机上，检测试样轴线应与弯曲压头轴线垂直，如图6-4(a)所示。

② 开动检测试验机加荷，弯曲压头在两支座之间的中点处对检测试样连续施加力使其弯曲，直至达到规定的弯曲角度，如图6-4(b)所示。

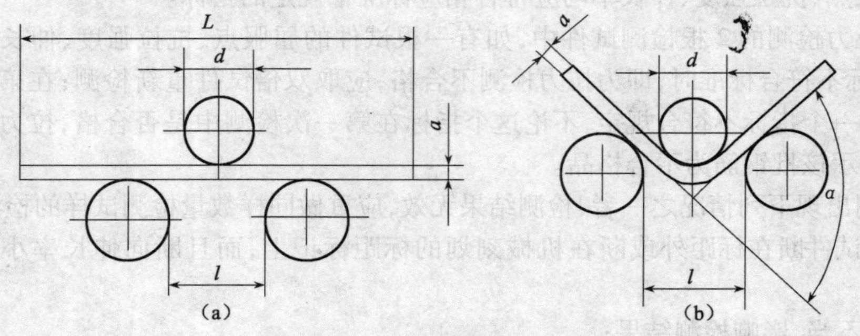

图6-4 支辊式弯曲装置

(2)检测试样弯曲至180°角两臂相距规定距离且相互平行的检测

① 首先对检测试样进行初步弯曲(弯曲角度应尽可能大)，如图6-5(a)所示。

② 然后将检测试样置于两平行压板之间，连续施加力压其两端，使进一步弯曲，直至两臂平行，如图6-5(b)、(c)所示。检测时可以加或不加垫块，除非产品标准中另有规定，垫块厚度等于规定的弯曲压头直径。

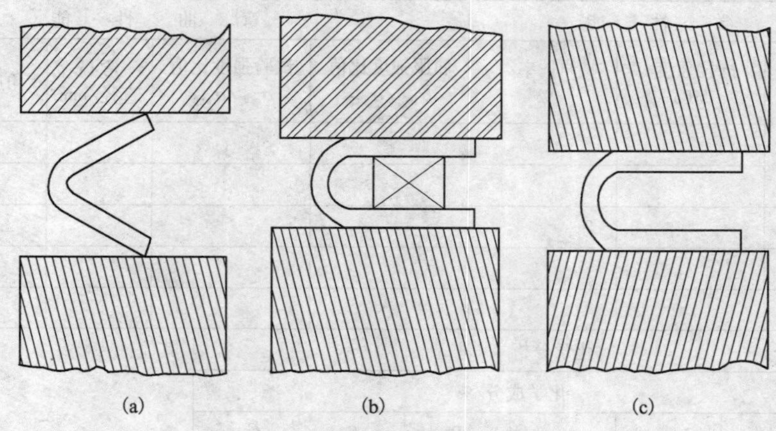

图 6-5　检测试样弯曲至两臂平行

(3)检测试样弯曲至两臂直接接触的检测

① 首先将检测试样进行初步弯曲(弯曲角度应尽可能大),如图 6-5(a)所示。

② 然后将其置于两平行压板之间,连续施加力压其两端,使进一步弯曲,直至两臂直接接触,如图 6-6 所示。

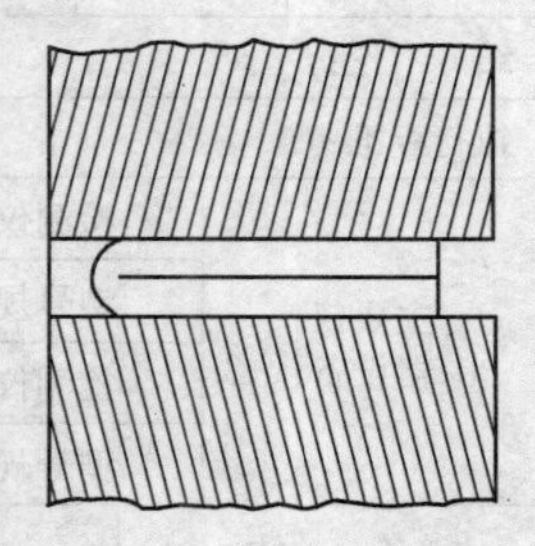

图 6-6　试样弯曲至两臂直接接触

4. 弯曲的检测结果评定

应按照相关产品规定标准的要求评定弯曲检测结果。弯曲检测评定冷弯检测后弯曲外侧表面,如无裂纹、断裂或起层,即判为合格。作冷弯的两根检测试件中,如有一根试件不合格,可取双倍数量试件重新作冷弯检测,第二次冷弯检测中,如仍有一根不合格,即判该批钢筋为不合格品。

6.2.4　钢筋的力学、机械性能的检测实训报告

钢筋的力学、机械性能的检测实训报告见表 6-3。

表 6-3　钢筋的力学、机械性能的检测实训报告

工程名称:　　　　报告编号:　　　　工程编号:

委托单位		委托编号		委托日期	
施工单位		样品编号		检验日期	
结构部位		出厂合格证编号		报告日期	
厂别		检验性质		代表数量	
发证单位		见证人		证书编号	
钢材种类		规格或牌号		生产人	
公称直径(厚度)		mm		公称面积	mm^2

续表 6-3

	力学性能			弯曲性能				
	屈服点/MPa	抗拉强度/MPa	伸长率/%	屈服强度比值 $\sigma_{b实}/\sigma_{s实}$	试验强度比值 $\sigma_{s实}/\sigma_{s标}$	弯心直径/mm	角度/°	结果
试验结果								

化学分析							其他:
分析编号	化学成分/%						
	C	Si	Mn	P	S	C_{eq}	

结　论：

执行标准：

主要仪器设备	检测仪器		管理编号	
	型号规格		有效期	
	检测仪器		管理编号	
	型号规格		有效期	

备　注	
声　明	
地　址	地址： 邮编： 电话：

审批(签字)：________ 审核(签字)：________ 校核(签字)：________ 检测(签字)：________

检测单位(盖章)：________

报 告 日 期 ：　年　月　日

注：本表一式四份(建设单位、施工单位、检测实验室、城建档案馆存档各一份)。

6.3 钢筋连接件性能检测

钢筋连接件检测仪器与检测方法与6.2节相同。不同连接方式其检测结果评定如下：

6.3.1 钢筋焊接接头检测结果评定

1. 钢筋闪光对焊接头、电弧焊接头、电渣压力焊接头、气压焊接头拉伸检测

(1)3个热轧钢筋接头检测试件的抗拉强度均不得小于该牌号钢筋规定的抗拉强度；

HRB400钢筋接头检测试件的抗拉强度均不得小于570N/mm²;至少应有2个检测试件断于焊缝之外,并应呈延性断裂;则判定该批接头合格。

(2)当检测结果有2个检测试件抗拉强度小于钢筋规定抗拉强度,或3个试件均在焊缝或热影响区发生脆性断裂时,则一次判定该批接头为不合格品。

(3)断裂时,其抗拉强度均小于钢筋规定抗拉强度的1.10倍时,应进行复验。

复验时,应再切取6个检测试件。复验结果,当仍有1个检测试件的抗拉强度小于规定值,或有3个检测试件在焊缝或热影响区发生脆性断裂,其抗拉强度均小于钢筋规定抗拉强度的1.10倍时,则判定该批接头为不合格品。

2. 闪光对焊接头、气压焊接头弯曲检测

(1)当检测试件弯至90°时,有2个或3个检测试件外侧(焊缝或热影响区)未发生破裂,应评定该批接头弯曲性能合格。

(2)当3个检测试件均发生破裂,则一次判定该批接头为不合格品。

(3)当有2个检测试件发生破裂,应进行复验。

复验时,应再切取6个检测试件。复验结果,当有3个检测试件发生破裂时,则判定该批接头为不合格品。

3. 预埋件钢筋T型接头拉伸检测

(1)不得小于470N/mm²;HRB400钢筋接头不得小于550N/mm²,则判定该批接头合格。

(2)当3个检测试件中有小于规定值时,应进行复验。

复验时,应再取6个检测试件。复验结果,其抗拉强度均达到上述要求时,则判定该批接头为合格品。

6.3.2 钢筋机械连接接头拉伸检测结果评定

对接头的每一验收批,必须在工程结构中随机截取3个接头检测试件作抗拉强度检测,按设计要求的接头等级进行评定。

1. 当3个检测接头试件的抗拉强度均符合规程中相应等级的要求时(表6-4),该验收批为合格品。

表6-4 接头的抗拉强度要求

接头等级	Ⅰ级	Ⅱ级	Ⅲ级
抗拉强度	$f^0_{mst} \geq f^0_{st}$或$f^0_{mst} \geq f_{uk}$	$f^0_{mst} \geq f_{uk}$	$f^0_{mst} \geq 1.35 f_{yk}$

注:f^0_{mst}——检测接头试件的实际抗拉强度;
f^0_{st}——检测接头试件中钢筋抗拉强度实测值;
f_{uk}——钢筋抗拉强度标准值;
f_{yk}——钢筋屈服强度标准值。

2. 若有1个检测试件的强度不符合要求,应再取6个检测试件进行复验,若复验中仍有1个检测试件的强度不符合要求,则该验收批为不合格品。

6.3.3 钢筋的力学、机械性能和连接件性能检测实训报告

钢筋的力学、机械性能和连接件性能检测实训报告见表6-5。

表 6-5 钢筋的力学、机械性能和连接件性能检测实训报告

工程名称： 报告编号： 工程编号：

委托单位		委托编号		委托日期	
施工单位		样品编号		检验日期	
结构部位		出厂合格证编号		报告日期	
厂别		检验性质		代表数量	
发证单位		见证人		证书编号	

接头类型		检验形式	
设计要求接头性能等级		代表数量	

连接钢筋种类及牌号		公称直径		原材试验编号	

检测接头试件			检测母材试件		弯曲检测试件		
公称面积/mm^2	抗拉强度/MPa	断裂特征及位置	实测面积/mm^2	抗拉强度/MPa	弯心直径/mm	角度/°	结果

执行标准：

主要仪器设备	检测仪器		管理编号	
	型号规格		有效期	
	检测仪器		管理编号	
	型号规格		有效期	
	检测仪器		管理编号	
	型号规格		有效期	
	检测仪器		管理编号	
	型号规格		有效期	

备　注	
声　明	
地　址	地址： 邮编： 电话：

审批（签字）：________ 审核（签字）：________ 校核（签字）：________ 检测（签字）：________

检测单位（盖章）：________

报 告 日 期： 年 月 日

注：本表一式四份（建设单位、施工单位、检测实验室、城建档案馆存档各一份）。

第7章 沥青胶结料性能的检测与实训

教学目的:通过加强沥青及沥青胶结料的检测与实训,可让学生掌握沥青及沥青胶结料是如何取样、送样及其各项检测项目是如何进行检测的,从而达到“教、学、做”合一,实现学生岗位核心能力的培养目标。

教学要求:全面了解沥青及沥青胶结料各项检测项目(包括沥青及沥青胶结料性能、防水卷材性能等)是如何取样、送样,重点掌握其检测技术。

7.1 沥青胶结料性能检测的基本规定

7.1.1 执行标准

《建筑石油沥青》(GB/T 494—1998);
《沥青针入度测定法》(GB/T 4509—1998);
《沥青延度测定法》(GB/T 4508—1999);
《沥青软化点测定法(环球法)》(GB/T 4507—1999);
《弹性体改性沥青防水卷材》(GB 18242—2008);
《塑性体改性沥青防水卷材》(GB 18243—2008);
《建筑防水卷材试验方法》(GB/T 328—2007);
《屋面工程质量验收规范》(GB 50207—2002);
《地下防水工程质量及验收规范》(GB 50208—2002);
《建筑防水材料老化试验方法》(GB/T 18244—2000)。

7.1.2 沥青胶结料性能的检测项目

沥青胶结料性能的检测项目、组批原则及抽样规定见表7-1。

表7-1 沥青胶结料性能的检测项目、组批原则及抽样规定

序号	材料名称及标准规范	检测项目	组批原则及取样规定
1	沥青 GB/T 494—1998 GB/T 4507—1999 GB/T 4508—1999 GB/T 4509—1998	软化点、针入度、延度等	1. 进行沥青性质常规检查的取样数量为黏稠或固体沥青不少于1.5kg,液体沥青不少于1L,沥青乳液不少于4L。 2. 进行沥青性质常规检查的取样数量应根据实际需要确定。 3. 用沥青取样器分别按以下要求取样: (1)从储油罐中取样,应按液体上、中、下位置(液体高各为1/3等份,但距罐底不得低于总液体高度的1/6)各取规定数量样品。对无搅拌设备的储罐,将取出的3个样品充分混合后取规定数量的样品作试样; (2)从槽、罐、撒布车中取样,对设有取样阀的,流出4kg后取样;对仅有放料阀的,放出全部沥青的一半时再取样;对从顶盖处取样的,可从中部取样;

续表 7-1

序号	材料名称及标准规范	检测项目	组批原则及取样规定
1	沥青 GB/T 494—1998 GB/T 4507—1999 GB/T 4508—1999 GB/T 4509—1998	软化点、针入度、延度等	(3)从沥青储存池中取样,沥青经管道或沥青泵流到热锅后取样,分间隔每锅至少取3个样品,然后充分混匀后再取规定数量做样品; (4)从沥青桶中取样,应从同一批生产的产品中随机取样,或将沥青桶加热全熔成流体后按罐车取样方法取样; (5)从桶、袋、箱装固体沥青中取样,应从容器侧面以内至少5cm处取样
2	GB 18242—2008 GB 18243—2008 GB 50208—2002 GB 50207—2002 GB/T 328—2007 GB/T 18244—2000	拉力、最大拉力时延伸率(玻纤胎卷材无此项)、不透水性、柔度、耐热度	1. 大于1000卷抽5卷,每500~1000卷抽4卷,100~499卷抽3卷,100以下卷抽2卷,进行规格尺寸和外观质量检验。在外观质量检验合格的卷材中,任取一卷做物理性能的检测; 2. 聚氯乙烯防水卷材是以5000m^2同类型、同规格、同等级的卷材为一批,不满此数亦按一批计

7.2 沥青及沥青胶结料性能的检测

7.2.1 沥青软化点的检测(环球法)

本检测方法适用于环球法检测软化点范围在30~157℃的石油沥青和煤焦油沥青试样,对于软化点在30~80℃范围内用蒸馏水做加热介质,软化点在80~157℃范围内用甘油做加热介质。

1. 主要检测设备仪器与材料

(1)主要检测设备仪器

① 环:两只黄铜肩或锥环,其尺寸规格见图7-1(a)。

② 支撑板:扁平光滑的黄铜板,其尺寸约为50mm×75mm。

③ 球:两只直径为9.5mm的钢球,每只质量为(3.50±0.05)g。

④ 钢球定位器:两只钢球定位器用于使钢球定位于试样中央,其一般形状和尺寸见图7-1(b)。

⑤ 浴槽:可以加热的玻璃容器,其内径不小于85mm,离加热底部的深度不小于120mm。

⑥ 环支撑架和支架:一只铜支撑架用于支撑两个水平位置的环,其形状和尺寸见图7-1(c),其安装图形见图7-1(d)。支撑架上的肩环的底部距离下支撑板的上表面为25mm,下支撑板的下表面距离浴槽底部为(16±3)mm。

⑦ 温度计:

A. 应符合《石油产品试验用玻璃液体温度计技术条件》GB/T 514—2005中沥青软化点专用温度计的规格技术要求,即测温范围在30~180℃,最小分度值为0.5℃的全浸式温度计。

B. 合适的温度计应按图7-1(d)悬于支架上,使得水银球底部与环底部水平,其距离在13mm以内,但不要接触环或支撑架,不允许使用其他温度计代替。

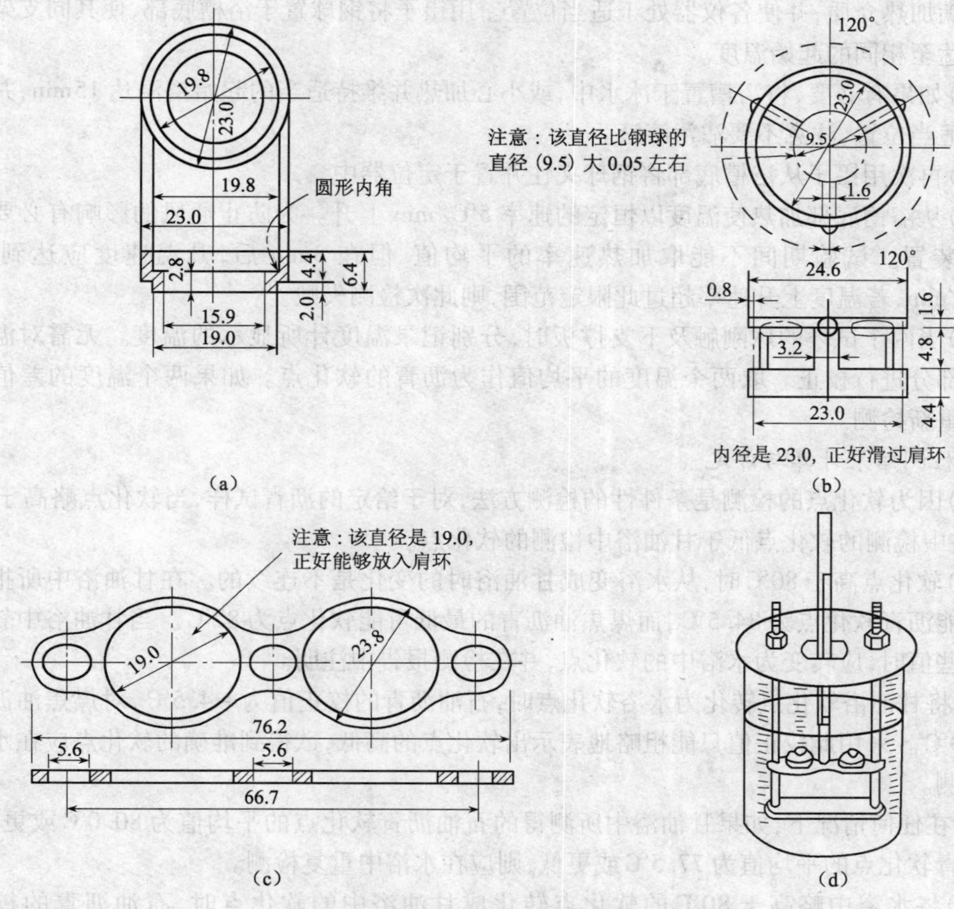

图7-1　环、钢球定位器、支架、组合装置图
(a)肩环；(b)钢球定位器；(c)支架；(d)组合装置图

(2)材料

① 加热介质

A. 新煮沸过的蒸馏水。

B. 甘油。

② 隔离剂：以质量计，两份甘油和一份滑石粉调制而成。

③ 刀：切沥青用。

④ 筛：筛孔为0.3～0.5mm的金属网。

2. 具体检测步骤

(1)选择下列一种加热介质

① 新煮沸过的蒸馏水适于软化点为30～80℃的沥青，起始加热介质温度应为(5±1)℃。

② 甘油适于软化点为80～157℃的沥青，起始加热介质的温度应为(30±1)℃。

③ 为了进行比较，所有软化点低于80℃的沥青应在水浴中进行检测，而高于80℃的在甘油浴中进行检测。

(2)把仪器放在通风橱内并配置两个样品环、钢球定位器，并将温度计插入合适的位置，浴槽装满加热介质,并使各仪器处于适当位置。用镊子将钢球置于浴槽底部,使其同支架的其他部位达至相同的起始温度。

(3)如果有必要,将浴槽置于冰水中,或小心加热并维持适当的起始浴温达15min,并使仪器处于适当位置,注意不要沾污溶液。

(4)再次用镊子从浴槽底部将钢球夹住并置于定位器中。

(5)从浴槽底部加热使温度以恒定的速率5℃/min上升。为防止通风的影响有必要时可用保护装置。试验期间不能取加热速率的平均值,但在3min后,升温速度应达到(5 ± 0.5)℃/min,若温度上升速率超过此限定范围,则此次检测失败。

(6)当两个试环的球刚触及下支撑板时,分别记录温度计所显示的温度。无需对温度计的浸没部分进行校正。取两个温度的平均值作为沥青的软化点。如果两个温度的差值超过1℃,则重新检测。

3. 检测结果计算与评定

(1)因为软化点的检测是条件性的检测方法,对于给定的沥青试样,当软化点略高于80℃时,水浴中检测的软化点低于甘油浴中检测的软化点。

(2)软化点高于80℃时,从水浴变成甘油浴时的变化是不连续的。在甘油浴中所报告的最低可能沥青软化点为84.5℃,而煤焦油沥青的最低可能软化点为82℃。当甘油浴中软化点低于这些值时,应转变为水浴中的软化点,并在检测报告中注明。

① 将甘油浴软化点转化为水浴软化点时,石油沥青的校正值为-4.5℃,对煤焦油沥青的为-2.0℃。采用此校正值只能粗略地表示出软化点的高低,欲得到准确的软化点应在水浴中重复检测。

② 在任何情况下,如果甘油浴中所测得的石油沥青软化点的平均值为80.0℃或更低,煤焦油沥青软化点的平均值为77.5℃或更低,则应在水浴中重复检测。

(3)将水浴中略高于80℃的软化点转化成甘油浴中的软化点时,石油沥青的校正值为+4.5℃,煤焦油沥青的校正值为+2.0℃。采用此校正值只能粗略地表示出软化点的高低,欲得到准确的软化点应在甘油浴中重复检测。

在任何情况下,如果水浴中两次测定温度的平均值为85.0℃或更高,则应在甘油浴中重复检测。

(4)精密度(95%置信度)

① 重复性:重复检测两次结果的差数不得大于1.2℃。

② 再现性:同一试样由两个检测实验室各自提供的检测结果之差不应超过2.0℃。

7.2.2 沥青延度的检测

本检测方法适于测定沥青产品技术规格要求的延度,并且能够测定沥青材料拉伸性能。

1. 主要检测设备仪器与材料

(1)模具:模具应按图7-2中所给样式进行设计。试件模具由黄铜制造,由两个弧形端模和两个侧模组成,组装模具的尺寸变化范围如图7-1所示。

(2)水浴:水浴能保持检测试验温度变化不大于0.1℃,容量至少为10L,试件浸入水中深度不得小于10cm,水浴中设置带孔搁架以支撑试件,搁架距浴底部不得小于5cm。

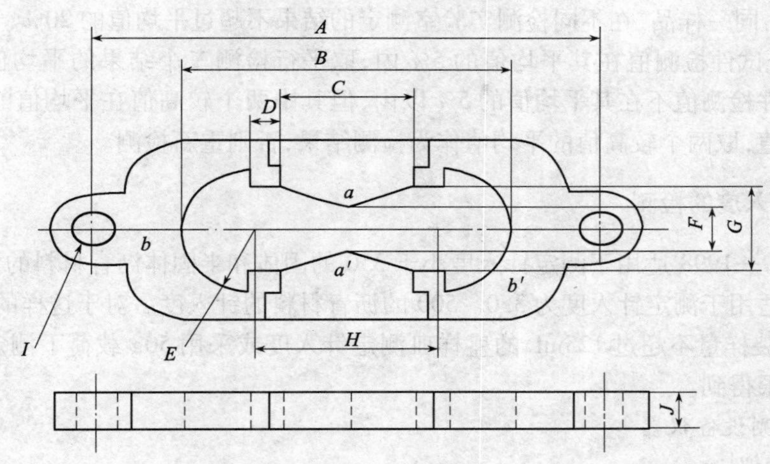

图7-2 延度仪模具

A—两端模环中心点距离111.5～113.5mm；B—试件总长74.5～75.5mm；C—端模间距29.7～30.3mm；D—肩长6.8～7.2mm；E—半径15.75～16.25mm；F—最小横断面宽9.9～10.1mm；G—端模口宽19.8～20.2mm；H—两半圆心间距离42.9～43.1mm；I—端模孔直径6.5～6.7mm；J—厚度9.9～10.1mm

(3)延度仪：对于测量沥青的延度来说，凡是能够满足注中规定的将试件持续浸没于水中，能按照一定的速度拉伸试件的仪器均可使用。该仪器在启动时应无明显的振动。

注：所有石油沥青试样的准备和测试必须在6h内完成，煤焦油沥青必须在4.5h内完成。小心加热试样，并不断搅拌以防止局部过热，直到样品变得流动。小心搅拌以免气泡进入样品中。

1. 石油沥青样品加热至倾倒温度的时间不超过2h，其加热温度不超过预计沥青软化点110℃。

2. 煤焦油沥青样品加热至倾倒温度的时间不超过30min，其加热温度不超过煤焦油沥青预计软化点55℃。

3. 如果重复检测，不能重新加热样品，应在干净的容器中用新鲜样品制备试样。

(4)温度计：0～50℃，分度为0.1℃和0.5℃各一支。

注：如果延度试样放在25℃标准的针入度浴中，则可用上面的温度计来代替GB/T 4509中所规定的温度计。

(5)筛孔为0.3～0.5mm的金属网。

(6)隔离剂：以质量计，由两份甘油和一份滑石粉调制而成。

(7)支撑板：金属板或玻璃板，一面必须磨光至表面粗糙度为*Ra*0.63。

2. 具体检测步骤

(1)将模具两端的孔分别套在检测仪器的柱上，然后以一定的速度拉伸，直到试件拉伸断裂。拉伸速度允许误差±5%，测量试件从拉伸到断裂所经过的距离，以cm表示。检测时，试件距水面和水底的距离不小于2.5cm，并且要使温度保持在规定温度的±0.5℃的范围内。

(2)如果沥青浮于水面或沉入槽底时，则检测不正常。应使用乙醇或氯化钠调整水的密度。使沥青材料即不浮于水面，又不沉入槽底。

(3)正常的检测应将试样拉成锥形，直至在断裂时实际横断面面积接近于零。如果三次检测得不到正常结果，则应报告在该条件下延度无法检测。

3. 检测结果计算与评定

(1)精密度

按下述规定判断检测结果的可靠性(置信度95%)。

① 重复性：同一样品，同一操作者重复检测两次结果不超过平均值的10%。

② 再现性:同一样品,在不同检测实验室测定的结果不超过平均值的 20%。

(2)若 3 个试件检测值在其平均值的 5% 内,取平行检测三个结果的平均值作为检测结果。若 3 个试件检测值不在其平均值的 5% 以内,但其中两个较高值在平均值的 5% 之内,则弃去最低测定值,取两个较高值的平均值作为检测结果,否则重新检测。

7.2.3 沥青针入度的检测

GB/T 4509—1998 适用于测定针入度小于 350 的固体和半固体沥青材料的针入度。

该标准也适用于测定针入度为 350 ~ 500 的沥青材料的针入度。对于这样的沥青,需采用深度为 60mm,装样量不超过 125mL 的盛样皿测定针入度或采用 50g 载荷下测定的针入度乘以 2 的二次方根得到。

1. 主要检测设备仪器

(1)针入度仪

能使针连杆在无明显摩擦下垂直运动,并能指示穿入深度精确到 0.1mm 的仪器均可使用。针连杆质量为(47.5 ± 0.05)g。针和针连杆的总质量为(50 ± 0.05)g,另外仪器附有(50 ± 0.05)g 和(100 ± 0.05)g 的砝码各一个,可以组成(100 ± 0.05)g 和(200 ± 0.05)g 的载荷以满足检测所需的载荷条件。仪器设有放置平底玻璃皿的平台,并有可调水平的机构,针连杆应与平台垂直。仪器设有针连杆制动按钮,紧压按钮针连杆可以自由下落。针连杆要易于拆卸,以便定期检查其质量。

(2)标准针

① 标准针应由硬化回火的不锈钢制造,钢号为 440—C 或等同的材料,洛氏硬度为 54 ~ 60(见图 7-3)。针长约 50mm,直径为 1.00 ~ 1.02mm。针的一端必须磨成 8.7° ~ 9.7°的锥形。锥形必须与针体同轴。圆锥表面和针体表面交界线的轴向最大偏差不大于 0.2mm,切平的圆锥端直径应在 0.14 ~ 0.16mm 之间,与针轴所成角度不超过 2°。切平的圆锥面的周边应锋利没有毛刺。圆锥表面粗糙度的算术平均值应为 0.2 ~ 0.3μm,针应装在一个黄铜或不锈钢的金属箍中,针露在外面的长度应在 40 ~ 50mm。金属箍的直径为(3.20 ± 0.05)mm,长度为(38 ± 1)mm,针应牢固地装在箍里。针尖及针的任何其余部分均不得偏离箍轴 1mm 以上。针箍及其附件总重为(2.50 ± 0.05)g。每个针箍上打印单独的标志号码。

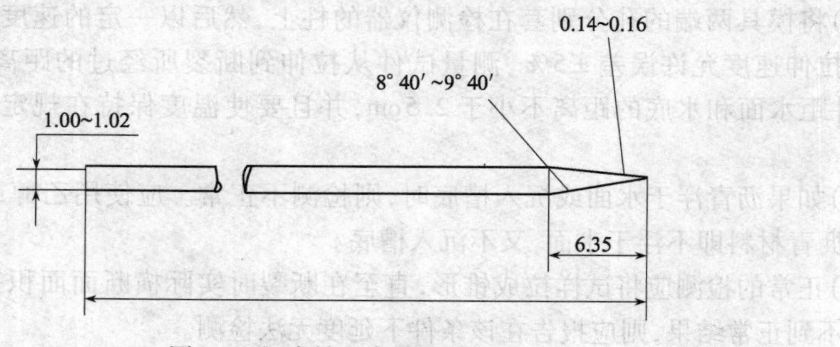

图 7-3 沥青针入度试验用针

② 为了保证检测用针的统一性,国家计量部门对针的检验结果必须满足上述的要求,对每一根针应附有国家计量部门的检验单。

(3)试样皿

金属或玻璃的圆柱形平底皿,尺寸见表7-2。

表7-2　试样皿

针入度	直径/mm	深度/mm
针入度小于200时	55	35
针入度200~350时	55	70
针入度350~500时	50	60

(4)恒温水浴

容量不少于10L,能保持温度在检测温度下控制在0.1℃范围内。距水底部50mm处有一个带孔的支架。这一支架离水面至少有100mm。在低温下测定针入度时,水浴中装入盐水。

(5)平底玻璃皿

平底玻璃皿的容量不小于350mL,深度要没过最大的样品皿。内设一个不锈钢三角支架,以保证试样皿稳定。

(6)计时器

刻度为0.1s或小于0.1s,60s内的准确度达到±0.1s的任何计时装置均可。

(7)温度计

液体玻璃温度计,符合以下标准:刻度范围:0~50℃,分度值为0.1℃。

温度计应定期按液体玻璃温度计检验方法进行校正。

2. 检测样品的制备

(1)小心加热样品,不断搅拌以防局部过热,加热到使样品能够流动。加热时焦油沥青的加热温度不超过软化点的60℃,石油沥青不超过软化点的90℃。加热时间不超过30min。加热、搅拌过程中避免试样中进入气泡。

(2)将试样倒入预先选好的试样皿中。试样深度应大于预计穿入深度10mm。同时将试样倒入两个试样皿。

(3)轻轻地盖住试样皿以防灰尘落入。在15~30℃的室温下冷却1~1.5h(小试样皿)或1.5~2.0h(大试样皿),然后将两个试样皿和平底玻璃皿一起放入恒温水浴中,水面应没过试样表面10mm以上。在规定的检测温度下冷却:小皿恒温1~1.5h,大皿恒温1.5~2.0h。

3. 具体检测步骤

(1)调节针入度仪的水平,检查针连杆和导轨,确保上面没有水和其他物质。先用合适的溶剂将针擦干净,再用干净的布擦干,然后将针插入针连杆中固定。按检测条件放好砝码。

(2)将已恒温到检测温度的试样皿和平底玻璃皿取出,放置在针入度仪的平台上。慢慢放下针连杆,使针尖刚刚接触到试样的表面,必要时用放置在合适位置的光源反射来观察。拉下活杆,使其与针连杆顶端相接触,调节针入度仪上的表盘读数指零。

(3)用手紧压按钮,同时启动秒表,使标准针自由下落穿入沥青试样,到规定时间停压按钮,使标准针停止移动。

(4)拉下活杆,再使其与针连杆顶端相接触,此时表盘指针的读数即为试样的针入度,用1/10mm表示。

(5)同一试样至少重复检测三次。每一检测点的距离和检测点与试样皿边缘的距离都不得小于10mm。每次检测前都应将试样和平底玻璃皿放入恒温水浴中，每次测定都要用干净的针。当针入度超过200时，至少用三根针，每次检测用的针留在试样中，直到三根针扎完时再将针从试样中取出。针入度小于200时可将针取下用合适的溶剂擦净后继续使用。

4. 检测结果计算与评定

(1)精密度

① 三次测定针入度的平均值，取至整数，作为检测结果。三次测定的针入度值相差不应大于表7-3数值：

表7-3 针入度最大差值

针入度	0~49	50~149	150~249	250~350
最大差值	2	4	6	8

② 重复性：同一操作者同一样品利用同一台仪器测得的两次结果不超过平均值的4%。

③ 再现性：不同操作者同一样品利用同一类型仪器测得的两次结果不超过平均值的11%。

④ 如果误差超过了这一范围，采用第二个样品重复检测。

⑤ 如果结果再次超过允许值，则取消所有的检测结果，重新进行检测。

(2)报告三个针入度值的平均值，取至整数作为检测结果。

7.2.4 沥青玛瑅脂的检测

1. 调制方法

(1)将沥青放入锅中熔化，使其脱水至不再起沫为止。

如采用熔化的沥青配料时，可用体积比，如采用块状沥青配料时，应用质量比。

采用体积比配料时，熔化的沥青应用量勺配料，石油沥青的密度，可按1.00计。

(2)调制沥青玛瑅脂时，应待沥青完全熔化和脱水后，再慢慢地加入填充料，同时不停地搅拌至均匀为止。填充料在掺入沥青前，应干燥并宜加热。

2. 具体检测方法

沥青玛瑅脂的各项试验，每项至少3个试件，检测结果均须合格。

(1)沥青玛瑅脂耐热度的检测

① 主要检测设备仪器

A. 烘干箱：自动控温200℃；

B. 温度计：100~150℃；

C. 坡度板：坡度1∶1。

② 具体检测步骤

A. 将已干燥的110mm×50mm的350号石油沥青油纸，由干燥器中取出，放在瓷板或金属板上。

B. 将熔化的沥青胶结材料均匀涂布在油纸上，厚度为2mm，并不得有气泡，但在油纸的一端应留出10mm×50mm的空白面积以备固定。立好以另一块100mm×50mm的油纸平行地置于其上，将两块油纸的三边对齐，同时用热刀将边上多余的沥青胶结材料刮下。试件置放于15~25℃的空气中，上置一木制薄板，并将2kg重的金属块放在木板中心，使均匀加压1h。

C. 然后卸掉试件上的负荷，将试件平置于预先已加热的电烘箱中（电烘箱的温度低于沥青胶结材料软化点30℃）停放30min，再将油纸未涂沥青胶结料的一端向上，固定在45°角的坡度板上，在电烘箱中继续停放5h，然后取出试件，并仔细察看有无沥青胶结料流淌和油纸下滑现象。

D. 如果未发生沥青胶结料流淌或油纸下滑，则认为沥青胶结料的耐热度在该温度下合格，然后将电烘箱温度提高5℃，另取一试件重复以上步骤，直至出现沥青胶结料流淌或油纸下滑时为止，此时可认为在该温度下沥青胶结料的耐热度不合格。

（2）沥青玛瑞脂柔韧性的检测

① 主要检测设备仪器

A. 温度计：50℃；

B. 水槽或烧杯；

C. 瓷板或金属板；

D. 圆棒：直径10mm、15mm、20mm、25mm、30mm、35mm。

② 主要检测步骤

在100mm×50mm的350号沥青油纸上，均匀地涂一层厚约2mm的沥青胶结料（每一试件用10g沥青胶结料），静置2h以上且冷却至温度为（18±2）℃后，将试件和规定直径的圆棒放在温度为（18±2）℃的水中15min，然后取出并用2s时间以均衡速度弯曲成半周。此时沥青胶结料层上不应出现裂纹。

（3）沥青玛瑞脂黏结力的检测

① 主要检测设备仪器

A. 金属块：2kg重；

B. 温度计：50℃；

C. 干燥器；

D. 瓷板或金属板。

② 具体检测步骤

A. 将已干燥的100mm×50mm的350号石油沥青油纸由干燥器中取出，放在成型板上，将熔化的沥青胶结料均匀涂布在油纸上，厚度约为2mm，面积为80mm×50mm，并不得有气泡，但在油纸的一端应留出20mm×50mm的空白面积，立即以另一块100mm×50mm的沥青油纸平行的置于其上，将两块油纸的四边对齐，同时用热刀把边上多余的沥青胶结料刮下。

B. 试件置于15～25℃的空气中，上置木制薄板，并将2kg重的金属块放在木板中心，使均匀加压1h，然后除掉试件上的负荷，再将试件置于（18±2）℃的电烘箱中30min取出，用两手的拇指与食指捏住试件未涂沥青胶结料的部分一次慢慢地揭开，若油纸的任何一面被撕开的面积不超过原粘贴面积的1/2时，则认为合格，否则为不合格。

7.2.5 沥青及沥青胶结料性能的检测实训报告

沥青及沥青胶结料性能的检测实训报告见表7-4。

表 7-4　沥青及沥青胶结料性能的检测实训报告

工程名称：　　报告编号：　　工程编号：

委托单位		委托编号		委托日期	
施工单位		样品编号		检验日期	
结构部位		出厂合格证编号		报告日期	
厂别		检验性质		代表数量	
发证单位		见证人		证书编号	

1. 石油沥青性能的检测

使用部位		沥青品种		牌号	
检测项目	检测结果	平均值	标准规定值	结论	
针入度/（1/10mm）					
延度/cm					
软化点/℃					

执行标准：

2. 沥青玛瑞脂性能的检测

使用部位		标号	
检测项目	标准规定	检测结果	结论
耐热度			
柔韧性			
粘结力			

执行标准：

主要仪器设备	检测仪器		管理编号	
	型号规格		有效期	
	检测仪器		管理编号	
	型号规格		有效期	
	检测仪器		管理编号	
	型号规格		有效期	
	检测仪器		管理编号	
	型号规格		有效期	
备　　注				
声　　明				

续表7-4

地　　址	地址： 邮编： 电话：

审批(签字)：__________审核(签字)：__________校核(签字)：__________检测(签字)：__________

检测单位(盖章)：__________
报告日期：　　年　月　日

注：本表一式四份(建设单位、施工单位、检测实验室、城建档案馆存档各一份)。

7.3　防水卷材性能的检测

7.3.1　弹性体改性沥青防水卷材的检测

GB/T 18242—2008标准适用于聚酯毡或玻纤毡为胎基、苯乙烯-丁二烯-苯乙烯(SBS)热塑性弹性体作改性剂，两面覆以隔离材料所制成的建筑防水卷材(简称"SBS"卷材)。

1. 试件要求

将取样卷材切除距外层卷头2500mm后，顺纵向切取长度为800mm的全幅卷材试样2块，一块作物理力学性能检测用，另一块备用。

按图7-4所示的部位及表7-5规定的尺寸和数量切取试件，试件边缘与卷材纵向边缘间的距离不小于75mm。

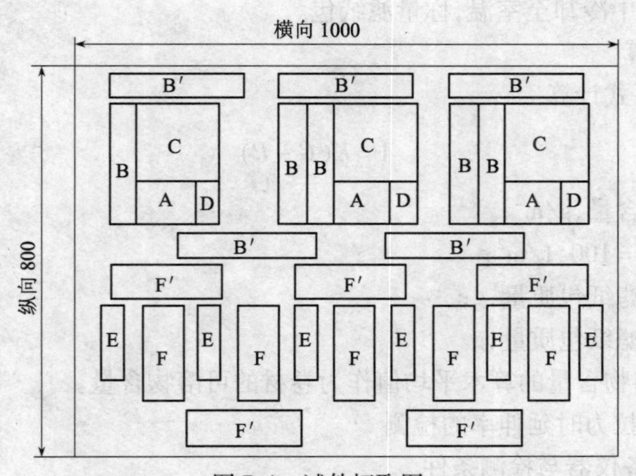

图7-4　试件切取图

表7-5　试件尺寸和数量

检测项目	试件代号	试件尺寸/mm	数　量/个
可溶物含量	A	100×100	3
拉力及延伸率	B、B′	250×50	纵横向各5

续表 7-5

检测项目	试件代号	试件尺寸/mm	数　量/个
不透水性	C	150×150	3
耐热度	D	100×50	3
低温柔度	E	150×25	6
撕裂强度	F、F′	200×75	纵横向各 5

人工气候加速老化性能试件按 GB/T 18244—2000 切取。共取 2 组。一组进行老化检测;一组作为对比试件,在标准条件下进行性能测定。

2. 物理力学性能的检测

(1)可溶物含量的检测

① 主要检测设备仪器

分析天平:感量 0.001g。

萃取器:500mL 索氏萃取器。

电热干燥箱:温度范围 0~300℃,精度 ±2℃。

滤纸:直径不小于 150mm。

② 溶剂

四氯化碳、三氯甲烷或三氯乙烯,工业纯或化学纯。

③ 具体检测步骤

按规定切取的试件(A)分别用滤纸包好并用棉线捆扎后,分别称量。

将滤纸包置于萃取器中,溶剂量为烧瓶容量 1/2~2/3,进行加热萃取,直至回流的溶剂呈浅色为止。取出滤纸包,使吸附的溶剂先挥发。加入预热至 105~110℃的电热干燥箱中干燥 1h,再放入干燥器中冷却至室温,称量滤纸包。

④ 检测结果计算

可溶物含量按下式计算

$$A = K(G - P) \tag{7-1}$$

式中 A——可溶物含量,g/m^2;

K——系数,$K=100$,$1/m^2$;

G——萃取前滤纸包质量,g;

P——萃取后滤纸包质量,g。

以 3 个试件可溶物含量的算术平均值作为卷材的可溶物含量。

(2)拉力及最大拉力时延伸率的检测

① 主要检测设备仪器与检测条件

A. 拉力检测试验机:能同时测定拉力与延伸率,测力范围 0~2000N,最小分度值不大于 5N,伸长范围能使夹具间距(180mm)伸长 1 倍,夹具夹持宽度不小于 50mm。

B. 检测温度:(23±2)℃。

② 具体检测步骤

将按规定切取的试件(B、B′)放置在试验温度下不少于 24h。

校准检测试验机，拉伸速度 50mm/min，将试件夹持在夹具中心，不得歪曲，上下夹具距离为 180mm。

启动检测试验机，至试件拉断为止，记录最大拉力时伸长值。

③ 检测结果计算

分别计算纵向或横向 5 个试件的算术平均值作为卷材纵向或横向拉力，单位“N/50mm”。

延伸率按下式计算：

$$E = \frac{100(L_1 - L_0)}{L} \tag{7-2}$$

式中　E——最大拉力时延伸率，%；

L_1——试件最大拉力时标距，mm；

L_0——试件初始标距，mm；

L——夹具间距离，180mm。

分别计算纵向或横向 5 个试件最大拉力时延伸率的算术平均值作为卷材纵向或横向延伸率。

（3）不透水性的检测

不透水性按 GB/T 328.3—2007 进行。卷材上表面作为迎水面，上表面为砂面、矿物粒料时，下表面作为迎水面。下表面材料为细砂时，在细砂面沿密封圈一圈去除表面浮砂，然后涂一圈 60 ~ 100 号热沥青，涂平冷却 1h 后检测不透水性。

（4）耐热度的检测

耐热度按 GB/T 328.3—2007 进行。加热 2h 后观察并记录试件涂盖层有无滑动、流淌、滴落。任一端涂盖层不应与胎基发生位移，试件下端应与胎基平齐，无流挂、滴落。

（5）低温柔度的检测

① 主要检测设备仪器与材料

低温制冷仪：范围 0 ~ －30℃，控温精度 ±2℃。

半导体温度计：量程 30 ~ －40℃，精度为 0.5℃。

柔度棒或弯板：半径（r）15mm、25mm，弯板示意图见图 7-5。

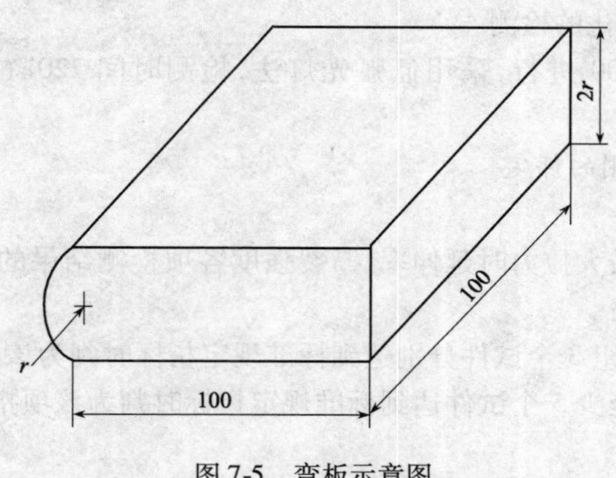

图 7-5　弯板示意图

冷冻液：不与卷材反应的液体，如：车辆防冻液，多元醇、多元醚类。

② 检测方法

A 法（仲裁法）：在不小于 10L 的容器中放入冷冻液（6L 以上），将容器放入低温制冷仪，冷却至标准规定温度。然后将试件与柔度棒（板）同时放在液体中，待温度达到标准规定的温度后至少保持 0.5h。在标准规定的温度下，将试件于液体中在 3s 内匀速绕柔度棒（板）弯曲 180 度。

B 法：将试件和柔度棒（板）同时放入冷却至标准规定的低温制冷仪中，待温度达到标准规定的温度后保持时间不少于 2h，在标准规定的温度下，将试件于液体中在 3s 内匀速绕柔度棒（板）弯曲 180 度。

③ 具体检测步骤

2mm、3mm 卷材采用半径（r）15mm 柔度棒（板），4mm 卷材采用半径（r）25mm 柔度棒（板）。

6 个试件中，3 个试件的下表面及另外 3 个试件的上表面与柔度棒（板）接触。取出试件用肉眼观察。试件涂盖层有无裂纹。

（6）撕裂强度的检测

① 主要检测设备仪器与检测条件

A. 拉力检测试验机：同上，夹具夹持宽度不小于 75mm。

B. 检测温度：(23 ±2)℃。

② 具体检测步骤

将按规定切取的试件（F、F′）用切刀或模具裁成如图 7-6 所示形状，然后在检测温度下放置不少于 24h。

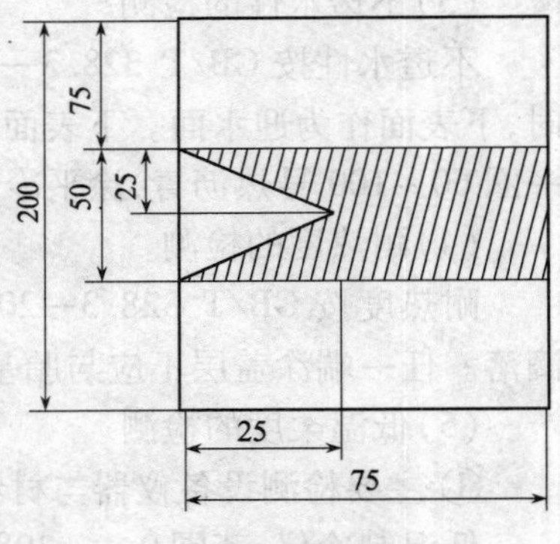

图 7-6　撕裂试件

校准检测试验机，拉伸速度 50mm/min，将试件夹持在夹具中心，不得歪扭，上下夹具间距离为 130mm。

启动检测试验机，至试件拉断为止，记录最大拉力。

③ 检测结果计算

分别计算纵向或横向 5 个试件拉力的算术平均值作为卷材纵向或横向撕裂强度，单位“N”。

（7）人工气候加速老化的检测

按 GB/T 18244—2000 进行，采用氙弧光灯法，检测时间 720h（累计辐射能量 1500MJ/m^2）。

3. 物理力学性能检测的评定

（1）判定

可溶物含量、拉力、最大拉力时延伸率、撕裂强度各项检测结果的平均值达到标准规定的指标时判为该项指标合格。

不透水性、耐热度每组 3 个试件分别达到标准规定指标时判为该项指标合格。

低温柔度 6 个试件至少 5 个试件达到标准规定指标时判为该项指标合格。型式检验和仲裁检验必须采用 A 法。

人工气候加速老化各项检测结果达到标准规定时判为该项指标合格。

各项检测结果均符合有关标准规定，判为该批产品物理力学性能合格。若有一项指标不符合标准规定,允许在该批产品中再随机抽取5卷,并从中任取1卷对不合格项进行单项复验。达到标准规定时,判为该批产品合格。

(2)总判定

卷重、面积、厚度、外观与物理力学性能均符合标准规定的全部技术要求时,且包装、标志符合下面规定时,则判该批产品合格。

4. 包装、标志、贮存与运输

(1)包装

卷材可用纸包装或塑胶带成卷包装。纸包装时应以全柱面包装,柱面两端未包装长度总计不应超过100mm。

(2)标志

① 生产厂名。

② 商标。

③ 产品标记。

④ 生产日期或批号。

⑤ 生产许可证号。

⑥ 贮存与运输注意事项。

(3)贮存与运输

贮存与运输时,不同类型、规格的产品应分别堆放,不应混杂。避免日晒雨淋,注意通风。贮存温度不应高于50℃,立放贮存,高度不超过两层。

当用轮船或火车运输时,卷材必须立放,堆放高度不超过两层。防止倾斜或横压,必要时加盖毡布。

在正常贮存、运输条件下,贮存期自生产日起为一年。

7.3.2　塑性体改性沥青防水卷材的检测

其检测方法与弹性体改性沥青防水卷材的检测相同。

7.3.3　聚氯乙烯防水卷材的检测

聚氯乙烯试样按图7-7所示的部位及表7-6规定的尺寸和数量切取试件。

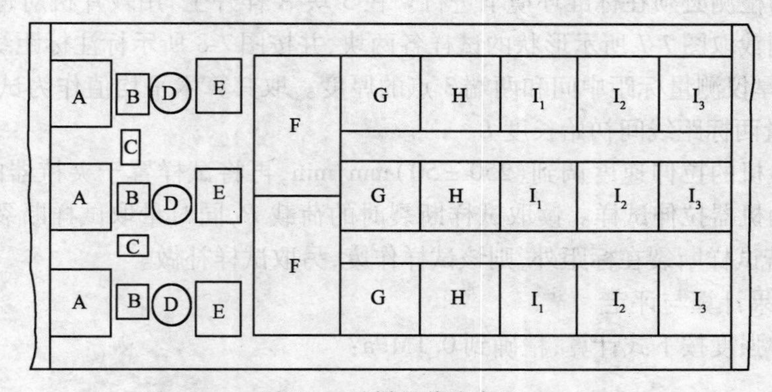

图7-7　试样的裁取布置

表 7-6 试样的尺寸及数量

检测项目	符　号	尺寸(纵向×横向,mm)	数　量
拉伸强度	A	200×200	3
热处理尺寸变化率	B	100×100	3
低温弯折性	C	50×100/100×50	1/1
抗渗透性	D	ϕ100	3
抗穿孔性	E	150×150	3
剪切状态下的黏合性	F	300×400	2
热老化处理	G	300×200	3
人工气候化处理	H	300×200	3
水溶液处理	I	300×200	9

1. 拉伸性能的检测

(1)主要检测设备仪器

① 裁片机:由加载装置、裁刀及其装卸装置组成。裁刀形状与图 7-8 相同。

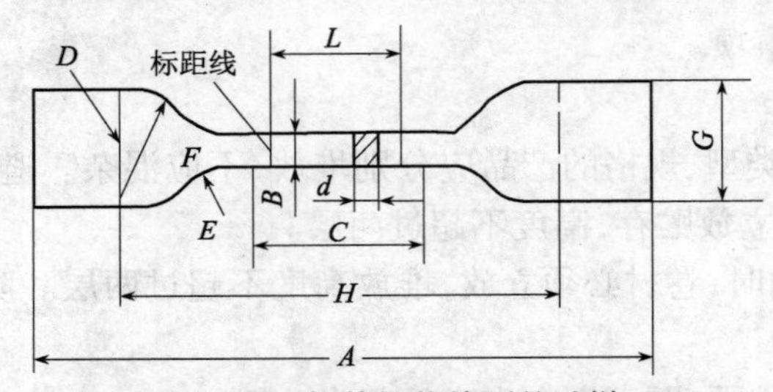

图 7-8 拉伸性能检测的试样

A—总长,最小值 115mm;B—标距段的宽度,$6.0^{+0.4}_{-0}$mm;C—标距段的长度,(33±2)mm;
D—夹持线;E—小半径,(14±1)mm;F—大半径,(25±2)mm;G—端部宽度,(25±1)mm;
H—夹具间的初始距离,(80±5)mm;L—标距线间的距离,(25±1)mm;d—标距线的厚度

② 拉力检测试验机:测量范围为 0~1000N,分度值为 2N,示值精度为±1%。检测试验机上夹具的移动速度为 80~500mm/min。

(2)具体检测步骤

拉伸性能的检测必须在标准环境下进行。在 3 块 A 样片上,用裁片机对每块样片沿卷材纵向和横向分别裁取图 7-7 所示形状的试样各两块,并按图 7-8 所示标注标距线和夹持线。在标距区内,用测厚仪测量标距中间和两端 3 点的厚度。取其算术平均值作为试样厚度 d,精确到 0.1mm。测量两标距线间初始长度 L。

将检测试验机的拉伸速度调到(250±50)mm/min,再将试样置于夹持器的中心,对准夹持线夹紧。开动机器拉伸试样。读取试样断裂时的荷载 P,同时量取试样断裂瞬间的标距线间的长度 L_1。若试样断裂在标距外,则该试样作废,另取试样补做。

(3)检测结果计算与评定

试样的拉伸强度按下式计算,精确到 0.1MPa:

$$\sigma_t = \frac{P}{B \cdot d} \tag{7-3}$$

式中　σ_t——试样的拉伸强度,MPa;

P——试样断裂时的荷载,N;

B——试样标距段的宽度,mm;

d——试样标距段的厚度,mm。

试样的断裂伸长率按下式计算:

$$\varepsilon_t = \frac{L_1 - L}{L} \times 100 \tag{7-4}$$

式中　ε_t——试样的断裂伸长率,%;

L——试样标距线间初始有效长度,mm;

L_1——试样断裂瞬间标距线间的长度,mm。

分别计算并报告 5 块试样纵向和横向的算术平均值,精确到 1%。

2. 热处理尺寸变化率的检测

(1)主要检测设备仪器

① 鼓风恒温箱:自动控温范围为 50 ~ 240℃,误差为 ±2℃。

② 直尺:量程为 150mm,分度值为 0.5mm。

③ 模板:100mm × 100mm × 0.4mm 的正方形金属板,边长误差不大于 ±0.5mm,直角误差不大于 ±1°。

④ 垫板:300mm × 300mm × 2mm 的硬纸板 3 块,表面应光滑平整。

(2)具体检测步骤

用模板裁取 3 块 B 试样,标明卷材的纵横方向,并标明每边的中点,作为试样处理前后检测时的参考点。

在标准环境下,用直尺检测纵向或横向上两参考点间的初始长度 S_0。将试样平放在撒有少量滑石粉的垫板上,再将垫板水平地置于鼓风恒温箱中,3 块垫板不得叠放,在(80 ±2)℃的温度中恒温 6h。取出垫板置于标准环境中调节 24h,再检测纵向或横向上两参考点间的长度 S_1。

(3)检测结果计算与评定

纵向或横向的尺寸变化率按下式分别计算:

$$L_h = \frac{|S_1 - S_0|}{S_0} \times 100 \tag{7-5}$$

式中　L_h——试样热处理尺寸变化率,%;

S_0——试样同方向上两参考点间的初始长度,mm;

S_1——试样处理后同方向上两参考点间的长度,mm。

分别计算 3 块试样纵向和横向的尺寸变化率的平均值,检测结果以较大数值表示,精确至 0.1%。

3. 抗穿孔性的检测

(1)主要检测设备仪器

① 穿孔仪:由 1 个带刻度的金属导管、可在其中自由运动的活动重锤、锁紧螺栓和半球形钢珠冲头组成,其中导管刻度长为 0 ~ 500mm,分度值 10mm,重锤质量 500g,钢珠直径

12.7mm。

② 铝板：厚度不小于4mm。

③ 玻璃管：内径$\phi \geq 30$mm，长600mm。

(2)具体检测步骤

将裁取的E试样自由地铺在铝板上，并一起放在密度25kg/m³、厚度50mm的泡沫聚苯乙烯垫块上。穿孔仪置于试样表面；将冲头下端的钢珠置于试样中心部位，把重锤调节到规定的落差高度300mm并定位。使重锤自由下落，撞击位于试样表面的冲头，然后将试样取出，检查试样是否穿孔。检测3块试样。

无明显穿孔时，采用图7-9所示装置对试样进行水密性检测，将圆形玻璃管垂直放在试样穿孔检测点的中心，用密封膏密封玻璃管与试件间的缝隙。将试样置于滤纸（150mm × 150mm）上。滤纸由玻璃板支承。用染色水溶液加入玻璃管中，静置16h后检查滤纸，如有渗透现象则表明试样已穿孔。

(3)检测结果计算与评定

3块试样均无穿孔时评定为不渗水。

4. 抗渗透性的检测

(1)主要检测设备仪器

采用GB/T 328—2007规定的不透水仪，但透水盘的压盖采用图7-10所示的金属槽盘。

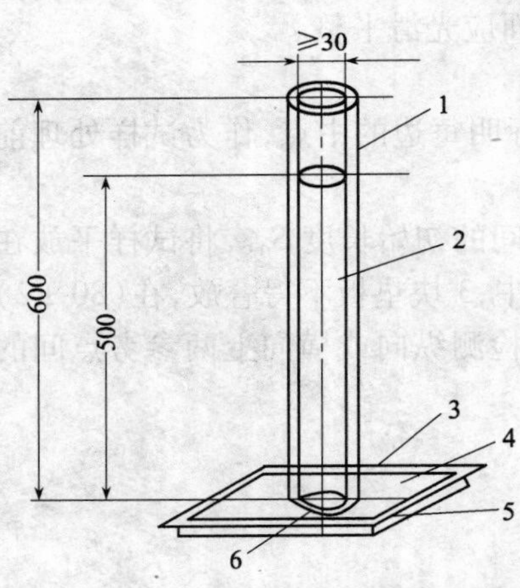

图7-9 水密性试验装置

1—玻璃管；2—染色水；3—滤纸；4—试样；5—玻璃板；6—密封膏

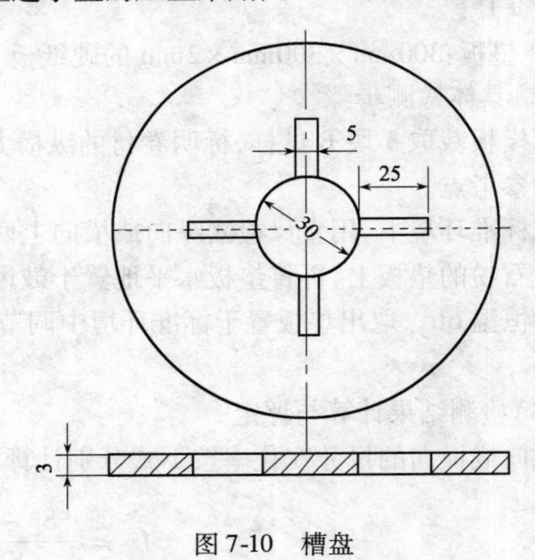

图7-10 槽盘

(2)具体检测步骤

检测必须在标准环境下进行，先按GB/T 328—2007的规定做好准备，将裁取的3块D试样分别置于3个透水盘中，盖紧槽盘，然后按GB/T 328—2007的规定操作不透水仪，以每小时提高1/6规定压力2×10^5Pa的速度升压，达到规定压力后保压24h，观察试样表面是否有渗水现象。

(3)检测结果计算与评定

3块试样均无渗水现象时评定为不透水。

5. 低温弯折性的检测

(1)主要检测设备仪器

① 低温箱：自动控温范围为 -40～0℃，误差为 ±2℃。

② 弯折仪：主要由金属材料制成的上下平板、转轴和调距螺丝组成的，平板间距可任意调节，其形状和尺寸见图 7-11 所示。

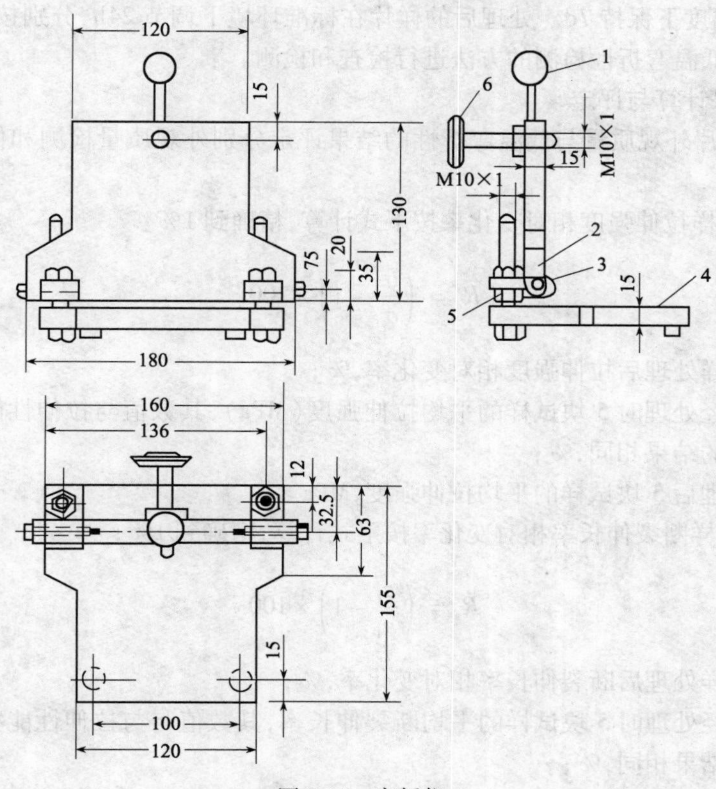

图 7-11　弯折仪

1—手柄；2—上平板；3—转轴；4—下平板；5—调距螺丝

③ 放大镜：放大倍数为 6 倍。

(2) 具体检测步骤

在标准环境下，用测厚仪测量 C 试样的厚度。试样的耐候面应无明显缺陷。然后将试样的耐候面朝外，弯曲 180°，使 50mm 宽的边缘重合、齐平，并确保不发生错位（可用定位夹或 10mm 宽的胶布将边缘固定），将弯折仪的上下平板间距调到卷材厚度的 3 倍。检测 2 块试样。

将弯折仪上平板翻开，将 2 块试样平放在弯折仪下平板上，重合的一边朝向转轴，且距离转轴 20mm，将弯折仪连同试样放入低温箱内，在规定温度下保持 1h，然后在 1s 之内将弯折仪的上下板压下，达到所调间距位置，保持 1s 后将试样取出。待恢复到室温后观察试样弯折处是否断裂，或用放大镜观察试样弯折处受拉面是否有裂纹。

(3) 检测结果计算与评定

2 块试样均不断裂或无裂纹时评定为无裂纹。

6. 热老化处理的检测

(1) 主要检测设备仪器

热老化检测试验箱：自动控温范围为50～240℃，误差为±2℃。

(2)具体检测步骤

将裁取的3块G试样放置在撒有滑石粉的垫板上，然后一起放入热老化检测试验箱中。在(80±2)℃的温度下保持7d。处理后的样片在标准环境下调节24h，分别按外观质量检测、拉伸性能检测和低温弯折性检测的方法进行检查和检测。

(3)检测结果计算与评定

① 3块G样片外观质量与低温弯折性的结果评定分别外观质量检测和低温弯折性检测结果评定相同。

② 处理后试样拉伸强度相对变化率按下式计算，精确到1%：

$$R_c = \left(\frac{\sigma_t'}{\sigma_t} - 1\right) \times 100 \tag{7-6}$$

式中　R_c——试样处理后拉伸强度相对变化率，%；

σ_t'——未经处理时5块试样的平均拉伸强度(MPa)，其数值与拉伸性能检测的结果评定的结果相同，%；

σ_t——处理后5块试样的平均拉伸强度，MPa。

③ 处理后试样断裂伸长率相对变化率按下式计算，精确到1%；

$$R_s = \left(\frac{\varepsilon_t'}{\varepsilon_t} - 1\right) \times 100 \tag{7-7}$$

式中　R_s——试样处理后断裂伸长率相对变化率，%；

ε_t——未经处理时5块试样的平均断裂伸长率，其数值与与拉伸性能检测的结果评定的结果相同，%；

ε_t'——处理后5块试样的平均断裂伸长率，%。

7. 剪切状态下的黏合性的检测

(1)具体检测步骤

将两块裁取的F试样平放于60℃的恒温箱中15min。在样片中间部位按胶粘剂的使用说明用橡皮刮刀涂抹宽度100mm、厚度适当的胶粘剂，然后将该样片上部未涂抹胶粘剂的部分(Ⅰ)以及另一块试样下部未涂抹胶粘剂的部分(Ⅱ)裁去，在长度方向剪成宽度b为50mm的样条，得到50mm×100mm的胶粘表面[图7-12(a)]每次将两片涂抹胶粘剂的样条相互搭接黏合成试样，两样条长边的边缘必须重合齐平[见图7-12(b)]。取5块试样在标准环境下放置24h，再进行拉伸剪切检测。

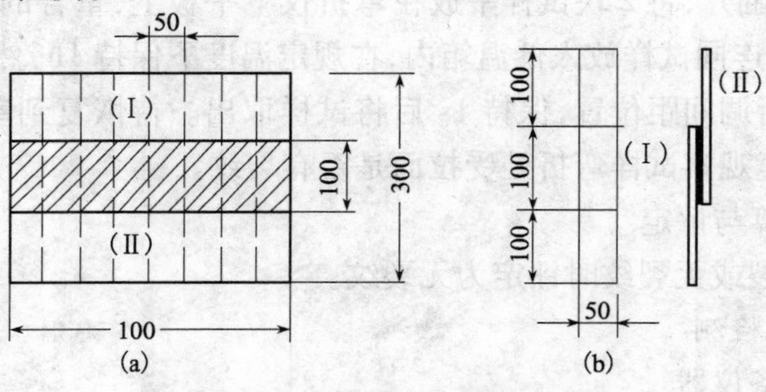

图7-12　黏合性试件的制作

(2)检测结果计算与评定

如果拉伸剪切时,试样的粘结面滑脱,则剪切状态下的黏合性以拉伸剪切强度 σ_{sa} 表示,按下式进行计算:

$$\sigma_{sa} = \frac{P_s}{b} \tag{7-8}$$

式中 σ_{sa}——拉伸剪切强度,N/mm;

P_s——最大拉伸剪切荷载,N;

b——试样粘结面宽度,mm。

结果以 5 块试样的算术平均值表示,精确到 0.1N/mm。

如果在拉伸剪切时,试样在接缝外断裂,则评定为接缝外断裂。

8. 人工气候化处理的检测

(1)主要检测设备仪器

氙灯气候检测试验箱:可自动控温和降雨。

(2)具体检测步骤

将裁取的 3 块 H 试样放入氙灯气候检测试验箱的工作室内,室内条件为:温度(45 ± 2)℃,相对湿度 70% ~80%,降雨持续时间与干燥持续时间之比为 1/4 ~1/7。其处理时间按总射线量 4500MJ/m²(非屋面用卷材的总射线量为 1100MJ/m²)确定。然后,取出样片放在标准环境下调节 24h,再分别按拉伸性能检测和低温弯折性检测进行检测。

(3)检测结果计算与评定

结果计算和热老化处理检测的检测结果计算与评定相同。

9. 水溶液处理的检测

(1)主要检测设备仪器

容器要求能耐酸、碱、盐的腐蚀,可以密闭,其容积大小视样片数量而定。

(2)具体检测步骤

先按表 7-7 的规定,用蒸馏水和化学试剂(分析纯)配制均匀溶液,并分别装入各自贴有标签的容器中,温度为(23 ±2)℃。

表 7-7　试剂和水溶液浓度

试　剂　名　称	水　溶　液　浓　度
$NaCl$	(10 ±2)%
$Ca(OH)_2$	饱和溶液
H_2SO_4	(5 ±1)%

在每种溶液中浸入 3 块裁取的 I 试样,密闭容器,保存 28d 后取出样片用自来水洗净、擦干。在标准环境下调节 24h,分别按拉伸性能检测和低温弯折性检测进行检测。

(3)检测结果计算与评定

结果计算和热老化处理检测的检测结果计算与评定相同。

7.3.4　氯化聚乙烯防水卷材的检测

其检测方法与聚氯乙烯防水卷材相同。

7.3.5 沥青防水卷材的检测

1. 检测条件

(1)送到检测实验室的试样在检测前,应原封放在干燥处并保持在 15~30℃范围内一定时间,检测实验室温度应每日记录。

(2)物理力学性能检测所用的水应为蒸馏水或洁净的淡水(饮用水)。所用的溶剂应为化学纯或分析纯,但生产厂一般日常检测可采用工业溶剂。

2. 试样

(1)将取样的一卷卷材切除距外层卷头 2500mm 后,顺纵向截取长度为 500mm 的全幅卷材两块,一块作物理力学性能检测试件用,另一块备用。

(2)按图 7-13 所示的部位及表 7-8 规定尺寸和数量切取试件。

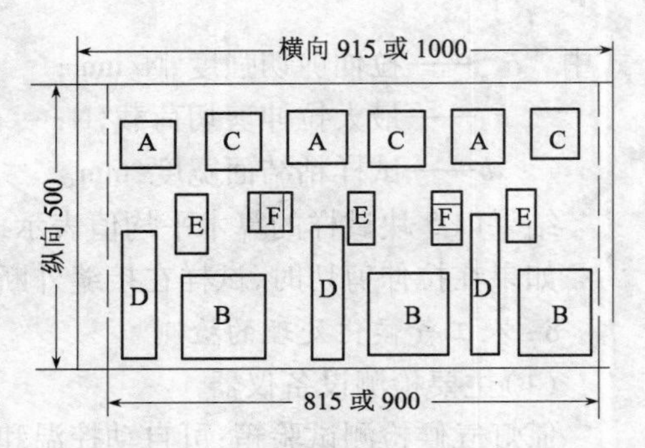

图 7-13 试样切取部位示意图

表 7-8 试样的尺寸及数量

检测项目		符 号	尺寸(纵向×横向,mm)	数 量
浸涂材料含量		A	100×100	3
不透水性		B	150×150	3
吸水性		C	100×100	3
拉力		D	250×50	3
耐热度		E	100×50	3
柔度	纵向	F	60×30	3
	横向	F	60×30	3

3. 物理力学性能的检测

(1)浸涂材料含量的检测

① 主要检测设备仪器与溶剂和材料

A. 分析天平:感量 0.001g 或 0.0001g;

B. 萃取器:250~500mL 索氏萃取器;

C. 加热器:电炉或水浴(具有电热或蒸汽加热装置);

D. 干燥箱:具有恒温控制装置;

E. 标准筛:140 目圆形网筛,具有筛盖和筛底;

F. 毛刷:细软毛刷或笔;

G. 称量瓶或表面皿;

H. 镀镍钳或镊子;

I. 干燥器:$\phi 250 \sim 300$mm;

J. 金属支架及夹子;

K. 软质胶管;

L. 溶剂:四氯化碳或苯;

M. 滤纸：直径不小于150mm；

N. 裁纸刀及棉线。

② 具体检测步骤

A. 试件处理：构件不同的检测要求，检测试件做如下处理：

a. 测定单位面积浸涂材料总量的试件，将其表面隔离材料刷除，再进行称量（w）。

b. 测定浸渍材料占干原纸质量百分比的油纸试件，试件不需预处理即可称量（w_1）。

c. 测定浸渍材料占干原纸质量百分比和单位面积涂盖材料质量的油毡试件，将其表面隔离材料刷除，进行称量（w）。然后在电炉上缓慢加热试件，使其发软，用刀轻轻剖为三层，用手撕开，分成带涂盖材料的两层和不带涂盖材料的一层（中间一层）。注意不使试件碎屑散失，将不带涂盖材料的一层进行称量（G）。

d. 称量后的试件用滤纸包好，并用棉线捆扎。油毡试样撕分出带涂盖材料层者，也用滤纸包好并用线捆扎。

B. 萃取：将滤纸包置入萃取器中，用四氯化碳或苯为溶剂（煤沥青卷材用苯为溶剂），溶剂用量为烧瓶容量的1/2～2/3，然后加热萃取，直到回流的溶剂无色为止（煤沥青卷材至淡黄色为止），取出滤纸包，使吸附的溶剂先行蒸发，放入预热至105～110℃的干燥箱中干燥1h，再放入干燥器内冷却到室温。

C. 称量：冷却到室温的干燥试件，按以下要求进行处理和称量：

a. 测定单位面积浸涂材料总量的油毡萃取后的试件或油毡的带涂盖材料层经萃取后的试件，放在圆形筛网中，迅速仔细地刷净试件表面的矿质材料，然后把试件移入称量瓶或表面皿内进行称量（P_1 和 P）。将留在网筛中的矿质材料进行筛分，并分别进行称量。筛余物为隔离材料（S），筛下物为填充料（F）。

b. 萃取后的油纸试件和油毡不带涂盖材料层的试件，将试件迅速移入称量瓶或表面皿内进行称量（G_1）。

③ 检测结果计算与评定

A. 单位面积浸涂材料总量A（g/m^2）按下式计算：

$$A = (W - P_1 - S) \times 100 \tag{7-9}$$

式中　W——100mm×100mm试件萃取前的质量，g；

P_1——被测的干原纸质量，g；

S——被测面积的隔离材料质量，g。

B. 浸渍材料占干原纸质量百分比D（%）按下列三式计算：

$$\text{石油沥青油毡}\ D_1 = \frac{G - G_1}{G_1} \times 100\% \tag{7-10}$$

$$\text{石油沥青油纸}\ D_2 = \frac{W_1 - G_1}{G_1} \times 100\% \tag{7-11}$$

$$\text{煤沥青油毡}\ D_3 = \frac{(G - G_1)K}{K_1 G_1} \times 100\% \tag{7-12}$$

式中　G——油毡的不带涂盖材料层试件在萃取前的质量，g；

G_1——油纸试件或油毡的不带涂盖材料层试件经萃取后干原纸的质量，g；

W_1——油纸试件的质量，g；

K——不溶于苯的沥青数量的修正系数（如煤沥青在苯中的溶解度为80%时，则 K 为1.20）；

K_1——不溶物留在原纸毛细孔中数量的修正系数（如煤沥青在苯中的溶解度为80%时，K_1 为0.80）。

C. 单位面积涂盖材料质量 C（g/m^2）按下两式计算：

$$\text{石油沥青油毡}\ C_1 = (W - G - P - P \cdot D_1 - S) \times 100 \tag{7-13}$$

$$\text{煤沥青油毡}\ C_2 = (W - G - K_1 \cdot P - P \cdot D_3 \cdot K_1 - S) \times 100 \tag{7-14}$$

式中　P——油毡的带涂盖层试件经萃取后的质量，g。

D. 填充料占涂盖材料质量百分比 M（%）按下式计算：

$$M = \frac{100F}{C} \times 100\% \tag{7-15}$$

式中　F——填充料质量，g。

E. 检测结果评定与处理

a. 各项技术指标检测值除另有注明者外，均以平均值作为检测结果。

b. 物理力学性能检测时如由于特殊原因造成失败，不能得出结果，应取备用样重做，但须注明原因。

（2）不透水性的检测

① 主要检测设备仪器与材料

A. 不透水仪：具有三个透水盘的不透水仪，它主要由液压系统、测试管路系统、夹紧装置和透水盘等部分组成，透水盘底座内径为92mm，透水盘金属压盖上有7个均匀分布的直径25mm透水孔。压力表测量范围为0～0.6MPa，精度2.5级。其测试原理见图7-14。

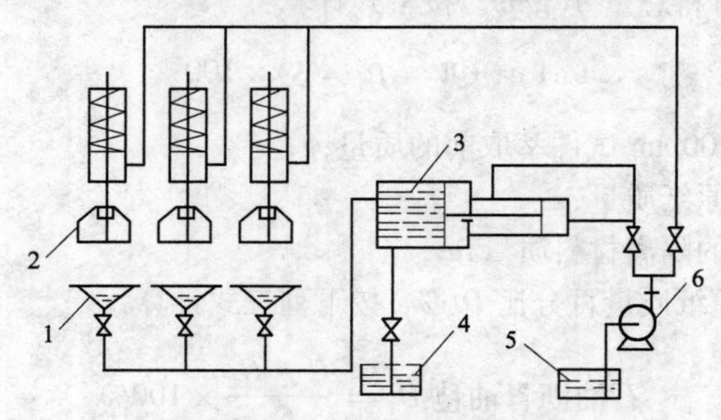

图7-14　不透水仪测试原理图

1—试座；2—夹脚；3—水缸；4—水箱；5—油箱；6—油泵

B. 定时钟（或带定时器的油毡不透水测试仪）。

② 具体检测步骤

A. 检测准备

a. 水箱充水：将洁净水注满水箱。

b. 放松夹脚：启动油泵，在油压的作用下，夹脚活塞带动夹脚上升。

c. 水缸充水：先将水缸内的空气排净，然后水缸活塞将水从水箱吸入水缸，完成水缸充水过程。

d. 试座充水：当水缸储满水后，由水缸同时向三个试座充水，三个试座充满水并已接近溢出状态时，关闭试座进入阀门。

e. 水缸二次充水：由于水缸容积有限，当完成向试座充水后，水缸内储存水已近断绝，需通过水箱向水缸再次充水，其操作方法与第一次充水相同。

B. 检测

a. 安装试件：将 3 块试件分别置于三个透水盘试座上，涂盖材料薄弱的一面接触水面，并注意“O”型密封圈应固定在试座槽内，试件上盖上金属压盖（或油毡透水测试仪的探头），然后通过夹脚将试件压紧在试座上。如产生压力影响结果，可向水箱泄水，达到减压目的。

b. 压力保持：打开试座进水阀，通过水缸向装好试件的透水盘底座继续充水，当压力表达到指定压力时，停止加压，关闭进水阀和油泵，同时开动定时钟或油毡透水测试仪定时器，随时观察试件有无渗水现象，并记录开始渗水时间。在规定测试时间出现其中一块或两块试件有渗漏时，必须立即关闭控制相应试座的进水阀，以保证其余试件能继续测试。

c. 卸压：当测试达到规定时间即可卸压取样，启动油泵，夹脚上升后即可取出试件，关闭油泵。

③ 检测结果计算与评定

检查试件有无渗漏现象。

(3) 耐热度的检测

① 主要检测设备仪器与材料

A. 电热恒温箱：带有热风循环装置；

B. 温度计：0 ~ 150℃，最小刻度 0.5℃；

C. 干燥器：ϕ250 ~ 300mm；

D. 表面皿：ϕ60 ~ 80mm；

E. 天平：感量 0.001g；

F. 试件挂钩：洁净无锈的细铁丝或回形针。

② 具体检测步骤

A. 在每块试件距短边一端 1cm 处的中心打一小孔。

B. 将试件用细铁丝或回形针穿挂好试件小孔，放入已定温至标准规定温度的电热恒温箱内。试件的位置与箱壁距离不应小于 50mm，试件间应留一定距离，不致粘结在一起，试件的中心与温度计的水银球应在同一水平位置上，距每块试件下端 10mm 处各放一表面皿，用以接受淌下的沥青物质。

C. 需做加热损耗的试件，将表面隔离材料尽量刷净，进行称量（G_1），存放一段时期的油毡其试件应在干燥器中干燥 24h 后称量。试件打孔带钩后，再将带钩试件进行称量（G_2）。加热后带钩试件放入干燥器内，冷却 0.5 ~ 1h 后进行称量（G_3）。

③ 检测结果计算与评定

A. 结果：在规定温度下加热 2h 后，取出试件及时观察并记录试件表面有无涂盖层滑动和集中性气泡。

集中性气泡指破坏油毡涂盖层原形的密集气泡。

B. 需做加热损耗时，以加热损耗百分比的平均值表示。

加热损耗百分比 L(%)按下式计算：

$$L = \frac{G_2 - G_3}{G_1} \times 100\% \tag{7-16}$$

式中　G_1——试件原质量，g；

G_2——加热前带钩试件质量，g；

G_3——加热后带钩试件质量，g。

(4)拉力的检测

① 主要检测设备仪器与材料

A. 拉力机：测量范围 0～1000N(或 0～2000N)，最小读数为 5N，夹具夹持宽不小于 5cm。

B. 量尺：精确度 0.1cm。

② 具体检测步骤

A. 将试件置于拉力试验相同温度的干燥处不小于 1h。

B. 调整好拉力机后，将定温处理的试件夹持在夹具中心，并不得歪扭，上下夹具之间的距离为 180mm，开动拉力机使受拉试件被拉断为止。

读出拉断时指针所指数值即为试件的拉力。如试件断裂处距夹具小于 20mm 时，该试件检测结果无效，应在同一样品上另行切取试件，重做检测。

③ 检测结果评定与处理

各项技术指标检测值除另有注明者外，均以平均值作为检测结果。

(5)柔度的检测

① 主要检测设备仪器与材料

A. 柔度弯曲器：ϕ25mm、ϕ20mm、ϕ10mm 金属圆棒或 R 为 12.5mm、10mm、5mm 的金属柔度弯板(见图 7-15)。

B. 恒温水槽或保温瓶。

C. 温度计：0～50℃，精确度 0.5℃。

② 具体检测步骤

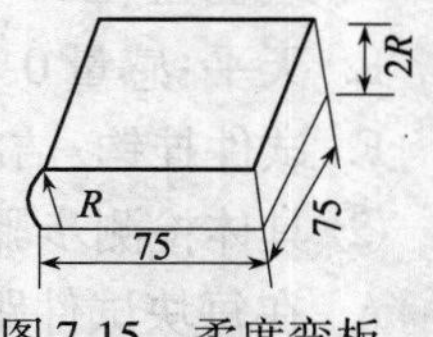

图 7-15　柔度弯板

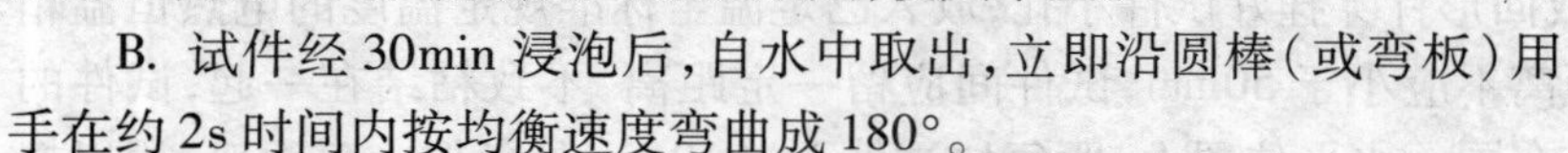

A. 将呈平板状无卷曲试件和圆棒(或弯板)同时浸泡入已定温的水中，若试件有弯曲，则可微微加热，使其平整。

B. 试件经 30min 浸泡后，自水中取出，立即沿圆棒(或弯板)用手在约 2s 时间内按均衡速度弯曲成 180°。

③ 检测结果评定

用肉眼观察试件表面有无裂纹。

7.3.6　防水卷材性能的检测实训报告

防水卷材性能的检测实训报告见表 7-9。

表 7-9　防水卷材性能的检测实训报告

工程名称：　　　　报告编号：　　　　工程编号：

委托单位		委托编号		委托日期	
施工单位		样品编号		检验日期	
结构部位		出厂合格证编号		报告日期	
厂别		检验性质		代表数量	
发证单位		见证人		证书编号	

1. 弹性体(或塑性体)改性沥青防水卷材的检测

序号	胎基			PY		G	
	型号			Ⅰ	Ⅱ	Ⅰ	Ⅱ
1	可溶物含量/(g/m^2)		2mm				
			3mm				
			4mm				
2	不透水性	压力/MPa,≥					
		保持时间/min,≥					
3	耐热度/℃						
4	拉力/(N/50mm),≥		纵向				
			横向				
5	最大拉力时延伸率/%,≥		纵向				
			横向				
6	低温柔度/℃						
7	撕裂强度/N≥		纵向				
			横向				
8	人工气候加速老化	外观					
		拉力保持率/%	纵向				
		低温柔度/℃					
结　论：							
执行标准：							

2. 聚氯乙烯防水卷材性能的检测

序号	项　目	标准规定	检测结果		结　论
			P 型	S 型	
1	拉伸强度/MPa,≮				
2	断裂伸长率/%,≮				
3	热处理尺寸变化率/%,≮				
4	低温弯折性				
5	抗渗透性				
6	抗穿孔性				
7	剪切状态下的黏合性				

续表 7-9

检测实验室处理后卷材相对于未处理时的允许变化						
8	热老化处理	外观质量				
		拉伸强度相对变化率/%				
		断裂伸长率相对变化率/%				
		低温弯折性				
9	人工候化处理	拉伸强度相对变化率/%				
		断裂伸长率 相对变化率/%				
		低温弯折性				
10	水溶液处理	拉伸强度相对变化率/%				
		断裂伸长率 相对变化率/%				
		低温弯折性				
执行标准:						

3. 沥青防水卷材性能的检测

使用部位				卷材品种			标　　号	
检测项目	检测结果		标准规定	结果评定	检测项目	检测结果		标准规定	结果评定
不透水性	1				拉力	1			
	2					2			
	3					3			
耐热度	1				柔度	1			
	2					2			
	3					3			
结　　论:									
执行标准:									

主要仪器设备	检测仪器		管理编号	
	型号规格		有效期	
	检测仪器		管理编号	
	型号规格		有效期	
	检测仪器		管理编号	
	型号规格		有效期	
	检测仪器		管理编号	
	型号规格		有效期	
备　　注				
声　　明				

续表 7-9

地　　址	地址： 邮编： 电话：

审批（签字）：＿＿＿＿＿审核（签字）：＿＿＿＿＿校核（签字）：＿＿＿＿＿检测（签字）：＿＿＿＿＿

检测单位（盖章）：＿＿＿＿＿
报 告 日 期 ：　年　月　日

注：本表一式四份（建设单位、施工单位、检测实验室、城建档案馆存档各一份）。

第8章　沥青混合料性能的检测与实训

教学目的:通过加强沥青混合料的检测与实训,可让学生掌握沥青混合料是如何取样、送样及其各项检测项目是如何进行检测的,从而达到“教、学、做”合一,实现学生岗位核心能力的培养目标。

教学要求:全面了解沥青混合料各项检测项目(包括沥青混合料稳定度、沥青混合料物理指标等性能)是如何取样、送样,重点掌握其检测技术。

8.1　沥青混合料性能检测的基本规定

8.1.1　执行标准

《马歇尔稳定度试验仪》(JT/T 119—2006);
《公路工程沥青及沥青混合料试验规程》(JTJ 052—2000);
《沥青路面施工及验收规范》(GB 50092—1996);
《公路沥青路面施工技术规范》(JTG F 40—2004)。

8.1.2　沥青混合料性能的检测项目

沥青混合料性能的检测项目、组批原则及抽样规定见表8-1。

表8-1　沥青混合料性能的检测项目、组批原则及抽样规定

序号	材料名称及标准规范	检测项目	组批原则及取样规定
1	沥青混合料 JT/T 119—2006 JTJ 052—2000 JTG F 40—2004 GB 50092—1996	稳定度、流值、物理指标等	沥青混合料的取样应是随机的,并具有代表性: 1. 在沥青混合料拌合厂取样时宜用专用的容器(一次可装5~8kg)装在拌合机卸料斗下方,每放一次料取一次样,顺次装入试样容器中,每次倒在清洗干净的平板上,连续几次取样,混合均匀,按四分法取样至足够数量; 2. 在沥青混合料运料车上取样时,宜在汽车装料一半或在卸掉一半后开出去,分别用铁锹从不同方向高度处取样,然后混在一起用手铲搅拌均匀,取出规定数量。宜从三辆不同的车上不同方向的3个不同高度处取样,取样混合均匀后使用; 3. 在道路施工现场取样时,应在摊铺后未碾压前于摊铺高度的两侧1/2~1/3位置处取样,用铁锹将摊铺层的全部铲出,但不得将摊铺层下的其他层料铲入。每摊铺一车料取一车样,连续三车取样后,混合均匀按四分法取样至足够数量; 4. 取样数量规定: (1)试样砂粒根据检测目的决定,宜不小于检测用量的2倍。按现行规范规定进行冷却混合料检测的每一组代表性取样见表8-2;

续表 8-1

序号	材料名称及标准规范	检测项目	组批原则及取样规定
1	沥青混合料 JT/T 119—2006 JTJ 052—2000 JTG F 40—2004 GB 50092—1996	稳定度、流值、物理指标等	(2)根据冷却混合料骨料公称最大粒级,取样应不少于下列数量: 细粒式冷却混合料,不少于4kg; 中粒式冷却混合料,不少于8kg; 粗粒式冷却混合料,不少于12kg; 特粗粒式冷却混合料,不少于18kg。 (3)取样用于仲裁检测时,取样数量除应满足本取样方法规定外,还应保留一份有代表性试样,直到仲裁结束

表 8-2　常用冷却混合料检测项目的样品数量

检测项目	目　　的	最少试样量/kg	取样量/kg
马歇尔检测、抽提、筛分	施工质量检验	12	20
车辙检测	高温稳定性检验	40	60
浸水马歇尔检测	水稳定性检验	12	20
冻融劈裂检测	水稳定性检验	12	20
弯曲检测	低温性能检验	15	25

8.2　沥青混合料性能的检测

8.2.1　沥青混合料稳定度的检测(环球法)

本检测方法适用于环球法检测软化点范围在30～157℃的石油沥青和煤焦油沥青试样,对于软化点在30～80℃范围内用蒸馏水做加热介质,软化点在80～157℃范围内用甘油做加热介质。

1. 检测目的

沥青混合料稳定度试验是将沥青混合料制成直径为101.6mm、高为63.5mm的圆柱形试件,在稳定度仪上测定其稳定度和流值这两项指标,以表征其高温时的稳定性和抗变形能力。

2. 主要检测设备仪器

(1)马歇尔稳定度仪(图8-1)

① 加荷设备:最大荷载30kN,垂直变形速度为(50±5)mm/min。

② 应力环:安装在加荷设备的框架与加荷压头之间,是荷载的测力装置,容量约为30kN,精确度为100N;应力环上部固定在加荷设备的框架上,下部安装有圆柱形压头,将荷载传递给加荷压头;中间装有百分表。

③ 加荷压头:一副由上下两个圆弧形压头组成,压头的内侧需要经过精细的加工,内径为50.8mm,并淬火硬化;下弧形压头固定在一圆形钢板上,并附有两根导杆;上弧形压头附有球座和两个导孔;当上下两个压头扣在一起时,下压头导杆恰好穿入上压头的导孔内,并能使上压头圆滑地上下移动。

④ 流值表:由导向套管和流值表组成,供测量试件在最大荷载时的变形用;试验时导向套管安装在下压头的导杆上,流值表的分度为0.1mm。

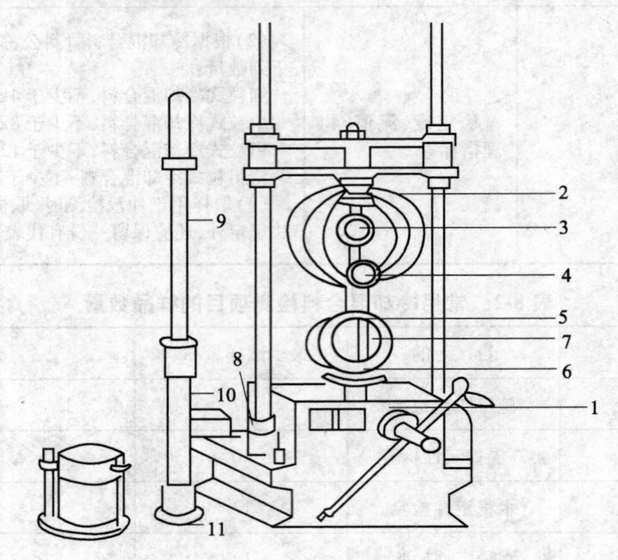

图8-1 马歇尔试验仪

1—底座;2—应力环;3—百分表;4—流值计;5—上压头;
6—下压头;7—试件;8—电源开关;9—导杆;10—击实锤;11—试模

(2)试模:每组包括内径为101.6mm和高为87mm的圆钢筒、套环和底板各一个。

(3)击实锤:每副包括4.53kg锤,平圆形击实座、带扶手的导向杆各一个;金属锤必须能从457mm的高度沿着导向杆自由落下。

(4)击实台:用四根型钢把200mm×200mm×20mm的木柱固定在混凝土板上,木柱上面放置一个300mm×300mm×25mm的钢板,也可以用其他形式的击实台,但需要与上述装置产生同样的击实效果。

(5)脱模机:此为自动脱模装置,也可采用简易脱模器代替。

(6)电烘箱:大、中型各一台,装有温度调节器。

(7)拌合设备:人工拌合使用的拌盘、锅或盆和铁铲等,或者采用能保温的检测实验室用小型拌合设备。

(8)恒温水槽:附有温度调节器,容积最少能同时放置3个试件。

(9)其他:加热设备(电炉或煤气炉)沥青熔化锅、台秤(称量5kg、感量1g)、标准筛(按混合料级配尺寸而定)、温度计(200℃)、扁凿、水桶、铁漏斗等。

3. 检测方法

(1)将石料及砂和石粉分别过筛、洗净,分别装入浅盘中,置于105~110℃的烘箱中烘至恒量,并测定各种矿质骨料和沥青材料的表观密度以及矿料颗粒组成。

(2)将沥青材料脱水加热至120~150℃(根据沥青的品种和标号确定),各种矿料置烘箱中加热至140~160℃后备用。需要时可将骨料筛成不同粒径,按级配要求配料。

(3)将全套试模、击实座等置于烘箱中加热至130~150℃后备用。

4. 试件制备

(1)按照各种矿料在混合料中所占的配合比例,称出每一组或一个试件所需要的材料置于瓷盘中,将粗细骨料置于拌合锅中。将拌合锅中的各种矿料继续加热,并拌匀、摊开,然后加入需要数量的热沥青,并迅速拌合均匀。待沥青均匀包裹粗细骨料表面后,最后加入热矿粉继续拌合,直至色泽均匀为止,并使混合料保持在温度130~150℃(石油沥青)或90~110℃(煤沥青)的范围内。

(2)称取拌好的混合料(均匀分为3份)约1200g,通过铁漏斗装入垫有一张滤纸的热试模中,并用热刀沿周边插捣15次,中间插捣10次。

(3)将装好混合料的试模放在击实台上,垫上一张滤纸,加盖预热的击实座130~150℃,再把装有击实锤的导向杆插入击实座内,然后将击实锤从457mm的高度自由落下,如此击实到规定的次数(50~75次),混合料的击实温度不低于110℃(石油沥青)或70℃(煤沥青)。在击实过程中,必须使导向杆垂直于模型的底板。击到击实次数后,将模型倒置,再以同样的次数击实另一面。

(4)卸去套模和底板,将装有试件的试模放置到冷水中3~5min后,置脱模器上脱出试件。

(5)压实后试件的高度应为(63.5±1.3)mm,如试件高度不符合要求时,可按下式调整沥青混合料的用量:

$$\text{调整后混合料的用量}=\frac{63.5\times\text{所用混合料的实际质量}}{\text{制备试件实际高度}} \tag{8-1}$$

(6)将试件仔细放在平滑的台面上,在室温下静置12h。

5. 稳定度与流值的具体检测步骤

(1)将试件置于(60±1)℃(石油沥青)或(37.8±1)℃(煤沥青)的恒温水槽中保持最少30min。

(2)将上下压头内面拭净,必要时在导杆上涂以少许机油,使上压头能自由滑动。从水槽中取出试样放在下压头上,再盖上上压头,然后挪到加荷设备上。

(3)将流值计安装在外侧导杆上,使导向套管轻轻地压着上压头,同时调整流值表对准零。

(4)在上压头的球座上放妥钢球,并对准应力环下的压头,然后调整压力环中的百分表对准零。

(5)开动加荷设备,使试件承受荷载,加荷速度为(50±5)mm/min,当达到最大荷载时,荷载开始减小的瞬息,读取应力环中百分表的读数;同时取下流值计,并读记流值表的数值。

(6)从恒温水槽取出试件,到测出最大荷载时间不超过30s。

6. 检测结果计算与评定

(1)稳定度及流值

① 由荷载测定装置读取的最大值即试样的稳定度。当用应力环百分表测定时,根据应力环标定曲线,将应力环中百分表的读数换算为荷载值即试件的稳定度,以“kN”计。

② 流值计中流值表读数,即为试件的流值,以“0.1mm”计。

(2)马歇尔模数

试件的马歇尔模数按下式计算:

$$T = \frac{MS}{FL} \tag{8-2}$$

式中　T——试件的马歇尔模数，kN/mm；

MS——试件的稳定度，kN；

FL——试件的流值，以 0.1mm 计。

(3)评定

当一组测定值中某个数据与平均值大于标准差的 k 倍时，该测定值应予舍弃，并以其余测定值的平均值作为检测结果。当试验数目 n 为 3、4、5、6 个时，k 值分别为 1.15、1.46、1.67、1.82。

8.2.2　沥青混合料物理指标的检测

1. 检测目的

按击实法制成的沥青混合料圆柱体，经 12h 以后，用下挂法水中质量称量方法测定其表观密度，并按组成材料原始数据计算其空隙率、沥青体积百分率、矿料间隙率和沥青饱和度等物理指标。根据这些物理常数以及力学指标（稳定度和流值），借以确定沥青混合料的组成配合比。

2. 主要检测设备仪器

浸水天平或电子秤、网篮、溢流水箱、试件悬吊装置、秒表、电扇或烘箱。

3. 具体检测步骤

(1)选择适宜的浸水天平（或电子秤），最大称量应不小于试件质量的 1.25 倍，且不大于试件质量的 5 倍。

(2)除去试件表面的浮粒，称取干燥试件在空气中的质量（m_a）（准确度根据选择的天平的感量决定，通常为 5g）。

(3)挂上网篮浸入溢流水箱的水中，调节水位，将天平调平或复零，把试件置于网篮中（注意不要使水晃动），浸水约 1min，称取水中质量（m_w），见图 8-2。

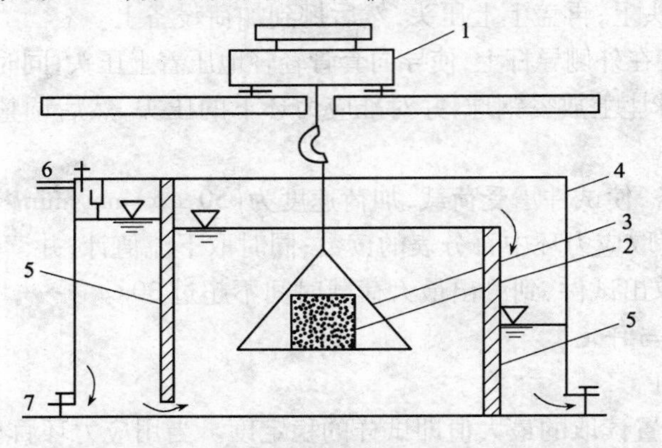

图 8-2　溢流水箱及下挂法水中质量称量方法示意图

1—浸水天平或电子秤；2—试件；3—网篮；4—溢流水箱；5—水位搁板；6—注入口；7—放水阀门

注：若遇平读数持续变化，不能在数秒钟内达到稳定，说明试件吸水较严重，不适用于此法测定，应改用表干法或封蜡法测定。

4. 检测结果计算与评定

(1)表观密度。密实沥青混合料试件的表观密度,按下式计算(取3位小数):

$$\rho_s = \frac{m_a}{m_a - m_w} \times \rho_w \tag{8-3}$$

式中　ρ_s——试件的表观密度,g/cm^3;

m_a——干燥试件在空气中的质量,g;

m_w——试件在水中的质量,g;

ρ_w——常温水的密度(约为$1g/cm^3$)。

(2)理论密度

① 当试件沥青按油石比p_a计算时,试件的理论密度ρ_t按下式计算(取3位小数):

$$\rho_t = \frac{100 + p_a}{\frac{p_1'}{\gamma_1} + \frac{p_2'}{\gamma_2} + \cdots + \frac{p_n'}{\gamma_n} + \frac{p_a'}{\gamma_a}} \times \rho_w \tag{8-4}$$

② 当试件沥青按沥青含量p_b计算时,试件的理论密度ρ_t按下式计算:

$$\rho_t = \frac{100}{\frac{p_1'}{\gamma_1} + \frac{p_2'}{\gamma_2} + \cdots + \frac{p_n'}{\gamma_n} + \frac{p_b'}{\gamma_a}} \times \rho_w \tag{8-5}$$

式中　ρ_t——理论密度,g/cm^3;

$P_1,\cdots,P_n$——各种矿料占矿料总质量的百分率(矿料总和为$\sum_1^n p_i = 100\%$),%;

$P_1',\cdots,P_n'$——各种矿料占沥青混合料总质量的百分率(矿料与沥青之和为$\sum_1^n p_i + p_b = 100\%$),%;

p_a——油石比(沥青与矿料的质量比),%;

p_b——沥青含量(沥青质量占沥青混合料总质量的百分率),%;

$\gamma_1,\cdots,\gamma_n$——各种矿料的相对密度;

γ_a——沥青的相对密度;

γ_b——沥青的体积相对密度;

ρ_w——常温水的密度,g/cm^3。

(3)试件空隙率(VV)

试件空隙率是压实沥青混合料内矿料及沥青以外的空隙(不包括自身内部的孔隙)的体积占试件总体积的百分率(%),按下式计算:

$$VV = \left(1 - \frac{\rho_s}{\rho_t}\right) \times 100 \tag{8-6}$$

式中　VV——试件的空隙率,%。

(4)沥青体积百分率(VA)

沥青体积百分率是压实沥青混合料内沥青部分的体积占试件总体积的百分率(%),即

$$VA = \frac{p_b \cdot \rho_s}{\gamma_a \cdot \rho_w} \tag{8-7}$$

或

$$VA = \frac{100 \cdot p_a \cdot \rho_s}{(100 + p_a)\gamma_b \cdot \rho_w} \tag{8-8}$$

式中 VA——沥青混合料试件的沥青体积百分率,%。

(5)矿料间隙率(VMA)。矿料间隙率是压实沥青混合料试件内矿料部分以外体积(沥青及空隙体积)占试件总体积的百分率,即试件空隙率与沥青体积百分率之和(%),即

$$VMA = VV + VA \tag{8-9}$$

式中 VMA——沥青混合料试件的矿料间隙率,%。

(6)沥青饱和度(VFA)。沥青饱和度是压实沥青混合料试件内沥青部分的体积占矿料骨架以外的空隙部分体积的百分率(%),即

$$VFA = \frac{VA}{VA + VV} \times 100\% = \frac{VA}{VMA} \times 100\% \tag{8-10}$$

式中 VFA——沥青混合料试件的沥青饱和度,%。

8.2.3 沥青混合料性能的检测实训报告

沥青混合料性能的检测实训报告见表8-3。

表8-3 沥青混合料性能的检测实训报告

工程名称: 报告编号: 工程编号:

委托单位		委托编号		委托日期	
施工单位		样品编号		检验日期	
结构部位		出厂合格证编号		报告日期	
厂别		检验性质		代表数量	
发证单位		见证人		证书编号	

序号	技术指标	沥青混合料类型	高速公路、一级公路、城市快速路、主干路	其他等级公路及城市道路	行人道路
1	稳定度 MS/kN				
2	流值 FL/0.1mm				
3	空隙率 VV/%				
4	沥青饱和度 VFA/%				
5	残留稳定度 MS_0/%				

结　论:

执行标准:

续表 8-3

<table>
<tr><td rowspan="8">主要仪器设备</td><td>检测仪器</td><td></td><td>管理编号</td><td></td></tr>
<tr><td>型号规格</td><td></td><td>有效期</td><td></td></tr>
<tr><td>检测仪器</td><td></td><td>管理编号</td><td></td></tr>
<tr><td>型号规格</td><td></td><td>有效期</td><td></td></tr>
<tr><td>检测仪器</td><td></td><td>管理编号</td><td></td></tr>
<tr><td>型号规格</td><td></td><td>有效期</td><td></td></tr>
<tr><td>检测仪器</td><td></td><td>管理编号</td><td></td></tr>
<tr><td>型号规格</td><td></td><td>有效期</td><td></td></tr>
<tr><td>备　注</td><td colspan="4"></td></tr>
<tr><td>声　明</td><td colspan="4"></td></tr>
<tr><td>地　址</td><td colspan="4">地址：
邮编：
电话：</td></tr>
</table>

审批(签字)：__________ 审核(签字)：__________ 校核(签字)：__________ 检测(签字)：__________

检测单位(盖章)：__________

报 告 日 期：　年　月　日

注：本表一式四份(建设单位、施工单位、检测实验室、城建档案馆存档各一份)。

第9章　合成高分子材料性能的检测与实训

教学目的:通过加强合成高分子材料的检测与实训,可让学生掌握各种合成高分子材料是如何取样、送样及其各项检测项目是如何进行检测的,从而达到"教、学、做"合一,实现学生岗位核心能力的培养目标。

教学要求:全面了解各种合成高分子材料的各项检测项目(包括建筑塑料管材、管件性能、防水涂料性能、建筑密封材料性能和建筑涂料性能等)是如何取样、送样,重点掌握其检测技术。

9.1　合成高分子材料性能检测的基本规定

9.1.1　执行标准

《建筑排水用硬聚氯乙烯(PVC-U)管材》(GB/T 5836.1—2006);

《建筑排水用硬聚氯乙烯(PVC-U)管件》(GB/T 5836.2—2006);

《给水用硬聚氯乙烯(PVC-U)管材》(GB/T 10002.1—2006);

《给水用硬聚氯乙烯(PVC-U)管件》(GB/T 10002.2—2003);

《硬聚氯乙烯(PVC-U)管件坠落试验方法》(GB/T 8801—2007);

《热塑性塑料管材纵向回缩率的测定》(GB/T 6671—2001);

《热塑性塑料管材、管件　维卡软化温度的测定》(GB/T 8802—2001);

《注射成型硬质聚氯乙烯(PVC-U)、氯化聚氯乙烯(PVC-C)、丙烯腈-丁二烯-苯乙烯三元共聚物(ABS)和丙烯腈-苯乙烯-丙烯酸盐三元共聚物(ASA)管件热烘箱试验方法》(GB/T 8803—2001);

《热塑性塑料管材　拉伸性能测定》(GB/T 8804—2003);

《硬质塑料管材弯曲度测定方法》(QB/T 2803—2006);

《塑料管道系统　塑料部件尺寸的测定》(GB/T 8806—2008);

《硬聚氯乙烯(PVC-U)管材　二氯甲烷浸渍试验方法》(GB/T 13526—2007);

《热塑性塑料管材　耐外冲击性能试验方法　时针旋转法》(GB/T 14152—2001);

《建筑密封材料试验方法　第3部分:使用标准器具测定密封材料挤出性的方法》(GB/T 13477.3—2002);

《建筑密封材料试验方法　第5部分:表干时间的测定》(GB/T 13477.5—2002);

《建筑密封材料试验方法　第6部分:流动性的测定》(GB/T 13477.6—2002);

《建筑密封材料试验方法　第7部分:低温柔性的测定》(GB/T 13477.7—2002);

《建筑密封材料试验方法　第10部分:定伸粘结性的测定》(GB/T 13477.10—2002);

《建筑密封材料试验方法　第11部分:浸水后定伸粘结性的测定》(GB/T 13477.11—2002);

《建筑密封材料试验方法　第 13 部分：冷拉—热压后粘结性的测定》(GB/T 13477.13—2002)；

《建筑密封材料试验方法　第 17 部分：弹性恢复率的测定》(GB/T 13477.17—2002)；

《建筑密封材料试验方法　第 19 部分：质量与体积变化的测定》(GB/T 13477.19—2002)；

《聚氨酯防水涂料》(GB/T 19250—2003)；

《合成树脂乳液内墙涂料》(GB/T 9756—2001)；

《合成树脂乳液外墙涂料》(GB/T 9755—2001)。

9.1.2 合成高分子材料性能的检测项目

合成高分子材料性能的检测项目、组批原则及抽样规定见表 9-1。

表 9-1　合成高分子材料性能的检测项目、组批原则及抽样规定

序　号	材料名称及标准规范	检　测　项　目	组批原则及取样规定
1	建筑排水用硬聚氯乙烯(PVC-U)管材、管件 给水用聚氯乙烯(PE)管材、管件 GB/T 5836.1—2006 GB/T 14152—2001 GB/T 8801—2007 GB/T 6671—2001 GB/T 8802—2001 GB/T 8804—2003 GB/T 8803—2001 QB/T 2803—2006 GB/T 8806—2008 GB/T 13526—2007 GB/T 5836.2—2006 GB/T 10002.1—2006 GB/T 10002.2—2003	颜色和外观检查、尺寸测量、密度、维卡软化温度、纵向回缩率、拉伸屈服强度、落锤冲击检测、烘箱检测、二氯甲烷浸渍检测和系统适用性检测等	1. 对于建筑排水用硬聚氯乙烯(PVC-U)管材，同一原料配方、同一工艺和同一规格连续生产的管材作为一批。每批数量不超过 50t，如果生产 7d 尚不足 50t，则以 7d 产量为一批； 2. 对于建筑给水用硬聚氯乙烯(PVC-U)管材，相同原料配方和工艺生产的同一规格的管材作为一批。当 $d_n \leqslant 63$mm 时，每批数量不超过 50t；当 $d_n > 63$mm 时，每批数量不超过 100t。如果生产 7d 尚不足 50t，则以 7d 产量为一批； 3. 对于建筑排水用硬聚氯乙烯(PVC-U)管件，同一原料配方和工艺生产的同一规格的管件作为一批。当 $d_n < 75$mm 时，每批数量不超过 10000 件；当 $d_n \geqslant 75$mm 时，每批数量不超过 5000 件。如果生产 7d 尚不足 50t，则以 7d 产量为一批。一次交付可由一批或多批组成，交付时注明批号，同一个交付批号产品为交付检验批； 4. 对于建筑给水用硬聚氯乙烯(PVC-U)管件，用相同原料配方和工艺生产的同一规格的管件作为一批。当 $d_n \leqslant 32$mm 时，每批数量不超过 10000 件；当 $d_n > 32$mm 时，每批数量不超过 5000 件。如果生产 7d 尚不足 50t，则以 7d 产量为一批。一次交付可由一批或多批组成，交付时注明批号，同一个交付批号产品为交付检验批； 5. 对于外观、颜色。不透光性和管材、管件尺寸按 GB/T 2828，采用正常检验一次抽样方案，取一般检验水平 Ⅰ，按接受质量限(AQL)6.5，抽样方案见表 9-2

续表 9-1

序号	材料名称及标准规范	检测项目	组批原则及取样规定
2	防水涂料 GB/T 19250—2003	不透水性、加热伸缩、拉伸时老化、低温柔韧性、拉伸强度和断裂伸长率等	1. 甲组分以5t为1批，不足5t也按1批进行抽检。乙组分按产品质量比相应增加批量； 2. 取样数目见表9-3。按产品的配比取样，甲、乙组分样品的总量为2kg
3	密封材料 GB/T 13477.3—2002 GB/T 13477.5—2002 GB/T 13477.19—2002 GB/T 13477.10—2002 GB/T 13477.11—2002 GB/T 13477.13—2002 GB/T 13477.17—2002 GB/T 13477.7—2002 GB/T 13477.6—2002	挤出性、表干时间、流动性、定伸粘结性、浸水后定伸粘结性、冷拉-热压后粘结性、弹性恢复率、质量与体积变化、低温柔性等	
4	建筑涂料 GB/T 9756—2001 GB/T 9755—2001	对比率、施工性、涂膜外观、耐洗刷性、干燥时间、耐碱性等	产品按《色漆、清漆和色漆与清漆用原材料取样》(GB/T 3186—2006)的规定进行取样，取样量根据检验需要而定

表 9-2 建筑给排水用硬聚氯乙烯管材、管件的抽样方案(单位:根或件)

批量 N	样本大小 n	合格判定数 A_c	不合格判定数 R_e
≤150	8	1	2
151~280	13	2	3
281~500	20	3	4
501~1200	32	5	6
1201~3200	50	7	8
3201~10000	80	10	11
10001~35000	125	14	15

表 9-3 防水涂料的抽样方案(单位:根或件)

交货产品的桶数	取样数	交货产品的桶数	取样数
2~10	2	71~90	7
11~20	3	91~125	8
21~35	4	126~160	9
36~50	5	161~200	10
51~70	6	此后每增加50桶取样数每增加1	

9.2　建筑塑料管材、管件性能的检测

9.2.1　热塑性塑料管材拉伸性能的检测

1. 主要检测设备仪器

(1)拉力试验机:应符合《橡胶塑料拉力、压力和弯曲试验机(恒速驱动)技术规范》(GB/T 17200—2008)的规定。

(2)夹具:用于夹持试样的夹具连在试验机上,使试样的长轴与通过夹具中心线的拉力方向重合。试样应夹紧,使它相对于夹具尽可能不发生位移。

夹具装置系统不得引起试样在夹具处过早断裂。

(3)负载显示计:拉力显示仪应能显示被夹具固定的试样在试验的整个过程中所受拉力,它在一定速率下测定时不受惯性滞后的影响且其测定的准确度应控制在实际值的±1%范围内。注意事项应按照《橡胶塑料拉力、压力和弯曲试验机(恒速驱动)技术规范》(GB/T 17200—2008)的要求。

(4)引伸计:测定试样在试验过程中任一时刻的长度变化。

此仪表在一定试验速度时必须不受惯性滞后的影响且能测量误差范围在1%内的形变。试验时,此仪表应安置在使试样经受最小的伤害和变形的位置,且它与试样之间不发生相对滑移。

夹具应避免滑移,以防影响伸长率测量的精确性。

注:推荐使用自动记录试样的长度变化或任何其他变化的仪表。

(5)测量仪器:用于测量试样厚度和宽度的仪器,精度为0.01mm。

(6)裁刀:应可裁出符合GB/T 8804.2—2003或GB/T 8804.3—2003中的相应要求的试样。

(7)制样机和铣刀:应能制备符合GB/T 8804.2—2003或GB/T 8804.3—2003中相应要求的试样。

2. 具体检测步骤

检测应在温度(23±2)℃环境下按下列步骤进行。

(1)测量试样标距间中部的宽度和最小厚度,精确到0.01mm,计算最小截面积。

(2)将试样安装在拉力试验机上并使其轴线与拉伸应力的方向一致,使夹具松紧适宜以防止试样滑脱。

(3)使用引伸计,将其放置或调整在试样的标线上。

(4)选定检测速度进行检测。

(5)记录试样的应力/应变曲线直至试样断裂,并在此曲线上标出试样达到屈服点时的应力和断裂时标距间的长度;或直接记录屈服点处的应力值及断裂时标线间的长度。

如试样从夹具处滑脱或在平行部位之外渐宽处发生拉伸变形并断裂,应重新取相同数量的试样进行检测。

3. 检测结果计算与评定

(1)拉伸屈服应力

对于每个试样,拉伸屈服应力以试样的初始截面积为基础,按下式计算:

$$\sigma = \frac{F}{A}$$

式中　σ——拉伸屈服应力，MPa；

F——屈服点的拉力，N；

A——试样的原始截面积，mm^2。

所得结果保留三位有效数字。

注：屈服应力实际上应按屈服时的截面积计算，但为了方便，通常取试样的原始截面积计算。

（2）断裂伸长率

对于每个试样，断裂伸长率按下式计算。

$$\varepsilon = \frac{L - L_0}{L_0} \times 100$$

式中　ε——断裂伸长率，%；

L——断裂时标线间的长度，mm；

L_0——标线间的原始长度，mm。

所得结果保留三位有效数字。

（3）如果所测的一个或多个试样的检测结果异常应取双倍试样重做检测，例如五个试样中的两个试样结果异常，则应再取四个试样补做检测。

9.2.2　热塑性塑料管材、管件维卡软化温度的检测

1. 主要检测设备仪器

本检测装备见图9-1。

（1）试样支架、负载杆：试样支架用于放置试样，并可方便地浸入到保温浴槽中，支架和施加负荷的负载杆都应选用热膨胀系数小的材料组成（如果负载杆与支架部分线性膨胀系数不同，则它们在长度上的不同变形会导致读数偏差），每台仪器都用一种低热膨胀系数的刚性材料进行校正，校正应包括整个的工作温度范围，并且测定出每一温度的校正值。如果校正值大于等于0.02mm时，应对其进行标记，并且在其后的每次试验中均应考虑此校正值。

负载杆能自由垂直移动，支架底座用于放置试样，压针固定在负载杆的末端（见图9-1）。

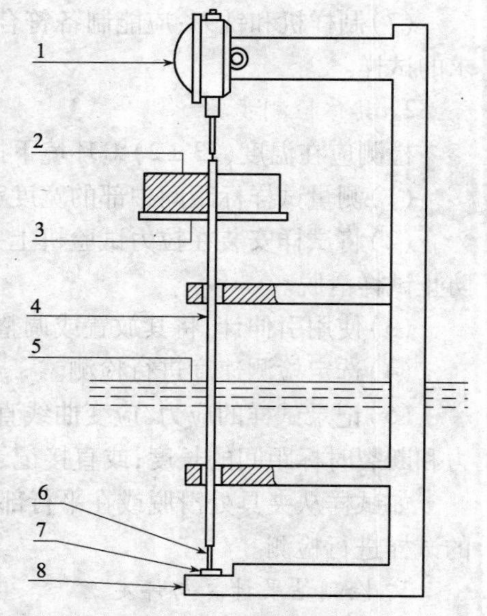

图9-1　维卡软化温度测定原理图

1—千分表；2—砝码；3—载荷盘；4—负载杆；5—液面；6—压针；7—试样；8—试样支架

（2）压针：材料最好选用硬质钢，压针长3mm且横截圆面积为$(1 \pm 0.015)mm^2$，安装在负载杆底部。压针端应是平面并且与负载杆轴向成直角，压针不允许带有毛刺等缺陷。

（3）千分表（或其他测量仪器）：用来测量压针压入试样的深度，精度应小于等于0.01mm。作用于试样表

面的压力应是可知的。

(4)载荷盘:安装在负载杆上。质量负载应在载荷盘的中心,以便使作用于试样上的总压力控制在(50±1)N。由于向下的压力是由负载杆、压针及载荷盘综合作用的,因此千分表的弹力应不超过1N。

(5)砝码:试样承受的静负载 $G=W+R+T=50$N,则应加砝码的质量由下式计算:

$$W=50-R-T$$

式中　W——砝码质量,N;

R——压针、负载杆和载荷盘的质量,N;

T——千分表或其他测量仪器附加的压力,N。

(6)加热浴槽:放一种合适的液体在浴槽中(见注1、2),使试验装置浸入液体中,试样至少在介质表面35mm以下。浴槽中应具有搅拌器及加热装置,使液体可按每小时(50±5)℃等速升温。检测过程中,每6min间隔内温度变化应在(5±0.5)℃范围内。

注:1. 液体石蜡、变压器油、甘油和硅油可用作传热介质,也可用其他介质,但无论选用哪种介质都应确定其在测试温度下是稳定的,并且在测试中对试样不产生影响,如软化、膨胀、破裂。

如果没有合适的传热介质,也可使用带有空气环流的加热箱。

2. 检测结果与传热介质的热传导率有关。

3. 通过手动或自动控制加热都可达到等速升温,推荐使用后者给定从最初测试温度开始所要达到的升温速率,通过调节一个电阻器或可调变压器增大或减少加热功率。

4. 为减少连续的两次检测间的冷却时间建议在加热浴槽中装一个冷却盘管。由于冷却剂的存在会影响其升温速率,因此,冷却盘管应在下次检测前拆除或排空。

(7)水银温度计:局部浸入式水银温度计(或其他合适的测温装置),分度值为0.5℃。

(8)加热箱:加热箱内需具有空气环流装置且温度应控制在标准规定的范围之中。

2. 具体检测步骤

(1)将加热浴槽温度调至约低于试样软化温度50℃并保持恒温。

(2)将试样凹面向上,水平放置在无负载金属杆的压针下面,试样和仪器底座的接触面应是平的。对于壁厚小于2.4mm的试样,压针端部应置于未压平试样的凹面上,下面放置压平的试样压针端部距试样边缘不小于3mm。

(3)将试验装置放在加热浴槽中。温度计的水银球或测温装置的传感器与试样在同一水平面,并尽可能靠近试样。

(4)压针定位5min后,在载荷盘上加所要求的质量,以使试样所承受的总轴向压力为(50±1)N,记录下千分表(或其他测量仪器)的读数或将其调至零点。

(5)以每小时(50±5)℃的速度等速升温,提高浴槽温度。在整个检测过程中应开动搅拌器。

(6)当压针压入试样内(1±0.01)mm时,迅速记录下此时的温度,此温度即为该试样的维卡软化温度(*VST*)。

3. 检测结果评定

两个试样的维卡软化温度的算术平均值,即为所测试管材或管件的维卡软化温度(*VST*),单位以℃表示。若两个试样结果相差大于2℃时,应重新取不少于两个的试样进行检测。

9.2.3　热塑性塑料纵向回缩率的检测

热塑性塑料纵向回缩率的检测方法有两种:一种是液浴检测;另一种是烘箱检测。

1. 方法 A——液浴检测

(1)主要检测设备仪器

① 热浴槽:除另有规定外,热槽浴应恒温控制在附录 A 中规定的温度 T_R 内。

热槽浴的容积和搅拌装置应保证当试样浸入时,槽内介质温度变化保持在检测温度范围内。所选用的介质应在检测温度下性能稳定,并对塑性材料无不良影响(见图 9-2)。

注:甘油、乙二醇、无芳烃矿物油和氯化钙溶液均是适宜的加热介质,其他满足上述要求的介质也可使用。

② 夹持器:悬挂试样的装置,把试样固定在加热介质中(见图 9-2)。

③ 画线器:保证两标线间距为 100mm。

④ 温度计:精度为 0.5℃。

(2)具体检测步骤

① 在(23 ±2)℃下,测量标线间距 L_0,精确至 0.25mm。

② 将液浴温度调节到附录 A 中的规定值 T_R。

③ 把试样完全浸入液浴槽中,使试样既不触槽壁也不触槽底,保证试样的上端距液面至少 30mm。

④ 试样浸入液浴保持附录 A 中规定的时间。

⑤ 从液浴槽中取出试样,将其垂直悬挂,待完全冷却到(23 ±2)℃时,在试样表面沿母线测量标线间最大或最小距离 L_i,精确至 0.25mm。

注:切片试样,每一管段所切的四片应作为一个试样,测得 L_i,且切片在测量时,应避开切口边缘的影响。

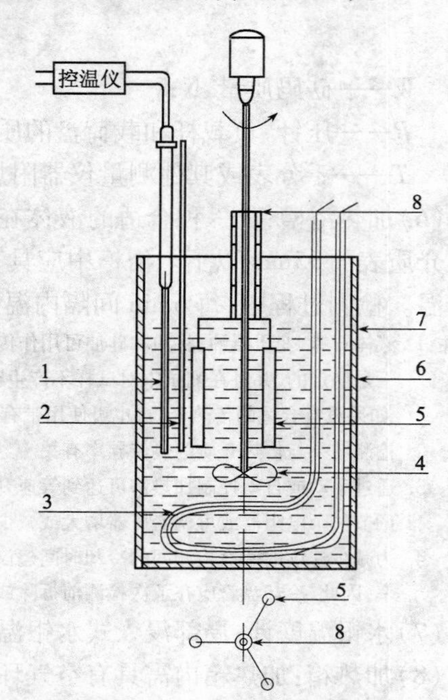

图 9-2 液浴检测装置图

1—电接点温度计;2—温度计;3—加热器;4—搅拌器;5—试样;6—容器;7—加热介质;8—夹持器

(3)检测结果计算与评定

① 按下式计算每一试样的纵向回缩率 R_{L_i} 以百分率表示。

$$R_{L_i} = \frac{L_0 - L_i}{L_0} \times 100$$

式中 R_{L_i}——每一试样的纵向回缩率,%;

L_0——浸入前两标线间距离,mm;

L_i——检测后沿母线测定的两标线间距离,mm。

选择 L_i 使 $L_0 - L_i$ 的值最大。

② 计算出三个试样 R_{L_i} 的算术平均值,其结果作为管材的纵向回缩率 R_L。

2. 方法 B——烘箱检测

(1)主要检测设备仪器

① 烘箱:除另有规定外,烘箱应恒温控制在附录 B 中规定的温度 T_R 内,并保证当试样置入后,烘箱内温度应在 15min 内重新回升到检测温度范围。

② 画线器:保证两标线间距为 100mm。

③ 温度计:精度为 0.5℃。

(2)具体检测步骤

① 在(23 ±2)℃下,测量标线间距 L_0,精确至 0.25mm。

② 将烘箱温度调节到附录 B 中的规定值 T_R。

③ 把试样放入烘箱,使试样不触烘箱壁和底。若悬挂试样,则悬挂点应在距标线最远的一端。若把试样平放,则应放于垫有一层滑石粉的平板上,切片试样,应使凸面朝下放置。

④ 把试样放入烘箱内保持附录 B 中规定的时间,这个时间应从烘箱温度回升到规定温度时算起。

⑤ 从烘箱中取出试样,将其垂直悬挂,待完全冷却到(23 ±2)℃时,在试样表面沿母线测量标线间最大或最小距离 L_i,精确至 0.25mm。

注:切片试样,每一管段所切的四片应作为一个试样,测得 L_i,且切片在测量时,应避开切口边缘的影响。

(3)检测结果计算与评定

① 按下式计算每一试样的纵向回缩率 R_{L_i} 以百分率表示。

$$R_{L_i} = \frac{L_0 - L_i}{L_0} \times 100$$

式中　R_{L_i}——每一试样的纵向回缩率,%;

L_0——放入烘箱前两标线间距离,mm;

L_i——检测后沿母线测定的两标线间距离,mm。

选择 L_i 使 $L_0 - L_i$ 的值最大。

② 计算出三个试样 R_{L_i} 的算术平均值,其结果作为管材的纵向回缩率 R_L。

9.2.4　硬聚氯乙烯(PVC-U)管件的坠落检测

1. 主要检测设备仪器

(1)秒表:分度值 0.1s。

(2)温度计:分度值 1℃。

(3)恒温水浴(内盛冰水混合物)或低温箱[温度为(0 ±1)]℃。

2. 具体检测步骤

(1)将试样放入(0 ±1)℃的恒温水浴或低温箱中进行预处理,最短时间见表 9-4。异型管件按最大壁厚确定预处理时间。

表 9-4　试样最短预处理时间

壁厚 δ/mm	最短预处理时间/min	
	恒 温 水 浴	低 温 箱
$\delta \leq 8.6$	15	60
$8.6 < \delta \leq 14.1$	30	120
$\delta > 14.1$	60	240

(2)恒温时间达到后,从恒温水浴或低温箱中取出试样,迅速从规定高度自由坠落于混凝土地面,坠落时应使 5 个试样在 5 个不同位置接触地面。

(3)试样从离开恒温状态到完全坠落,应在 10s 之内完毕,检查检测后试样表面状况。

3. 检测结果评定

检查试样破损情况，如其中一个或多个试样在任何部位产生裂纹或破裂，则该组试样为不合格。

9.2.5　流体输送用热塑性塑料管材耐内压的检测

1. 主要检测设备仪器

(1)密封接头

密封接头装在试样两端。通过适当方法，密封接头应密封试样并与压力装置相连。密封接头应采用以下类型中的一种：

① A 型：与试样刚性连接的密封接头，但两个密封接头彼此不相连接，因此静液压端部推力可以传递到试样中(如图 9-3 所示)。对于大口径管材，可根据实际情况在试样与密封接头间连接法兰盘，当法兰、接头、堵头及法兰盘的材料与试样相匹配时可以把它们焊接在一起。

② B 型：用金属材料制造的承口接头，能确保与试样外表面密封，且密封接头通过连接件与另一密封接头相连，因此静液压端部推力不会作用在试样上(如图 9-4 所示)。这种封头可由一根或多根金属拉杆组成，且试样两端在纵向能自由移动，以免试样由于受热膨胀而引起弯曲变形。

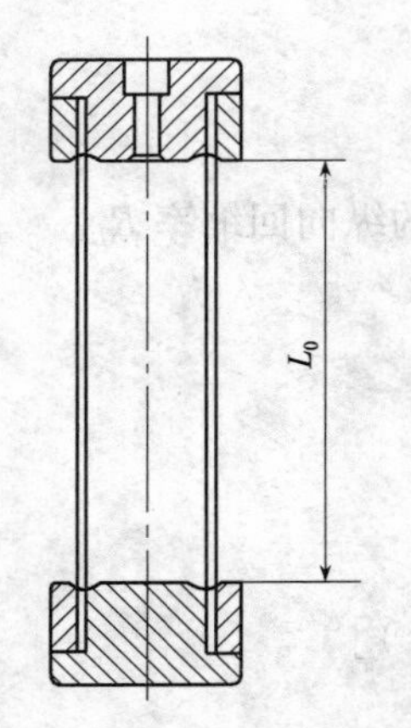

图 9-3　A 型密封接头示意图
L_0——试样自由长度。

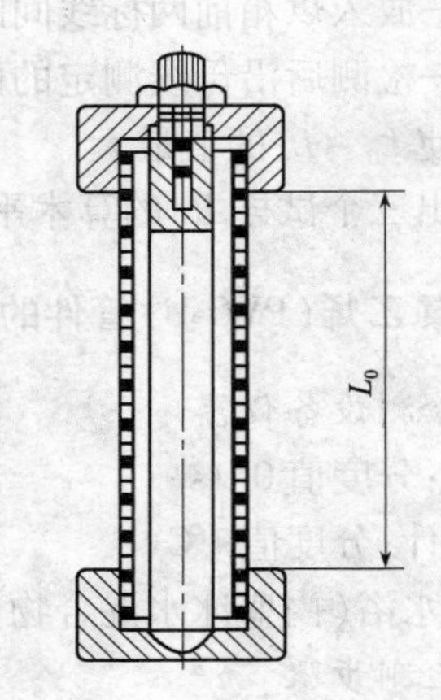

图 9-4　B 型密封接头示意图

密封接头除夹紧试样的齿纹外，任何与试样表面接触的锐边都需修整。密封接头的组成材料不能对试样产生不良影响。

注：1. 一般来说，由于管材的形变应力的不同，采用 B 型封头的破坏时间比采用 A 型封头的短。

2. 如无一定的预防措施，当试样在低于试验温度的环境下组装，B 型封头易使试样弯曲变形。

根据 GB/T 18252—2000 评价管材或管件材料性能的试验中，除非在相关标准中有特殊规定，否则应选用 A 型封头。

仲裁试验采用 A 型密封接头。

(2)恒温箱

根据相关标准规定，恒温箱内充满水或其他液体，保持恒定的温度，其平均温差为 ±1℃，最大偏差为 ±2℃。恒温箱为烘箱时，保持在规定温度，其平均温差 ${}^{+3}_{-1}$℃，最大偏差 ${}^{+4}_{-2}$℃。

当检测在水以外的介质中进行时，特别是涉及到安全及所用液体与试样材料之间的相互作用，都应采取必要的防护措施。

当检测在水以外的介质中进行时，用于相互对比的检测应在相同环境下进行。

由于温度对检测结果影响很大，应使检测温度偏差控制在规定范围内，并尽可能小。例如：采用流体强制循环系统。若检测介质为空气时，除测量空气的温度外还建议测量试样表面温度。

水中不得含有对检测结果有影响的杂质。

(3)支承或吊架

当试样置于恒温箱中时能保持试样之间及试样与恒温箱的任何部分不相接触。

(4)加压装置

加压装置应能持续均匀地向试样施加试验所需的压力，在试验过程中，压力偏差应保持在要求值的$^{-1}_{+2}\%$范围内。

由于压力对试验结果影响很大，压力偏差应尽可能控制在规定范围内的最小值。

注：1. 压力最好能单独作用在每个试样上。但在一个试样发生破坏时不会对其他试样产生干扰，允许运用装置将压力同时作用到各个试样上（例如：使用隔离阀或在一个批次中根据第一个破坏而得出结果的测试）。

2. 当压力较规定值稍有下降时（如由于试样的膨胀），为保证压力维持在规定偏差范围内，系统应具有自动补偿压力装置，补充压力到规定值。

(5)压力测量装置

能检查试验压力与规定压力的一致性，对于压力表或类似的压力测量装置的测量范围是：要求压力的设定值应在所用测量装置的测量范围内。

压力测量装置不能污染试验液体。

建议用标准仪表来校准测量装置。

(6)温度计或测温装置

用于检查试验温度与规定温度的一致性。

(7)计时器

计时器应能记录试样加压后直至试样破坏或渗漏的时间。

注：建议使用对由于渗漏或破坏所引起的压力变化较敏感并能自动停止计时的设备，必要时能关闭与试样有关的压力循环系统。

(8)测厚仪

符合《塑料管材尺寸测量方法》(GB/T 8806—1988)测量管材壁厚的要求。

注：可以采用超声波测量仪。

(9)管材平均外径尺

符合《塑料管材尺寸测量方法》(GB/T 8806—1988)测量管材平均外径的要求，例如金属卷尺。

2. 具体检测步骤

(1)按相关标准要求，选择检测类型如水-水检测、水-空气检测或水-其他液体检测。

将经过状态调节后的试样与加压设备连接起来，排净试样内的空气，然后根据试样的材料、规格尺寸和加压设备情况，在30s至1h之间用尽可能短的时间，均匀平稳地施加检测压力至根据下列公式计算出的压力值，压力偏差为$^{+2}_{-1}\%$。

$$P=\sigma\frac{2e_{\min}}{d_{em}-e_{\min}}$$

式中　σ——由试验压力引起的环应力,MPa;

d_{em}——测量得到的试样平均外径,mm;

$e_{\min}$——测量得到的试样自由长度部分壁厚的最小值,mm。

当达到检测压力时开始计时。

(2)把试样悬放在恒温控制的环境中,整个检测过程中检测介质都应保持恒温,具体温度见相关标准,恒温环境为液体时,保持其平均温差为 ±1℃,最大偏差为 ±2℃,恒温环境为烘箱时,保持其平均温差$^{+3}_{-1}$℃,最大偏差$^{+4}_{-2}$℃。

按下面步骤(3)或检测评定直至检测结束。

(3)当达到规定时间或试样发生破坏、渗漏时,停止检测,记录时间,检测评定除外。

如果试样发生破坏,则应记录其破坏类型,是脆性破坏还是韧性破坏。

注:在破坏区域内,不出现塑性变形破坏的为"脆性破坏",在破坏区域内,出现明显塑性变形的为"韧性破坏"。

如检测已经进行 1000h 以上,检测过程中设备出现故障,若设备在 3d 内能恢复,则检测可继续进行;如检测已超过 5000h,设备在 5d 内能恢复,则检测可继续进行。如果设备出现故障,试样通过电磁阀或其他方法保持检测压力,即使设备故障时间超过上述规定,检测还可继续进行;但在这种情况下,由于试样的持续蠕变,检测压力会逐渐下降。设备出现故障的这段时间不应计入试验时间内。

3. 检测结果评定

如果试样在距离密封接头小于 0.1L_0 处出现破坏,则检测结果无效,应另取试样重新检测(L_0 为试样的自由长度)。

9.2.6　热塑性塑料管材耐外冲击性能的检测(时针旋转法)

1. 主要检测设备仪器

落锤冲击试验机

(1) 主机架和导轨:垂直固定,可以调节并垂直、自由释放落锤。校准时,落锤冲击管材的速度不能小于理论速度的95%。

(2) 落锤:落锤应符合图 9-5 和有关的规定,锤头应为钢的,最小壁厚为 5mm,锤头的表面不应有凹痕、划伤等影响测试结果的可见缺陷。质量为 0.5kg 和 0.8kg 的落锤应具有 d25 型的锤头,质量大于或等于 1kg 的落锤应具有 d90 型的锤头。

(3) 试样支架:包括一个 120°角的 V 型托板,其长度不应小于 200mm,其固定位置应使落锤冲击点的垂直投影在距 V 型托板中心线的 2.5mm 以内。仲裁检验时,采用丝杠上顶式支架。

(4) 释放装置:可使落锤从至少 2m 高的任何高度落下,此高度指距离试样表面的高度,精确到 ±10mm。

(5) 应具有防止落锤二次冲击的装置:落锤回跳捕捉率应保证 100%。

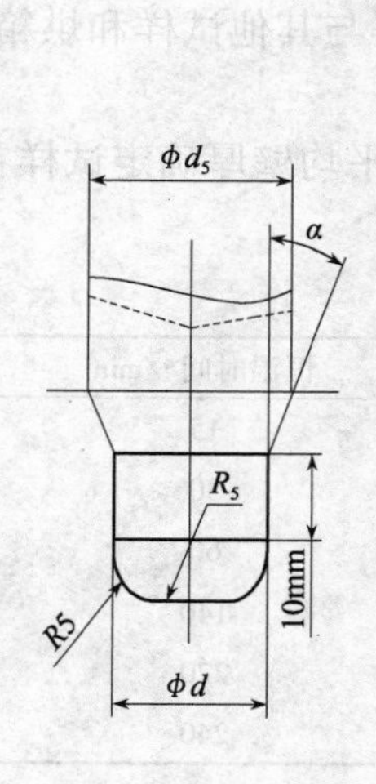

(a) d25 型（质量为 0.5kg 和 0.8kg 的落锤）

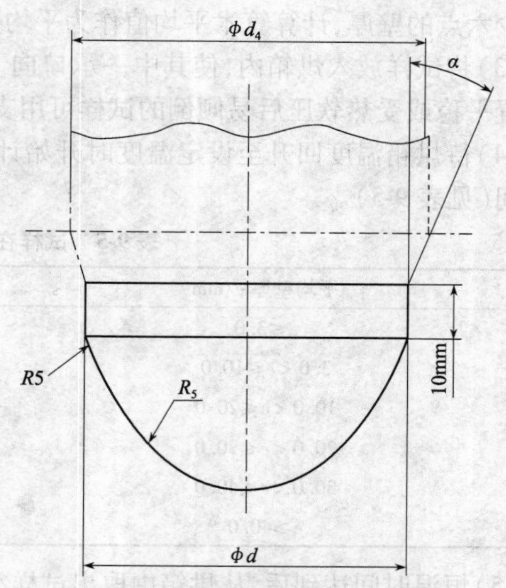

(b) d90 型（质量大于或等于 1kg 的落锤）

图 9-5 落锤的锤头

2. 具体检测步骤

(1)按照产品标准的规定确定落锤质量和冲击高度。

(2)外径小于或等于 40mm 的试样,每个试样只承受一次冲击。

(3)外径大于 40mm 的试样在进行冲击检测时,首先使落锤冲击在 1 号标线上,若试样未破坏,则按标准规定,再对 2 号标线进行冲击,直至试样破坏或全部标线都冲击一次。

注:当波纹管或加筋管的波纹间距或筋间距超过管材外径的 0.25 倍时,要保证被冲击点为波纹或筋顶部。

(4)逐个对试样进行冲击,直至取得判定结果。

3. 检测结果评定

根据试验结果,批量或连续生产管材的 TIR 值可表示为 A,B,C,其意义如下:

A:TIR 值小于或等于 10%;

B:根据现有冲击试样数不能作出判定;

C:TIR 值大于 10%。

9.2.7 注射成型硬质聚氯乙烯(PVC-U),氯化聚氯乙烯(PVC-C)、丙烯腈-丁二烯-苯乙烯三元共聚物(ABS)和丙烯腈-苯乙烯-丙烯酸盐三元共聚物(ASA)管件热烘箱检测

1. 主要检测设备仪器

(1)带温控器的温控空气循环烘箱,能使检测试验过程中工作温度保持在(150±2)℃,并有足够的加热功率,试样放入烘箱后,能使温度在 15min 内重新达到设定的检测试验温度。

(2)温度计精度为 0.5℃。

2. 具体检测步骤

(1)将烘箱升温,使其达到(150±2)℃。

(2)检测试验前,应先测量试样壁厚在管件主体上选取横切面,在圆周面上测量间隔均匀

的至少六点的壁厚，计算算术平均值作为平均壁厚 e，精确到 0.1mm。

(3)将试样放入烘箱内，使其中一承口向下直立，试样不得与其他试样和烘箱壁接触，不易放置平稳或受热软压后易倾倒的试样可用支架支撑。

(4)待烘箱温度回升至设定温度时开始计时，根据试样的平均壁厚确定试样在烘箱内恒温时间(见表 9-5)。

表 9-5 试样在烘箱内恒温时间

平均壁厚 e/mm	恒温时间 t/min
$e \leqslant 3.0$	15
$3.0 < e \leqslant 10.0$	30
$10.0 < e \leqslant 20.0$	60
$20.0 < e \leqslant 30.0$	140
$30.0 < e \leqslant 40.0$	220
$e \geqslant 40.0$	240

(5)恒温时间达到后，从烘箱中取出试样小心不要损伤试样或使其变形。

(6)待试样在空气中冷却至室温，检查试样出现的缺陷，例如：试样的开裂、脱层、壁内变化(如气泡等)和熔接缝开裂，并确定这些缺陷的尺寸是否在结果评定规定的最小范围内。

3. 检测结果评定

(1)试样的开裂、脱层、气泡和熔接缝开裂等缺陷，应满足下面要求：

① 在注射点周围：在以 15 倍壁厚为半径的范围内，开裂、脱层或气泡的深度应不大于该处壁厚的 50%。

② 对于隔膜式浇口注射试样：任一开裂、脱层或气泡应在距隔膜区域 10 倍壁厚的范围内，且深度应不大于该处壁厚的 50%。

③ 对于环形浇口注射试样：试样壁内任一开裂应在距离浇口 10 倍壁厚的范围内，如果开裂深入环形浇口的整个壁厚，其长度应不大于壁厚的 50%。

④ 对于有熔接缝的试样：任一熔接处部分开裂深度应不大于壁厚的 50%。

⑤ 对于注射试样的所有其他外表面，开裂与脱层深度应不大于壁厚的 30%，试样壁内气泡长度应不大于壁厚的 10 倍。

(2)判定时，需将试样缺陷处剖开进行测量，三个试样均通过判定为合格。

9.2.8 建筑塑料性能检测实训报告

建筑塑料性能检测实训报告见表 9-6。

表 9-6 建筑塑料性能检测实训报告

工程名称： 报告编号： 工程编号：

委托单位		委托编号		委托日期	
施工单位		样品编号		检验日期	
结构部位		出厂合格证编号		报告日期	
厂　　别		检验性质		代表数量	
发证单位		见证人		证书编号	

续表9-6

1. 热塑性塑料管材拉伸性能的检测			
拉伸屈服应力 σ/MPa		断裂伸长率 ε/%	
屈服点的拉力 F/N	试样的原始截面积 A/mm^2	断裂时标线间的长度 L/mm	标线间的原始长度 L_0/mm
拉伸屈服应力的平均值 σ/MPa：		断裂伸长率的平均值 ε/%	
拉伸屈服应力的标准偏差 σ/MPa：		断裂伸长率的标准偏差 ε/%	
结　论：			
执行标准：			

2. 热塑性塑料管材、管件维卡软化温度的检测			
维卡软化温度（VST）/℃			
试样1	试样2	算术平均值	结论：
执行标准：			

3. 热塑性塑料纵向回缩率的检测				
试样	浸入前两标线间距离 L_0/mm	检测后两标线间距离 L_1/mm	纵向回缩率 R_{L_i}/%	平均值
试样1				
试样2				
试样3				
结　论：				
执行标准：				

主要仪器设备	检测仪器		管理编号	
	型号规格		有效期	
	检测仪器		管理编号	
	型号规格		有效期	
	检测仪器		管理编号	
	型号规格		有效期	
	检测仪器		管理编号	
	型号规格		有效期	
备　注				
声　明				
地　址	地址： 邮编： 电话：			

审批（签字）：__________审核（签字）：__________校核（签字）：__________检测（签字）：__________

检测单位（盖章）：__________

报　告　日　期：　　年　月　日

注：本表一式四份（建设单位、施工单位、检测实验室、城建档案馆存档各一份）。

9.3 防水涂料性能的检测

9.3.1 主要检测设备仪器

1. 拉伸检测试验机。测量范围0～500N,最小分度值为0.5N。拉伸速度0～500mm/min;试件标线间距离可拉伸至8倍以上。

2. 电热鼓风干燥箱:温度范围0～300℃,精度±2℃。

3. 紫外线老化箱:500W直管形高压汞灯、灯管与箱底平行,与试件的中心距离为470～500mm,工作温度(45±2)℃。

4. 冰箱:温度范围0～-40℃,精度±2℃。

5. 不透水检测试验仪:测试压力0.1～0.3MPa,试座直径ϕ93mm。

6. 切片机:符合GB/T 528—1998的规定。

7. 定伸保持器:能保持试件的标线间延伸率达100%的夹钳,且检测时不产生腐蚀。尺寸见图9-6所示。

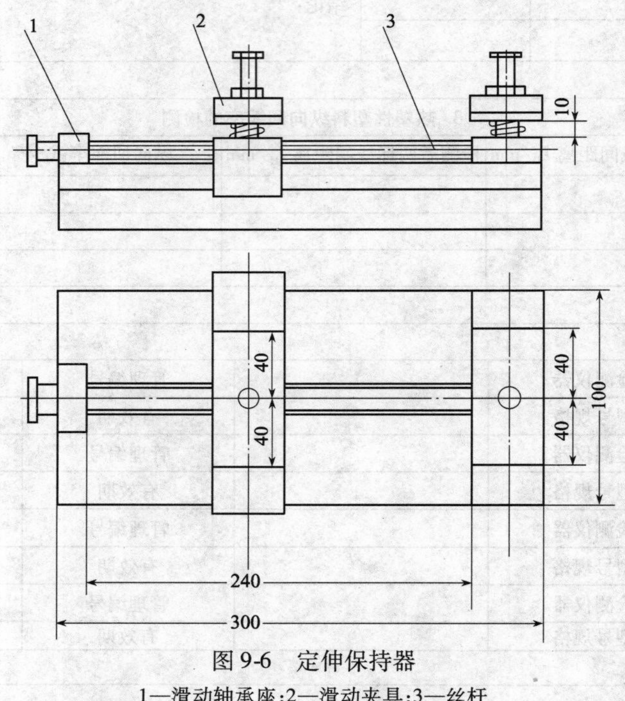

图9-6 定伸保持器

1—滑动轴承座;2—滑动夹具;3—丝杆

8. 涂膜模具:尺寸见图9-7。

9. 加热伸缩测定器:材料及尺寸见图9-8。

10. 弯折机:见图9-9。

11. 秒表:分度0.2s。

12. 旋转黏度计:测定范围1×10^6MPa·s。

13. 分析天平:感量为0.01g。

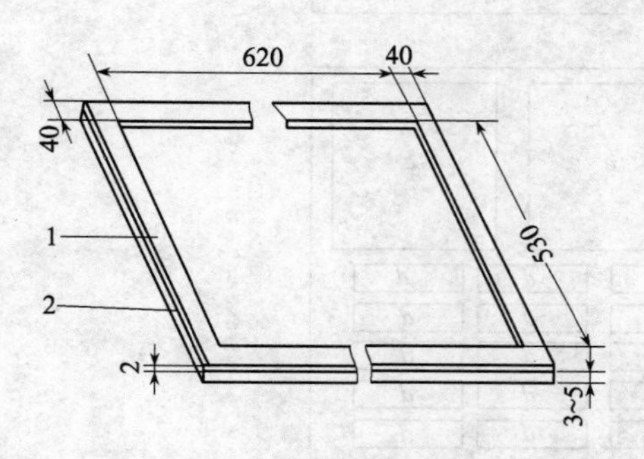

图9-7　涂膜模具

1—模型不锈钢板；2—普通平板玻璃

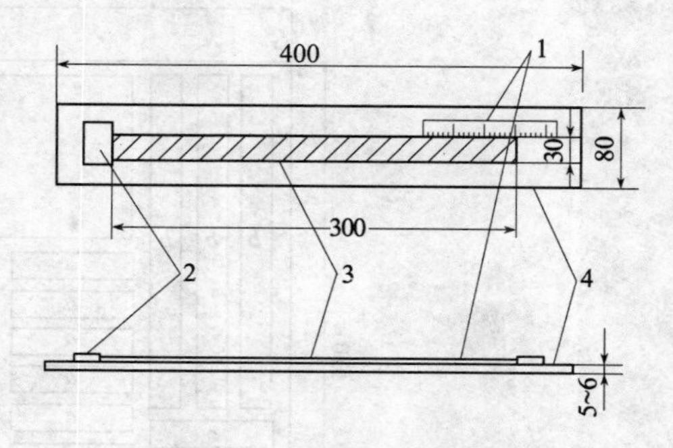

图9-8　加热伸缩测定器

1—精度为0.5mm的直尺；2—挡块；

3—试件；4—平整光洁无凹凸挠曲的铜板

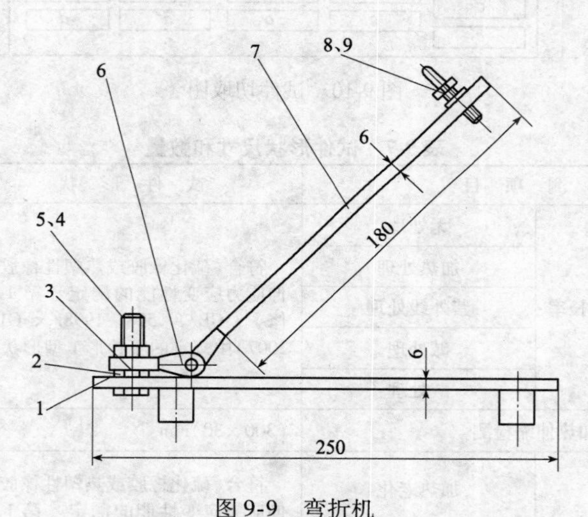

图9-9　弯折机

1—下压板；2—调节螺母；3—连接板；4—螺栓；5—螺母；

6—销轴；7—上压板；8—螺栓；9—螺母

9.3.2　检测试件的制备

1. 在试件制备前，所取样品及所用仪器在标准条件下放置24h。

2. 在标准条件下，将静置后的固化剂搅拌均匀，并按生产厂提供的配合比称取所需的甲、乙组分，然后在烧杯中用刮刀在不混入气泡的要求下，充分搅拌5min，立即在不卷入气泡的条件下倒入规定的模具中涂覆，为了便于脱模，模具在涂覆前可用硅油或硅脂进行表面处理，分两次涂覆。隔8～24h涂覆第二次，用刮板将表面刮平，并在标准条件下养护7d，涂膜厚度(2.0±0.2)mm。

3. 检查涂膜外观，表面无明显气泡、光滑平整。然后从养护后的涂膜上，按图9-10及表9-7的要求裁取试件，并注明编号。

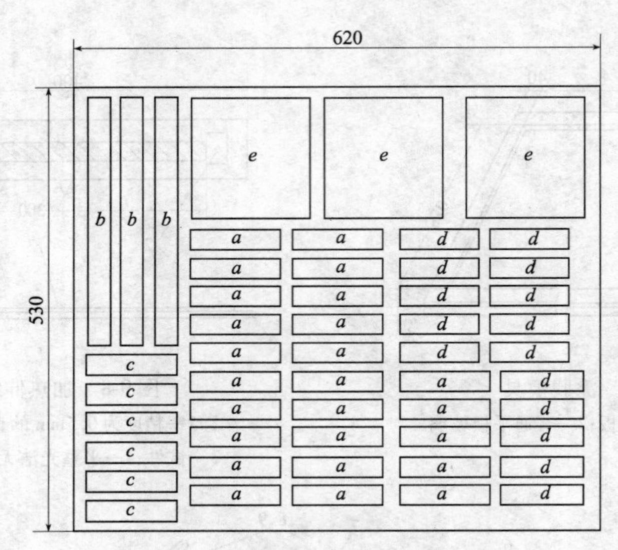

图 9-10　试件切取图

表 9-7　试件形状尺寸和数量

编　号	检　测　项　目		试　件　形　状	数量/件
1	拉伸强度和断裂伸长率	无处理	符合《硫化橡胶或热塑性橡胶拉伸应力应变性能的测定　第 1 号修》（GB/T　528—1998/× G1—2007）中规定的哑铃形 1 型形状	5
		加热处理		5
		紫外线处理		5
		碱处理		5
		酸处理		5
2	加热伸缩检测		（300×30）mm	3
3	拉伸时老化检测	加热老化	符合《硫化橡胶或热塑性橡胶拉伸应力应变性能的测定　第 1 号修》（GB/T　528—1998/× G1—2007）中规定的哑铃形 1 型形状	3
		紫外线老化		3
4	低温柔韧性检测	无处理	100mm×25mm	3
		加热处理		3
		紫外线处理		3
		碱处理		3
		酸处理		3
5	不透水性检测		150mm×150mm	3

注：　试件形状为：总长 115mm，端头宽度（25±1）mm，狭小平行部分长（33±2）mm，狭小平行部分宽 $6^{+0.4}_{0.0}$mm，过渡边外径（14±1）mm，过渡边内径（25±2）mm，厚度（2±0.2）mm。

裁取的试件边缘与涂膜的边缘之间的距离不得少于 10mm。裁取时试件与另一试件的边缘之间距离不得少于 10mm。

9.3.3　拉伸检测

1. 具体检测步骤

(1)无处理时拉伸检测

将试件在标准条件下静置24h以上,然后用精度为0.5mm的直尺在试件上划好两条间距为25mm的平行标线,并用符合GB5723要求的测厚仪测定厚度 d。

将试件在标准条件下静置1h,然后安装在规定的拉伸检测试验机夹具之间。不得歪扭。拉伸速度调整为500mm/min,夹具间标距为70mm。开动拉伸检测试验机拉伸至试件断裂。记录试件断裂时的最大荷载(Pa),并用精度为1mm的标尺量取并记录试件破坏时标线间距离(L)。

(2)加热处理时拉伸检测

将试件平放在釉面砖上,放入规定的电热鼓风干燥箱中。加热温度为(80±2)℃,试件与箱壁间距不得少于50mm。试件的中心应与温度计水银球在同一位置上,恒温7d后取出,然后按无处理拉伸检测的方法进行检测。

(3)紫外线处理时拉伸检测

将试件平放在釉面砖上,放入规定的紫外线照射箱中,使距试件表面50mm左右的空间温度为45~50℃,恒温照射250h后取出,然后按无处理拉伸检测的方法进行检测。

(4)碱处理时拉伸检测

(20±2)℃时,在符合GB/T 629—1997规定的化学纯0.1%水溶液中,加入氢氧化钙试剂,使之达到饱和状态。在600mL该溶液中放入5个试件,液面应高出试件表面10mm以上。连续浸泡7d后取出,充分用水冲洗,并用干布擦干,然后按无处理拉伸检测的方法进行检测。

(5)酸处理时拉伸试验

(20±2)℃时,在GB/T 625—2007中规定的600mL化学纯2%溶液中,放入5个试件,液面应高出试件表面10mm以上,连续浸泡7d后取出,充分用水冲洗,并用干布擦干,然后按无处理拉伸检测的方法进行检测。

2. 检测结果计算与评定

(1)拉伸强度

拉伸强度按下式计算:

$$T_b = \frac{P_b}{A}$$

式中　T_b——拉伸强度,MPa;

P_b——最大荷载,N;

A——试件断面面积,mm^2。

其中:

$$A = bd$$

式中　b——试件中间宽度,mm;

d——试件实测厚度,mm。

(2)断裂时的延伸率

断裂时的延伸率按下式计算。

$$E = \frac{L - 25}{25} \times 100$$

式中 E——断裂时的延伸率,%;

25——拉伸前标线间距离,mm;

L——断裂时标线间的距离,mm。

(3)结果的评定

检测结果以5个试件的有效结果的算术平均值表示,取3位有效数字。

9.3.4 加热伸缩的检测

1. 具体检测步骤

将试件在标准条件下放置24h以上,然后用规定的加热伸缩测定器量取试件的长度。

将试件平放在撒有滑石粉的平板玻璃上,放置于规定的电热鼓风干燥箱中。温度为(80±2)℃,恒温7d后取出,在标准条件下放置4h,然后再次测定试件长度。

2. 检测结果计算与评定

(1)加热伸缩率按下式计算:

$$S = \frac{L_1 - L_0}{L_0} \times 100$$

式中 S——加热伸缩率,%;

L_0——加热处理前的试件长度,mm;

L_1——加热处理后的试件长度,mm。

(2)检测结果的评定

试件经加热处理后,若有挠曲现象,可用适当质量压平,再进行测定,加热伸缩率以3个试件结果的算术平均值表示,取2位有效数字。

9.3.5 拉伸时的老化的检测

1. 具体检测步骤

(1)加热老化检测

将试件安装在规定的定伸保持器上,并使试件的标线间距拉伸至50mm,在标准条件下放置24h。

将安装有试件的定伸保持器放入规定的电热鼓风干燥箱中,加热温度为(80±2)℃。垂直放置7d后取出。再在标准条件下放置4h,然后观察定伸保持器上的试件有无变形,并用8倍放大镜检查试件有无裂缝。

(2)紫外线老化检测

将试件安装在规定的定伸保持器上,并使试件的标线间距离拉伸至37.5mm,在标准条件下放置24h。

将安装有试件的定伸保持器平放在规定的紫外线照射箱中,使距试件表面50mm左右的空间温度为45~50℃,恒温照射250h后取出,在标准条件下放置4h,然后观察定伸保持器上的试件有无变形,并用8倍放大镜检查试件有无裂缝。

2. 检测结果评定

分别记录每个试件有无变形裂纹。

9.3.6　低温柔韧性的检测

1. 具体检测步骤

(1)无处理时柔韧性的检测

将试件在标准条件下放置24h以上,用最小分度值0.01mm的厚度测量计在试件长度方向上测量3点。取其算术平均值。同一试件厚度测量值的最大差值为0.2mm。3个试件的算术平均值的最大差值为0.2mm。

将试件弯曲180°,使25mm宽的边缘齐平,用钉书机将边缘处固定,调整弯折机的上平板与下平板间的距离为试件厚度的3倍。然后将3个试件分别平放在弯折机下平板上,试件重合的一边朝向弯折机轴,距转轴中心约25mm。将放有试件的弯折机放入规定的冰箱中,在规定的冷却温度下保持2h后,打开冰箱。在1s内将弯折机的上平板压下,达到所调的距离的平行位置后,保持1s取出试件,并用8倍的放大镜观察试件弯曲处的表面有无裂缝。

(2)加热处理时柔韧性的检测

将试件按拉伸检测中的加热处理时拉伸检测方法进行处理,然后按无处理时柔韧性检测的方法检测。

(3)紫外线处理时柔韧性的检测

将试件按拉伸检测中的紫外线处理时拉伸检测方法进行处理,然后按无处理时柔韧性检测的方法检测。

(4)碱处理时柔韧性的检测

将试件按拉伸检测中的碱处理时拉伸检测方法进行处理,然后按无处理时柔韧性检测的方法检测。

(5)酸处理时柔韧性的检测

将试件按拉伸检测中的酸处理时拉伸检测方法进行处理,然后按无处理时柔韧性检测的方法检测。

2. 检测结果评定

分别记录每个试件有无裂纹、断裂。

9.3.7　不透水性的检测

1. 具体检测步骤

在标准条件下,将试件放置1h,用洁净的(20±2)℃的水注入规定的不透水仪中至溢满。开启进水阀,使水与透水盘口齐平,关闭进水阀,开启总水阀,接着加水压,使注水罐的水流出,清除空气。

将3块试件分别放置于不透水仪的3个圆盘上。再在每块试件上各加1块相同尺寸、孔径为0.2mm铜丝网布。启动压紧,开启进水阀,施加压力至0.3MPa,随时观察试件有无渗水现象。到规定时间为止。

2. 检测结果评定

分别记录每个试件有无渗水现象。

9.3.8 固体含量的检测

1. 具体检测步骤

将干燥洁净的培养皿放入规定的电热鼓风干燥箱中，加热温度为(105 ±2)℃，烘 30min。取出放到干燥箱中，冷却到室温后称量。

按生产厂提供的配合比混合甲、乙组分，充分搅拌 5min，准确称取 1.5 ~2g 刚搅拌好的试样。置于已称重的培养皿中，使试样均匀涂布于容器的底部，在标准条件下，放置 24h。

然后将样品放入(120 ±2)℃的烘箱中烘 30min，取出放入干燥器中冷却至室温后，称重，至前后两次称重的质量差不大于 0.01g 为止(全部称量精确至 0.01g)。检测平行测定两个试样。

2. 检测结果计算与评定

(1)固体含量 X(%)按下式计算：

$$X=\frac{W_1-W}{G}\times 100$$

式中 W——容器质量，g；

W_1——烘后试样和容器质量，g；

G——烘后试样质量，g。

(2)检测结果评定

检测结果取两次平行检测的平均值，两次平行检测的相对误差不大于 3%。

9.3.9 适用时间的检测

1. 具体检测步骤

在标准条件下，按产品的配合比混合甲、乙组分，在不混入气泡的条件下，充分搅拌 5min。

经过规定的适用时间后取试样 150 ~200mL 置于 250mL 烧杯中，烧杯口径大于 70mm，移至校正好的旋转黏度计下方，按旋转黏度计的使用方法测试，使转子在试样中旋转 20s，读取试样的黏度，平行检测两次。

2. 检测结果评定

记录黏度达到 10^5MPa · s 时的时间。两次平行检测的黏度，测量误差不大于 5%，以最大的黏度值计。

9.3.10 干燥时间的检测

1. 表干时间的检测

(1)具体检测步骤

在标准条件下，按产品的配合比混合甲、乙组分，在不混入气泡的条件下，充分搅拌 5min，即涂刷于玻璃板[50mm ×50mm ×(3 ~5)mm]上制备涂膜，涂料用量(8 ±1)g，记录涂刷结束的时间。

经过标准规定的涂膜表干时间，在距膜面边缘不小于 10mm 的范围内，以手指轻触涂膜表面，观察有无涂料黏在手上的现象。

(2)检测结果评定

记录不黏手的时间。

2. 实干时间的检测

(1)具体检测步骤

① 按表干时间的测定规定制备试件,记录涂刷结束的时间。

② A法:在表干后的试件涂层上放一张定性滤纸(光滑面接触涂面),滤纸上再轻轻放置干燥检测试验器(底面积为100mm^2,重200g),每若干时间后移去干燥检测试验器,将试件翻转滤纸能自由落下,或在背面用握板之手的食指轻轻敲几下滤纸能自由落下而滤纸纤维不粘在涂膜上则认为涂膜实干,记下涂膜实干所用的时间,即为实干的时间。

③ B法:用单面保险刀切割涂膜,若底层与膜内均无黏着现象,则认为实干,记下涂膜达到实干所用的时间,即为实干时间。

(2)检测结果评定

记录无黏着的时间。

9.3.11　建筑防水材料性能检测实训报告

建筑防水材料性能检测实训报告见表9-8。

表9-8　建筑防水材料性能检测实训报告

工程名称:　　　　报告编号:　　　　工程编号:

委托单位		委托编号		委托日期	
施工单位		样品编号		检验日期	
结构部位		出厂合格证编号		报告日期	
厂　　别		检验性质		代表数量	
发证单位		见证人		证书编号	

建筑防水涂料的检测

项　目		单组分		双组分	
		Ⅰ	Ⅱ	Ⅰ	Ⅱ
拉伸强度/MPa,≥					
断裂伸长率/%,≥					
撕裂强度/(N/mm),≥					
低温弯折性/℃					
不透水性(0.3MPa,30min)					
固体含量/%,≥					
表干时间/h,≤					
实干时间/h,≤					
加热伸缩率/%	≤				
	≥				
潮湿基面粘结强度/MPa,≥					

续表 9-8

定伸时老化	加热老化				
	人工气候老化				
热处理	拉伸强度保持率/%,≥				
	断裂伸长率/%,≥				
	低温弯折性/℃,≤				
碱处理	拉伸强度保持率/%,≥				
	断裂伸长率/%,≥				
	低温弯折性/℃,≤				
酸处理	拉伸强度保持率/%,≥				
	断裂伸长率/%,≥				
	低温弯折性/℃,≤				
人工气候老化	拉伸强度保持率/%,≥				
	断裂伸长率/%,≥				
	低温弯折性/℃,≤				

结　　论：

执行标准：

主要仪器设备	检测仪器		管理编号	
	型号规格		有效期	
	检测仪器		管理编号	
	型号规格		有效期	
	检测仪器		管理编号	
	型号规格		有效期	
	检测仪器		管理编号	
	型号规格		有效期	
备　　注				
声　　明				
地　　址	地址： 邮编： 电话：			

审批（签字）：＿＿＿＿＿＿审核（签字）：＿＿＿＿＿＿校核（签字）：＿＿＿＿＿＿检测（签字）：＿＿＿＿＿＿

检测单位（盖章）：＿＿＿＿＿＿

报　告　日　期：　年　月　日

注：本表一式四份（建设单位、施工单位、检测实验室、城建档案馆存档各一份）。

9.4　建筑密封材料性能的检测

9.4.1　建筑密封材料流动性的检测

1. 主要检测设备仪器

(1)下垂度模具

无气孔且光滑的槽形模具,宜用阳极氧化或非阳极氧化铝合金制成(见图9-11)。长度(150 ±0.2)mm,两端开口,其中一端底面延伸(50 ±0.5)mm,槽的横截面内部尺寸为:宽(20 ±0.2)mm,深(10 ±0.2)mm。其他尺寸的模具也可使用,例如宽(10 ±0.2)mm,深(10 ±0.2)mm。

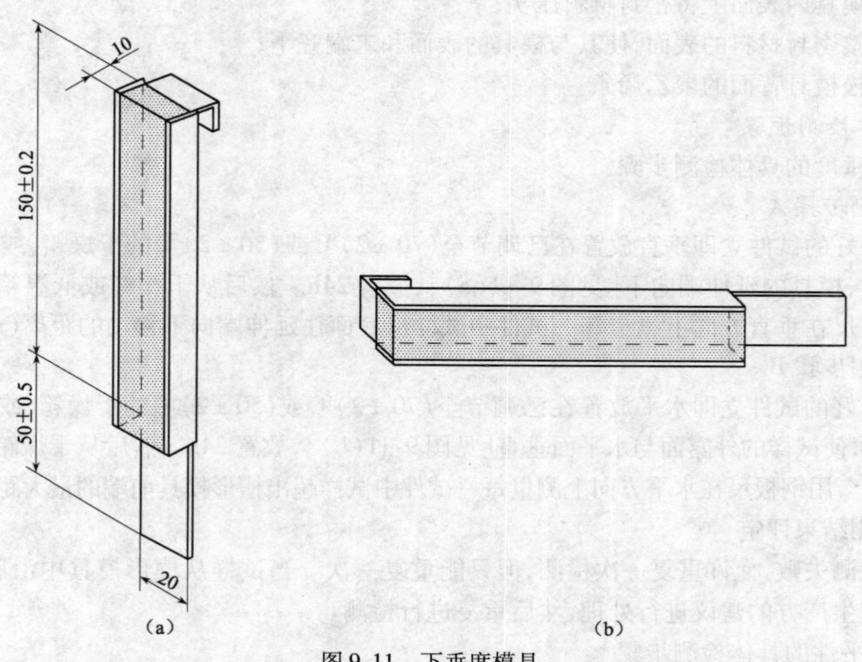

图9-11　下垂度模具

(2)流平性模具

两端封闭的槽形模具,用1mm厚耐蚀金属制成(见图9-12),槽的内部尺寸为150mm × 20mm × 15mm。

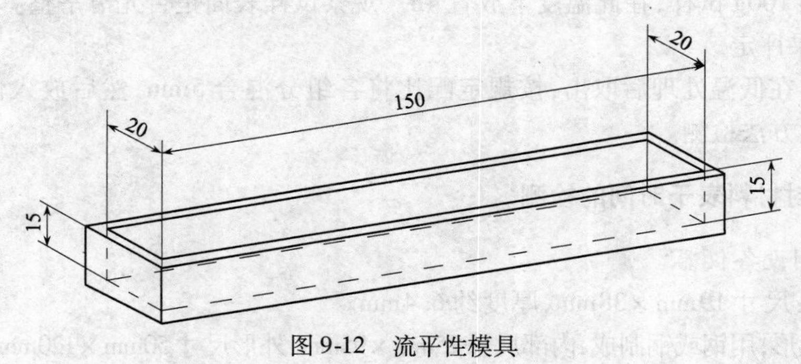

图9-12　流平性模具

(3)鼓风干燥箱:温度能控制在(50±2)℃、(70±2)℃。

(4)低温恒温箱:温度能控制在(5±2)℃。

(5)钢板尺:刻度单位为0.5mm。

(6)聚乙烯条:厚度不大于0.5mm,宽度能遮盖下垂度模具槽内侧底面的边缘。在检测试验条件下,长度变化不大于1mm。

2. 试件的制备

将下垂度模具用丙酮等溶剂清洗干净并干燥之。把聚乙烯条衬在模具底部,使其盖住模具上部边并固定在外侧,然后把已在(23±2)℃下放置24h的密封材料用刮刀填入模具内,制备试件时应注意:

(1)避免形成气泡;

(2)在模具内表面上将密封材料压实;

(3)修整密封材料的表面,使其与模具的表面和末端齐平;

(4)放松模具背面的聚乙烯条。

3. 具体检测步骤

(1)下垂度的具体检测步骤

① 检测步骤A

将制备好的试件立即垂直放置在已调节至(70±2)℃或(50±2)℃的干燥箱,或(5±2)℃的低温箱内,模具的延伸端向下[见图9-11(a)],放置24h。然后从干燥箱或低温箱中取出试件。用钢板尺在垂直方向上测量每一试件中试样从底面往延伸端向下移动的距离(mm)。

② 检测步骤B

将制备好的试件立即水平放置在已调节至(70±2)℃或(50±2)℃的干燥箱,或(5±2)℃的低温箱内,使试样的外露面与水平面垂直[见图9-11(b)],放置24h。然后从干燥箱或低温箱中取出试件。用钢板尺在水平方向上测量每一试件中试样超出槽形模具前端的最大距离(mm)。

③ 检测结果评定

如果检测失败,允许重复一次检测,但只能重复一次。当试样从槽形模具中滑脱时,模具内表面可按生产方的建议进行处理,然后重复进行检测。

(2)流平性的具体检测步骤

① 将流平性模具用丙酮溶剂清洗干净并干燥之。然后将试样和模具在(23±2)℃下放置至少24h,每组制备一个试件。

② 将试样和模具在(5±2)℃的低温箱中处理16~24h。然后沿水平放置的模具的一端到另一端注入约100g试样,在此温度下放置4h。观察试样表面是否光滑平整。

③ 检测结果评定

多组分试样在低温处理后取出,按规定配比将各组分混合5min,然后放入低温箱内静置30min,再按上述方法检测。

9.4.2　建筑密封材料表干时间的检测

1. 主要检测设备仪器

(1)黄铜板:尺寸19mm×38mm,厚度约6.4mm。

(2)模框:矩形,用钢或铜制成,内部尺寸25mm×95mm,外形尺寸50mm×120mm,厚度3mm。

(3)玻璃板:尺寸 80mm×130mm,厚度 5mm。

(4)聚乙烯薄膜:2 张,尺寸 25mm×130mm,厚度约 0.1mm。

(5)刮刀。

(6)无水乙醇。

2. 试件的制备

用丙酮等溶剂清洗模框和玻璃板。将模框居中放置在玻璃板上,用在(23±2)℃下至少放置过 24h 的试样小心填满模框,勿混入空气。多组分试样在填充前应按生产厂的要求将各组分混合均匀。用刮刀刮平试样,使之厚度均匀。同时制备两个试件。

3. 具体检测步骤

(1)A 法

将制备好的试件在标准条件下静置一定的时间,然后在试样表面纵向 1/2 处放置聚乙烯薄膜,薄膜上中心位置加放黄铜板。30s 后移去黄铜板,将薄膜以 90°角从试样表面在 15s 内匀速揭下。相隔适当时间在另外部位重复上述操作,直至无试样人黏附在聚乙烯条上为止。记录试件成型后至试样不再黏附在聚乙烯条上所经历的时间。

(2)B 法

将制备好的试件在标准条件下静置一定的时间,然后用无水乙醇擦净手指端部,轻轻接触试件上三个不同部位的试样。相隔适当时间重复上述操作,直至无试样黏附在手指上为止。记录试件成型后至试样不黏附在手指上所经历的时间。

4. 检测结果评定

(1)表干时间少于 30min 时,精确至 5min;

(2)表干时间在 30min 至 1h 之间时,精确至 10min;

(3)表干时间在 1h 至 3h 之间时,精确至 30min;

(4)表干时间超过 3h 时,精确至 1h。

9.4.3 建筑密封材料使用标准器具检测密封材料挤出性的方法

1. 主要检测设备仪器

(1)挤出器:挤出器的试验体积约为 250mL 或 400mL(见图 9-13 和图 9-14),根据有关产品标准的规定或各方的商定选用喷口,喷口挤出孔直径为 2mm,4mm,6mm 或 10mm,采用气动进行操作。

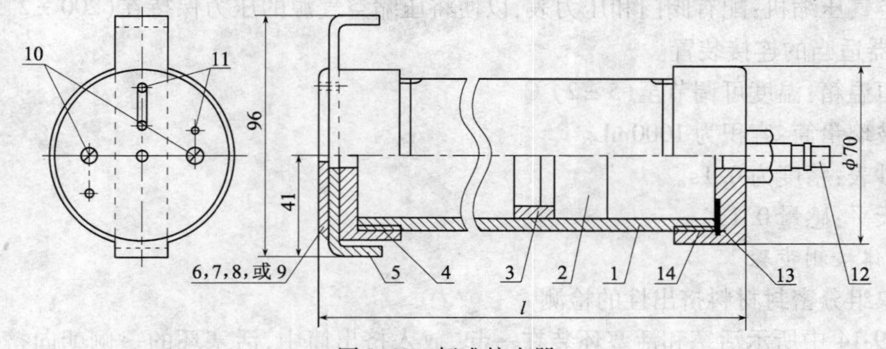

图 9-13　标准挤出器

1—挤出筒;2—活塞;3—活塞环;4—前盖;5—滑板;
6,7,8,9—孔板;10—螺钉;11—销;12—插入式管接头;13—垫圈;14—后盖

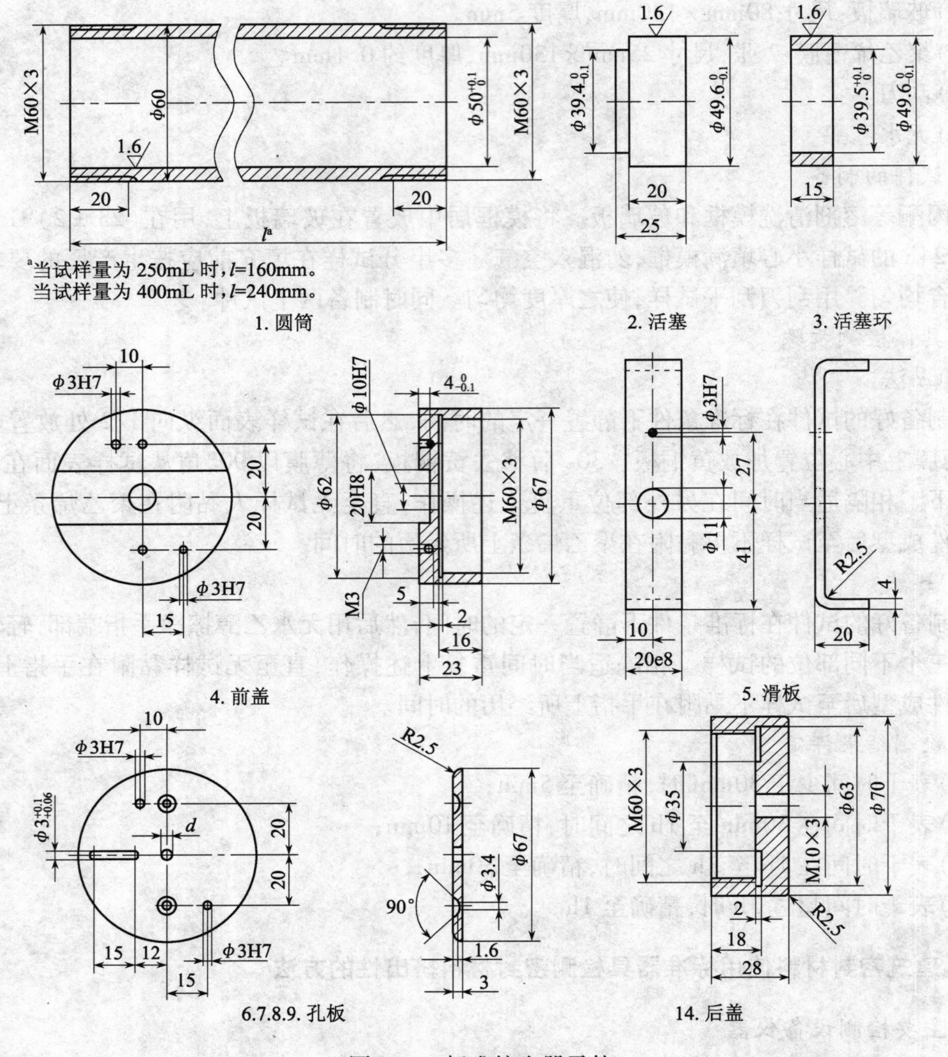

图 9-14 标准挤出器零件

(2)空气压缩机：配有阀门和压力表，以便将压缩空气源的压力保持在(200 ± 2.5)kPa；配有与挤出器适当的连接装置。

(3)恒温箱：温度可调节至(5 ± 2)℃。

(4)玻璃量筒：容积为 1000mL。

(5)秒表：精度为 0.1s。

(6)天平：感量 0.1g。

2. 具体检测步骤

(1)单组分密封材料挤出性的检测

将图 9-14 中所示活塞和活塞环装在一起，放入挤出筒中，活塞环的一侧朝向挤出孔。将试样填入挤出筒中，注意勿混入空气，将填满的试样表面修平，然后将前盖、滑板、孔板及后盖装在挤出筒上。

使滑板处于关闭状态,将组装好的挤出器与空压机相连接。使挤出器置于(200 ±2.5)kPa的空气压力之下,在整个检测过程中保持压力稳定。

测试之前先挤出2~3cm长的试样,使试样充满挤出器的挤出孔。

以(200 ±2.5)kPa的压缩空气一次挤完挤出器中的试样,同时用秒表记录所需时间。根据挤出筒的体积和所用的挤出时间计算试样的挤出率(mL/min),精确至1mL/min。

(2)多组分密封材料挤出性的测定

将试样各组分按生产厂的要求混合均匀后立即填入挤出筒,并按单组分密封材料挤出性的检测的规定组装挤出器。

① A法

将蒸馏水倒入带刻度的量筒中,读出水的体积,以(200 ±2.5)kPa的压缩空气从挤出筒中往盛有水的量筒中挤入大约50mL试样,记下所用的时间。同时读出量筒内水的体积增量,记作试样第一次挤出的体积(mL)。第一次挤出应在各组分开始混合后15min时进行。

上述操作至少应重复三次,即每隔适当时间挤出大约50mL试样。记录每次挤出时间和挤出试样的体积,计算各次挤出率(mL/min)。描绘出混合各次挤出时间间隔与挤出率的关系曲线,读取产品标准规定或各方商定的挤出率所对应的时间,即为适用期(h)。

② B法

以(200 ±2.5)kPa的压缩空气从挤出筒中挤出试样至天平上,挤出50~100g,记录挤出时间。称取挤出试样的质量,精确至0.1g。然后每隔适当时间重复一次,第一次挤出应在各组分开始混合后15min时进行。

上述操作至少应重复三次,计算各次的挤出量(g/min),根据试样的密度计算各次挤出率(mL/min)。按A法规定求得适用期(h)。

9.4.4　建筑密封材料的弹性恢复率的检测

1. 主要检测设备仪器

(1)粘结基材:符合GB/T 13477.1—2002规定的水泥砂浆板、玻璃板或铝板,用于制备试件(每个试件用个基材)。基材的形状及尺寸如图9-15和图9-16所示。按各方商定,也可选用其他材质和尺寸的基材,但密封材料试样粘结尺寸及面积应与图9-15和图9-16所示相同。

(2)隔离垫块:表面应防粘,用于制备密封材料截面为12mm×12mm的试件(如图9-15和图9-16所示)。

注:　如隔离垫块的材质与密封材料相粘结,其表面应进行防粘处理,如薄涂蜡层。

(3)定位垫块:宽度15.0mm,19.2mm或24.0mm,用于控制被拉伸试件的宽度,使试件保持绝对伸长率为25%,60%或100%(见表9-9)。

(4)防粘材料:防粘薄膜或防粘纸,如聚乙烯薄膜等,宜按密封材料生产厂的建议选用。用于制试件。

(5)玻璃板:上面撒有滑石粉。

(6)鼓风干燥箱:温度可调至(70 ±2)℃,用于B法处理试件。

(7)拉伸试验机:可以5~6mm/min的速度拉伸试件。

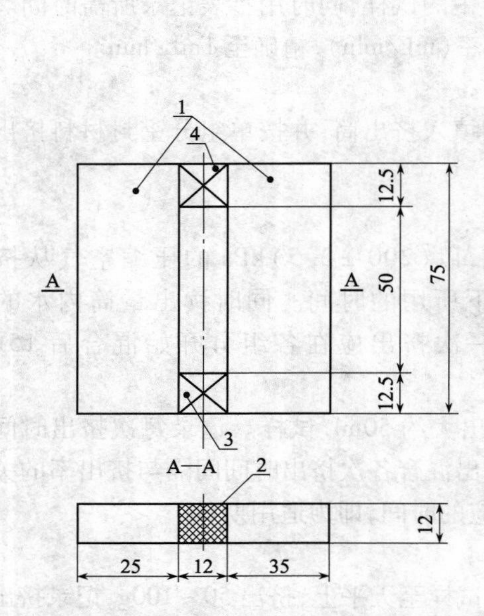

图 9-15 弹性恢复率用试件(水泥砂浆板)

1—水泥砂浆板;2—试样;3、4—隔离垫块

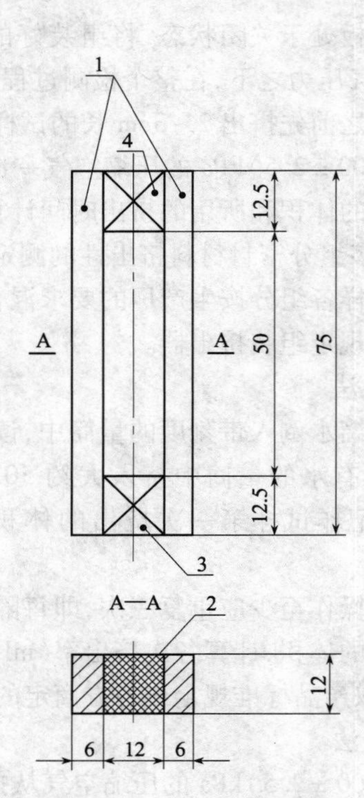

图 9-16 弹性恢复率用试件(铝板或玻璃板)

1—铝板或玻璃板;2—试样;3、4—隔离垫块

表 9-9 试件的拉伸宽度(初始宽度 12mm)

伸长百分率/%	拉伸后的宽度/mm
25	15.0
60	19.2
100	24.0

(8)游标卡尺:精确度为 0.1mm。

(9)容器:用于 B 法处理时浸泡试件。

2. 试件的制备与处理

(1)试件的制备

用脱脂纱布清除水泥砂浆板表面浮灰。用丙酮等溶剂清洗铝板和玻璃板,并干燥之。

按密封材料生产方的说明制备试件,如是否使用底涂料及多组分密封材料的混合程序。每种基材同时制备三个试件。

按图 9-15 和图 9-16 所示,在防粘材料上将两块粘结基材与两块隔离垫块组装成空腔。然后将在(23 ±2)℃下预先处理 24h 的密封材料样品嵌填在空腔内,制成试件。嵌填试样时必须注意:

① 避免形成气泡;

② 将试样挤压在基材的粘结面上,粘结密实;

③ 修整试样表面,使之与基材和垫块的上表面齐平。

将试件侧放，尽早去除防粘材料，以使试样充分固化。在固化期内，应使隔离垫块保持原位。

(2)试件的处理

按各方商定，试件可选用A法或B法处理。

① A法

将制备好的试件于标准检测条件下放置28d。

② B法

先按照A法处理试件，接着再将试件按下述程序处理三个循环：

A. 在(70±2)℃干燥箱内存放3d；

B. 在(23±2)℃蒸馏水中存放1d；

C. 在(70±2)℃干燥箱内存放2d；

D. 在(23±2)℃蒸馏水中存放1d。

上述程序也可以改为C—D—A—B。

按B法处理后的试件，在检测之前应在标准条件下放置24h。

注：B法是利用热和水的影响的一般处理程序，不宜给出有关密封材料耐久性的信息。

3. 具体检测步骤

在标准条件下进行弹性恢复率检测。

除去隔离垫块，用游标卡尺量出每一试件两端的初始宽度 W_0。然后将试件装入拉伸试验机上，以5~6mm/min的速度拉伸试件至初始宽度的25%，60%，100%，或各方商定的其他百分比。用 W_1 表示试件拉伸后的宽度。

表9-7给出了初始宽度为12mm的试件拉伸的百分比，以及对应的拉伸宽度(mm)。

利用合适的定位垫块使试件保持拉伸状态24h。然后去掉定位垫块，将试件以长轴向垂直放置在平坦的低摩擦表面上，如撒有滑石粉的玻璃板上，静置1h。在每一试件两端同一位置测量弹性恢复后的宽度 W_2，精确到0.1mm。

分别计算在试件两端测得的 W_0、W_1 和 W_2 的算术平均值。

4. 检测结果的计算与评定

(1)弹性恢复率 R_e 按下式计算：

$$R_e = \frac{W_0 - W_2}{W_1 - W_0} \times 100$$

式中 R_e——弹性恢复率，%；

W_0——试件的初始宽度，mm；

W_1——试件拉伸后的宽度，mm；

W_2——试件弹性恢复后的宽度，mm；

(2)记录每个试件的弹性恢复率和三个试件弹性恢复率的算术平均值，精确到1%。

9.4.5 建筑密封材料的定伸粘结性的检测

1. 主要检测设备仪器

(1)粘结基材：符合GB/T 13477.1—2002规定的水泥砂浆板、玻璃板或铝板，用于制备试件(每个试件用个基材)。基材的形状及尺寸如图9-15和图9-16所示。按各方商定,也可选用其他材质和尺寸的基材,但密封材料试样粘结尺寸及面积应与图9-15和图9-16所示相同。

(2)隔离垫块:表面应防粘,用于制备密封材料截面为12mm×12mm的试件(如图9-15和图9-16所示)。

注:如隔离垫块的材质与密封材料相粘结,其表面应进行防粘处理,如薄涂蜡层。

(3)定位垫块:用于控制被拉伸试件的宽度,使试件保持绝对伸长率为25%,60%或100%(见表9-10)。

表9-10　试件的接缝宽度

拉伸宽度与初始宽度之比/%	最终缝宽/mm
25	15.0
60	19.2
100	24.0

(4)防粘材料:防粘薄膜或防粘纸,如聚乙烯薄膜等,宜按密封材料生产厂的建议选用。用于制试件。

(5)拉伸试验机:配有记录装置,可以5~6mm/min的速度拉伸试件。

(6)制冷箱:容积能容纳拉力试验机拉伸装置,温度可调至(-20±2)℃。

(7)鼓风干燥箱:温度可调至(70±2)℃,用于B法处理试件。

(8)量具:精确度为0.5mm。

(9)容器:用于B法处理时浸泡试件。

2. 试件的制备与处理

(参见建筑密封材料的弹性恢复率的检测关于“试件的制备与处理”部分)。

3. 具体检测步骤

分别在(23±2)℃和(-20±2)℃温度下进行定伸检测。每一温度条件下测试三个试件。在-20℃测量时,试件事先要在(-20±2)℃温度下放置4h。

将试件除去隔离垫块,置入拉力机夹具内,以5~6mm/min的拉伸速度将试件拉伸至原宽度的25%,60%或100%,记录应力-应变曲线。然后用相应尺寸的定位垫块插入已拉伸至规定宽度的试件中并在相应试验温度下保持24h。

检查试件粘结或内聚破坏情况,并用精度为0.5mm的量具测量粘结或内聚破坏的深度(mm)。

在-20℃检测时,应将试件从制冷箱中取出并待其融化后方能检查、测量其粘结或内聚破坏情况。

9.4.6　建筑密封材料的浸水后定伸粘结性的检测

1. 主要检测设备仪器

(1)粘结基材:符合GB/T 13477.1—2002规定的水泥砂浆板、玻璃板或铝板,用于制备试件(每个试件用个基材)。基材的形状及尺寸如图9-15和图9-16所示。按各方商定,也可选用其他材质和尺寸的基材,但密封材料试样粘结尺寸及面积应与图9-15和图9-16所示相同。

(2)隔离垫块:表面应防粘,用于制备密封材料截面为12mm×12mm的试件(如图9-15和

图9-16所示）。

注：如隔离垫块的材质与密封材料相粘结，其表面应进行防粘处理，如薄涂蜡层。

（3）定位垫块：用于控制被拉伸试件的宽度，使试件保持绝对伸长率为60%或100%（见表9-11）。

表9-11　试件的接缝宽度

拉伸宽度与初始宽度之比 $(W_1-W_0)/W_0$/%	最终缝宽 W_1/mm
60	19.2
100	24.0

（4）防粘材料：防粘薄膜或防粘纸，如聚乙烯薄膜等，宜按密封材料生产厂的建议选用。用于制试件。

（5）拉伸试验机：配有记录装置，可以5~6mm/min的速度拉伸试件。

（6）鼓风干燥箱：温度可调至（70±2）℃，用于B法处理试件。

（7）量具：精确度为0.5mm。

（8）容器：用于B法处理时浸泡试件。

2. 试件的制备与处理

（参见建筑密封材料的弹性恢复率的检测关于"试件的制备与处理"部分）。

3. 具体检测步骤

（1）浸水

将处理后的试件放入（23±2）℃蒸馏水中浸泡4d，接着将试验试件于标准检测条件下放置1d。

（2）拉伸检测

拉伸检测在（23±2）℃的温度下进行。

将检测试件和参比试件除去隔离垫块，置入拉力机夹具内，以5~6mm/min的拉伸速度将试件拉伸至原宽度的60%或100%或各方商定的其他宽度，然后用相应尺寸的定位垫块插入已拉伸至规定宽度的试件中并保持24h。

检查试件粘结或内聚破坏情况，并用精度为0.5mm的量具测量粘结或内聚破坏的深度（mm）。

9.4.7　建筑密封材料的冷拉-热压后粘结性的检测

1. 主要检测设备仪器

（1）粘结基材：符合GB/T 13477.1—2002规定的水泥砂浆板、玻璃板或铝板，用于制备试件（每个试件用个基材）。基材的形状及尺寸如图9-15和图9-16所示。按各方商定，也可选用其他材质和尺寸的基材，但密封材料试样粘结尺寸及面积应与图9-15和图9-16所示相同。

（2）隔离垫块：表面应防粘，用于制备密封材料截面为12mm×12mm的试件（如图9-15和图9-16所示）。

注：如隔离垫块的材质与密封材料相粘结，其表面应进行防粘处理，如薄涂蜡层。

(3)防粘材料:防粘薄膜或防粘纸,如聚乙烯薄膜等,宜按密封材料生产厂的建议选用。用于制试件。

(4)检测试验机:配有记录装置,可以5~6mm/min的速度拉伸或压缩试件。

(5)制冷箱:容积能容纳检测拉伸试验机拉伸装置,温度可调至(-20±2)℃。

(6)鼓风干燥箱:温度可调至(70±2)℃,用于B法处理试件。

(7)量具:精确度为0.5mm。

(8)容器:用于B法处理时浸泡试件。

2. 试件的制备与处理

(参见建筑密封材料的弹性恢复率的检测关于"试件的制备与处理"部分)。

3. 具体检测步骤

试验所用的拉伸和压缩速度为5~6mm/min,拉伸压缩幅度为±12.5%、±20%或±25%(见表9-12),或各方商定的其他值。

表9-12　试件冷拉-热压时的拉伸压缩幅度和相对宽度(初始宽度为12mm)

拉伸-压缩幅度/%	拉伸时宽度/mm	压缩时宽度/mm
±25	15.0	9.0
±20	14.4	9.6
±12.5	13.5	10.5

除去试件上的隔离垫块,按选定的拉伸压缩幅度对试件进行下述检测:

第一周:

第1天:将试件放入(-20±2)℃的低温箱内,3h后在检测试验机上于相同温度下拉伸试件至所要求度,并在(-20±2)℃下保持拉伸状态21h。

第2天:解除拉伸,将试件放入(70±2)℃的干燥箱内,3h后在检测试验机上于相同温度下压缩试件至要求的宽度。并在(70±2)℃下保持压缩状态21h。

第3天:解除压缩,重复第1天步骤。

第4天:同第2天的步骤。

第5天~第7天:解除压缩,将试件以不受力状态于标准检测条件下放置。

第二周:重复第一周的步骤。

检测结束后,用精度为0.5mm的量具测量每个试件粘结或内聚破坏深度。

9.4.8　建筑密封材料的拉伸粘结性的检测

1. 主要检测设备仪器

(1)粘结基材:符合GB/T 13477.1—2002规定的水泥砂浆板、玻璃板或铝板,用于制备试件(每个试件用个基材)。基材的形状及尺寸如图9-15和图9-16所示。按各方商定,也可选用其他材质和尺寸的基材,但密封材料试样粘结尺寸及面积应与图9-15和图9-16所示相同。

(2)隔离垫块:表面应防粘,用于制备密封材料截面为12mm×12mm的试件(如图9-15和图9-16所示)。

注:如隔离垫块的材质与密封材料相粘结,其表面应进行防粘处理,如薄涂蜡层。

(3)防粘材料:防粘薄膜或防粘纸,如聚乙烯薄膜等,宜按密封材料生产厂的建议选用。

用于制试件。

(4)拉力检测试验机:配有记录装置,可以5~6mm/min的速度拉伸或压缩试件。

(5)制冷箱:容积能容纳检测拉伸试验机拉伸装置,温度可调至(-20±2)℃。

(6)鼓风干燥箱:温度可调至(70±2)℃。

(7)容器:用于B法处理时浸泡试件。

2. 试件的制备与处理

(参见建筑密封材料的弹性恢复率的检测关于"试件的制备与处理"部分)。

3. 具体检测步骤

检测在(23±2)℃和(-20±2)℃两个温度下进行。每个测试温度测三个试件。

当试件在-20℃温度下进行测试时,试件需预先在(-20±2)℃温度下至少放置4h。

除去试件上的隔离垫块,将试件装入拉力检测试验机,以5~6mm/min的速度将试件拉伸至破坏。记录应力-应变曲线。

4. 检测结果的计算与评定

(1)拉伸强度T_s按下式计算。取三个试件的算术平均值:

$$T_s = \frac{P}{S}$$

式中 T_s——拉伸强度,MPa;

P——最大拉力值,N;

S——试件截面积,mm。

(2)断裂伸长率E按下式计算,取三个试件的算术平均值:

$$E = \frac{W_1 - W_0}{W_0} \times 100$$

式中 E——断裂伸长率,%;

W_0——试件的原始宽度,mm;

W_1——试件破坏时的拉伸宽度,mm。

9.4.9 建筑密封材料低温柔性的检测

1. 主要检测设备仪器

(1)铝片:尺寸130mm×76mm,厚度0.3mm。

(2)刮刀:钢制、具薄刃。

(3)模框:矩形,用钢或铜制成,内部尺寸25mm×95mm,外形尺寸50mm×120mm,厚度3mm。

(4)鼓风式干燥箱:温度可调至(70±2)℃。

(5)低温箱:温度可调至(-10±3)℃,(-20±3)℃或(-30±3)℃。

(6)圆棒:直径6mm或25mm,配有合适支架。

2. 试件的制备与处理

(1)试件的制备

① 将试样在未开口的包装容器中于标准条件下至少放置5h。

② 用丙酮等溶剂彻底清洗模框和铝片。将模框置于铝片中部,然后将试样填入模框内,防止出现气孔。将试样表面刮平,使其厚度均匀达3mm。

③ 沿试样外缘用薄刃刮刀切割一周,垂直提起模框,使成型的密封材料粘牢在铝片上。同时制备三个试件。

(2)试件的处理

① 将试件在标准试验条件下至少放置24h。其他类型密封材料试件在标准试验条件下放置的时间应与其固化时间相当。

② 将试件按下面的温度周期处理三个循环:

A. 于(70±2)℃处理16h;

B. 于(-10±3)℃,(-20±3)℃或(-30±3)℃处理8h。

3. 具体检测步骤

在第三个循环处理周期结束时,使低温箱里的试件和圆棒同时处于规定的检测温度下,用手将试件绕规定直径的圆棒弯曲,弯曲时试件粘有试样的一面朝外,弯曲操作在1~2s内完成。弯曲之后立即检查试样开裂、部分分层及粘结损坏情况。微小的表面裂纹、毛细裂纹或边缘裂纹可忽略不计。

9.4.10 建筑密封材料质量与体积变化的检测

1. 主要检测设备仪器

(1)耐腐蚀的金属环:尺寸约为外径34mm,内径30mm,高10mm。每个环上设有吊钩或弹簧,以便称量时用丝线悬挂。

(2)防粘材料:成型试件用,如潮湿的纸。

(3)养护箱:能控制温度(23±2)℃,相对湿度(50±5)%。

(4)鼓风式干燥箱:温度能控制在(70±2)℃。

(5)天平:精度0.01g。

(6)比重天平:精度0.01g。

(7)检测液体:温度(23±2)℃由水和外加不多于0.25%(质量比)的低泡沫表面活性剂组成。对于水敏感性密封材料,采用沸点为99℃、密度0.7g/mL的异辛烷(2,2,4-三甲基戊烷)。

(8)容器:用于在检测液体中浸泡试件。

2. 试件的制备

(1)每组检测准备三个金属环试件。

(2)用天平称量每个金属环质量(m_1)。对于体积测定,还应在检测液体中用比重天平称量质量(m_2)。把金属环放在防粘材料上,然后将已在(23±2)℃和相对湿度(50±5)%条件下放置24h的被测密封材料试样填满金属环。嵌填时必须注意:

① 避免形成气泡。

② 将密封材料在金属环的内表面上压实。

③ 修整密封材料表面,使之与金属环的上缘齐平。

(3)从防粘材料上立即移去试件并称量(m_3,m_4)。

3. 具体检测步骤

将已称量的试件悬挂并在下述条件养护:

(1)在养护箱内于(23±2)℃和相对湿度(50±5)%条件下放置28d。

(2)在(70±2)℃干燥箱中放置7d。

(3)在(23±2)℃和相对湿度(50±5)%条件下放置1d。

然后立即称量试件(m_5,m_6)。

4. 检测结果的计算与评定

(1)质量变化

每个试件的质量变化率Δm应用下式计算:

$$\Delta m = \frac{m_5 - m_3}{m_3 - m_1} \times 100$$

式中 Δm——质量变化率,%;

m_1——填充密封材料前金属环在空气中时质量,g;

m_3——试件制备后立即在空气中称量的质量,g;

m_5——试件处理后立即在空气中称量的质量,g;

检测结果以三个试件质量变化率的算术平均值表示。

(2)体积变化

每个试件的体积变化率ΔV应用下式计算:

$$\Delta V = \frac{(m_5 - m_6) - (m_3 - m_4)}{(m_3 - m_4) - (m_1 - m_2)} \times 100$$

式中 ΔV——体积变化率,单位为百分数,%;

m_2——填充密封材料前金属环在试验液体中时质量,g;

m_4——试件制备后立即在试验液体中称量的质量,g;

m_6——试件处理后立即在试验液体中称量的质量,g。

检测结果以三个试件体积变化率的算术平均值表示。

9.4.11 建筑密封材料性能检测实训报告

建筑密封材料性能检测实训报告见表9-13。

表9-13 建筑密封材料性能检测实训报告

工程名称: 报告编号: 工程编号:

委托单位		委托编号		委托日期	
施工单位		样品编号		检验日期	
结构部位		出厂合格证编号		报告日期	
厂　别		检验性质		代表数量	
发证单位		见证人		证书编号	
检测指标			建筑密封材料种类		
下垂度/mm,≤					
表干时间/h,≤					

续表 9-13

挤出性/(mL/min),≥	
弹性恢复率/%,≥	
定伸粘结性	
浸水后定伸粘结性	
冷拉-热压后粘结性	
断裂伸长率/%,≥	
浸水后断裂伸长率/%,≥	
同一温度下拉伸—压缩循环后的定伸粘结性	
低温柔性/℃	
体积变化率/%,≤	

结　论:

执行标准:

主要仪器设备	检测仪器		管理编号	
	型号规格		有效期	
	检测仪器		管理编号	
	型号规格		有效期	
	检测仪器		管理编号	
	型号规格		有效期	
	检测仪器		管理编号	
	型号规格		有效期	
备　注				
声　明				
地　址	地址: 邮编: 电话:			

审批(签字):＿＿＿＿＿审核(签字):＿＿＿＿＿校核(签字):＿＿＿＿＿检测(签字):＿＿＿＿＿

检测单位(盖章):＿＿＿＿＿

报 告 日 期:　年　月　日

注:本表一式四份(建设单位、施工单位、检测实验室、城建档案馆存档各一份)。

9.5　建筑涂料性能的检测

9.5.1　合成树脂乳液内墙涂料的检测

1. 检测样板的制备

(1)所检产品未明示稀释比例时,搅拌均匀后制板。

(2)所检产品明示了稀释比例时,除对比率外,其余需要制板进行检验的项目,均应按规定的稀释比例加水搅匀后制板，若所检产品规定了稀释比例的范围时，应取其中间值。

(3)本标准中检验用试板除对比率使用聚酯膜(或卡片纸)外，均为石棉水泥平板(加压板，厚度为4～6mm)，其表面处理按《色漆和清漆　标准试板》(GB/T 9271—2008)中的规定进行。

(4)本标准规定采用由不锈钢材料制成的线棒涂布器制板。线棒涂布器是由几种不同直径的不锈钢丝分别紧密缠绕在不锈钢棒上制成，其规格为80、100、120三种，线棒规格与缠绕钢丝之间的关系见表9-14。

表9-14　线　　棒

规　　格	80	100	120
缠绕钢丝直径/mm	0.80	1.00	1.20

注：以其他规格形式表示的线棒涂布器也可使用，但应符合表9-14的技术要求。

(5)各检验项目的试板尺寸、采用的涂布器规格、涂布道数和养护时间应符合表9-15的规定。涂布两道时，两道间隔6h。

表9-15　试　　板

检　验　项　目	制　板　要　求			
	尺寸/(mm×mm×mm)	线棒涂布器规格		养护期/d
		第一道	第二道	
干燥时间	150×70×(4～6)	100		
耐碱性	150×70×(4～6)	120	80	7
耐洗刷性	430×150×(4～6)	120	80	7
施工性、涂膜外观	430×150×(4～6)			
对比率		100		1①

注：① 根据涂料干燥性能不同，干燥条件和养护时间可以商定，但仲裁检验时为1d。

2. 检测项目和要求

(1)容器中状态

打开包装容器，用搅棒搅拌时无硬块，易于混合均匀，则可视为合格。

(2)施工性

用刷子在试板平滑面上刷涂试样，涂布量为湿膜厚约100μm。使试板的长边呈水平方向，短边与水平面成约85°角竖放。放置6h后再用同样方法涂刷第二道试样，在第二道涂刷时，刷子运行无困难，则可视为“刷涂二道无障碍”。

(3)低温稳定性

将试样装入约1L的塑料或玻璃容器(高约130mm，直径约112mm，壁厚约0.23～0.27mm内，大致装满，密封，放入(-5±2)℃的低温箱中，18h后取出容器，再于一定条件下放置6h。如此反复三次后，打开容器，搅拌试样，观察有无硬块、凝聚及分离现象，如无则认为“不变质”。

(4)干燥时间

按《漆膜、腻子膜干燥时间测定法》(GB/T 1728—1979)中表干乙法规定进行。

(5)涂膜外观

将干燥时间检测结束后的试板放置24h。目视观察涂膜,若无针孔和流挂,涂膜均匀,则认为“正常”。

(6)对比率

① 在厚度为30~50μm无色透明聚酯薄膜上,或者在底色黑白各半的卡片纸上按检测样板的制备的规定均匀地涂布被测涂料,在一定规定的条件下至少放置24h。

② 用反射仪测定涂膜在黑白底面上的反射率

A. 如用聚酯薄膜为底材制备涂膜,则将涂漆聚酯膜贴在滴有几滴200号溶剂油(或其他适合的溶剂)的仪器所附的黑白工作板上,使之保证无气隙,然后在至少四个位置上测量每张涂漆聚酯膜的反射率,并分别计算平均反射率R_B(黑板上)和R_w(白板上)。

B. 如用底色为黑白各半的卡片纸制备涂膜,则直接在黑白底色涂膜上各至少四个位置测量反射率,并分别计算平均反射率R_B(黑板上)和R_w(白板上)。

③ 对比率计算:

$$对比率 = \frac{R_B}{R_w}$$

④ 平行测定两次。如两次测定结果之差不大于0.02,则取两次测定结果的平均值。

⑤ 黑白工作板和卡片纸的反射率为:

黑色:不大于1%;白色:(80±2)%。

⑥ 仲裁检验用聚酯膜法。

(7)耐碱性

按《建筑涂料涂层耐碱性的测定法》(GB/T 9265—1988)规定进行。如三块试板中有两块未出现起泡、掉粉、明显变色等涂膜病态现象,可评定为“无异常”,如出现以上涂膜病态现象,按《色漆和清漆 涂层老化的评级方法》(GB/T 1766—2008)进行描述。

(8)耐洗刷性

除试板的制备外,按《建筑涂料涂层耐洗耐刷测定法》(GB/T 9266—1988)规定进行。同一试样制备两块试板进行平行检测。洗刷至规定的次数时,两块试板中有一块试板未露出底材,则认为其耐洗刷性合格。

3. 检测结果评定

(1)单项检验结果的判定按《数值修约规则与极限数值的表示和判定》(GB/T 8170—2008)中修约值比较法进行。

(2)产品检验结果的判定按《涂料产品检验、运输和贮存通则》(HG/T 2458—1993)中的规定进行。

9.5.2 合成树脂乳液外墙涂料的检测

1. 检测样板的制备

(1)所检产品未明示稀释比例时,搅拌均匀后制板。

(2)所检产品明示了稀释比例时,除对比率外,其余需要制板进行检验的项目,均应按规定的稀释比例加水搅匀后制板,若所检产品规定了稀释比例的范围时,应取其中间值。

(3)本标准中检验用试板的底材除对比率使用聚酯膜(或卡片纸)外,均为石棉水泥平板(加压板,厚度为4~6mm),其表面处理按GB/T 9271—2008中的规定进行。

(4)本标准规定采用由不锈钢材料制成的线棒涂布器制板。线棒涂布器是由几种不同直径的不锈钢丝分别紧密缠绕在不锈钢棒上制成,其规格为80、100、120三种,线棒规格与缠绕钢丝之间的关系见表9-14。

(5)各检验项目的试板尺寸、采用的涂布器规格、涂布道数和养护时间应符合表9-16的规定。涂布两道时,两道间隔6h。

表9-16 试 板

检验项目	制板要求			
	尺寸/(mm×mm×mm)	线棒涂布器规格		养护期/d
		第一道	第二道	
干燥时间	150×70×(4~6)	100		
耐水性、耐碱性、耐人工气候老化性、耐沾污性、涂层耐温变性	150×70×(4~6)	120	80	7
耐洗刷性	430×150×(4~6)	120	80	7
施工性、涂膜外观	430×150×(4~6)			
对比率		100		1①

注:根据涂料干燥性能不同,干燥条件和养护时间可以商定,但仲裁检验时为1d。

2. *检测项目和要求*

(1)容器中状态

打开包装容器,用搅棒搅拌时无硬块,易于混合均匀,则可视为合格。

(2)施工性

用刷子在试板平滑面上刷涂试样,涂布量为湿膜厚约100μm。使试板的长边呈水平方向,短边与水平面成约85°角竖放。放置6h后再用同样方法涂刷第二道试样,在第二道涂刷时,刷子运行无困难,则可视为"刷涂二道无障碍"。

(3)低温稳定性

将试样装入约1L的塑料或玻璃容器(高约130mm,直径约112mm,壁厚约0.23~0.27mm内,大致装满,密封,放入(-5±2)℃的低温箱中,18h后取出容器,再于一定条件下放置6h。如此反复三次后,打开容器,充分搅拌试样,观察有无硬块、凝聚及分离现象,如无则认为"不变质"。

(4)干燥时间

按GB/T 1728—1979中表干乙法规定进行。

(5)涂膜外观

将干燥时间检测结束后的试板放置24h。目视观察涂膜,若无针孔和流挂,涂膜均匀,则认为"正常"。

(6)对比率

① 在厚度为30~50μm无色透明聚酯薄膜上,或者在底色黑白各半的卡片纸上按检测样板的制备的规定均匀地涂布被测涂料,在一定规定的条件下至少放置24h。

② 用反射仪测定涂膜在黑白底面上的反射率

A. 如用聚酯薄膜为底材制备涂膜,则将涂漆聚酯膜贴在滴有几滴200号溶剂油(或其他适合的溶剂)的仪器所附的黑白工作板上,使之保证无气隙,然后在至少四个位置上测量每张涂漆聚酯膜的反射率,并分别计算平均反射率R_B(黑板上)和R_w(白板上)。

B. 如用底色为黑白各半的卡片纸制备涂膜,则直接在黑白底色涂膜上各至少四个位置测量反射率,并分别计算平均反射率R_B(黑板上)和R_w(白板上)。

③ 对比率计算:

$$对比率=\frac{R_B}{R_w}$$

④ 平行测定两次。如两次测定结果之差不大于0.02,则取两次测定结果的平均值。

⑤ 黑白工作板和卡片纸的反射率为:

黑色:不大于1%;白色:(80±2)%。

⑥ 仲裁检验用聚酯膜法。

(7)耐碱性

按GB/T 9265—1988规定进行。如三块试板中有两块未出现起泡、掉粉、明显变色等涂膜病态现象,可评定为“无异常”,如出现以上涂膜病态现象,按GB/T 1766—2008进行描述。

(8)耐洗刷性

除试板的制备外,按GB/T 9266—1988规定进行。同一试样制备两块试板进行平行检测。洗刷至规定的次数时,两块试板中有一块试板未露出底材,则认为其耐洗刷性合格。

(9)耐水性

按GB/T 1733—1993甲法规定进行。试板投试前除封边外,还需封背。将三块试板浸入《分析实验室用水规格和试验方法》(GB/T 6682—2008)规定的三级水中,如三块试板中有两块未出现起泡、掉粉、明显变色等涂膜病态现象,可评定为“无异常”。如出现以上涂膜病态现象,按GB/T 1766—2008进行描述。

(10)耐人工气候老化性

试验按GB/T 1865—1997规定进行。结果的评定按GB/T 1766—2008进行。其中变色等级的评定按GB/T 1766—2008中规定进行。

(11)耐沾污性

耐沾污性试验方法按标准GB/T 9756—2001的附录A进行。

① 主要检测装置仪器和材料

A. 反射率仪。

B. 天平:感量0.1g。

C. 软毛刷：宽度25～50mm。

D. 冲洗装置：见图9-17。水箱、水管和样板架用防锈硬质材料制成。

E. 粉煤灰［粉煤灰由标准（GB/T 9756—2001）归口单位统一供应］。

② 具体检测步骤

A. 粉煤灰水的配制：称取适量粉煤灰于混合用容器中，与水以1∶1（质量）比例混合均匀。

B. 检测操作：在至少三个位置上测定经养护后的涂层试板的原始反射系数，取其平均值，记为A。用软毛刷将(0.7±0.1)g粉煤灰水横向纵向交错均匀地涂刷在涂层表面上，在(23±2)℃、相对湿度(50±5)%的条件下干燥2h后，放在样板架上。将冲洗装置水箱中加入15L水，打开阀门至最大冲洗样板。冲洗时应不断移动样板，使样板各部位都能经过水流点。冲洗1min，关闭阀门，将样板在(23±2)℃、相对湿度(50±5)%条件下干燥至第二天，此为一个循环，约24h。按上述涂刷和冲洗方法继续试验至循环5次后，在至少三个位置上测定涂层样板的反射系数，取其平均值，记为B。每次冲洗试板前均应将水箱中的水添加至15L。

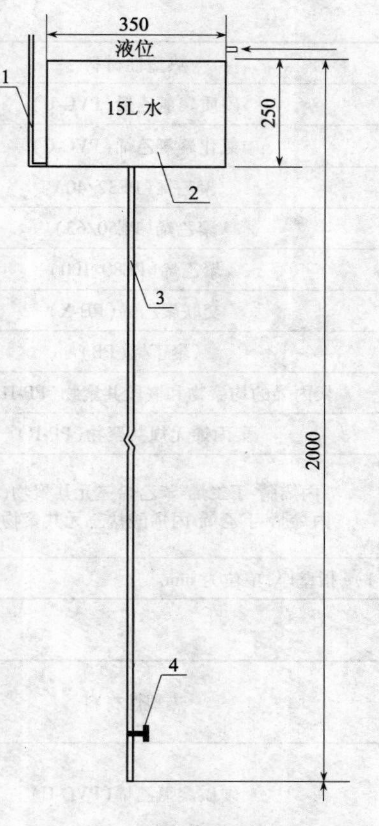

图9-17　冲洗装置示意图

1—液位计；2—水箱；
3—内径8mm的水管；4—阀门

C. 主要检测计算：

涂层的耐沾污性由反射系数下降率表示。

$$X=\frac{A-B}{A}\times 100$$

式中　X——涂层反射系数下降率；

A——涂层起始平均反射系数；

B——涂层经沾污试验后的平均反射系数。

结果取三块样板的算术平均值，平行测定之相对误差应不大于10%。

(12)涂层耐温变性

按《建筑涂料涂层耐冻融循环性测定法》(JG/T 25—1999)的规定进行，做5次循环［(23±2)℃水中浸泡18h，(－20±2)℃冷冻3h，(50±2)℃热烘3h为一次循环］。三块试板中至少应有两块未出现粉化、开裂、起泡、剥落、明显变色等涂膜病态现象，可评定为“无异常”。如出现以上涂膜病态现象，按GB/T 1766—2008进行描述。

3. 检测结果评定

(1)单项检验结果的判定按GB/T 8170—2008中修约值比较法进行。

(2)产品检验结果的判定按HG/T 2458—1993中的规定进行。

附录 A　液浴检测测定参数

<table>
<tr><th>热塑性材料</th><th>液浴温度 T_R/℃</th><th>浸入时间/min</th><th>试样长度/mm</th></tr>
<tr><td>硬质聚氯乙烯(PVC-U)</td><td>150 ±2</td><td>$e≤8$[1)],15</td><td rowspan="10">200 ±20</td></tr>
<tr><td>氯化聚氯乙烯(PVC-C)</td><td>150 ±2</td><td>$e>8$,30</td></tr>
<tr><td>聚乙烯(PE32/40)</td><td>100 ±2</td><td rowspan="7">30</td></tr>
<tr><td>聚乙烯(PE50/63)</td><td rowspan="2">110 ±2</td></tr>
<tr><td>聚乙烯(PE80/100)</td></tr>
<tr><td>交联聚乙烯(PE-X)</td><td>120 ±2</td></tr>
<tr><td>聚丁烯(PB)</td><td>110 ±2</td></tr>
<tr><td>聚丙烯的均聚物和嵌段共聚物(PP-H,PP-B)</td><td>150 ±2</td></tr>
<tr><td>聚丙烯无规共聚物(PP-R)</td><td>135 ±2</td></tr>
<tr><td>丙烯腈-丁二烯-苯乙烯三元共聚物(ABS)
丙烯腈-丁乙烯-丙烯酸盐三元共聚物(ASA)</td><td>150 ±2</td><td>$e≤8$,15
$8<e≥16$,30
$e>16$,60</td></tr>
</table>

1) e 指壁厚,单位为 mm。

附录 B　烘箱检测测定参数

<table>
<tr><th>热塑性材料</th><th>烘箱温度 T_R/℃</th><th>试样在烘箱中放置时间/mm</th><th>试样长度/mm</th></tr>
<tr><td>硬质聚氯乙烯(PVC-U)</td><td>150 ±2</td><td>$e≤8$[1)],60
$8<e≥16$,120
$e>16$,240</td><td rowspan="10">200 ±20</td></tr>
<tr><td>氯化聚氯乙烯(PVC－C)</td><td>150 ±2</td><td>$e≤8$,60
$8<e≥16$,60
$e>16$,120</td></tr>
<tr><td>聚乙烯(PE32/40)</td><td>110 ±2</td><td rowspan="3">$e≤8$[1)],60
$8<e≥16$,120</td></tr>
<tr><td>聚乙烯(PE50/63)</td><td rowspan="2">110 ±2</td></tr>
<tr><td>聚乙烯(PE80/100)</td></tr>
<tr><td>交联聚乙烯(PE-X)</td><td>120 ±2</td><td rowspan="5">$e≤8$,15
$8<e≥16$,30
$e>16$,60</td></tr>
<tr><td>聚丁烯(PB)</td><td>110 ±2</td></tr>
<tr><td>聚丙烯的均聚物和嵌段共聚物(PP-H,PP-B)</td><td>150 ±2</td></tr>
<tr><td>聚丙烯无规共聚物(PP-R)</td><td>135 ±2</td></tr>
<tr><td>丙烯腈－丁二烯-苯乙烯三元共聚物(ABS)
丙烯腈-丁乙烯-丙烯酸盐三元共聚物(ASA)</td><td>150 ±2</td></tr>
</table>

1) e 指壁厚,单位为 mm

第10章　功能材料性能的检测与实训

教学目的:通过加强功能材料的检测与实训,可让学生掌握各种功能材料是如何取样、送样及其各项检测项目是如何进行检测的,从而达到“教、学、做”合一,实现学生岗位核心能力的培养目标。

教学要求:全面了解各种功能材料的各项检测项目(包括建筑饰面陶瓷性能、建筑饰面玻璃性能、建筑用轻钢龙骨和建筑外门窗性能等)是如何取样、送样,重点掌握其检测技术。

10.1　功能材料性能检测的基本规定

10.1.1　执行标准

《陶瓷砖试验方法　第2部分:尺寸和表面质量的检验》(GB/T 3810.2—2006);

《陶瓷砖试验方法　第3部分:吸水率、显气孔率、表观相对密度和容重的测定》(GB/T 3810.3—2006);

《陶瓷砖试验方法　第4部分:断裂模数和破坏强度的测定》(GB/T 3810.4—2006);

《陶瓷砖试验方法　第6部分:无釉砖耐磨深度的测定》(GB/T 3810.6—2006);

《陶瓷砖试验方法　第8部分:线性热膨胀的测定》(GB/T 3810.8—2006);

《陶瓷砖试验方法　第9部分:抗热震性的测定》(GB/T 3810.9—2006);

《陶瓷砖试验方法　第11部分:有釉砖抗釉裂性的测定》(GB/T 3810.11—2006);

《陶瓷砖试验方法　第12部分:抗冻性的测定》(GB/T 3810.12—2006);

《陶瓷砖试验方法　第13部分:耐化学腐蚀性的测定》(GB/T 3810.13—2006);

《陶瓷砖试验方法　第14部分:耐污染性的测定》(GB/T 3810.14—2006);

《浮法玻璃》(GB 11614—1999);

《中空玻璃》(GB/T 11944—2002);

《夹层玻璃》(GB 9962—1999);

《建筑用安全玻璃　第2部分:钢化玻璃》(GB 15763.2—2005);

《建筑用轻钢龙骨》(GB/T 11981—2008);

《建筑外门窗气密、水密、抗风性能分级及检测方法》(GB/T 7106—2008);

《建筑外门窗保温性能分级及检测方法》(GB/T 8484—2008)。

10.1.2　功能材料性能的检测项目

功能材料性能的检测项目、组批原则及抽样规定见表10-1。

表 10-1　功能材料性能的检测项目、组批原则及抽样规定

序　号	材料名称及标准规范	检　测　项　目	组批原则及取样规定
1	陶瓷砖 GB/T 3810.2—2006 GB/T 3810.3—2006 GB/T 3810.4—2006 GB/T 3810.6—2006 GB/T 3810.8—2006 GB/T 3810.14—2006 GB/T 3810.11—2006 GB/T 3810.12—2006 GB/T 3810.13—2006 GB/T 3810.9—2006	尺寸和表面质量;吸水率、显气孔率、表观相对密度和容重;断裂模数和破坏强度;无釉砖耐磨深度;线性热膨胀;有釉砖抗釉裂性;抗冻性;耐化学腐蚀性;耐污染性等	1. 由同一生产厂生产的同品种同规格同质量的产品组批。 2. 由同一生产厂生产的同品种同规格的产品批中提交检验批。 3. 抽取方法: (1)抽取样品的地点由供需双方商定。 (2)可同时从现场每一部分抽取一个或多个具有代表性的样本。 样本应从检验批中随机抽取。 抽取两个样本,第二个样本不一定要检验。 每组样本应分别包装和加封,并做出经有关方面认可的标记。 (3)对每项性能试验所需的砖的数量可分别在表 10-2 中的第 2 列"样本量"栏内查出
2	建筑玻璃 GB 11614—1999 GB/T 11944—2002 GB 9962—1999 GB 15763.2—2005	尺寸偏差;外观;密封;露点;耐紫外线辐照;气候循环耐久性;高温高湿耐久性;落球冲击剥离;霰弹袋冲击;表面应力等	1. 以 500 块为一批,不足 500 块以一批计。 2. 根据批量大小确定抽样数量(浮法玻璃见表 10-3;中空玻璃见表 10-4;夹层玻璃见表 10-5;建筑安全玻璃见表 10-6) 3. 抽样方法为随机抽样
3	建筑用轻钢龙骨 GB/T 11981—2008	外观;尺寸;平直度;弯曲内角半径;角度偏差;表面防锈;力学性能等	1. 班产量大于等于 2000m 者,以 2000m 同型号、同规格的轻钢龙骨为一批,班产量小于 2000m 者,以实际产量为一批。从批中随机抽取表 10-7、表 10-8 和表 10-9 规定数量的双份试样,一份检测用,一份备用
4	建筑外门窗 GB/T 7106—2008 GB/T 8484—2008	气密、水密、抗风压变形 P_1、抗风压反复受压 P_2、安全检测 P_3 和保温性能等	1. 试件应为按所提供图样生产的合格产品或研制的试件,不得附有任何多余的零配件或采用特殊的组装工艺或改善措施。 2. 试件必须按照设计要求组合、装配完好,并保持清洁、干燥。 3. 相同类型、结构及规格尺寸的试件,应至少检测三樘

表 10-2　抽样方案

性能	样本量		计数检验				计量检验				试验方法
			第一样本		第一样本+第二样本		第一样本		第一样本+第二样本		
	第一次	第二次	接收数 A_{c1}	拒收数 R_{e1}	接收数 A_{c2}	拒收数 R_{e2}	接收	第二次抽样	接收	拒收	
尺寸[a]	10	10	0	2	1	2	—	—	—	—	
表面质量[b]	10	10	0	2	1	2	—	—	—	—	GB/T 3810.2
	30	30	1	3	3	4	—	—	—	—	
	40	40	1	4	4	5	—	—	—	—	
	50	50	2	5	5	6	—	—	—	—	
	60	60	2	5	6	7	—	—	—	—	
	70	70	2	6	7	8	—	—	—	—	
	80	80	3	7	8	9	—	—	—	—	
	90	90	4	8	9	10	—	—	—	—	
	100	100	4	9	10	11	—	—	—	—	
	$1m^2$	$1m^2$	4%	9%	5%	>5%	—	—	—	—	
吸水率[c]	5[d]	5[d]	0	2	1	2	$\overline{X}_1 > L^e$	$\overline{X}_1 < L^e$	$\overline{X}_2 > L^e$	$\overline{X}_2 < L^e$	GB/T 3810.3
	10	10	0	2	1	2	$\overline{X}_1 < U^f$	$\overline{X}_1 > U$	$\overline{X}_2 < U^f$	$\overline{X}_2 > U$	
断裂模数[c]	7[g]	7[g]	0	2	1	2	$\overline{X}_1 > L$	$\overline{X}_1 < L$	$\overline{X}_2 > L$	$\overline{X}_2 < L$	GB/T 3810.4
	10	10	0	2	1	2					
破坏强度[c]	7[g]	7[g]	0	2	1	2	$\overline{X}_1 > L$	$\overline{X}_1 < L$	$\overline{X}_2 > L$	$\overline{X}_2 < L$	GB/T 3810.4
	10	10	0	2	1	2					
无釉砖耐磨深度	5	5	0	2[b]	1[h]	2[h]	—	—	—	—	GB/T 3810.6
线性热膨胀系数	2	2	0	2[i]	1[i]	2[i]	—	—	—	—	GB/T 3810.8
抗釉裂性	5	5	0	2	1	2	—	—	—	—	GB/T 3810.11
耐化学腐蚀性[j]	5	5	0	2	1	2	—	—	—	—	GB/T 3810.13
耐污染性[j]	5	5	0	2	1	2	—	—	—	—	GB/T 3810.14
抗冻性[k]	10	—	0	1	—	—	—	—	—	—	GB/T 3810.12
抗热震性	5	5	0	2	1	2	—	—	—	—	GB/T 3810.9

a. 仅指单块面积≥$4cm^2$ 的砖。
b. 对于边长小于600mm的砖，样本量至少30块，且面积不小于$1m^2$。对于边长不小于600mm的砖，样本量至少10块，且面积不小于$1m^2$。
c. 样本量由砖的尺寸决定。
d. 仅指单块砖表面积≥$0.04m^2$。每块砖质量<50g时应取足够数量的砖构成5组试样，使每组试样质量在50~100g之间。
e. L=下规格限
f. U=上规格限。
g. 仅适用于边长≥48mm的砖。
h. 测量数。
i. 样本量。
j. 每一种试验溶液。
k. 该性能无二次抽样检验。

表 10-3 浮法玻璃抽样方案

批量范围	样本大小	合格判定数	不合格判定数
≤50	8	1	2
51~90	13	2	3
91~150	20	3	4
151~280	32	5	6
281~500	50	7	8
501~1000	80	10	11

表 10-4 中空玻璃抽样方案

批量范围	样本数	合格判定数	不合格判定数
1~8	2	1	2
9~15	3	1	2
16~25	5	1	2
26~50	8	2	3
51~90	13	3	4
91~150	20	5	6
151~280	32	7	8
281~500	50	10	11

表 10-5 夹层玻璃尺寸允许偏差、外观质量、弯曲度检测的抽样规则

批量范围	抽样数	合格判定数	不合格判定数
2~8	2	0	—
9~15	3	0	—
16~25	5	1	2
26~50	8	2	3
51~90	13	3	4
91~150	20	5	6
151~280	32	7	8
281~500	50	10	11

表 10-6 建筑安全玻璃——钢化玻璃尺寸允许偏差、外观质量、弯曲度检测的抽样规则

批量范围	抽样数	合格判定数	不合格判定数
1~8	2	1	2
9~15	3	1	2
16~25	5	1	2
26~50	8	2	3
51~90	13	3	4
91~150	20	5	6
151~280	32	7	8
281~500	50	10	11
501~1000	80	14	15

表 10-7　吊顶 U、C、V、L 型龙骨力学性能检测用试件和配套材料的数量和尺寸

品种		数量	长度/mm
试　件	承载龙骨	2 根	1200
	覆面龙骨	2 根	1200
配套材料	吊件	4 件	—
	挂件	4 件	—

注:V、L 型直卡式吊顶龙骨力学性能检测不需要配套材料。

表 10-8　吊顶 T 型龙骨力学性能检测用试件和配套材料的数量和尺寸

品种		数量	长度/mm
试　件	主龙骨	2 根	1200
配套材料	次龙骨	1200mm 长主龙骨上安装次龙骨的孔数	600
	吊件或挂件	4 件	—

表 10-9　吊顶 H 型龙骨力学性能检测用试件和配套材料的数量和尺寸

品种		数量	长度/mm
试　件	H 型龙骨	2 根	1200
配套材料	吊件	4 件	—
	挂件	4 件	—

10.2　建筑饰面陶瓷性能的检测

10.2.1　陶瓷砖尺寸与表面质量的检测

1. 长度和宽度的检测

(1)主要检测设备仪器:游标卡尺或其他适合检测长度的仪器。

(2)试样:每种类型取 10 块整砖进行检测。

(3)具体检测步骤

在离砖角点 5mm 处测量砖的每条边,检测值精确到 0.1mm。

(4)检测结果的评定

① 正方形砖的平均尺寸是四条边检测值的平均值。试样的平均尺寸是 40 次检测值的平均值。

② 长方形砖尺寸以对边两次检测值的平均值作为相应的平均尺寸,试样长度和宽度的平均尺寸分别为 20 次检测值的平均值。

2. 厚度的检测

(1)主要检测设备仪器:测头直径为 5 ~ 10mm 的螺旋测微器或其他合适的仪器。

(2)试样:每种类型取 10 块整砖进行检测。

(3)具体检测步骤

① 对表面平整的砖,在砖面上画两条对角线,检测四条线段每段上最厚的点,每块试样检测 4 点,检测值精确到 0.1mm;

② 对表面不平整的砖,垂直于一边在砖面上画四条直线,四条直线距砖边的距离分别为边长的 0.125 倍、0.375 倍、0.625 倍和 0.875 倍,在每条直线上的最厚处检测厚度。

(4)检测结果的评定

对每块砖以 4 次检测值的平均值作为单块砖的平均厚度。试样的平均厚度是 40 次检测值的平均值。

3. 边直度的检测

(1)主要检测设备仪器

① 图 10-1 所示的仪器或其他合适的仪器,其中分度表(D_F)用于检测边直度。

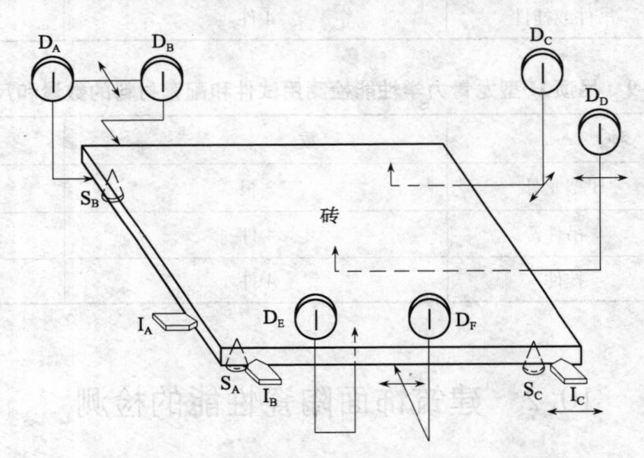

图 10-1　检测边直度、直角度和平整度的仪器

② 标准板,有精确的尺寸和平直的边。

(2)试样:每种类型取 10 块整砖进行测量。

(3)具体检测步骤

① 选择尺寸合适的仪器,当砖放在仪器的支承销(S_A、S_B、S_C)上时,使定位销(I_A、I_B、I_C)离被测边每一角点的距离为 5mm(见图 10-1)。

② 将合适的标准板准确地置于仪器的测量位置上,调整分度表的读数至合适的初始值。

③ 取出标准板,将砖的正面恰当地放在仪器的定位销上,记录边中央处的分度表读数。如果是正方形砖,转动砖的位置得到 4 次测量值。每块砖都重复上述步骤。如果是长方形砖,分别使用合适尺寸的仪器来测量其长边和宽边的边直度。测量值精确到 0.1mm。

(4)检测结果计算与评定

① 在砖的平面内,边的中央偏离直线的偏差。

② 这种测量只适用于砖的直边(见图 10-2),结果用百分比表示。

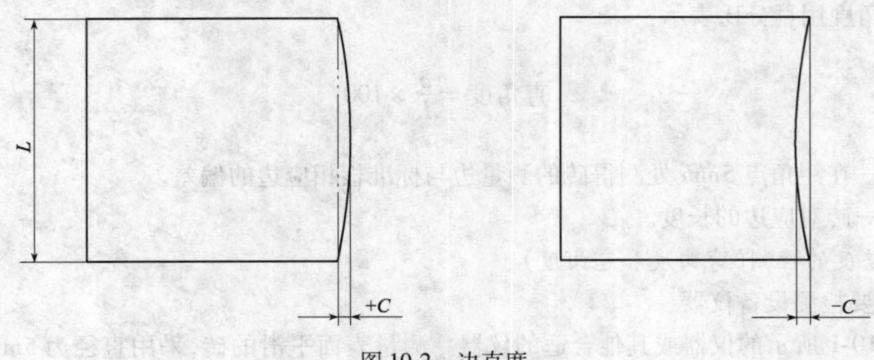

图 10-2　边直度

$$边直度 = \frac{C}{L} \times 100 \qquad (10\text{-}1)$$

式中　C——检测边的中央偏离直线的偏差；

L——检测边长度。

4. 直角度的检测

(1)主要检测设备仪器

① 图 10-1 所示的仪器或其他合适的仪器,其中分度表(D_A)用于检测边直度。

② 标准板,有精确的尺寸和平直的边。

(2)试样:每种类型取 10 块整砖进行检测。

(3)具体检测步骤

① 选择尺寸合适的仪器,当砖放在仪器的支承销(S_A、S_B、S_C)上时,使定位销(I_A、I_B、I_C)离被测边每一角点的距离为 5mm(见图 10-1);分度表(D_A)的测杆也应在离被测边的一个角点 5mm 处(见图 10-1)。

② 将合适的标准板准确地置于仪器的测量位置上,调整分度表的读数至合适的初始值。

③ 取出标准板,将砖的正面恰当地放在仪器的定位销上,记录边中央处的分度表读数。如果是正方形砖,转动砖的位置得到 4 次测量值。每块砖都重复上述步骤。如果是长方形砖,分别使用合适尺寸的仪器来测量其长边和宽边的边直度。测量值精确到 0. 1mm。

(4)检测结果计算与评定

① 将砖的一个角紧靠着放在用标准板校正过的直角上(见图 10-3),该角与标准直角的偏差。

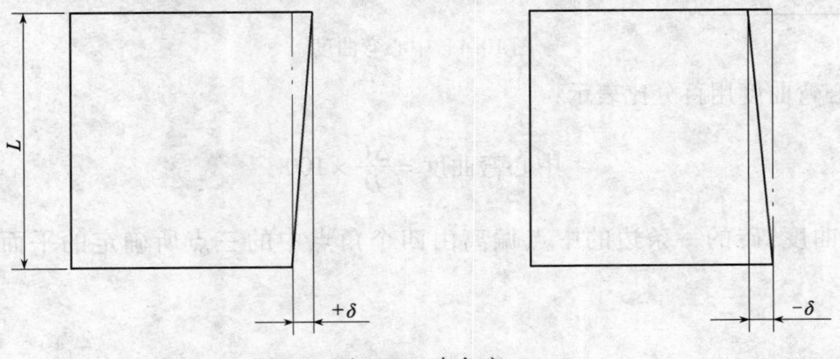

图 10-3　直角度

② 直角度用百分比表示：

$$直角度=\frac{\delta}{L}\times 100 \tag{10-2}$$

式中 δ——在距角点5mm处测得砖的测量边与标准板相应边的偏差。

L——砖对应边的长度。

5. 平整度的检测(弯曲度和翘曲度)

(1)主要检测设备仪器

① 图10-1所示的仪器或其他合适的仪器。测量表面平滑的砖，采用直径为5mm的支撑销(S_A、S_B、S_C)。对其他表面的砖，为得到有意义的结果，应采用其他合适的支撑销。

② 使用一块理想平整的金属或玻璃标准板，其厚度至少为10mm。

(2)试样：每种类型取10块整砖进行检测。

(3)具体检测步骤

① 选择尺寸合适的仪器，将相应的标准板准确地放在3个定位支承销(S_A、S_B、S_C)上，每个支撑销的中心到砖边的距离为10mm，外部的两个分度表(D_E、D_C)到砖边的距离也为10mm。

② 调节3个分度表(D_D、D_E、D_C)的读数至合适的初始值(见图10-1)。

③ 取出标准板，将砖的釉面或合适的正面朝下置于仪器上，记录3个分度表的读数。如果是正方形砖，转动试样，每块试样得到4个测量值，每块砖重复上述步骤。如果是长方形砖，分别使用合适尺寸的仪器来测量。记录每块砖最大的中心弯曲度(D_D)，边弯曲度(D_E)和翘曲度(D_C)，测量值精确到0.1mm。

(4)检测结果计算与评定

① 表面平整度：由砖的表面上3点的测量值来定义。有凸纹浮雕的砖，如果表面无法测量，可能时应在其背面测量。

② 中心弯曲度：砖面的中心点偏离由四个角点中的三点所确定的平面的距离(见图10-4)。

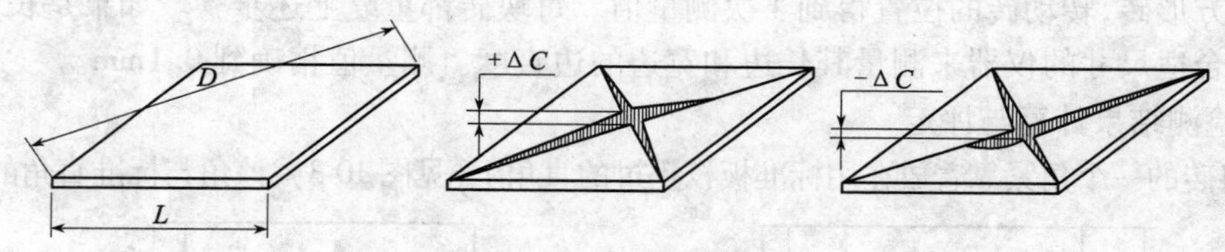

图10-4 中心弯曲度

中心弯曲度用百分比表示：

$$中心弯曲度=\frac{\Delta C}{D}\times 100 \tag{10-3}$$

③ 边弯曲度：砖的一条边的中点偏离由四个角点中的三点所确定的平面的距离(见图10-5)。

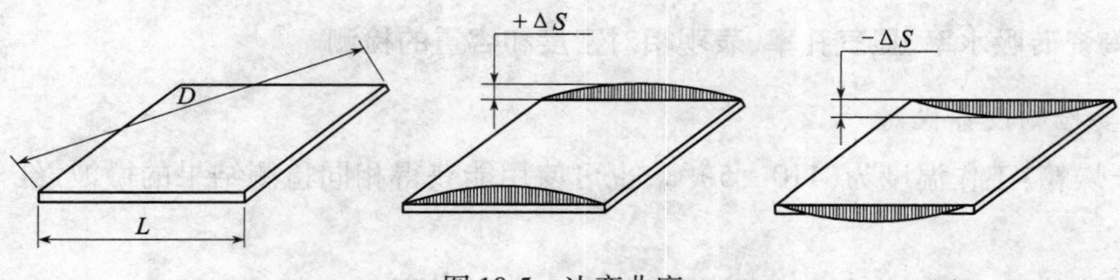

图 10-5　边弯曲度

边弯曲度用百分比表示：

$$边弯曲度 = \frac{\Delta S}{L} \times 100 \tag{10-4}$$

④ 翘曲度：由砖的 3 个角点确定一个平面，第四角点偏离该平面的距离（见图 10-6）。

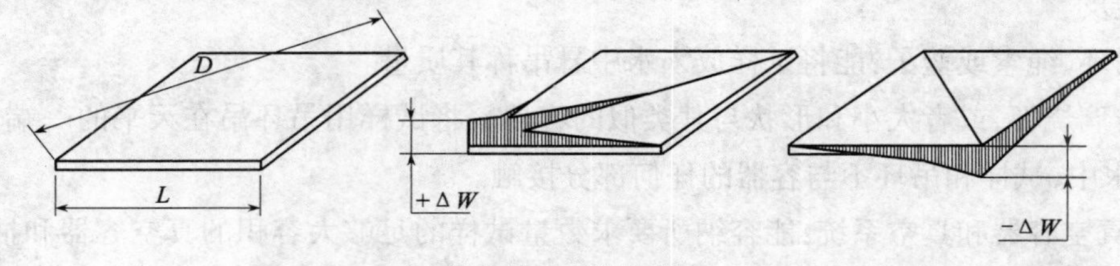

图 10-6　翘曲度

翘曲度用百分比表示：

$$翘曲度 = \frac{\Delta W}{D} \times 100 \tag{10-5}$$

6. 表面缺陷和人为效果——裂纹、釉裂、缺釉、不平整、针孔、橘釉、斑点、釉下缺陷、装饰缺陷、磕碰、釉泡、毛边和釉缕的检测

(1) 主要检测设备仪器

① 色温为 6000～6500K 的荧光灯。

② 1m 长的直尺或其他合适测量距离的器具。

③ 照度计。

(2) 试样：对于边长小于 600mm 的砖，每种类型至少取 30 块整砖进行检验，且面积不小于 $1m^2$；对于边长不小于 600mm 的砖，每种类型至少取 10 块整砖进行检验，且面积不小于 $1m^2$。

(3) 具体检测步骤

① 将砖的正面表面用照度为 300 lx 的灯光均匀照射，检查被检表面的中心部分和每个角上的照度。

② 在垂直距离为 1m 处用肉眼观察被检砖组表面的可见缺陷（平时戴眼镜者可戴上眼镜）。

③ 检验的准备和检验不应是同一个人。

④ 砖表面的人为装饰效果不能算作缺陷。

(4) 检测结果计算与评定

表面质量以表面无可见缺陷砖的百分比表示。

10.2.2 陶瓷砖吸水率、显气孔率、表观相对密度和容重的检测

1. 主要检测设备仪器

(1)干燥箱:工作温度为(110 ±5)℃;也可使用能获得相同检测结果的微波、红外或其他干燥系统。

(2)加热装置:用惰性材料制成的用于煮沸的加热装置。

(3)热源。

(4)天平:天平的称量精度为所测试样质量0.01%。

(5)去离子水或蒸馏水。

(6)干燥器。

(7)鹿皮。

(8)吊环、绳索或篮子:能将试样放入水中悬吊称其质量。

(9)玻璃烧杯,或者大小和形状与其类似的容器。将试样用吊环吊在天平的一端,使试样完全浸入水中,试样和吊环不与容器的任何部分接触。

(10)真空容器和真空系统:能容纳所要求数量试样的足够大容积的真空容器和抽真空能达到(10 ±1)kPa 并保持30min 的真空系统。

2. 试样

(1)每种类型取10块整砖进行测试。

(2)如每块砖的表面积大于0.04m^2时,只需用5块整砖进行测试。

(3)如每块砖的质量小于50g,则需足够数量的砖使每个试样质量达到50~100g。

(4)砖的边长大于200mm且小于400mm时,可切割成小块,但切割下的每一块应计入测量值内,多边形和其他非矩形砖,其长和宽均按外接矩形计算。若砖的边长大于400mm时,至少在3块整砖的中间部位切取最小边长为100mm的5块试样。

3. 具体检测步骤

将砖放在(110 ±5)℃的烘箱中干燥至恒重,即每隔24h的两次连续质量之差小于0.1%,砖放在有硅胶或其他干燥器剂的干燥器内冷却至室温,不能使用酸性干燥剂,每块砖按表10-10的测量精度称量和记录。

表10-10 砖的质量和检测精度

砖的质量/g	检 测 精 度
$50 \leqslant m \leqslant 100$	0.02
$100 < m \leqslant 500$	0.05
$500 < m \leqslant 1000$	0.25
$1000 < m \leqslant 3000$	0.50
$m > 3000$	1.00

(1)煮沸法

将砖竖直地放在盛有去离子水的加热器中,使砖互不接触。砖的上部和下部应保持有5cm深度的水。在整个试验中都应保持高于砖5cm的水面。将水加热至沸腾并保持煮沸2h。然后切断热源,使砖完全浸泡在水中冷却至室温,并保持(4 ± 0.25)h。也可用常温下的水或制冷器将样品冷却至室温。将一块浸湿过的鹿皮用手拧干,并将鹿皮放在平台上轻轻地依次擦干每块砖的表面,对于凹凸或有浮雕的表面应用鹿皮轻快地擦去表面水分,然后称重,记录每块试样的称量结果。

保持与干燥状态下的相同精度(见表10-3)。

(2)真空法

将砖竖直放入真空容器中,使砖互不接触,加入足够的水将砖覆盖并高出5cm。抽真空至(10 ± 1)kPa,并保持30min后停止抽真空,让砖浸泡15min后取出。将一块浸湿过的鹿皮用手拧干。将鹿皮放在平台上依次轻轻擦干每块砖的表面,对于凹凸或有浮雕的表面应用鹿皮轻轻地擦去表面水分,然后立即称重并记录,与干砖的称量精度相同(见表10-3)。

(3)悬挂称量

试样在真空下吸水后,称量试样悬挂在水中的质量(m_2),精确至0.01g。称量时,将样品挂在天平一臂的吊环、绳索或篮子上。实际称量前,将安装好并浸入水中的吊环、绳索或篮子放在天平上,使天平处于平衡位置。吊环、绳索或篮子在水中的深度与放试样称量时相同。

4. 检测结果计算与评定

在下面的计算中,假设$1cm^3$水重1g,此假设室温下误差在0.3%以内。

(1)吸水率

计算每一块砖的吸水率$E_{(b,v)}$,用干砖的质量分数(%)表示,计算公式如下:

$$E_{(b,v)} = \frac{m_{2(b,v)} - m_1}{m_1} \times 100 \tag{10-6}$$

式中　m_1——干砖的质量,g;

m_2——湿砖的质量,g;

m_{2b}——砖在沸水中吸水饱和的质量,g;

m_{2v}——砖在真空下吸水饱和的质量,g;

E_b表示用m_{2b}测定的吸水率,E_v表示用m_{2v}测定的吸水率。E_b代表水仅注入容易进入的气孔,而E_v代表水最大可能地注入所有气孔。

(2)显气孔率

① 用下列公式计算表观体积$V(cm^3)$:

$$V = m_{2v} - m_3 \tag{10-7}$$

式中　m_3——真空法吸水饱和后悬挂在水中的砖的质量,g。

② 用下列公式计算开口气孔部分体积V_0和不透水部分V_1的体积(cm^3):

$$V_0 = m_{2v} - m_1 \tag{10-8}$$

$$V_1 = m_1 - m_3 \tag{10-9}$$

③ 显气孔率 P 用试样的开口气孔体积与表观体积的关系式的百分数表示，计算公式如下：

$$P = \frac{m_{2v} - m_1}{V} \times 100 \tag{10-10}$$

（3）表观相对密度

计算试样不透水部分的表观相对密度 T，计算公式如下：

$$T = \frac{m_1}{m_1 - m_3} \tag{10-11}$$

（4）表观密度

试样的表观密度 B（g/cm^3）用试样的干重除以表观体积（包括气孔）所得的商表示。计算公式如下：

$$B = \frac{m_1}{V} \tag{10-12}$$

10.2.3 陶瓷砖断裂模数和破坏强度的检测

1. 主要检测设备仪器

（1）干燥箱：能在（110 ± 5）℃温度下工作，也可使用能获得相同检测结果的微波、红外或其他干燥系统。

（2）压力表：精确到2.0%。

（3）两根圆柱形支撑棒：用金属制成，与试样接触部分用硬度为（50 ± 5）IRHD橡胶包裹，橡胶的硬度按《硫化橡胶或热塑橡胶硬度的测定（10～100IRHD）》（GB/T 6031—1998）测定，一根棒能稍微摆动（见图10-7），另一根棒能绕其轴稍作旋转（相应尺寸见表10-11）。

（4）圆柱形中心棒：一根与支撑棒直径相同且用相同橡胶包裹的圆柱形中心棒，用来传递荷载 F，此棒也可稍作摆动（见图10-7，相应尺寸见表10-11）。

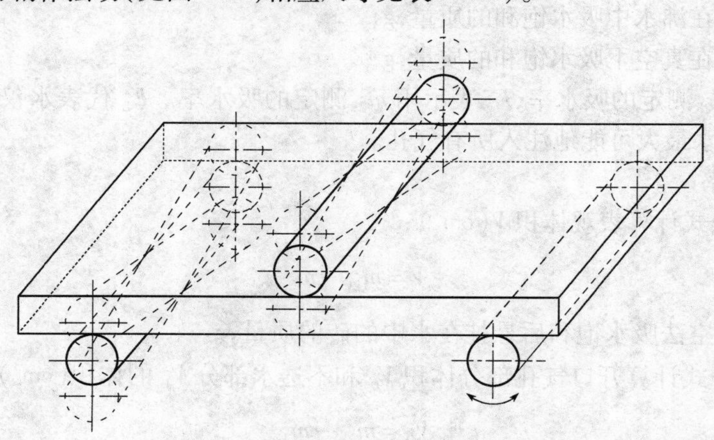

图10-7 圆柱形支撑棒与中心棒

表 10-11　棒的直径 d、橡胶厚度 t 和长度 l(见图 10-8)

砖的尺寸 K/mm	棒的直径 d/mm	橡胶厚度 t/mm	砖伸出支撑棒外的长度 l/mm
$K \geqslant 95$	20	5 ±1	10
$48 \leqslant K < 95$	10	2.5 ±0.5	5
$18 \leqslant K < 48$	5	1 ±0.2	2

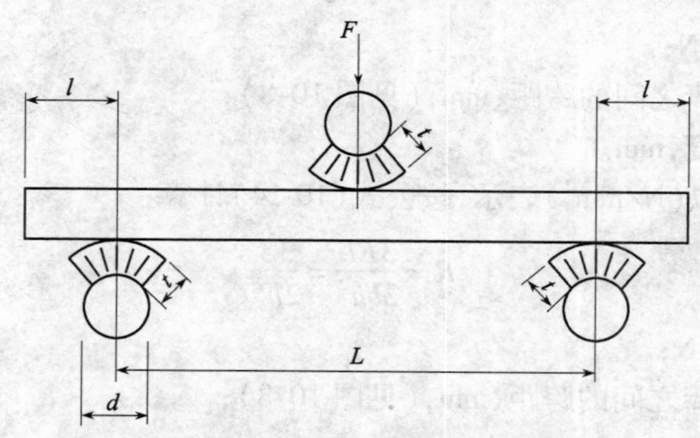

图 10-8　棒的直径 d、橡胶厚度 t 和长度 l

2. 试样

(1)应用整砖检验,但是对超大的砖(即边长大于 300mm 的砖)和一些非矩形的砖,有必要时可进行切割,切割成可能最大尺寸的矩形试样,以便安装在仪器上检验。其中心应与切割前砖的中心一致。在有疑问时,用整砖比用切割过的砖测得的结果准确。

(2)每种样品的最小试样数量见表 10-12。

表 10-12　最小试样量

砖的尺寸 K/mm	最小试样数量	砖的尺寸 K/mm	最小试样数量
$K \geqslant 48$	7	$18 \leqslant K < 48$	10

3. 具体检测步骤

(1)用硬刷刷去试样背面松散的粘结颗粒。将试样放入(110 ±5)℃的干燥箱中干燥至恒重,即间隔 24h 的连续两次称量的差值不大于 0.1%。然后将试样放在密闭的干燥箱或干燥器中冷却至室温,干燥器中放有硅胶或其他合适的干燥剂,但不可放入酸性干燥剂。需在试样达到室温至少 3h 后才能进行试验。

(2)将试样置于支撑棒上,使釉面或正面朝上,试样伸出每根支撑棒的长度为 l(见图 10-8,相应尺寸见表 10-11)。

(3)对于两面相同的砖,例如无釉马赛克,以哪面向上都可以。对于挤压成型的砖,应将其背肋垂直于支撑棒放置,对于所有其他矩形砖,应以其长边垂直于支撑棒放置。

(4)对凸纹浮雕的砖,在与浮雕面接触的中心棒上再垫一层厚度与表 10-11 相对应的橡胶层。

(5)中心棒应与两支撑棒等距,以(1 ±0.2)N/(mm^2 · s)的速率均匀增加荷载,每秒的实际增加率可按的公式(10-14)计算,记录断裂荷载 F。

4. 检测结果计算与评定

只有在宽度与中心棒直径相等的中间部位断裂试样,其结果才能用来计算平均破坏强度和平均断裂模数,计算平均值至少需要 5 个有效的结果。

如果有效结果少于 5 个,应取加倍数量的砖再做第二组试验,此时至少需要 10 个有效结果来计算平均值。

(1)破坏强度(S)以牛顿(N)表示,按公式(10-13)计算:

$$S=\frac{FL}{b} \tag{10-13}$$

式中 F——破坏荷载,N;

L——两根支撑棒之间的跨距,mm,(见图 10-8);

b——试样的宽度,mm。

(2)断裂模数(R)以(N/mm^2)表示,按公式(10-14)计算:

$$R=\frac{3FL}{2bh^2}=\frac{3S}{2h^2} \tag{10-14}$$

式中 F——破坏荷载,N;

L——两根支撑棒之间的跨距,mm,(见图 10-8);

b——试样的宽度,mm;

h——试验后沿断裂边测得的试样断裂面的最小厚度,mm。

注　断裂模数的计算是根据矩形的横断面,如断面的厚度有变化,只能得到近似的结果,浮雕凸起越浅,近似值越准确。

(3)记录所有结果,以有效结果计算试样的平均破坏强度和平均断裂模数。

10.2.4　陶瓷砖用恢复系数确定砖的抗冲击性的检测

1. 主要检测设备仪器

(1)铬钢球,直径为(19 ±0.05)mm。

(2)落球设备(见图 10-9),由装有水平调节旋钮的钢座和一个悬挂着电磁铁、导管和试验部件支架的竖直钢架组成。

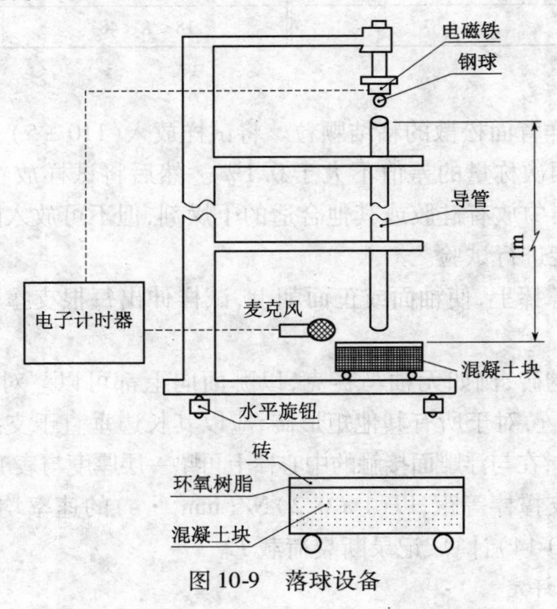

图 10-9　落球设备

试验部件被紧固在能使落下的钢球正好碰撞在水平瓷砖表面中心的位置。固定装置如图10-9所示，其他合适的系统也可以使用。

(3)电子计时器(可选择的)，用麦克风测定钢球落到试样上的第一次碰撞和第二次碰撞之间的时间间隔。

2. 试样

(1)试样的数宜分别从5块砖上至少切下5片75mm×75mm的试样。实际尺寸小于75mm的砖也可以使用。

(2)试验部件的简要说明

试验部件是用环氧树脂黏合剂将试样粘在制好的混凝土块上制成。

(3)混凝土块

混凝土块的体积约为75mm×75mm×50mm，用这个尺寸的模具制备混凝土块或从一个大的混凝土板上切取。

(4)环氧树脂黏合剂

这种黏合剂应不含增韧成分。

一种合适的黏合剂是由表氯醇和二苯酚基丙烷反应生成的环氧树脂2份(按质量计)和作为硬化剂的活化了的胺1份(按质量计)组成。用粒子计数器或其他类似方法测定的平均粒度为5.5μm的纯二氧化硅填充物同其他成分以合适的比例充分混合后形成一种不流动的混合物。

(5)试验部件的安装

在制成的混凝土块表面上均匀地涂上一层2mm厚的环氧树脂黏合剂。在三个侧面的中间分别放三个直径为1.5mm钢质或塑料制成的间隔标记，以便于以后将每个标记移走，将规定的试样正面朝上压紧到黏合剂上，同时在轻轻移动三个间隔标记之前将多余的黏合剂刮掉。试验前使其在温度为(23±2)℃和湿度为(50±5)%RH的条件下放3d。如果瓷砖的面积小于75mm×75mm也可以用来测试。放一块瓷砖使它的中心与混凝土的表面相一致，然后用瓷砖将其补成75mm×75mm的面积。

3. 具体检测步骤

(1)用水平旋钮调节落球设备以使钢架垂直。将试验部件放到电磁铁的下面，使从电磁铁中落下的钢球落到被紧固定位的试验部件的中心。

(2)将试验部件放到支架上，将试样的正面向上水平放置。使钢球从1m高处落下并回跳。通过合适的探测装置测出回跳高度(精确至±1mm)，进而计算出恢复系数(e)。

(3)另一种方法是让钢球回跳两次，记下两次回跳之间的时间间隔(精确到毫秒级)。算出回跳高度，从而计算出恢复系数。

(4)任何测试回跳高度的方法或两次碰撞的时间间隔的合适的方法都可应用。

(5)检查砖的表面是否有缺陷或裂纹，所有在距1m远处未能用肉眼或平时戴眼镜的眼睛观察到的轻微的裂纹都可以忽略。记下边缘的磕碰，但在瓷砖分类时可予忽略。

(6)其余的试验部件则应重复上述试验步骤。

4. 检测结果计算与评定：

(1)当一个球碰撞到一个静止的水平面上时，它的恢复系数用式(10-15)~式(10-18)计算。

$$e=\frac{v}{u} \tag{10-15}$$

$$\frac{mv^2}{2}=mgh_2 \tag{10-16}$$

$$v=\sqrt{2gh_2} \tag{10-17}$$

$$e=\sqrt{\frac{h_2}{h_1}} \tag{10-18}$$

式中　v——离开(回跳)时刻的速度,cm/s;

u——接触时刻的速度,cm/s;

h_1——落球的高度,cm;

h_2——回跳的高度,cm;

g——重力加速度,=981cm/s²。

(2)如果回跳高度确定,则允许回跳两次从而测定这回跳两次之间的时间间隔,那么运动公式为:

$$h_2=u_0+\frac{gt^2}{2} \tag{10-19}$$

$$t=\frac{T}{2} \tag{10-20}$$

$$h_2=122.6T^2 \tag{10-21}$$

式中　u_0——回跳到最高点时的速度,(=0);

T——两次的时间间隔,s。

(3)用厚度为(8±0.5)mm未上釉且表面光滑的瓷质砖(吸水率<0.5%),安装成5个试验部件,按照具体步骤进行试验。回跳平均高度(h_2)应是(72.5±1.5)cm,因此恢复系数为0.85±0.01。

10.2.5　陶瓷砖无釉砖耐磨深度的检测

1. 主要检测设备仪器

(1)耐磨试验机(见图10-10)

主要包括一个摩擦钢轮,一个带有磨料给料装置的贮料斗,一个试样夹具和一个平衡锤。摩擦钢轮是用符合ISO 630—1的E235A(Fe360A号钢)制造的,直径为(200±0.2)mm,边缘厚度为(10±0.1)mm,转速为75r/min。

试样受到摩擦钢轮的反向压力作用,并通过刚玉调节试验机。压力调校用F80《固结模具用磨料　粒度组成的检测和标记　第1部分:粗磨粒F4~F220》(GB/T 2481.1—1998)刚玉磨料150转后,产生弦长为(24±0.5)mm的磨坑。石英玻璃作为基本的标准物,也可用浮法玻璃或其他适用的材料。

当摩擦钢轮损耗至最初直径的0.5%时,必须更换磨轮。

(2)测量精度为0.1mm的量具。

(3)磨料

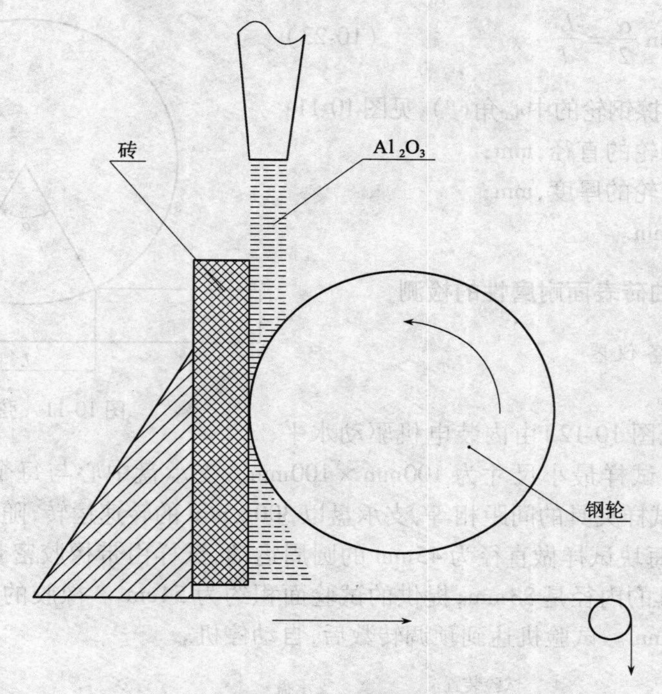

图 10-10　耐深度磨损试验机

符合 ISO 8684—1 中规定的粒度为 F80 的刚玉磨料。

2. 试样

(1)试样类型

采用整砖或合适尺寸的试样做试验。如果是小试样，试验前，要将小试样用黏结剂无缝地粘在一块较大的模板上。

(2)试样准备

使用干净、干燥的试样。

(3)试样数量

至少用 5 块试样。

3. 具体检测步骤

(1)将试样夹入夹具，样品与摩擦钢轮成正切，保证磨料均匀地进入研磨区。磨料给入速度为(100 ± 10)g/100r。

(2)摩擦钢轮转 150 转后，从夹具上取出试样，测量磨坑的弦长 L，精确到 0.5mm。每块试样应在其正面至少两处成正交的位置进行试验。

(3)如果砖面为凹凸浮雕时，对耐磨性的测定就有影响，可将凸出部分磨平，但所得结果与类似砖的测量结果不同。

(4)磨料不能重复使用。

4. 检测结果计算与评定

耐深度磨损以磨料磨下的体积 $V(mm^3)$ 表示，它可根据磨坑的弦长 L 按以下公式计算：

$$V = \left(\frac{\pi \cdot \alpha}{180} - \sin\alpha\right)\frac{h \cdot d^2}{8} \qquad (10\text{-}22)$$

$$\sin\frac{\alpha}{2}=\frac{L}{d} \qquad (10\text{-}23)$$

式中 α——弦对摩擦钢轮的中心角(°),见图 10-11;

d——摩擦钢轮的直径,mm;

h——摩擦钢轮的厚度,mm;

L——弦长,mm。

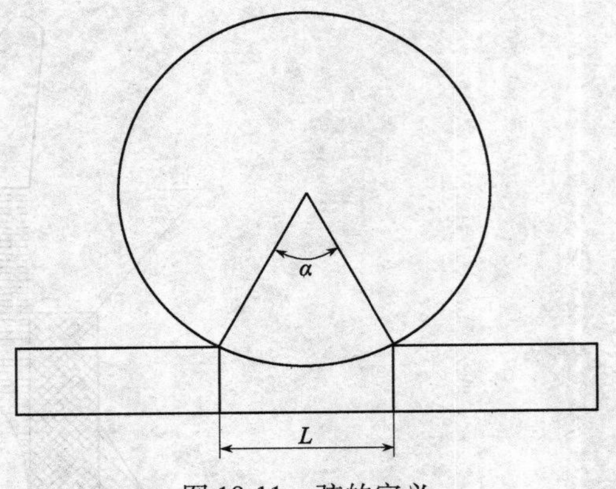

图 10-11 弦的定义

10.2.6 陶瓷砖有釉砖表面耐磨性的检测

1. 主要检测设备仪器

(1)耐磨试验机

耐磨试验机(见图 10-12)由内装电机驱动水平支承盘的钢壳组成,试样最小尺寸为 100mm × 100mm。支承盘中心与每个试样中心距离为 195mm。相邻两个试样夹具的间距相等,支承盘以 300r/min 的转速运转,随之产生 22.5mm 的偏心距(e)。因此,每块试样做直径为 45mm 的圆周运动,试样由带橡胶密封的金属夹具固定(见图 10-13)。夹具的内径是 83mm,提供的试验面积约为 $54cm^2$。橡胶的厚度是 9mm,夹具内空间高度是 25.5mm。试验机达到预调转数后,自动停机。

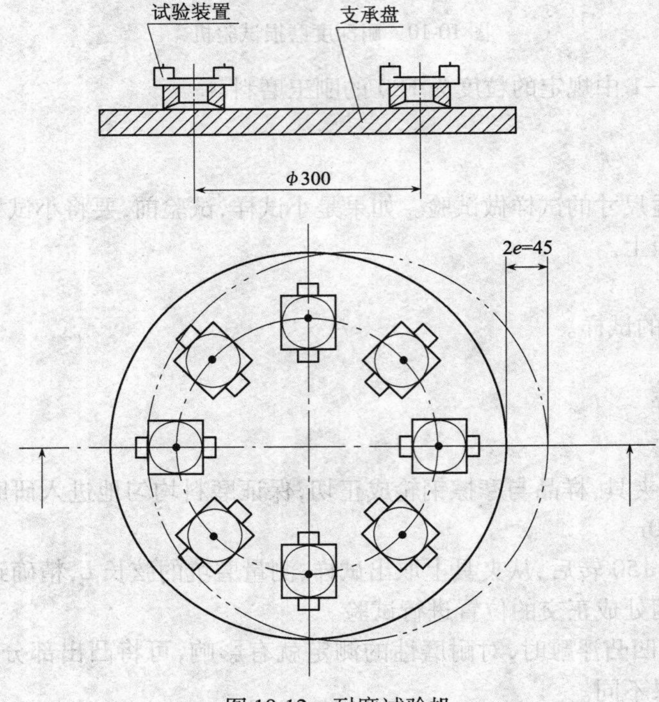

图 10-12 耐磨试验机

支承试样的夹具在工作时用盖子盖上。

与该试验机试验结果相同的其他设备也可使用。

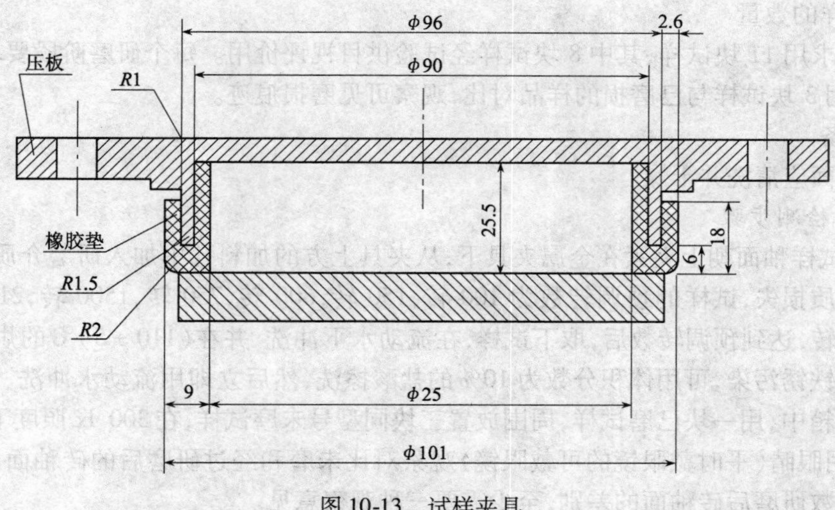

图 10-13　试样夹具

(2)目视评价用装置(见图 10-14)

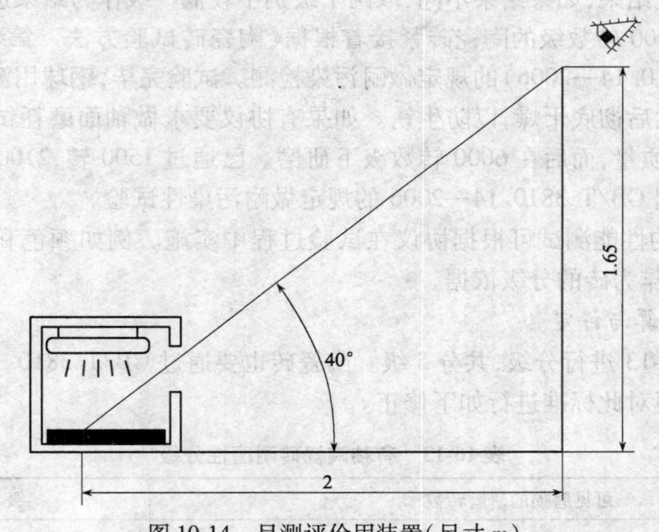

图 10-14　目测评价用装置(尺寸 m)

箱内用色温为 6000 ~ 6500K 的荧光灯垂直置于观察砖的表面上,照度约为 300 lx,箱体尺寸为 61mm × 61mm,箱内刷有自然灰色,观察时应避免光源直接照射。

(3)干燥箱:工作温度(110 ± 5)℃。

(4)天平(要求做磨耗时使用)。

2. 试样

(1)试样的种类

试样应具有代表性,对于不同颜色或表面有装饰效果的陶瓷砖,取样时应注意能包括所有特色的部分。

试样的尺寸一般为 100mm × 100mm,使用较小尺寸的试样时,要先把它们粘紧固定在一适宜的支承材料上,窄小接缝的边界影响可忽略不计。

（2）试样的数量

试验要求用11块试样，其中8块试样经试验供目视评价用。每个研磨阶段要求取下一块试样，然后用3块试样与已磨损的样品对比，观察可见磨损痕迹。

（3）准备

样品釉面应清洗并干燥。

3. 具体检测步骤

（1）将试样釉面朝上夹紧在金属夹具下，从夹具上方的加料孔中加入研磨介质，盖上盖子防止研磨介质损失，试样的预调转数为100转，150转，600转，750转，1500转，2100转，6000转和12000转，达到预调转数后，取下试样，在流动水下冲洗，并在（110±5）℃的烘箱内烘干。如果试样被铁锈污染，可用体积分数为10%的盐酸擦洗，然后立即用流动水冲洗、干燥。将试样放入观察箱中，用一块已磨试样，周围放置三块同型号未磨试样，在300 lx照度下，距离2m，高1.65m，用眼睛（平时戴眼镜的可戴眼镜）观察对比未磨和经过研磨后的砖釉面的差别。注意不同的转数研磨后砖釉面的差别，至少需要三种观察意见。

（2）在观察箱内目视比较（见图10-14）当可见磨损在较高一级转数和低一级转数比较靠近时，重复试验检查结果，如果结果不同，取两个级别中较低一级作为结果进行分级。

（3）已通过12000转数级的陶瓷砖紧接着根据《陶瓷砖试验方法　第14部分：耐污染性的测定》（GB/T 3810.14—2006）的规定做耐污染检测。试验完毕，钢球用流动水冲洗，再用含甲醇的酒精清洗，然后彻底干燥，以防生锈。如果有协议要求做釉面磨耗试验，则应在试验前先称3块试样的干质量，而后在6000转数级下研磨。已通过1500转，2100转和6000转数级的陶瓷砖，进而根据GB/T 3810.14—2006的规定做耐污染性试验。

（4）其他有关的性能测试可根据协议在试验过程中实施。例如颜色和光泽的变化，协议中规定的条款不能作为砖的分级依据。

4. 检测结果计算与评定

试样根据表10-13进行分级，共分5级。陶瓷砖也要通过GB/T 3810.14—2006做磨损釉面的耐污染试验，但对此标准进行如下修正。

表10-13　有釉陶瓷砖耐磨性分级

可见磨损的研磨转数	级　别
100	0
150	1
600	2
750，1500	3
2100，6000，12000	4
>12000	5
通过12000转试验后必须根据GB/T 3810.14—2006做耐污染性检测	—

（1）只用一块磨损砖（大于12000转），仔细区别，确保污染的分级准确（例如在做耐污染试验前，切下部分磨损的砖）。

（2）如果没有按程序A，B和C步骤进行清洗，必须按GB/T 3810.14—2006中规定的程序D步骤进行清洗。

如果试样在12000转数级下未见磨损痕迹，但按GB/T 3810.14—2006中列出的任何一种方法（程序A，B，C或D），污染都不能擦掉，耐磨性定为4级。

10.2.7　陶瓷砖线性热膨胀的检测

1. 主要检测设备仪器

（1）热膨胀仪：加热速率为（5 ±1）℃/min，以便使试样均匀受热，且能在100℃下保持一定的时间。

（2）游标卡尺或其他合适的测量器具。

（3）干燥箱：能在（110 ±5）℃温度下工作；也可使用能获得相同检测结果的微波、红外或其他干燥系统。

（4）干燥器。

2. 试样

（1）从一块砖的中心部位相互垂直地切取两块试样，使试样长度适合于测试仪器。试样的两端应磨平并互相平行。

（2）如果有必要，试样横断面的任一边长应磨到小于6mm，横断面的面积应大于10mm²。试样的最小长度为50mm。对施釉砖不必磨掉试样上的釉。

3. 具体检测步骤

（1）试样在（110 ±5）℃干燥箱中干燥至恒重，既相隔24h先后两次称量之差小于0.1%。然后将试样放入干燥器内冷却至室温。

（2）用游标卡尺测量试样长度，精确到0.1mm。

（3）将试样放入热膨胀仪内并记录此时的室温。

（4）在最初和全部加热过程中，测定试样的长度，精确到0.01mm，测量并记录在不超过15℃间隔的温度和长度值。加热速率为（5 ±1）℃/min。

4. 检测结果计算与评定

线性热膨胀系数α_1用每摄氏度表示（10^{-6}/℃），精确到小数点后第一位，按下式表示：

$$\alpha_1 = \frac{1}{L_0} \times \frac{\Delta L}{\Delta t} \tag{10-24}$$

式中　L_0——室温下试样的长度，mm；

ΔL——试样在室温和100℃之间的增长，mm；

Δt——温度的升高值，℃。

10.2.8　陶瓷砖抗热震性的检测

1. 主要检测设备仪器

（1）低温水槽

可保持（15 ±5）℃流动水的低温水槽。例如水槽长55cm，宽35cm，深20cm。水流量为4L/min。也可使用其他适宜的装置。

① 浸没试验：用于按《陶瓷砖试验方法　第3部分：吸水率、显气孔率、表观相对密度和容重的测定》（GB/T 3810.3—2006）的规定检验吸水率不大于10%（质量分数）的陶瓷砖。水槽

不用加盖,但水需有足够的深度,使砖垂直放置后能完全浸没。

② 非浸没试验:用于按 GB/T 3810.3—2006 的规定检验吸水率大于10%(质量分数)的陶瓷砖。在水槽上盖上一块5mm厚的铝槽,并与水面接触。然后将粒径为0.3mm到0.6mm的铝粒覆盖在铝槽底板上,铝粒层厚度约为5mm。

(2)干燥箱:工作温度为145℃到150℃。

2. 试样

至少用5块整砖进行试验。

注:对于超大的砖(即边长大于400mm的砖),有必要进行切割,切割尽可能大的尺寸,其中心应与原中心一致。在有疑问时,用整砖比用切割过的砖测定的结果准确。

3. 具体检测步骤

(1)试样的初检

首先用肉眼(平常戴眼镜的可戴上眼镜)在距砖25cm到30cm,光源照度约300 lx的光照条件下观察试样表面。所有试样在试验前应没有缺陷,可用亚甲基蓝溶液对待测试样进行测定前的检验。

(2)浸没试验

吸水率不大于10%(质量分数)的陶瓷砖,垂直浸没在(15±5)℃的冷水中,并使试样之间互不接触。

(3)非浸没试验

吸水率大于10%(质量分数)的有釉砖,使其釉面朝下与(15±5)℃的低温水槽上的铝粒接触。

(4)对上述两项步骤,在低温下保持5min后,立即将试样移至(145±5)℃的烘箱内重新达到此温度后保持20min后,立即将试样移回低温环境中。

4. 检测结果评定

(1)重复进行10次上述过程。

(2)然后用肉眼(平常戴眼镜的可戴上眼镜),在距试样25cm到30cm,光源照度约300 lx的条件下观察试样的可见缺陷。为帮助检查,可将合适的染色溶液(如含有少量湿润剂的1%亚甲基蓝溶液)刷在试样的釉面上,1min后,用湿布抹去染色液体。

10.2.9 陶瓷砖湿膨胀的检测

1. 主要检测设备仪器

(1)测量装置,带有刻度盘的千分表测微器或类似装置,至少精确到0.01mm。

(2)镍钢(镍铁合金)标准块,长度与试样长度近似,与隔热夹具配套使用。

(3)焙烧炉,能以150℃/h的升温速率升到600℃,且控制温度偏差不超过±15℃。

(4)游标卡尺,或其他合适的用于长度测量的装置,精确到0.5mm。

(5)煮沸装置,使所测试样在煮沸的去离子水或蒸馏水中保持24h。

2. 试样

试样由5块整砖组成,如果测量装置没有整砖长,应从每块砖的中心部位切割试样,最小长度为100mm,最小宽度35mm,厚度为砖的厚度。

对挤压砖来说,试样长度应沿挤压方向。

按照测量装置的要求准备试样。

3. 具体检测步骤

(1)重烧

将试样放入焙烧炉中，以150℃/h升温速率重新焙烧，升至(550±15)℃，在(550±15)℃保温2h。让试样在炉内冷却。当温度降至(70±10)℃时，将试样放入干燥器中，在室温下保持24~32h。如果试样在重烧后出现开裂，另取试样以更慢的加热和冷却速率重新焙烧。

测量每块试样相对镍钢标准块的初始长度，精确到0.5mm，3h后再测量试样一次。

(2)沸水处理

将装有去离子水或蒸馏水的容器加热至沸，将试样浸入沸水中，应保持水位高度超过试样至少5cm，使试样之间互不接触，且不接触容器的底和壁，连续煮沸24h。

从沸水中取出试样并冷却至室温，1h后测量试样长度，过3h后再测量一次。按重烧要求记录测量结果。

对于每个试样，计算沸水处理前的两次测量值的平均数，沸水处理后两次测量的平均数，然后计算二个平均值之差。

4. 检测结果计算与评定

(1)湿膨胀用mm/m表示时，由下式计算：

$$\text{湿膨胀} = \frac{\Delta L}{L} \times 1000 \tag{10-25}$$

式中　ΔL——是沸水处理前后两个平均值之差，mm；

L——试样的平均初始长度，mm。

(2)湿膨胀以百分比表示时，可由下式计算：

$$\text{湿膨胀} = \frac{\Delta L}{L} \times 100 \tag{10-26}$$

10.2.10　陶瓷砖有釉砖抗釉裂性的检测

1. 主要检测设备仪器

蒸压釜：具有足够大的容积，以便使试验用的5块砖之间有充分的间隔。蒸汽由外部汽源提供，以保持釜内(500±20)kPa的压力，即蒸汽温度为(159±1)℃，保持2h。

也可以使用直接加热式蒸压釜。

2. 试样

(1)至少取5块整砖进行试验。

(2)对于大尺寸砖，为能装入蒸压釜中，可进行切割，但对所有切割片都应进行试验。切割片应尽可能的大。

3. 具体检测步骤

(1)首先用肉眼(平常戴眼镜的可戴上眼镜)，在300 lx的光照条件下距试样25~30cm处观察砖面的可见缺陷，所有试样在试验前都不应有釉裂。可用亚甲基蓝溶液作釉裂检验。除了刚出窑的砖，作为质量保证的常规检验外，其他试验用砖应在(500±15)℃的温度下重烧，但升温速率不得大于150℃/h，保温时间不少于2h。

(2)将试样放在蒸压釜内,试样之间应有空隙。使蒸压釜中的压力逐渐升高,1h 内达到(500 ±20)kPa,(159 ±1)℃,并保持压力 2h。然后关闭汽源,对于直接加热式蒸压釜则停止加热,使压力尽可能快地降低到实验室大气压,在蒸压釜中冷却试样 0.5h。将试样移出到实验室大气中,单独放在平台上,继续冷却 0.5h。

(3)在试样釉面上涂刷适宜的染色液,如含有少量润湿剂的 1% 亚甲基蓝溶液。1min 后用湿布擦去染色液。

(4)检查试样的釉裂情况,注意区分釉裂与划痕及可忽略的裂纹。

4. 检测结果评定

(1)记录釉裂的试样数量。

(2)对釉裂的描述(书面描述、绘图或照片见图 10-15)。

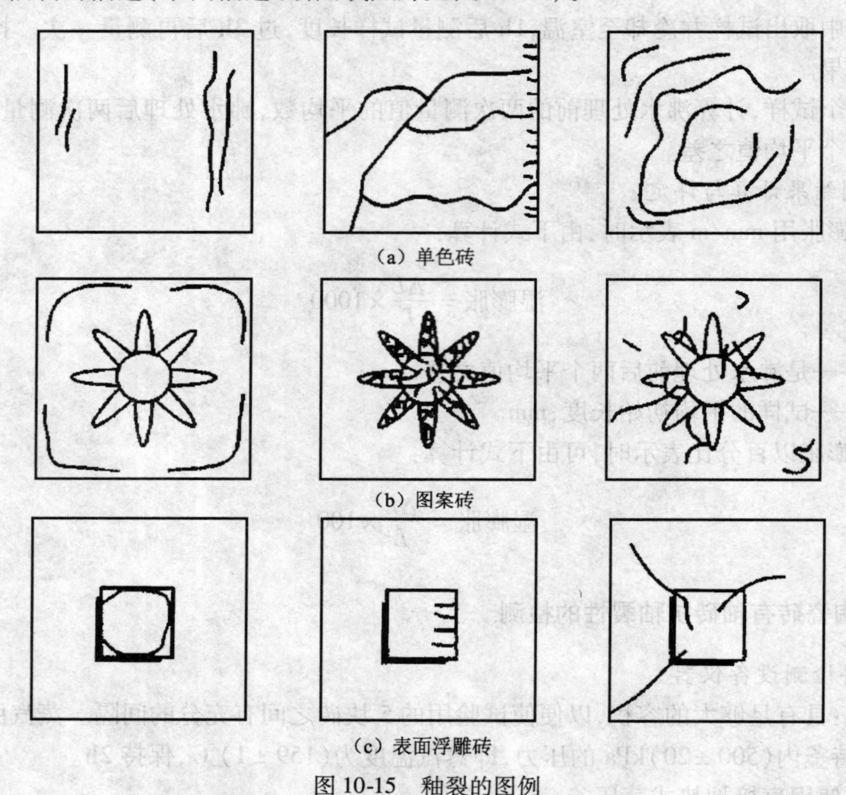

(a) 单色砖

(b) 图案砖

(c) 表面浮雕砖

图 10-15 釉裂的图例

10.2.11 陶瓷砖抗冻性的检测

1. 主要检测设备仪器

(1)干燥箱:能在(110 ±5)℃的温度下工作;也可使用能获得相同检测结果的微波、红外或其他干燥系统。

(2)天平:精确到试样质量的 0.01%。

(3)抽真空装置:抽真空后注入水使砖吸水饱和的装置:通过真空泵抽真空能使该装置内压力至(40 ±2.6)kPa。

(4)冷冻机:能冷冻至少 10 块砖,其最小面积为 0.25mm^2,并使砖互相不接触。

(5)鹿皮。

(6)水:温度保持在(20±5)℃。

(7)热电偶或其他合适的测温装置。

2. 试样

(1)样品

使用不少于10块整砖,并且其最小面积为$0.25m^2$,对于大规格的砖,为能装入冷冻机,可进行切割,切割试样应尽可能的大。砖应没有裂纹、釉裂、针孔、磕碰等缺陷。如果必须用有缺陷的砖进行检验,在试验前应用永久性的染色剂对缺陷做记号,试验后检查这些缺陷。

(2)试样制备

砖在(110±5)℃的干燥箱内烘干至恒重,即每隔24h的两次连续称量之差小于0.1%。记录每块干砖的质量(m_1)。

3. 浸水饱和

(1)砖冷却至环境温度后,将砖垂直地放在抽真空装置内,使砖与砖、砖与该装置内壁互不接触。

抽真空装置接通真空泵,抽真空至(40±2.6)kPa。在该压力下将水引入装有砖的抽真空装置中浸没,并至少高出50mm。在相同压力下至少保持15min,然后恢复到大气压力。

用手把浸湿过的鹿皮拧干,然后将鹿皮放在一个平面上。依次将每块砖的各个面轻轻擦干,称量并记录每块湿砖的质量m_2。

(2)初始吸水率E_1用质量分数(%)表示,由式(10-27)求得:

$$E_1 = \frac{m_2 - m_1}{m_1} \times 100 \tag{10-27}$$

式中　m_1——每块干砖的质量,g;

m_2——每块湿砖的质量,g。

4. 具体检测步骤

(1)在试验时选择一块最厚的砖,该砖应视为对试样具有代表性。在砖一边的中心钻一个直径为3mm的孔,该孔距边最大距离为40mm,在孔中插一支热电偶,并用一小片隔热材料(例如多孔聚苯乙烯)将该孔密封。如果用这种方法不能钻孔,可把一支热电偶放在一块砖的一个面的中心,用另一块砖附在这个面上。将冷冻机内欲测的砖垂直地放在支承架上,用这一方法使得空气通过每块砖之间的空隙流过所有表面。把装有热电偶的砖放在试样中间,热电偶的温度定为试验时所有砖的温度,只有在用相同试样重复试验的情况下这点可省略。此外,应偶尔用砖中的热电偶作核对。每次测量温度应精确到±0.5℃。

(2)以不超过20℃/h的速率使砖降温到-5℃以下。砖在该温度下保持15min。砖浸没于水中或喷水直到温度达到5℃以上。砖在该温度下保持15min。

5. 检测结果计算与评定

(1)重复上述循环至少100次。如果将砖保持浸没在5℃以上的水中,则此循环可中断称量试验后的砖质量(m_3),再将其烘干至恒重,称量试验后砖的干质量(m_4)。最终吸水率E_2用质量分数(%)表示,由式(10-28)求得:

$$E_2 = \frac{m_3 - m_4}{m_4} \times 100 \tag{10-28}$$

式中 m_3——检测后每块湿砖的质量,g;

m_4——检测后每块干砖的质量,g。

(2)100 次循环后,在距离 25 ~ 30cm 处、大约 300 lx 的光照条件下,用肉眼检查砖的釉面、正面和边缘对通常戴眼镜者,可以戴眼镜检查。在试验早期,如果有理由确信砖已遭到损坏,可在试验中间阶段检查并及时作记录。记录所有观察到砖的釉面、正面和边缘损坏的情况。

10.2.12 陶瓷砖耐化学腐蚀性的检测

1. 主要检测设备仪器

(1)带盖容器:用硅硼玻璃(ISO 3585)或其他合适材料制成。

(2)圆筒:用硅硼玻璃(ISO 3585)或其他合适材料制成的带盖圆筒。

(3)干燥箱:工作温度为(110 ±5)℃也可使用能获得相同检测结果的微波、红外或其他干燥系统。

(4)鹿皮。

(5)由棉纤维或亚麻纤维纺织的白布。

(6)密封材料(如橡皮泥)。

(7)天平:精度为 0.05g。

(8)铅笔:硬度为 HB(或同等硬度)的铅笔。

(9)灯泡:40W,内面为白色(如硅化的)。

2. 试样

(1)试样的数量

每种试液使用 5 块试样。试样必须具有代表性。试样正面局部可能具有不同色彩或装饰效果,试验时必须注意应尽可能把这些不同部位包含在内。

(2)试样的尺寸

① 无釉砖:试样尺寸为 50mm ×50mm,由砖切割而成,并至少保持一个边为非切割边。

② 有釉砖:必须使用无损伤的试样,试样可以是整砖或砖的一部分。

(3)试样的准备

用适当的溶剂(如甲醇),彻底清洗砖的正面。有表面缺陷的试样不能用于检测试验。

3. 具体检测步骤

(1)无釉砖具体检测步骤

① 试液的应用

将试样放入干燥箱在(110 ±5)℃下烘干至恒重。即连续两次称量的差值小于 0.1g。然后使试样冷却至室温。

将试样垂直浸入盛有试液的容器中,试样浸深 25mm。试样的非切割边必须完全浸入溶液中。盖上盖子在(20 ±2)℃的温度下保持 12d。

12d 后,将试样用流动水冲洗 5d,再完全浸泡在水中煮 30min 后从水中取出,用拧干但还带湿的鹿皮轻轻擦拭,随即在(110 ±5)℃的干燥箱中烘干。

② 试验后的分级

在日光或人工光源约300 lx的光照条件下(但应避免直接照射),距试样25～30cm,用肉眼(平时戴眼镜的可戴上眼镜)观察试样表面非切割边和切割边浸没部分的变化。砖可划分为几个等级。

(2)有釉砖试验步骤

① 试液的应用

在圆筒的边缘上涂一层3mm厚的密封材料,然后将圆筒倒置在有釉表面的干净部分,并使其周边密封。

从开口处注入试液,液面高为(20±1)mm,试液必须是检测所列溶液中的任何一种;将试验装置放于(20±2)℃的温度下保存。

试验耐家庭用化学药品、游泳池盐类和柠檬酸的腐蚀性时,使试液与试样接触24h,移开圆筒并用合适的溶剂彻底清洗釉面上的密封材料。

试验耐盐酸和氢氧化钾腐蚀性时,使试液与试样接触4d,每天轻轻摇动装置一次,并保证试液的液面不变。2d后更换溶液,再过2d后移开圆筒并用合适的溶剂彻底清洗釉面上的密封材料。

② 检测后的分级。

10.2.13　陶瓷砖耐污染性的检测

1. 清洗程序和设备

(1)程序A

用流动热水清洗砖面5min,然后用湿布擦净砖面。

(2)程序B

用普通的不含磨料的海绵或布在弱清洗剂中人工擦洗砖面,然后用流动水冲洗,用湿布擦净。

(3)程序C

用机械方法在强清洗剂中清洗砖面,例如可用下述装置清洗:

用硬鬃毛制成直径为8cm的旋转刷,刷子的旋转速度大约为500r/min,盛清洗剂的罐带有一个合适的喂料器与刷子相连。将砖面与旋转刷子相接触,然后从喂料器加入清洗剂进行清洗,清洗时间为2min。清洗结束后用流动水冲洗并用湿布擦净砖面。

(4)程序D

试样在合适的溶剂中浸泡24h,然后使砖面在流动水下冲洗,并用湿布擦净砖面。

若使用任何一种溶剂能将污染物除去,则认为完成清洗步骤。

(5)辅助设备

干燥箱:工作温度为(110±5)℃;也可使用能获得相同检测结果的微波、红外或其他干燥系统。

2. 具体检测步骤

(1)污染剂的使用

在被试验的砖面上涂3～4滴轻油中的绿色或红色污染剂中的膏状物,在砖面上相应的区域各滴3～4滴质量浓度为13g/L的碘酒和橄榄油中的试剂,并保持24h。为使试验区域接近圆形，放一个直径约为30mm的中凸透明玻璃筒在试验区域的污染剂上。

(2)清除污染剂

把按上一步骤处理的试样按(程序A、程序B、程序C和程序D)的清洗程序进行清洗。

试样每次清洗后在(110±5)℃的干燥箱中烘干，然后用眼睛观察砖面的变化(通常戴眼镜的可戴眼镜观察)，眼睛距离砖面25~30cm，光线大约为300 lx的日光或人造光源，但避免阳光的直接照射。如果砖面未见变化，即污染能去掉，根据图10-16记录可清洗级别。如果污染不能去掉，则进行下一个清洗程序。

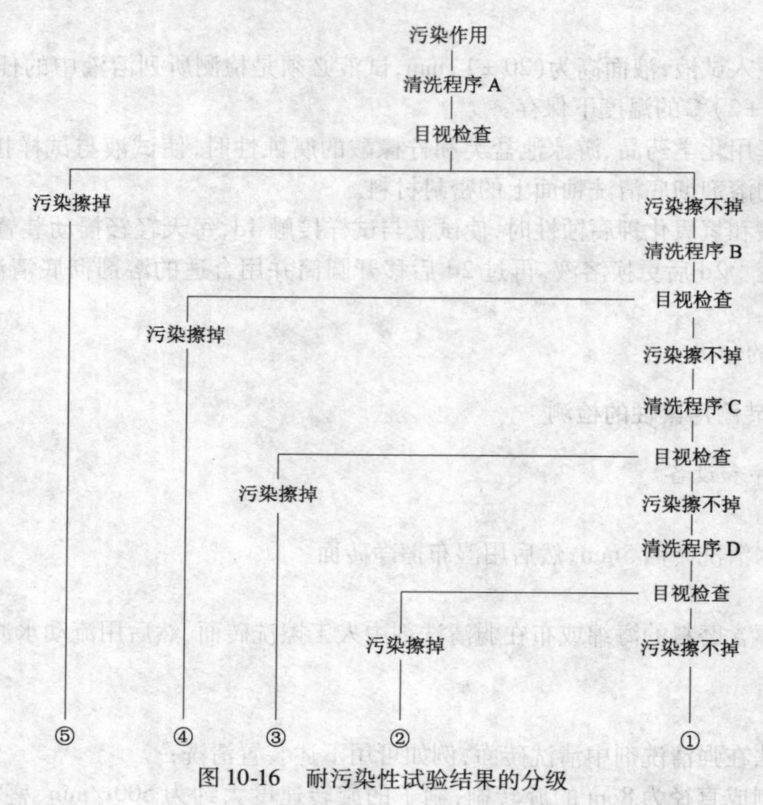

图10-16 耐污染性试验结果的分级

10.2.14 陶瓷砖性能检测实训报告

陶瓷砖性能检测实训报告见表10-14。

表10-14 陶瓷砖性能检测实训报告

工程名称： 报告编号： 工程编号：

委托单位		委托编号		委托日期	
施工单位		样品编号		检验日期	
结构部位		出厂合格证编号		报告日期	
厂　别		检验性质		代表数量	
发证单位		见证人		证书编号	

续表 10-14

1. 尺寸和表面质量的检验

长度、宽度和厚度/mm				边直度%			表面质量
	长度	宽度	厚度	边长度 L/mm	偏差 C/mm	边直度	以表面无可见缺陷砖百分比%
偏差%							

结　　论：

执行标准：

2. 吸水率、显气孔率、表观相对密度和表观密度的检测

吸水率/%		显气孔率/%		表观相对密度/(g/cm^3)		表观密度/(g/cm^3)	
每块砖	平均值	每块砖	平均值	每块砖	平均值	每块砖	平均值

结　　论：

执行标准：

3. 断裂模数和破坏强度的检测

棒的直径、橡胶厚度和长度/mm			破坏荷载 F/N		破坏强度 S/N		断裂模数 R/(N/mm^2)	
直径	厚度	长度	各试样	平均值	各试样	平均值	各试样	平均值

结　　论：

执行标准：

4. 线性热膨胀的检测

室温下试样的长度 L_0/mm	试样在室温和100℃之间的增长 ΔL/mm	温度的升高值 Δt/℃	线性热膨胀系数 a/(10^{-6}/℃)

结　　论：

执行标准：

主要仪器设备	检测仪器		管理编号	
	型号规格		有效期	
	检测仪器		管理编号	
	型号规格		有效期	
	检测仪器		管理编号	
	型号规格		有效期	
	检测仪器		管理编号	
	型号规格		有效期	

续表 10-14

备　注	
声　明	
地　址	地址： 邮编： 电话：

审批(签字)：＿＿＿＿＿审核(签字)：＿＿＿＿＿校核(签字)：＿＿＿＿＿检测(签字)：＿＿＿＿＿

检测单位(盖章)：＿＿＿＿＿

报 告 日 期： 年 月 日

注：本表一式四份(建设单位、施工单位、检测实验室、城建档案馆存档各一份)。

10.3 建筑饰面玻璃性能的检测

10.3.1 浮法玻璃的检测

1. 浮法玻璃的检测方法

(1)尺寸测定

用最小刻度为1mm的钢卷尺，测量两条平行边的距离。

(2)厚度测定

用符合《外径千分尺》(GB/T 1216)规定的精度为0.01mm的外径千分尺或具有相同精度的仪器，在距玻璃板边15mm内的四边中点测量。同一片玻璃厚薄差为四个测量值中最大值与最小值之差。

(3)外观质量测定

① 气泡、夹杂物、线道、划伤及表面裂纹测定

在不受外界光线的影响下，如图10-17所示，将试样玻璃垂直放置在距屏幕(安装有数支40W、间距为300mm的平行荧光灯，并且是黑色无光泽屏幕)600mm的位置，打开荧光灯，距试样玻璃600mm处正面进行观察。

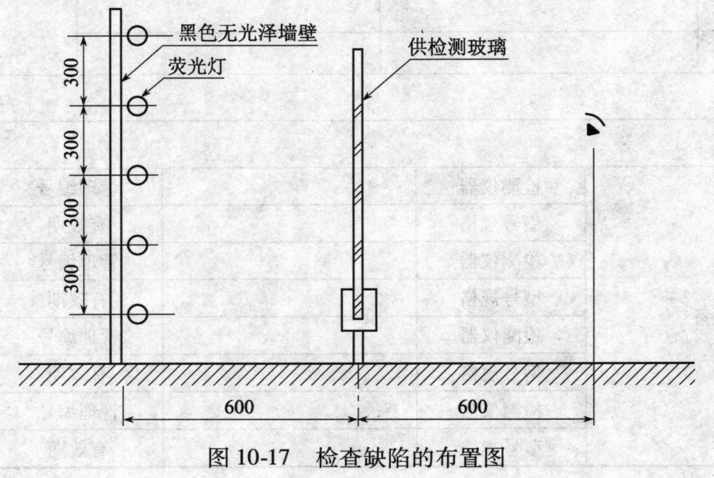

图10-17 检查缺陷的布置图

气泡、夹杂物的长度测定用放大 10 倍、精度为 0.1mm 的读数显微镜测定。

② 光学变形测定

如图 10-18 所示，试样按拉引方向垂直放置，视线透过试样观察屏幕条纹，首先让条纹明显变形，然后慢慢转动试样直到变形消失。记录此时的入射角度。

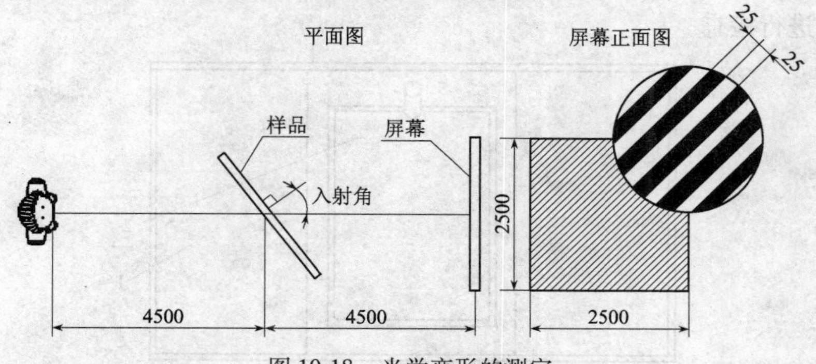

图 10-18　光学变形的测定

③ 断面缺陷测定

用钢直尺测定爆边、凹凸最大部位与板边之间的距离。缺角沿原角等分线向内测量。如图 10-19 所示。

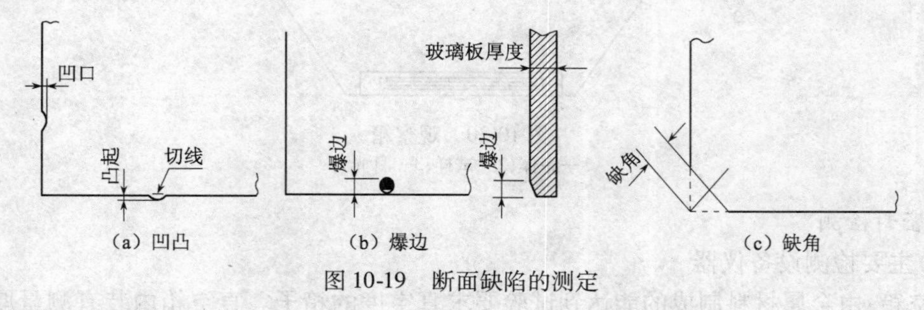

图 10-19　断面缺陷的测定

(4) 对角线差测定

用最小刻度为 1mm 的钢卷尺，测量玻璃板对应角顶点之间的距离。

(5) 可见光透射比测定

浮法玻璃的可见光透射比按《建筑玻璃钢　可见光透射比、太阳光直接透射比、太阳能总透射比、紫外线透射比及有关窗玻璃参数的测定》(GB/T 2680—1994) 进行测定。

(6) 弯曲度测定

将玻璃垂直放置，不施加外力，沿玻璃表面任意放置长 1000mm 的钢直尺，用符合《塞尺》(JB/T 8788—1998) 规定的塞尺测量直尺边与玻璃板之间的最大间隙。

2. 检测结果评定

(1) 一片玻璃检验结果，各项指标均达到该等级的要求为合格。

(2) 一批玻璃检验结果，若不合格片数大于或等于表 10-3 不合格判定数，则认为该批产品不合格。

10.3.2　中空玻璃的检测

1. 尺寸偏差测定

中空玻璃长、宽、对角线和胶层厚度用钢卷尺测量。中空玻璃厚度用符合 GB/T 1216—

2004 规定的精度为 0.01mm 的外径千分尺或具有相同精度的仪器，在距玻璃板边 15mm 内的四边中点检测。检测结果的算术平均值即为厚度值。

2. 外观质量测定

以制品或样品为试样，在较好的自然光线或散射光照条件下(见图 10-20)，距中空玻璃正面 1m，用肉眼进行检查。

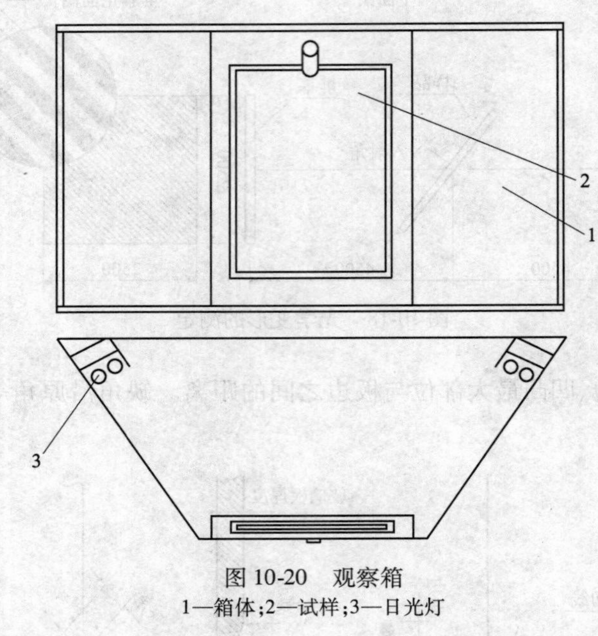

图 10-20 观察箱

1—箱体；2—试样；3—日光灯

3. 密封检测

(1)主要检测设备仪器

真空箱：由金属材料制成的能达到试验要求真空度的箱子。直空箱内装有测量厚度变化的支架和百分表，支点位于试样中部(见图 10-21)。

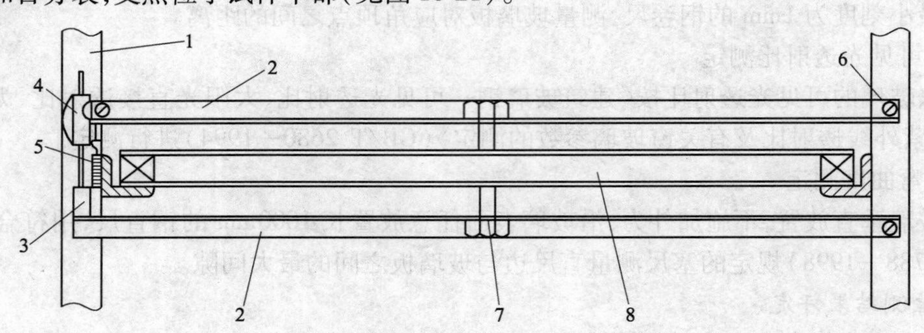

图 10-21 密封试验装置

1—主框架；2—试样支架；3—触点；4—百分表；5—弹簧；6—枢轴；7—支点；8—试样

(2)具体检测步骤

① 将试样分批放入真空箱内，安装在装有百分表的支架中。

② 把百分表调整到零点或记下百分表初始读数。

③ 试验时把真空箱内压力降到低于环境气压(10 ±0.5)kPa。在达到低压后5~10min内记下百分表读数,计算出厚度初始偏差。

④ 保持低压2.5h后,在5min内再记下百分表的读数,计算出厚度偏差。

4. 露点检测

(1)主要检测设备仪器

① 露点仪:测量管的高度为300mm,测量表面直径为ϕ50mm见图10-22。

② 温度计:测量范围为-80℃至+-30℃,精度为1℃。

(2)具体检测步骤

① 向露点仪的容器中注入深约25mm的乙醇或丙酮,再加入干冰,使其温度冷却到等于或低于-40℃并在试验中保持该温度。

② 将试样水平放置,在上表面涂一层乙醇或丙酮,使露点仪与该表面紧密接触,停留时间见表10-15。

③ 移开露点仪,立刻观察玻璃试样的内表面上有无结露或结霜。

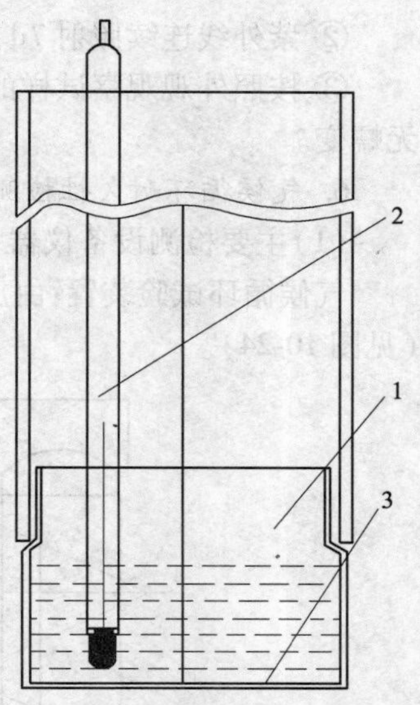

图10-22　露点仪

1—槽钢;2—温度计;3—检测面

表10-15　停留时间

原片玻璃厚度/mm	接触时间/min
≤4	3
5	4
6	5
8	7
≥10	10

5. 耐紫外线辐照检测

(1)主要检测设备仪器

① 紫外线试验箱:箱体尺寸为560mm×560mm×560mm,内装由紫铜板制成的ϕ150mm的冷却盘2个(见图10-23)。

② 光源为MLU型300W紫外线灯,电压为(220 ±5)V,其输出功率不低于40W/m^2,每次试验前必须用照度计检查光源输出功率。

③ 检测试验箱内温度为(50 ±3)℃。

(2)具体检测步骤

① 在试验箱内放2块试样,试样放置如图10-23所示。试样中心与光源相距300mm,在每块试样中心表面各放置冷却板,然后连续通水冷却,进口水温保持在(16 ±2)℃,冷却板进出口水温相差不得超过2℃。

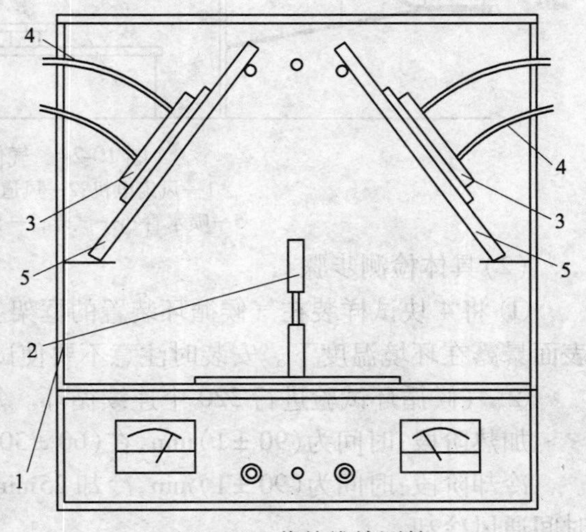

图10-23　紫外线检测箱

1—箱体;2—光源;3—冷却盘;4—冷却水管;5—试样

② 紫外线连续照射7d后,把试样移出放到(23±2)℃温度下存放一周,然后擦净表面。

③ 按照外观观察试样的内表面有无雾状、油状或其他污物,玻璃是否有明显错位、胶条有无蠕变。

6. 气候循环耐久性检测

(1)主要检测设备仪器

气候循环试验装置:由加热、冷却、喷水、吹风等能够达到模拟气候变化要求的部件构成(见图10-24)。

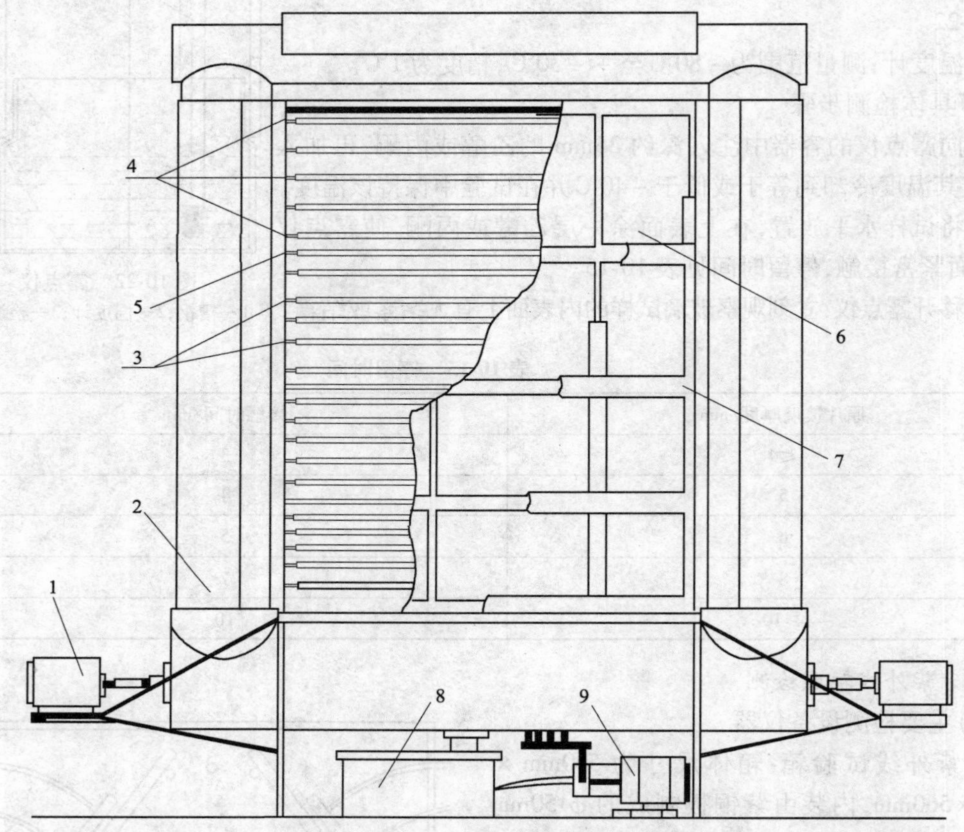

图10-24 气候循环试验装置

1—风扇电机;2—风道;3—加热器;4—冷却管;
5—喷水管;6—试样;7—试样框架;8—水槽;9—水泵

(2)具体检测步骤

① 将4块试样装在气候循环装置的框架上试样的一个表面暴露在气候循环条件下,另一表面暴露在环境温度下。安装时注意不要使试样产生机械应力。

② 气候循环试验进行320个连续循环。每个循环周期分为三个阶段:

加热阶段:时间为(90±1)min,在(60±30)min内加热到(52±2)℃,其余时间保温。

冷却阶段:时间为(90±1)min,冷却25min后用(24±3)℃的水向试样表面喷5min,其余时间通风冷却。

制冷阶段:时间为(90±1)min,在(60±30)min内将温度降低到(-15±2)℃,其余时间保温。

最初50个循环里最多允许2块试样破裂,可用备用试样更换,更换后继续检测。更换后的试样再进行 320 次循环检测。

③ 完成 320 次循环后，移出试样，在(23 ±2)℃和相对湿度 30% ~75% 的条件下放置一周，然后按露点检测测量露点。

7. 高温高湿耐久性检测

(1)主要检测设备仪器

高温高湿试验箱(见图 10-25)：由加热、喷水装置构成。

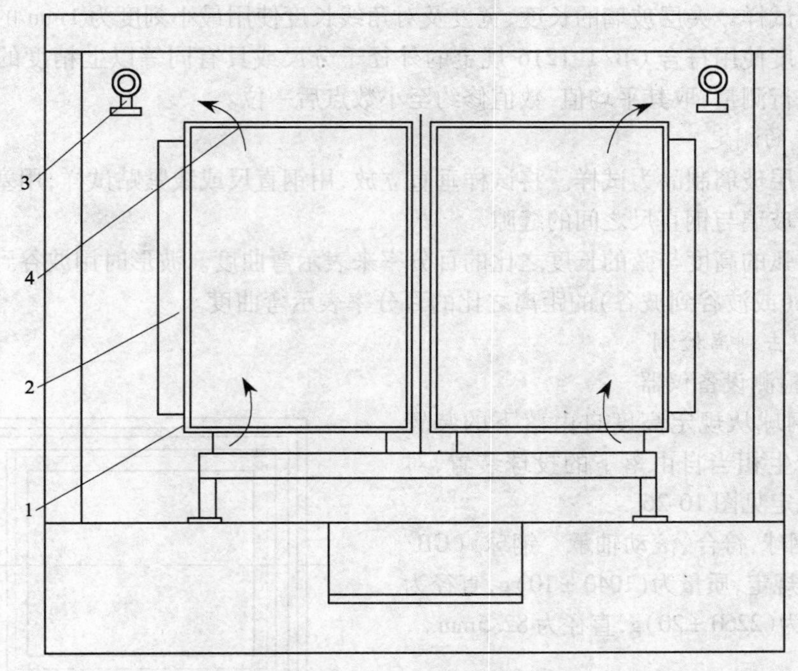

图 10-25　高温高湿试验箱

1—试样；2—隔板；3—喷水嘴；4—喷射产生的气流

(2)具体检测步骤

① 试验进行 224 次循环，每个循环分为两个阶段：

加热阶段：时间为(140 ±1)min，在(90 ±1)min 内将箱内温度升高到(55 ±3)℃。其余时间保温。

冷却阶段：时间为(40 ±1)min，在(30 ±1)min 内将箱内温度降低到(25 ±3)℃，其余时间保温。

② 试验最初 50 个循环里最多允许有 2 块试样破裂，可以更换后继续试验。更换后的试样再进行 224 次循环试验。

③ 完成 224 次循环后移出试样，在温度(23 ±2)℃，相对湿度 30% ~75% 的条件下放置一周，然后按露点检测测量露点。

8. 检测结果判定规则

(1)若不合格品数等于或大于 GB/T 11944—2002 所规定的不合格判定数则认为该批产品外观质量、尺寸偏差不合格。

(2)其他性能也应符合相应条款的规定，否则认为该项不合格。

(3)若上述各项中，有一项不合格，则认为该批产品不合格。

10.3.3 夹层玻璃的检测

1. 外观质量测定

以制品为试样。在良好的自然光及散射光照条件下，在距试样正面约600mm处进行目视检查。缺陷大小用最小刻度为0.5mm的钢直尺测量。

2. 尺寸测定

以制品为试样。夹层玻璃的长度、宽度及对角线长度使用最小刻度为1mm的钢直尺或钢卷尺测量。厚度使用符合GB/T 1216规定的外径千分尺或具有同等以上精度的量具在玻璃板四边中心进行测量，取其平均值，数值修约至小数点后一位。

3. 弯曲度的测定

以平面夹层玻璃制品为试样。将试样垂直立放，用钢直尺或线紧贴试样，用塞尺或相当精度的量具测定玻璃与钢直尺之间的缝隙。

弓形时用弧的高度与弦的长度之比的百分率来表示弯曲度。波形时用波谷到波峰的高度与波峰到波峰（或波谷到波谷）的距离之比的百分率表示弯曲度。

4. 落球冲击剥离检测

(1)具体检测设备仪器

① 能使钢球从规定高度自由落下的装置或能使钢球产生相当自由落下的投球装置，对试样支架的规定见图10-26。

② 淬火钢球：符合《滚动轴承 钢球》(GB/T 308—2002)规定，质量为(1040±10)g，直径为63.5mm；质量为(2260±20)g，直径为82.5mm。

(2)试样

与制品相同材料，在相同的工艺条件下制作，或直接从制品上切取的610mm×610mm试验片。

(3)具体检测步骤

试样在试验前应保存在检测规定的条件下至少4h，取出后立即进行试验。

将试样放在试样支架上，试样的冲击面与钢球入射方向应垂直，允许偏差在3°以内。

由不同厚度玻璃制成的平型夹层玻璃，取较薄的一面为冲击面，对曲面夹层玻璃进行试验时需要采用与曲面形状相吻合的辅助框架支承，曲面夹层玻璃冲击面根据使用情况决定。但压花夹层玻璃、夹丝网夹层玻璃和夹线夹层玻璃，原则上冲击面为非压花面。

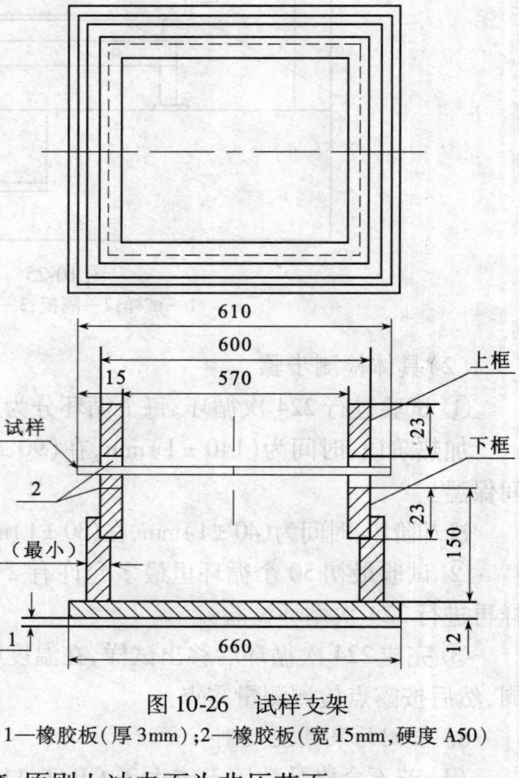

图10-26 试样支架

1—橡胶板(厚3mm)；2—橡胶板(宽15mm，硬度A50)

将质量为1040g钢球放置于离试样表面1200mm高度的位置，自由下落后冲击点应位于以试样几何中心为圆心，半径为25mm的圆内，观察构成的玻璃有1块或1块以上破坏时的状态。

如果玻璃没有破坏时，按下落高度1200mm，1500mm，1900mm，2400mm，3000mm，

3800mm,4800mm 的顺序,依次提升高度冲击,并观察每次玻璃破坏时的状态。

若玻璃仍未破坏,用2260g 钢球按相同程序进行冲击,并观察每次玻璃破坏时的状态。

若玻璃还未破坏,按《滚动轴承　钢球》(GB/T 308—2002)规定选取质量适当增大的钢球,按相同的程序冲击,观察玻璃破坏时的状态。

5. 霰弹袋冲击的检测

(1)具体检测设备仪器

对试样装置的规定见图10-27、图10-28和图10-29。

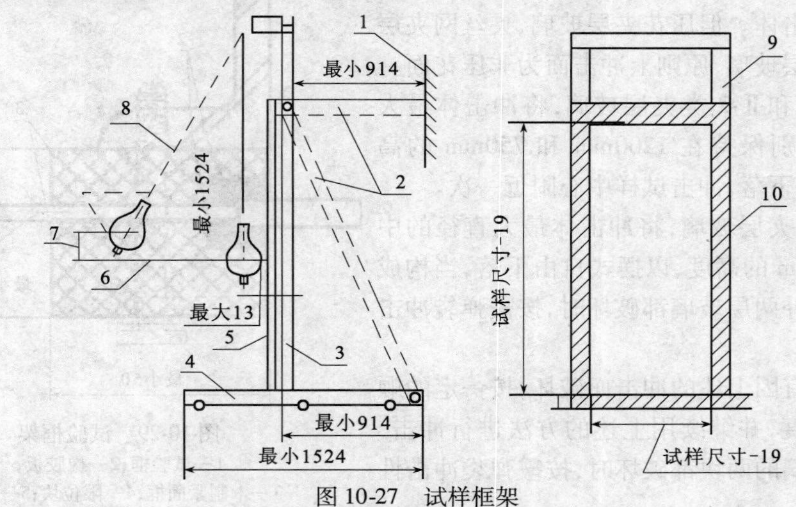

图10-27　试样框架

1—固定壁;2—增强支架,可用任何方式支承;
3,9—试验框;4—用螺栓固定的底座;5,10—木制紧固框;
6—试样的中心线;7—下落高度;8—直径3mm 左右的钢丝绳

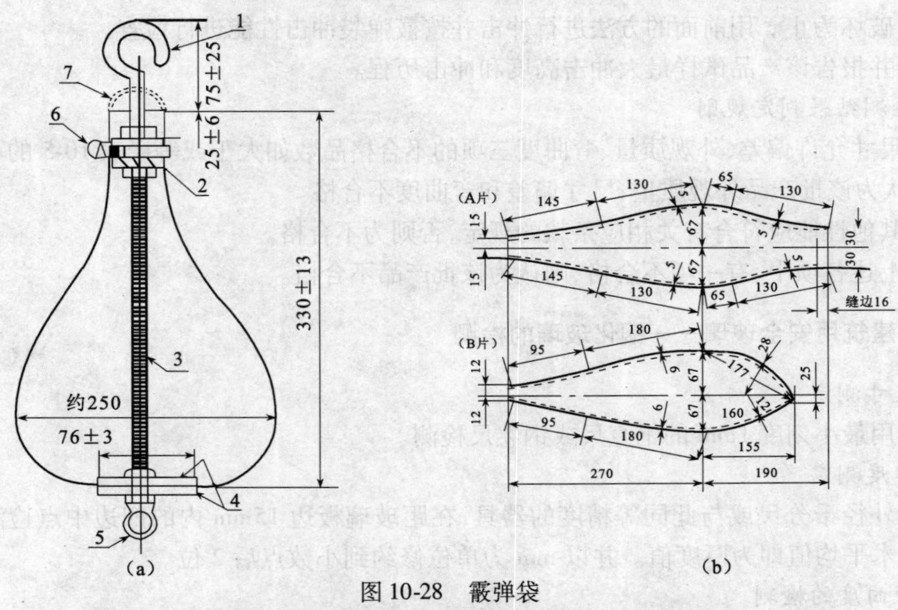

图10-28　霰弹袋

1—弯杆或附有吊环螺母的杆;2—套筒螺母,长25mm,直径32mm;
3—螺杆,直径9.5mm;4—金属垫圈,厚4.8mm±1.6mm;
5—吊起铁丝用的吊环螺母;6—蜗杆传动软管夹;7—吊绳(卸下)

(2)试样

与制品相同材料,在相同的工艺条件下制作,或直接从制品上切取的1930mm×864mm的试验片。

(3)具体检测步骤

试样在试验前保存在检测规定的条件下至少4h,然后立即进行试验将试样装在试验框架上,薄的一层朝向冲击体。但压花夹层玻璃、夹丝网夹层玻璃和夹线夹层玻璃,原则上冲击面为非压花面。

A. 对Ⅱ-1和Ⅱ-2类夹层玻璃,将冲击体最大直径的中心分别保持在1200mm和750mm的高度,以摆式自由下落,冲击试样中心附近一次。

B. 对Ⅲ类夹层玻璃,将冲击体最大直径的中心保持在300mm的高度,以摆式自由下落,当构成夹层玻璃的内外两层玻璃都破坏时,按霰弹袋冲击性能进行检查。

若试样没有因上述的冲击而破坏,按一定的顺序改变冲击高度,并继续用上述的方法进行冲击,当构成夹层玻璃的两块都破坏时,按霰弹袋冲击性能进行检查。

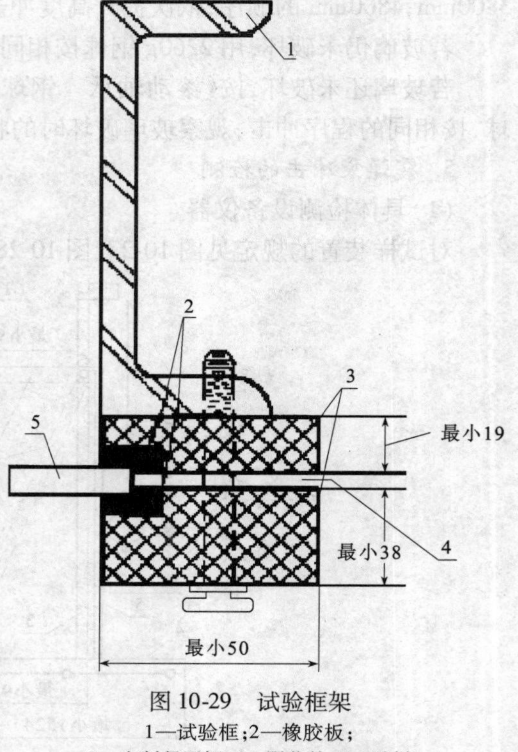

图10-29　试验框架

1—试验框;2—橡胶板;3—木制紧固框;4—限位块;5—试样

在上两个冲击过程中,当构成夹层玻璃中的一块玻璃破坏时,再以同样的高度冲击一次,若仍未破坏,再按冲击高度300mm,450mm,600mm,750mm,900mm,1200mm的顺序升高高度冲击直到破坏为止。用前面的方法进行冲击并按霰弹袋冲击性能进行检查。

记录并报告该产品试样最大冲击高度和冲击历程。

6. 检测结果判定规则

(1)尺寸允许偏差、外观质量、弯曲度三项的不合格品数如大于或等于表10-5的不合格判定数,则认为该批产品外观质量、尺寸偏差和弯曲度不合格。

(2)其他性能应符合有关相应条款的规定,否则为不合格。

(3)上述各项中,有一项不合格,则认为该批产品不合格。

10.3.4　建筑用安全玻璃——钢化玻璃的检测

1. 尺寸测定

尺寸用最小刻度1mm的钢直尺或钢卷尺检测。

2. 厚度测定

使用外径千分尺或与此同等精度的器具,在距玻璃板边15mm内的四边中点检测。检测结果的算术平均值即为厚度值。并以mm为单位修约到小数点后2位。

3. 弯曲度的检测

将试样在室温下放置4h以上,检测时把试样垂直立放,并在其长边下方的1/4处垫上2块垫块。用一直尺或金属线水平紧贴制品的两边或对角线方向,用塞尺检测直线边与玻璃之间的间隙，并以弧的高度与弦的长度之比的百分率来表示弓形时的弯曲度。进行局部波形检测时，用一直尺或金属线沿平行玻璃边缘 25mm 方向进行检测，检测长度 300mm。用塞尺测得波谷或波峰的高，并除以 300mm 后的百分率表示波形的弯曲度，见图 10-30。

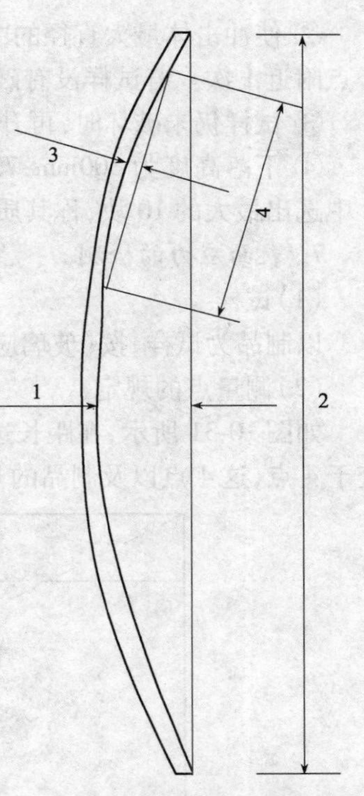

图 10-30　弓形和波形的弯曲度示意图
1—弓形变形；2—玻璃边长或对角线长；3—波形变形；4—300mm

4. 抗冲击性的检测

(1) 试样为与制品同厚度、同种类的，且与制品在同一工艺条件下制造的尺寸为 610mm(－0，＋5mm)×610mm(－0，＋5mm)的平面钢化玻璃。

(2) 检测装置应符合图 10-26 的规定。使冲击面保持水平。检测曲面钢化玻璃时，需要使用相应的辅助框架支承。

(3) 使用直径为 63.5mm(质量约为 1040g)表面光滑的钢球放在距离试样表面 1000mm 的高度，使其自由落下。冲击点应在距试样中心 25mm 的范围内。

对每块试样的冲击仅限 1 次，以观察其是否破坏。检测在常温下进行。

5. 碎片状态的检测

(1) 主要检测设备仪器

可保留碎片图案的任何装置。

(2) 试样

以制品为试样。

(3) 具体检测步骤

① 将钢化玻璃试样自由平放在检测台上，并用透明胶带纸或其他方式约束玻璃周边，以防玻璃碎片溅开。

② 在试样的最长边中心线上距离周边 20mm 左右的位置，用尖端曲率半径为(0.2 ± 0.05)mm 的小锤或冲头进行冲击，使试样破碎。

③ 保留碎片图案的措施应在冲击后 10s 后开始并且在冲击后 3min 内结束。

④ 碎片计数时，应除去距离冲击点半径 80mm 以及距玻璃边缘 25mm 范围内的部分。从图案中选择碎片最大的部分，在这部分中用 50mm×50mm 的计数框计算框内的碎片数，每个碎片内不能有贯穿的裂纹存在，横跨计数框边缘的碎片按 1/2 个碎片计算。

6. 霰弹袋冲击性能的检测

(1) 主要检测设备仪器

检测装置应符合图 10-27、图 10-28 和图 10-29 的规定。

(2) 试样

试样为与制品相同厚度、且与制品在同一工艺条件下制造的尺寸为 1930mm(－0，＋5mm)×864mm(－0，＋5mm)的长方形平面钢化玻璃。

(3) 具体检测步骤

① 用直径 3mm 的挠性钢丝绳把冲击体吊起，使冲击体横截面最大直径部分的外周距离试样表面小于 13mm，距离试样的中心在 50mm 以内。

② 使冲击体最大直径的中心位置保持在300mm的下落高度，自由摆动落下，冲击试样中心点附近1次。若试样没有破坏，升高到750mm，在同一试样的中心点附近再冲击1次。

③ 试样仍未破坏时，再升高到1200mm的高度，在同一块试样的中心点附近冲击1次。

④ 下落高度为300mm，750mm或1200mm。试样破坏时，在破坏后5min之内，从玻璃碎片中选出最大的10块，称其质量。并检测保留在框内最长的无贯穿裂纹的玻璃碎片的长度。

7. 表面应力的检测

(1)试样

以制品为试样，按《玻璃应力测试方法》(GB/T 18144—2009)规定的方法进行。

(2)测量点的规定

如图10-31所示，在距长边100mm的距离上，引平行于长边的2条平行线，并与对角线相交于4点，这4点以及制品的几何中心点即为检测点。

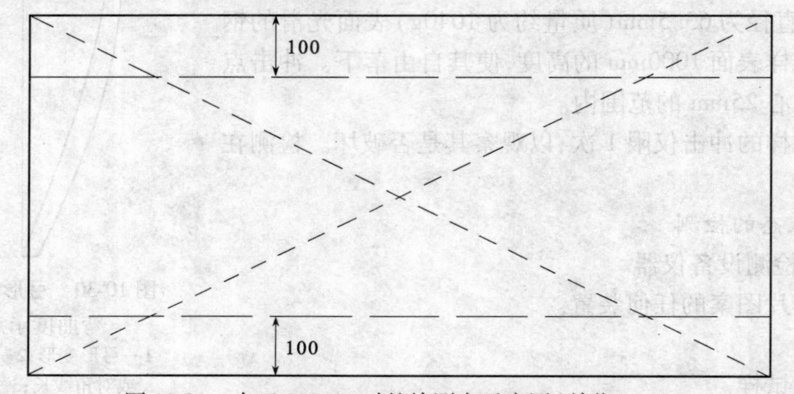

图10-31　大于300mm时的检测点示意图(单位:mm)

若制品短边长度不足300mm时，见图10-32，则在距短边100mm的距离上引平行于短边的两条平行线与中心线相交于2点，这两点以及制品的几何中心点即为检测点。

不规则形状的制品，其应力检测点由供需双方商定。

图10-32　不足300mm时的检测点示意图(单位:mm)

(3)检测结果评定

检测结果为各检测点的检测值的算术平均值。

8. 耐热冲击性能的检测

将300mm×300mm的钢化玻璃试样置于(200±2)℃的烘箱中,保留4h以上,取出后立即将试样浸入0℃的冰水混合物中,应保证试样高度的1/3以上能浸入水中,5min后观察是否破坏。

玻璃表面和边部的鱼鳞状剥离不应视作破坏。

9. 检测结果评定

若不合格数等于或大于表10-6的不合格数,则认为该批产品外观质量、尺寸偏差、弯曲度不合格。

其他性能也符合相应条款的规定,否则,认为该项不合格。

若上述各项中,有1项不合格,则认为该批产品不合格。

10.3.5　建筑饰面玻璃性能检测实训报告

建筑饰面玻璃性能检测实训报告见表10-16。

表10-16　建筑饰面玻璃性能检测实训报告

工程名称:　　　　报告编号:　　　　工程编号:

委托单位		委托编号		委托日期	
施工单位		样品编号		检验日期	
结构部位		出厂合格证编号		报告日期	
厂　别		检验性质		代表数量	
发证单位		见证人		证书编号	

1. 尺寸允许偏差

厚度/mm	尺寸偏差/mm
2,3,4,5,6	
8,10	
12	
15	
19	

结　论:

执行标准:

2. 外观质量和力学性能检测

气　泡	长度/mm		
	个数/个		
夹杂物	长度/mm		
	个数/个		
点状缺陷密集度			
线　道			
划　伤	长度/mm		
	宽度/mm		
	条数/条		

续表 10-16

光学变形		
表面裂纹		
断面缺陷		
可见光透射比	厚度/mm	
	可见光透射比/%	
霰弹袋冲击性能	冲击高度/mm	

结　论：

执行标准：

主要仪器设备	检测仪器		管理编号	
	型号规格		有效期	
	检测仪器		管理编号	
	型号规格		有效期	
	检测仪器		管理编号	
	型号规格		有效期	
	检测仪器		管理编号	
	型号规格		有效期	

备　注	
声　明	
地　址	地址： 邮编： 电话：

审批(签字)：＿＿＿＿＿审核(签字)：＿＿＿＿＿校核(签字)：＿＿＿＿＿检测(签字)：＿＿＿＿＿

检测单位(盖章)：＿＿＿＿＿

报　告　日　期：　年　月　日

注：本表一式四份(建设单位、施工单位、检测实验室、城建档案馆存档各一份)。

10.4　建筑用轻钢龙骨的检测

10.4.1　主要检测设备仪器

1. 1000mm×2000mm 检测平台或长度为 1000mm 的平台：精度Ⅱ级。
2. 百分表：量程 0～30mm，分度值 0.01mm。
3. 游标卡尺：量程 0～300mm，分度值 0.02mm。
4. 钢卷尺：量程 10m，分度值 1mm。
5. 塞尺：分度值 0.01mm。
6. 半径样板：检测范围 1～6.5mm，精度Ⅰ级。
7. 万能角度尺：量程 0°～360°，分度值 5′。
8. 千分尺：量程 0～25mm，分度值 0.01mm。
9. 天平：感量 0.0001g。
10. 磁性测厚仪：精度值 1μm。

11. 铅笔硬度检测测定仪。

12. 盐雾检测试验仪。

10.4.2　具体检测步骤

1. 外观

在距试件500mm处光照明亮的条件下,按标准对试件进行目测检查,记录缺陷情况。

2. 尺寸

(1)长度

检测时,钢卷尺应与龙骨纵向侧边平行,每根龙骨在底面和两侧面检测三个长度值,并以三个值中的最大偏差作为该试件的实际偏差值,精确至1mm。T型龙骨检测企口尺寸。

(2)断面尺寸

在距龙骨两端200mm及龙骨长度方向的中间点共三处,用游标卡尺分别检测龙骨的断面尺寸*A*、*B*、*C*、*D*、*E*、*F*值。计算*A*偏差绝对值的平均值作为*A*值的偏差值;分别计算两边*B*、*F*偏差绝对值的平均值,取单边平均值的最大值作为*B*、*F*值的偏差值;分别计算两边*C*、*D*、*F*的平均检测值,取单边平均值的最小值作为*C*、*D*、*E*值,精确至0.1mm。

(3)厚度

在距龙骨两端200mm及龙骨长度方向的中间点共三处,用千分尺测厚度,取平均值,精确至0.01mm。

3. 平直度

(1)侧面平直度

将龙骨侧面平放在平台或平尺上,用塞尺检测两边侧面变形,取最大值作为试件的侧面平直度,精确至0.1mm。

(2)底面平直度

将龙骨底面平放在平台或平尺上,用塞尺检测底面变形,取最大值作为试件的底面平直度,精确至0.1mm。

4. 弯曲内角半径*R*

在距龙骨两端200mm及龙骨长度方向的中间点共三处,用半径样板检测内角半径*R*,分别计算每侧内角半径的平均值,取其中最大值作为试件的*R*值。

5. 角度偏差

在距龙骨两端200mm及龙骨长度方向的中间点共三处,用万能角度尺进行检测。对于断面标准角度为90°的试件,检测龙骨两侧的角度偏差绝对值;对于断面标准角度不是90°的试件,检测龙骨两侧实际角度后,计算出角度偏差绝对值。分别计算每侧角度偏差绝对值的平均值,取其中最大值作为试件的角度偏差值,精确至5′。

6. 表面防锈

(1)双面镀锌量

按《钢产品镀锌层质量试验方法》(GB/T 1839—2003)检测双面镀锌量。计算3个试件的平均值作为试样的测定值,精确至$1g/m^2$。

(2)双面镀锌层厚度

在距龙骨两端200mm及龙骨长度方向的中间点共三处,用磁性测厚仪分别测定正面及背面各三个点的镀锌层厚度，分别计算正面平均检测值和背面平均检测值，两面平均检测值之和即为该试件的双面镀锌层厚度。取三根试件检测结果的平均值，精确至1μm。

(3)镀锌层厚度

在距龙骨两端200mm及龙骨长度方向的中间点共三处，用磁性测厚仪测定正面三个点的镀锌层厚度，计算三个点平均检测值作为该试件的镀锌层厚度。取三根试件检测结果的平均值，精确至1μm。

(4)涂层铅笔硬度

按GB/T 6739—2006进行检测。

(5)耐盐雾性能

① 将试件边部用耐蚀性不低于试样涂、镀层的涂料或胶带封闭保护。

② 配制盐水，调整检测试验箱，使其达到规定的检测条件。

③ 将试件与垂直方向成15°~30°角放置在盐雾箱内。

④ 连续喷雾检测至供需双方商定的时间后，取出试件，在清水中洗净。

⑤ 立即观察龙骨涂、镀层气泡或生锈等腐蚀的情况。

7. 力学性能

(1)墙体静载检测试验

按图10-33用钢质材料组成坚固的测试台架。将横龙骨固定在测试台架相对的两个边长，将竖龙骨按规定间距450mm装入横龙骨，并在竖龙骨上每隔600mm安装一个支撑卡，且支撑卡和两端横龙骨间隙为20~25mm。然后在两面用自攻螺钉各装一层符合《纸面石膏板》(GB/T 9775—2008)标准要求的12mm厚的普通纸面石膏板，要求上下两层纸面石膏板互相错缝，试件组装后，不应有松动和偏斜。自攻螺钉四周边部间距应为150~200mm，中间间距应为250~300mm，螺钉与石膏板边距离应为10~15mm，钉头略埋入板内且不应损坏纸面。

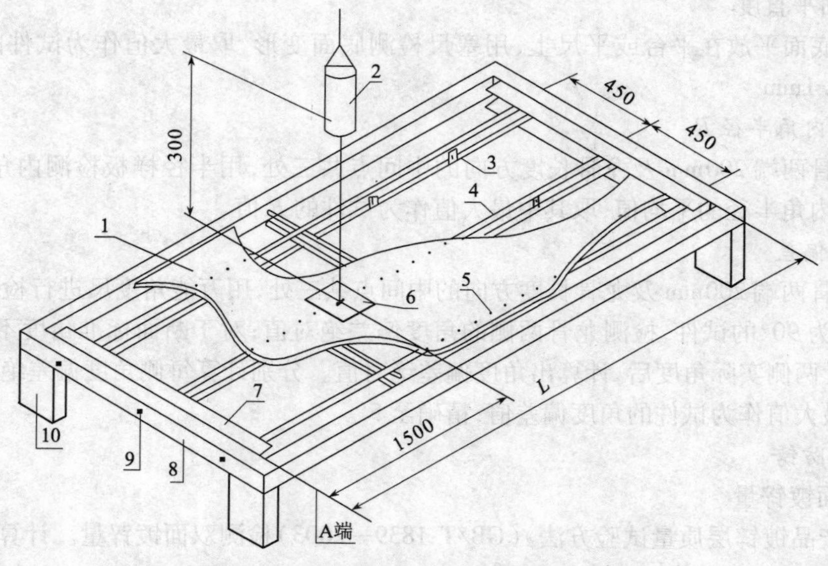

图10-33　墙体龙骨的测试装置(单位：mm)

1—普通纸面石膏板；2—砂袋；3—支撑卡；4—竖龙骨；5—自攻螺钉M4×25mm；6—垫板；7—横龙骨；8—测试台架；9—横龙骨固定螺钉M6；10—支座；

加载点在石膏板中线距 A 端 1500mm 处，在加载点处放置 350mm × 350mm × 15mm 质量为(9 ±2)N 的木质垫板，将(160 ±2)N 的荷载放在垫板上，持续 5min，卸载，3min 后检测加载点背面石膏板的最大残余变形量，精确至 0.1mm。

(2)墙体抗冲击性检测

按图 10-33 装置，将质量为(300 ±3)N 的砂袋，从 300mm 高处自由落到垫板上，持续 5s，将砂袋取下，3min 后检测石膏板的最大残余变形量，精确至 0.1mm。

(3)吊顶 C 型覆面龙骨静载检测

按图 10-34 组装吊顶龙骨，试件组装后，不应有松动和偏斜。在中间两根覆面龙骨上，放置 450mm × 450mm × 24mm 质量为(30 ±3)N 的木质层压垫板，在上面加载(300 ±3)N，5min 后分别检测两根龙骨的最大挠度值；卸载 3min 后，分别测定两根龙骨的残余变形量，取其平均值为检测值，精确至 0.1mm。

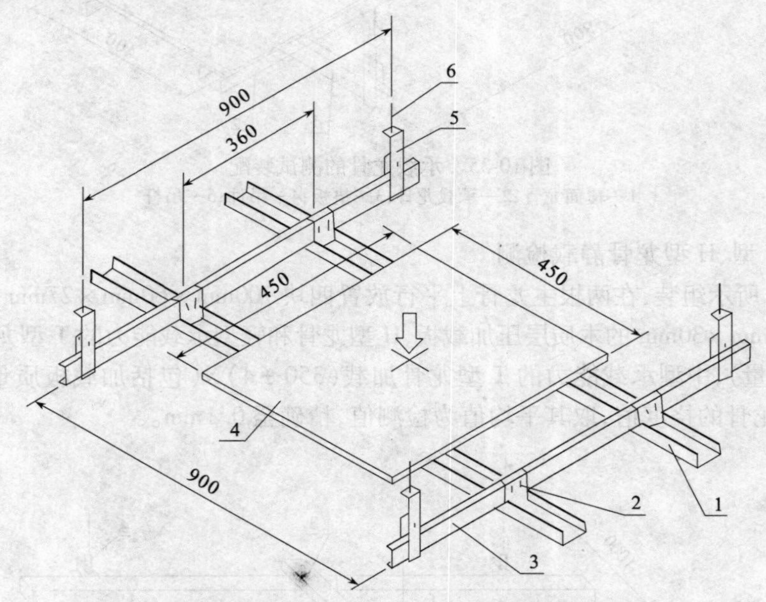

图 10-34　覆面龙骨的测试装配(吊顶 V 型覆面龙骨间距为 400mm)

1—覆面龙骨；2—承载龙骨；3—龙骨挂件；4—垫板；5—吊件；6—吊杆

(4)吊顶 U 型、C 型承载龙骨静载检测

按图 10-35 所示，在两根承载龙骨上放置 1200mm × 400mm × 24mm 质量为(30 ±3)N 的木质层压垫板，D60 龙骨加载(1000 ±10)N，D50 龙骨加载(800 ±8)N，D38 龙骨加载(500 ±5)N，5min 后分别检测两根龙骨的最大挠度值；卸载 3min 后，分别测定两根龙骨的残余变形量，取其平均值为检测值，精确至 0.1mm。

(5)吊顶 V 型、L 型龙骨静载检测

将图 10-34 和图 10-35 的 C 型覆面龙骨和 U 型承载龙骨换成 V 型覆面龙骨和 V 型、L 型承载龙骨。检测要求同吊顶 C 型覆面龙骨静载检测和吊顶 U 型、C 型承载龙骨静载检测，承载龙骨加载(500 ±5)N。

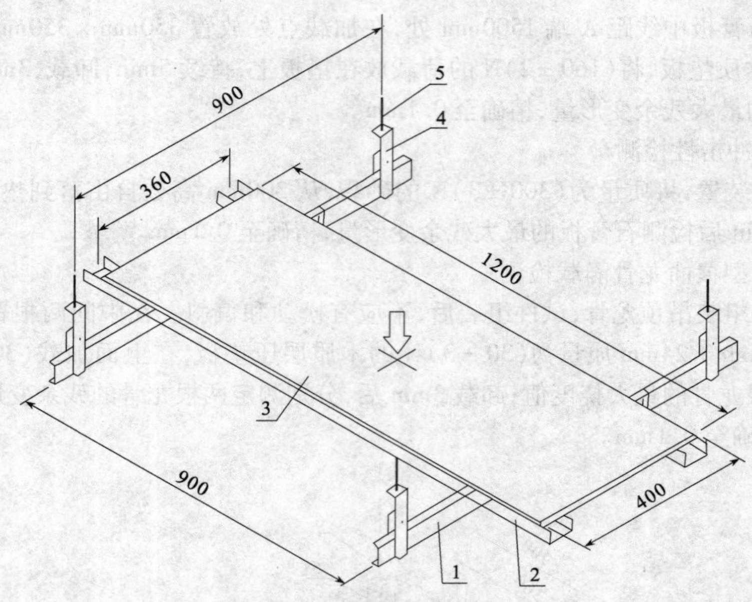

图 10-35 承载龙骨的测试装配

1—覆面龙骨;2—承载龙骨;3—垫板;4—吊件;5—吊杆

(6)吊顶 T 型、H 型龙骨静载检测

将图 10-36 所示组装,在两根主龙骨上平行放置四块 700mm×60mm×27mm 和垂直放置一块 1200mm×60mm×30mm 的木质层压加载板,H 型龙骨和轻型承载能力的 T 型龙骨(145±1)N(包括加载板质量),中型承载能力的 T 型龙骨加载(350±4)N(包括加载板质量),5min 后分别检测两根主龙骨的挠度值,取其平均值为检测值,精确至 0.1mm。

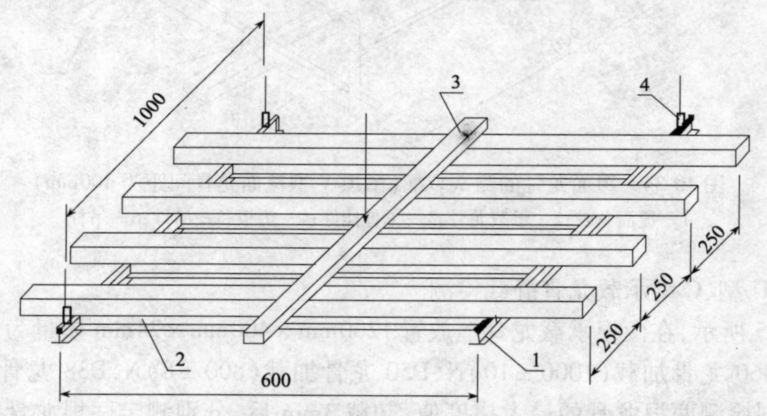

图 10-36 T 型主龙骨、H 型龙骨的检测装配

1—主龙骨;2—次龙骨;3—吊件;4—加载板

10.4.3 检测结果评定

1. 单项检测结果的判断按 GB/T 8170—2008 中修约值比较法进行。

2. 对于龙骨的外观、断面尺寸 A、B、E、F、长度、弯曲内角半径、角度偏差、侧面平直度和底面平直度指标,在一根试件上其中有两项及两项以上指标不合格,即为不合格试件。三根龙骨中不合格试件多于一根，则判为该批不合格。

3. 对于龙骨的厚度、尺寸 C 和 D，三根龙骨均为合格，否则判为该批不合格。

4. 对于龙骨的力学性能和表面防锈性能，均应合格，否则判为该批不合格。

5. 不符合上面要求的批，可用备用样对不合格进行复检，若仍不合格，则判为批不合格；若复检合格，则判该批合格。

10.4.4　建筑用轻钢龙骨性能检测实训报告

建筑用轻钢龙骨性能检测实训报告见表10-17。

表10-17　建筑用轻钢龙骨性能检测实训报告

工程名称：　　　　　　　　报告编号：　　　　　　　　工程编号：

委托单位		委托编号		委托日期	
施工单位		样品编号		检验日期	
结构部位		出厂合格证编号		报告日期	
厂　　别		检验性质		代表数量	
发证单位		见证人		证书编号	

1. 尺寸

项目		偏差
长度 L	U、C、H、V、L、CH型	
	T型孔距	
覆面龙骨断面尺寸	尺寸 A	
	尺寸 B	
其他龙骨断面尺寸	尺寸 A	
	尺寸 B	
	尺寸 F（内部净空）	
厚度 t、t_1、t_2		

结　　论：

执行标准：

2. 尺寸 C、D、E

项　　目	品　　　　种	检　测　数　据
尺寸 C	CH型墙体竖龙骨、C型吊顶覆面龙骨、L型承载龙骨	
	C型墙体竖龙骨	
尺寸 D	覆面龙骨	
	L型承载龙骨	
尺寸 E	L型承载龙骨	

结　　论：

执行标准：

3. 侧面和底面平直度

续表 10-17

类 别	品 种		平直度/(mm/1000mm)
	横龙骨和竖龙骨	侧面	
		底面	
	通贯龙骨	侧面和底面	
	承载龙骨和覆面龙骨	侧面和底面	
	T 型和 H 型龙骨	底面	

结 论：

执行标准：

4. 弯曲内角半径 R(不包括 T 型、H 型和 V 型龙骨)

钢板厚度 t	$t \leqslant 0.70$	$0.70 < t \leqslant 1.00$	$1.00 < t \leqslant 1.20$	$t > 1.20$
弯曲内角半径 R				

结 论：

执行标准：

5. 角度允许偏差(不包括 T 型、H 型和 V 型龙骨)

成型角较短边尺寸 R/mm	角度允许偏差/(°)
$B \leqslant 18$	
$B > 18$	

结 论：

执行标准：

6. 表面防锈

双面镀锌量和双面镀锌层厚度		彩色涂层钢板(带)的性能	
双面镀锌量/(g/m^2)	双面镀锌层厚度/μm	涂镀层厚度/μm	涂层铅笔硬度/HB

结 论：

执行标准：

7. 龙骨组件的力学性能

类 别		项 目		残余变形量(≯)/mm	加载挠度(≯)/mm
墙 体		抗冲击性检测			—
		静载检测			—
吊顶	U、C、V、L 型(不包括造型用 V 型龙骨)	静载检测	覆面龙骨		
			承载龙骨		
	T、H 型		主龙骨	—	

结 论：

执行标准：

主要仪器设备	检测仪器		管理编号	
	型号规格		有效期	
	检测仪器		管理编号	

续表 10-17

主要仪器设备	型号规格		有效期	
	检测仪器		管理编号	
	型号规格		有效期	
	检测仪器		管理编号	
	型号规格		有效期	
备　注				
声　明				
地　址	地址： 邮编： 电话：			

审批（签字）：________审核（签字）：________校核（签字）：________检测（签字）：________

检测单位（盖章）：________

报 告 日 期：　年　月　日

注：本表一式四份（建设单位、施工单位、检测实验室、城建档案馆存档各一份）。

10.5　建筑外门窗性能的检测

10.5.1　建筑外门窗气密、水密、抗风压性能的分级与检测

1. 主要检测设备仪器

检测装置由压力箱、试件安装系统、供压系统、淋水系统及测量系统（包括空气流量、压力差及位移测量装置）组成。

① 压力箱：压力箱的开口尺寸应能满足试件安装的要求，箱体开口部位的构件在承受检测过程中可能出现的最大压力差作用下开口部位的最大挠度值不应超过 5mm 或 $l/1000$，同时应具有良好的密封性能且以不影响观察试件的水密性为最低要求。

② 试件安装系统：试件安装系统包括试件安装框及夹紧装置。应保证试件安装牢固，不应产生倾斜及变形，同时保证试件可开启部分的正常开启。

③ 供压系统：供压系统应具备施加正负双向的压力差的能力，静态压力控制装置应能调节出稳定的气流，动态压力控制装置应能稳定提供 3 ~ 5s 周期的波动风压，波动风压的波峰值、波谷值应满足检测要求。

④ 淋水系统：淋水系统的喷淋装置应满足在窗试件的全部面积上形成连续水膜并达到规定淋水量的要求。喷嘴布置应均匀，各喷嘴与试件的距离宜相等且不小于 500mm；装置的喷水量应能调节，并有措施保证喷水量的均匀性。

⑤ 测量系统：测量系统包括空气流量、压力差及位移测量装置，并应满足以下要求：

A. 差压计的两个探测点应在试件两侧就近布置，差压计的误差应小于示值的 2%。

B. 空气流量测量系统的测量误差应小于示值的 5%，响应速度应满足波动风压测量的要求。

C. 位移计的精度应达到满量程的 0.25%，位移测量仪表的安装支架在测试过程中应牢固，并保证位移的测量不受试件及其支承设施的变形、移动所影响。

2. 气密性能检测

(1)具体检测步骤

检测加压顺序见图 10-37。

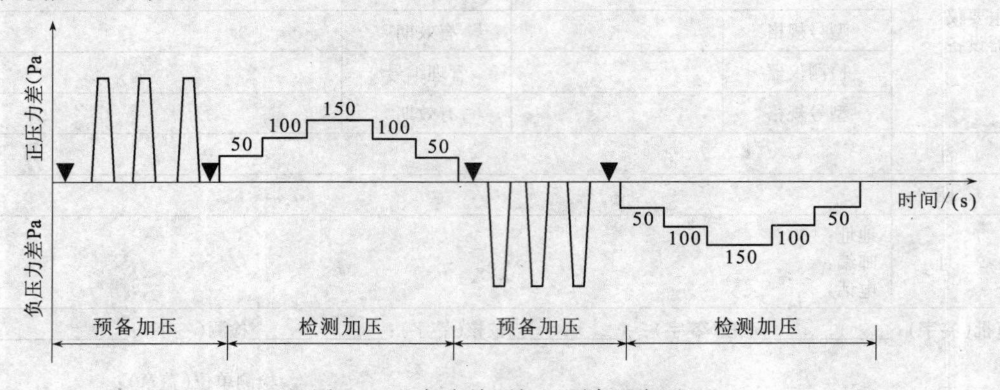

图 10-37　气密检测加压顺序示意图

注:图中符号▼表示将试件的可开启部分开关不少于 5 次。

(2)预备加压

在正、负压检测前分别施加三个压力脉冲。压力差绝对值为 500Pa,加载速度约为 100Pa/s。压力稳定作用时间为 3s,泄压时间不少于 1s。待压力差回零后,将试件上所有可开启部分开关 5 次,最后关紧。

(3)渗透量检测

① 附加空气渗透量检测

检测前应采取密封措施,充分密封试件上的可开启部分缝隙和镶嵌缝隙,或用不透气的盖板将箱体开口部盖严,然后按照图 10-37 检测加压部分逐级加压,每级压力作用时间约为 10s,先逐级正压,后逐级负压。记录各级测量值。

② 总渗透量检测

去除试件上所加密封措施或打开密封盖板后进行检测,检测程序同附加空气渗透量检测。

(4)检测结果计算与评定

① 检测结果计算

分别计算出升压和降压过程中在 100Pa 压差下的两个附加空气渗透量测定值的平均值 $\bar{q}_f$ 和两个总渗透量测定值的平均值 $\bar{q}_z$,则窗试件本身 100Pa 压力差下的空气渗透量 q_t(m^3/h)即可按下式计算:

$$q_t = \bar{q}_z - \bar{q}_f \tag{10-29}$$

然后,再利用下式将 q_t 换算成标准状态下的渗透量 q'(m^3/h)值。

$$q' = \frac{293}{101.3} \times \frac{q_t P}{T} \tag{10-30}$$

式中　q'——标准状态下通过试件空气渗透量值,m^3/h;

P——实验室气压值,kPa;

T——实验室空气温度值,K;

q_t——试件渗透量测定值，m^3/h。

将q'值除以试件开启缝长度l，即可得出在100Pa下，单位开启缝长空气渗透量q'_1[$m^3/(m \cdot h)$]值，即：

$$q'_1 = \frac{q'_1}{l} \tag{10-31}$$

或将q'值除以试件面积A，得到在100Pa下，单位面积的空气渗透量q'_2[$m^3/(m^2 \cdot h)$]值，即：

$$q'_2 = \frac{q'}{A} \tag{10-32}$$

正压、负压分别按式(10-29)~式(10-32)进行计算。

② 分级指标值的确定

为了保证分级指标值的准确度，采用由100Pa检测压力差下的测定值$\pm q'_1$值或$\pm q'_2$值，按式(10-33)或式(10-34)换算为10Pa检测压力差下的相应值$\pm q_1$[$m^3/(m \cdot h)$]值，或$\pm q_2$[$m^3/(m^2 \cdot h)$]值。

$$\pm q_1 = \frac{\pm q'_1}{4.65} \tag{10-33}$$

$$\pm q_2 = \frac{\pm q'_2}{4.65} \tag{10-34}$$

式中 q'_1——100Pa作用压力差下单位缝长空气渗透量值，$m^3/(m \cdot h)$；

q_1——10Pa作用压力差下单位缝长空气渗透量值，$m^3/(m \cdot h)$；

q'_2——100Pa作用压力差下单位面积空气渗透量值，$m^3/(m^2 \cdot h)$；

q_2——10Pa作用压力差下单位面积空气渗透量值，$m^3/(m^2 \cdot h)$。

将三樘试件的$\pm q_1$值或$\pm q_2$值分别平均后对照表10-18确定按照缝长和按面积各自所属等级。最后取两者中的不利级别为该组试件所属等级。正、负压测值分别定级。

表10-18 建筑外门窗气密性能分级表

分级	1	2	3	4	5	6	7	8
单位缝长分级指标值 $q_1/[m^3/(m \cdot h)]$	$4.0 \geq q_1 > 3.5$	$3.5 \geq q_1 > 3.0$	$3.0 \geq q_1 > 2.5$	$2.5 \geq q_1 > 2.0$	$2.0 \geq q_1 > 1.5$	$1.5 \geq q_1 > 1.0$	$1.0 \geq q_1 > 0.5$	$q_1 \leq 0.5$
单位面积分级指标值 $q_2/[m^3/(m^2 \cdot h)]$	$12 \geq q_2 > 10.5$	$10.5 \geq q_2 > 9.0$	$9.0 \geq q_2 > 7.5$	$7.5 \geq q_2 > 6.0$	$6.0 \geq q_2 > 4.5$	$4.5 \geq q_2 > 3.0$	$3.0 \geq q_2 > 1.5$	$q_2 \leq 1.5$

3. 水密性能检测

(1)具体检测步骤

检测分为稳定加压法和波动加压法，检测加压顺序分别见图10-38和图10-39。工程所在地为热带风暴和台风地区的，应采用波动加压法；定级检测和工程所在地为非热带风暴和台风地区的，可采用稳定加压法。已进行波动加压法检测可不再进行稳定加压法检测。水密性能最大检测压力峰值应小于抗风压定级检测压力差值P_3。热带风暴和台风地区的划分按照GB 50178的规定执行。

(2)预备加压

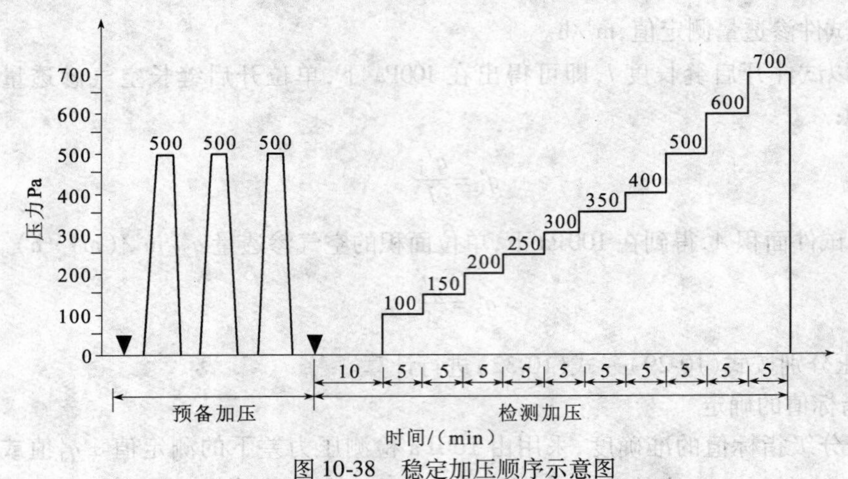

图 10-38 稳定加压顺序示意图

注：图中符号▼表示将试件的可开启部分开关不少于 5 次。

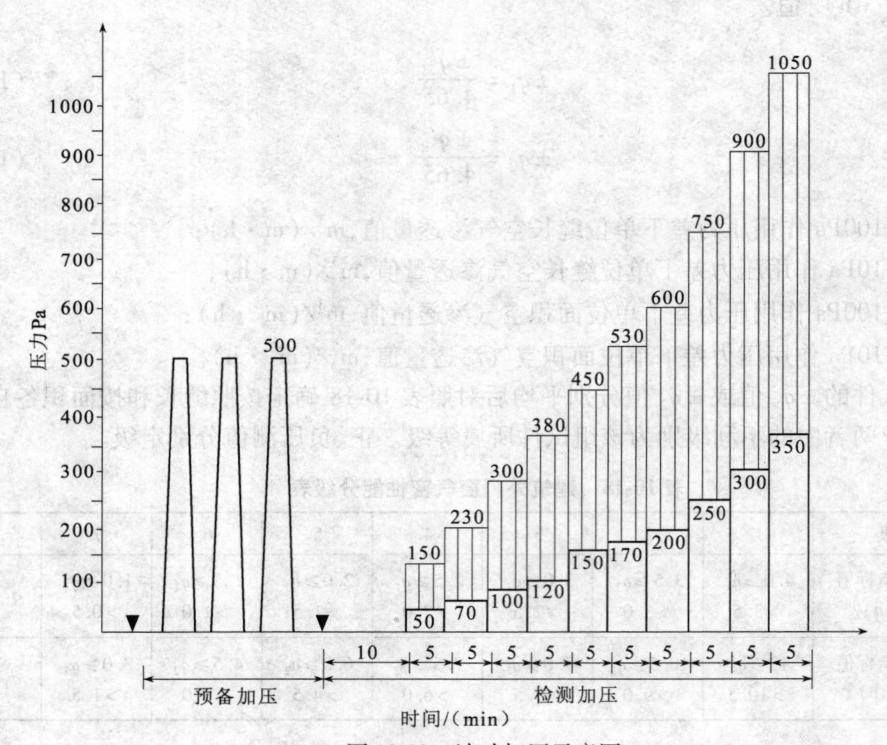

图 10-39 波动加压示意图

注：图中符号▼表示将试件的可开启部分开关不少于 5 次。

检测加压前施加三个压力脉冲，压力差绝对值为 500Pa，加载速度约为 100Pa/s。压力稳定作用时间为 3s，泄压时间不少于 1s。待压力差回零后，将试件上所有可开启部分开关 5 次，最后关紧。

(3)稳定加压法

按照图 10-38、表 10-19 顺序加压，并按以下步骤操作：

表10-19　稳定加压顺序表

加压顺序	1	2	3	4	5	6	7	8	9	10	11
检测压力/Pa	0	100	150	200	250	300	350	400	500	600	700
持续时间/min	10	5	5	5	5	5	5	5	5	5	5

① 淋水:对整个门窗试件均匀淋水,淋水量为2L/(m^2·min)。

② 加压:在淋水的同时施加稳定压力。定级检测时,逐级加压至出现严重渗漏为止。工程检测时,直接加压至水密性能指标值,压力稳定作用时间为15min或产生严重渗漏为止。

③ 观察记录:在逐级升压及持续作用过程中,观察并记录渗漏状态及部位。

(4)波动加压法

按照图10-39、表10-20顺序加压,并按以下步骤操作:

表10-20　波动加压顺序表

加压顺序		1	2	3	4	5	6	7	8	9	10	11
波动压力值/Pa	上限值	0	150	230	300	380	450	530	600	750	900	1050
	平均值	0	100	150	200	250	300	350	400	500	600	700
	下限值	0	50	70	100	120	150	170	200	250	300	350
波动周期/s		3~5										
每级加压时间/min		5										

① 淋水:对整个门窗试件均匀淋水,淋水量为3L/(m^2·min)。

② 加压:在稳定淋水的同时施加波动压力,波动压力的大小用平均值表示,波幅为平均值的0.5倍。定级检测时,逐级加压至出现严重渗漏。工程检测时,直接加压至水密性能指标值,加压速度约100Pa/s,波动压力作用时间为15min或产生严重渗漏为止。

③ 观察记录:在逐级升压及持续作用过程中,观察并记录渗漏状态及部位。

(5)分级指标值的确定

记录每个试件的严重渗漏压力差值。以严重渗漏压力差值的前一级检测压力差值作为该试件水密性能检测值。如果工程水密性能指标值对应的压力差值作用下未发生渗漏,则此值作为该试件的检测值。

三试件水密性能检测值综合方法为:一般取三樘检测值的算术平均值。如果三樘检测值中最高值和中间值相差两个检测压力等级以上时,将该最高值降至比中间值高两个检测压力等级后,再进行算术平均。如果3个检测值中较小的两值相等时,其中任意一值可视为中间值。

4. 抗风压性能检测

具体检测步骤

① 检测加压顺序:检测加压顺序见图10-40。

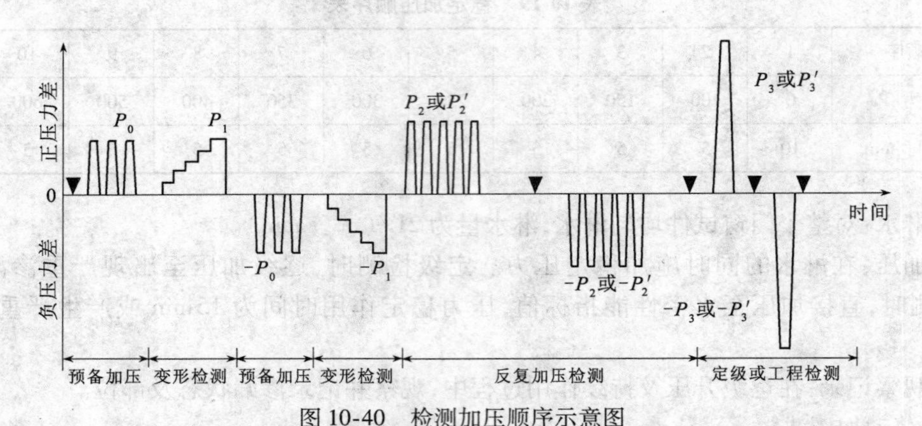

图 10-40　检测加压顺序示意图

注:图中符号▼表示将试件的可开启部分开关不少于5次。

② 确定测点和安装位移计:将位移计安装在规定位置上。测点位置规定如下:

A. 对于测试杆件:测点布置见图 10-41。中间测点在测试杆件中点位置,两端测点在距该杆件端点向中点方向 10mm 处。当试件的相对挠度最大的杆件难以判定时,也可选取两根或多根测试杆件(见图 10-42),分别布点测量。

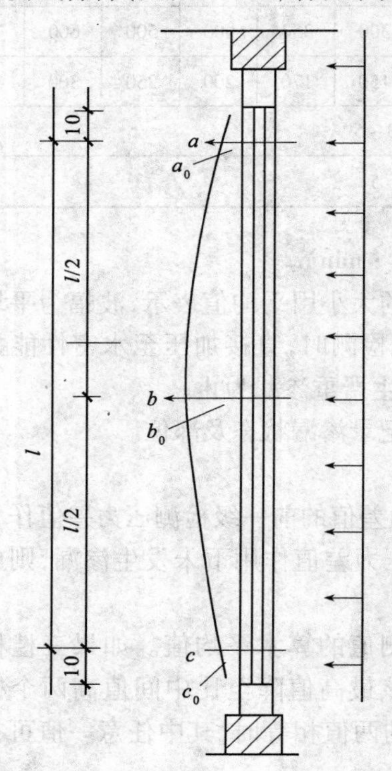

图 10-41　测试杆件测点分布图

a_0,b_0,c_0—三测点初始读数值(mm);

a,b,c—三测点在压力差作用过程中的稳定读数值(mm);

l—测试杆件两端测点 a,c 之间的长度(mm)

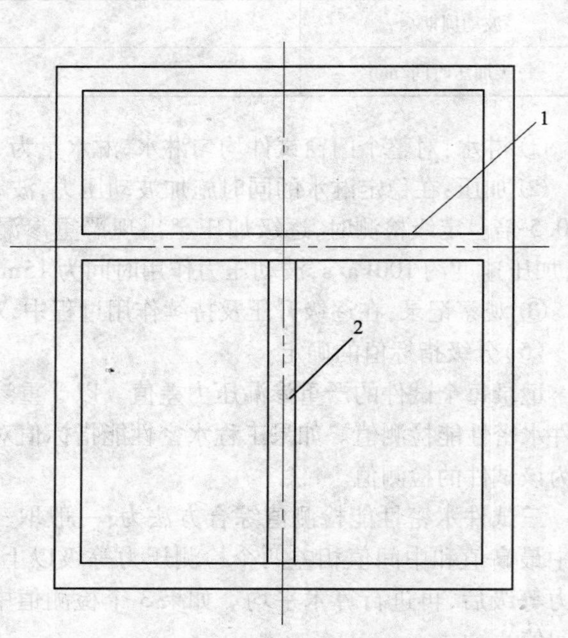

图 10-42　多测试杆件分布图

1,2—检测杆件

B. 对于单扇固定扇：测点布置见图 10-43。

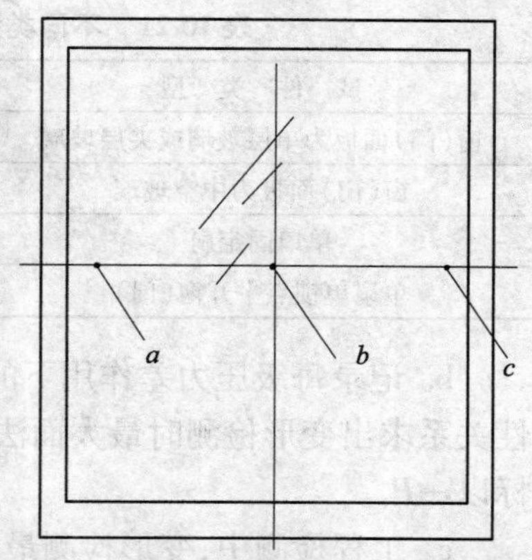

图 10-43　单扇固定扇测点分布图

a,b,c—三测点

C. 对于单扇平开窗（门）：当采用单锁点时，测点布置见图 10-44，取距锁点最远的窗（门）扇自由边（非铰链边）端点的角位移值 δ 为最大挠度值，当窗（门）扇上有受力杆件时应同时测量该杆件的最大相对挠度，取两者中的不利者作为抗风压性能检测结果；无受力杆件外开单扇平开窗（门）只进行负压检测，无受力杆件内开单扇平开窗（门）只进行正压检测；当采用多点锁时，按照单扇固定扇的方法进行检测。

③ 预备加压程序：在进行正、负变形检测前，分别提供三个压力脉冲，压力差 P_0 绝对值为 500Pa，加载速度约为 100Pa/s，压力稳定作用时间为 3s，泄压时间不少于 1s。

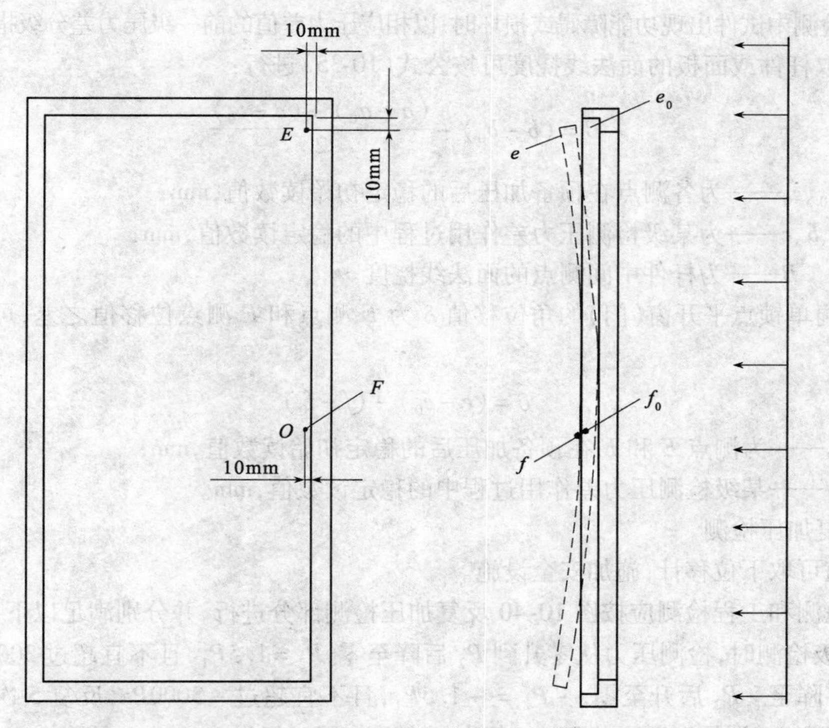

图 10-44　单扇单锁点平开窗（门）位移计布置图

e_0,f_0—测点初始读数值，(mm)；

e,f—测点在压力作用过程中的稳定读数值，(mm)

④ 变形检测

A. 先进行正压检测，后进行负压检测，并符合以下要求：

a. 检测压力逐级升、降。每级升降压力差值不超过 250Pa，每级检测压力差稳定作用时间约为 10s。不同类型试件变形检测时对应的最大面法线挠度（角位移值）应符合表 10-21 的要求。检测压力绝对值最大不宜超过 2000Pa。

表 10-21　不同类型试件变形检测对应的最大面法线挠度(角位移值)

试件类型	主要构件(面板)允许挠度	变形检测最大面法线挠度(角位移值)
窗(门)面板为单层玻璃或夹层玻璃	$\pm l/120$	$\pm l/300$
窗(门)面板为中空玻璃	$\pm l/180$	$\pm l/450$
单扇固定扇	$\pm l/60$	$\pm l/150$
单扇单锁点平开窗(门)	20mm	10mm

b. 记录每级压力差作用下的面法线挠度值(角位移值),利用压力差和变形之间的相对线性关系求出变形检测时最大面法线挠度(角位移)对应的压力差值,作为变形检测压力差值,标以 $\pm P_1$。

c. 工程检测中,变形检测最大面法线挠度所对应的压力差已超过 $P_3'/2.5$ 时,检测至 $P_3'/2.5$ 为止;对于单扇单锁点平开窗(门),当 10mm 自由角位移值所对应的压力差超过 $P_3'/2$ 时;检测至 $P_3'/2$ 为止。

d. 当检测中试件出现功能障碍或损坏时;以相应压力差值的前一级压力差分级指标值为 P_3。

B. 求取杆件或面板的面法线挠度可按公式(10-35)进行:

$$B=(b-b_0)-\frac{(a-a_0)+(c-c_0)}{2} \tag{10-35}$$

式中　a_0、b_0、c_0——为各测点在预备加压后的稳定初始读数值,mm;

a、b、c——为某级检测压力差作用过程中的稳定读数值,mm;

B——为杆件中间测点的面法线挠度。

C. 单扇单锁点平开窗(门)的角位移值 δ 为 E 测点和 F 测点位移值之差,可按公式(10-36)计算。

$$\delta=(e-e_0)-(f-f_0) \tag{10-36}$$

式中　e_0、f_0——为测点 E 和 F 在预备加压后的稳定初始读数值,mm;

e、f——某级检测压力差作用过程中的稳定读数值,mm。

⑤ 反复加压检测

检测前可取下位移计,施加安全设施。

定级检测和工程检测应按图 10-40 反复加压检测部分进行,并分别满足以下要求:

A. 定级检测时,检测压力从零升到 P_2 后降至零,$P_2=1.5P_1$,且不宜超过 3000Pa。反复 5 次。再由零降至 $-P_2$ 后升至零,$-P_2=-1.5P_1$,且不宜超过 -3000Pa,反复 5 次。加压速度为 300~500Pa/s,泄压时间不少于 1s,每次压力差作用时间为 3s。

B. 工程检测时,当工程设计值小于 2.5 倍 P_1 时以 0.6 倍工程设计值进行反复加压检测。

反复加压后,将试件可开启部分开关 5 次,最后关紧。记录试验过程中发生损坏(指玻璃破裂、五金件损坏、窗扇掉落或被打开以及可以观察到的不可恢复的变形等现象)和功能障碍(指外门窗的启闭功能发生障碍、胶条脱落等现象)的部位。

⑥ 定级检测或工程检测

A. 定级检测时,使检测压力从零升至 P_3 后降至零,$P_3=2.5P_1$,对于单扇单锁点平开窗(门),$P_3=2.0P_1$;再降至 $-P_3$ 后升至零,$-P_3=2.5(-P_1)$,对于单扇单锁点平开窗(门),$-P_3=2(-P_1)$。加压速度为 300~500Pa/s,泄压时间不少于 1s,持续时间为 3s。正、负加压后各将试件可开关部分开关5次，最后关紧。试验过程中发生损坏和功能障碍时，记录发生损坏和功能障碍的部位，并记录试件破坏时的压力差值。

B. 工程检测时，当工程设计值P_3'大于或等于$2.5P_1$（对于单扇平开窗或门，P_3'小于或等于$2.0P_1$）时，才按工程检测进行。压力加至工程设计值以后降至零，再降至$-P_3'$后升至零。加压速度为300~500Pa/s，泄压时间不少于1s，持续时间为3s。加正、负压后各将试件可开关部分开关5次，最后关紧。试验过程中发生损坏和功能障碍时，记录发生损坏和功能障碍的部位，并记录试件破坏时的压力差值。当工程设计值P_3'大于$2.5P_1$（对于单扇平开窗或门，P_3'大于$2.0P_1$）时，以定级检测取代工程检测。

10.5.2 建筑外门窗保温性能的检测

1. 主要检测设备仪器

(1)检测装备的组成

检测装备主要由热箱、冷箱、试件框、控温系统和环境空间五部分组成的，见图10-45。

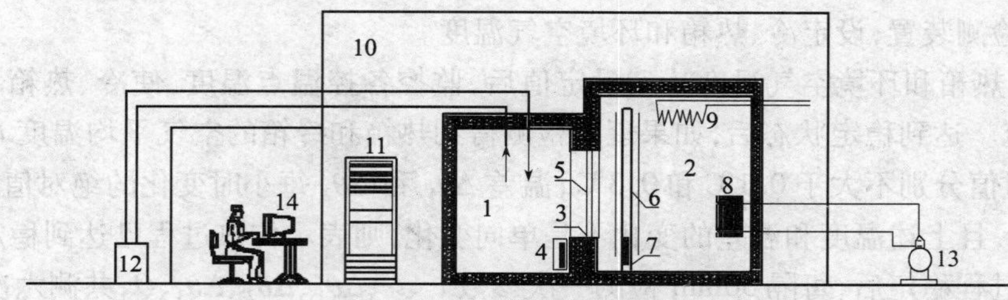

图10-45　检测装置构成

1—热箱；2—冷箱；3—试件框；4—电加热器；5—试件；6—隔风板；7—风机；8—蒸发器；9—加热器；10—环境空间；11—空调器；12—控湿装置；13—冷冻器；14—温度控制与数据采集系统

(2)热箱

① 热箱内净尺寸不宜小于2100mm×2400mm（宽×高），进深不宜小于2000mm。

② 热箱外壁结构应有均质材料组成，其热阻值不得小于$3.5m^2·K/W$。

③ 热箱内表面的总的半球发射率ε值应大于0.85。

(3)冷箱

① 冷箱内净尺寸应与试件框外边缘尺寸相同，进深以能容纳制冷、加热及气流组织设备为宜。

② 冷箱外壁应采用不吸湿的保温材料，其热阻值不得小于$3.5m^2·K/W$，内表面应采用不吸水、耐腐蚀的材料。

③ 冷箱通过安装在冷箱内的蒸发器或引入冷空气进行降温。

④ 利用隔风板和风机进行强迫对流，形成沿试件表面自上而下的均匀气流，隔风板与试件框冷侧表面距离宜能调节。

⑤ 隔风板应采用热阻值不小于$1.0m^2·K/W$的挤塑板聚苯板，隔风板面向试件的表面，其总的半球发射率ε值应大于0.85。隔风板的宽度与冷箱内的净宽度相同。

⑥ 蒸发器下部应设置排水孔或盛水盘。

(4)试件框

① 试件框外缘尺寸不应小于热箱开口部处的内缘尺寸。

② 试件框应采用不吸湿、均质的保温材料，热阻值不小于$7.0m^2·K/W$，其密度应为20~

$40kg/m^3$。

(5)控湿装置

① 采用除湿系统控制热箱空气湿度。保证在整个检测过程中,热箱内相对湿度小于20%。

② 设置一个湿度计检测热箱内空气相对湿度,湿度计的测量精度不应低于3%。

(6)环境空间

① 检测装置应放在装有空调设备的检测实验室内,保证热箱外壁内、外表面面积加权平均温差小于1.0K。检测实验室空气温度波动不应大于0.5K。

② 检测实验室围护结构应有良好的保温性能和热稳定性,应避免太阳光透过窗户进入室内。检测实验室墙体及顶棚内表面应进行绝热处理。

③ 热箱外壁与周边壁面之间至少应留有500mm的空间。

2. 具体检测步骤

(1)传热系统检测

① 检查热电偶是否完好。

② 启动检测装置,设定冷、热箱和环境空气温度。

③ 当冷、热箱和环境空气温度达到设定值后,监控各控温点温度,使冷、热箱和环境空气温度维持稳定。达到稳定状态后,如果逐时检测得到热箱和冷箱的空气平均温度 t_b 和 t_c 每小时变化的绝对值分别不大于0.1℃和0.3℃;温差 $\Delta\theta_1$ 和 $\Delta\theta_2$ 每小时变化的绝对值分别不大于0.1K和0.3K,且上述温度和温差的变化不是单向变化,则表示传热过程已达到稳定过程。

④ 传热过程稳定后,每隔30min检测一次参数 t_b、t_c、$\Delta\theta_1$、$\Delta\theta_2$、$\Delta\theta_3$、Q,共测六次。

⑤ 检测结束后,记录热箱内空气相对湿度 ψ,试件热侧表面及玻璃夹层结露或结霜状况。

(2)抗结露因子检测

① 检查热电偶是否完好。

② 启动检测设备和冷、热箱的温度自控系统,设定冷、热箱和环境空气温度。

③ 调节压力控制装置,使热箱净压力和冷箱总压力之间的净压差在(0±10)Pa范围内。

④ 当冷热箱空气温度达到设定值后,每隔30min检测各控温点温度,检查是否温度。如果逐时检测得到热箱和冷箱的空气平均温度 t_b 和 t_c 每小时变化的绝对值与标准条件相比不超过±0.3℃,总热量输入变化不超过±2%,则表示抗结露因子检测已经处于稳定状态。

⑤ 当冷、热箱空气温度达到稳定后,启动热箱控湿装置,保证热箱内的空气相对湿度 ψ 不大于20%。

⑥ 热箱内的空气相对湿度 ψ 满足要求后,每隔5min检测一次参数 t_b、t_c、t_1、t_2、……、t_{20}、ψ,共测六次。

⑦ 检测结束后,记录试件热侧表面结露或结霜状况。

3. 检测结果计算与评定

(1)传热系数

① 各参数取6次检测的平均值。

② 试件传热系数 K 值按式(10-37)计算:

$$K=\frac{Q-M_1\cdot\Delta\theta_1-M_2\cdot\Delta\theta_2-S\cdot\lambda\cdot\Delta\theta_3}{A\cdot(t_b-t_c)} \tag{10-37}$$

式中　Q——加热器加热功率,W;

M_1——由标定检测确定的热箱外壁热流系数,W/K;

M_2——由标定检测确定的试件框热流系数,W/K;

$\Delta\theta_1$——热箱外壁内、外表面面积加权平均温度之差,K;

$\Delta\theta_2$——试件框热侧冷侧表面面积加权平均温度之差,K;

S——填充板的面积,m^2;

λ——填充板的热导率,$W/(m^2 \cdot K)$;

$\Delta\theta_3$——填充板热侧表面与冷侧表面平均温差,K;

A——试件面积,m^2;按试件外缘尺寸计算,如试件为采光罩,其面积按采光罩水平投影面积计算;

t_b——热箱空气平均温度,℃;

t_c——冷箱空气平均温度,℃。

$\Delta\theta_1$、$\Delta\theta_2$ 的计算见公式(10-38)~式(10-43)。如果试件面积小于试件洞口面积时,公式(10-37)中分子 $S \cdot \lambda \cdot \Delta\theta_3$ 项为聚苯乙烯泡沫塑料填充板的热损失。

热箱外壁内、外表面面积加权平均温度之差 $\Delta\theta_1$ 及试件框热侧冷侧表面面积加权平均温度之差 $\Delta\theta_2$,按式(10-30)~式(10-35)计算:

$$\Delta\theta_1 = \tau_i - \tau_0 \tag{10-38}$$

$$\Delta\theta_2 = \tau_h - \tau_c \tag{10-39}$$

$$\tau_i = \frac{\tau_{i1} \cdot S_1 + \tau_{i2} \cdot S_2 + \tau_{i3} \cdot S_3 + \tau_{i4} \cdot S_4 + \tau_{i5} \cdot S_5}{S_1 + S_2 + S_3 + S_4 + S_5} \tag{10-40}$$

$$\tau_o = \frac{\tau_{o1} \cdot S_6 + \tau_{o2} \cdot S_7 + \tau_{o3} \cdot S_8 + \tau_{o4} \cdot S_9 + \tau_{o5} \cdot S_{10}}{S_6 + S_7 + S_8 + S_9 + S_{10}} \tag{10-41}$$

$$\tau_h = \frac{\tau_{h1} \cdot S_{11} + \tau_{h2} \cdot S_{12} + \tau_{h3} \cdot S_{13} + \tau_{h4} \cdot S_{14}}{S_{11} + S_{12} + S_{13} + S_{14}} \tag{10-42}$$

$$\tau_c = \frac{\tau_{c1} \cdot S_{11} + \tau_{c2} \cdot S_{12} + \tau_{c3} \cdot S_{13} + \tau_{c4} \cdot S_{14}}{S_{11} + S_{12} + S_{13} + S_{14}} \tag{10-43}$$

式中　τ_i、τ_o——热箱外壁内、外表面加权平均温度,℃;

τ_h、τ_c——试件框热侧表面与冷侧表面加权平均温度,℃;

$\tau_{i1}, \tau_{i2}, \tau_{i3}, \tau_{i4}, \tau_{i5}$——分别为热箱五个外壁的内表面平均温度,℃;

S_1, S_2, S_3, S_4, S_5——分别为热箱五个外壁的内表面面积,m^2;

$\tau_{o1}, \tau_{o2}, \tau_{o3}, \tau_{o4}, \tau_{o5}$——分别为热箱五个外壁的外表面平均温度,℃;

$S_6, S_7, S_8, S_9, S_{10}$——分别为热箱五个外壁的外表面面积,$m^2$;

$\tau_{h1}, \tau_{h2}, \tau_{h3}, \tau_{h4}$——分别为试件框热侧表面平均温度,℃;

$\tau_{c1}, \tau_{c2}, \tau_{c3}, \tau_{c4}$——分别为试件框冷侧表面平均温度,℃;

$S_{11}, S_{12}, S_{13}, S_{14}$——垂直于热流方向划分的试件框面积(见图 10-46),m^2。

③ 试件传热系数 K 值取两位有效数字。

(2)抗结露因子

① 各参数取 6 次检测的平均值。

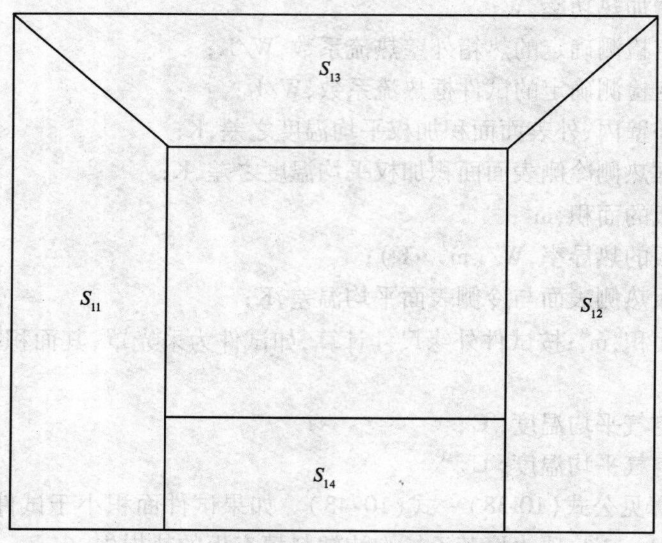

图 10-46　试件框面积划分示意图

② 试件抗结露因子 *CRF* 值按公式(10-44)、式(10-45)计算：

$$CRF_g = \frac{t_g - t_c}{t_b - t_c} \times 100 \qquad (10\text{-}44)$$

$$CRF_f = \frac{t_f - t_c}{t_h - t_c} \times 100 \qquad (10\text{-}45)$$

式中　CRF_g——试件玻璃的抗结露因子；

CRF_f——试件框的抗结露因子；

t_h——热箱空气平均温度，℃；

t_c——冷箱空气平均温度，℃；

t_g——试件玻璃热侧表面平均温度，℃；

t_f——试件的框热侧表面平均温度的加权值，℃。

③ 试件抗结露因子 *CRF* 值取 CRF_g 和 CRF_f 中较低值，试件抗结露因子 *CRF* 值取 2 位有效数字。

④ 试件的框热侧表面平均温度的加权值 t_f 由 14 个规定位置的内表面温度平均值(t_{fp})和 4 个位置非确定的、相对较低的框温度平均值(t_{fr})计算得到。

t_f 可通过公式(10-46)计算得到：

$$t_f = t_{fp}(1 - W) + W \cdot t_{fr} \qquad (10\text{-}46)$$

式中　*W*——加权系数，由(t_{fp})和(t_{fr})之间的比例关系确定，其按公式(10-47)计算：

$$W \frac{t_{fp} - t_{fr}}{t_{fp} - (t_c + 10)} \times 0.4 \qquad (10\text{-}47)$$

其中，t_c 为冷箱的空气平均温度，10 为温度的修正系数，0.4 为温度修正系数取 10 时的加权因子。

10.5.3　建筑外门窗性能检测实训报告

建筑外门窗性能检测实训报告见表 10-22。

表 10-22　建筑外门窗性能检测实训报告

工程名称：　　　　　　　　　　　　报告编号：　　　　　　　　　　　　工程编号：

委托单位		委托编号		委托日期	
施工单位		样品编号		检验日期	
结构部位		出厂合格证编号		报告日期	
厂　　别		检验性质		代表数量	
发证单位		见证人		证书编号	

可开启部分缝长/m		面积/m^2	
面板品种		安装方式	
面板镶嵌材料		框扇密封材料	
检测室温度/℃		检测室气压/kPa	
面板最大尺寸/mm	宽：	长：	厚：
工程设计值	气密：　$m^3/(h \cdot m)$ $m^3/(h \cdot m^2)$	水密静压：　Pa 水密动压：　Pa	抗风压(正压)：　kPa 抗风压(负压)：　kPa

检测结果

气密性能：单位缝长每小时渗透量为正压：　　　　负压：　　　　$m^3/(h \cdot m)$

单位面积每小时渗透量为正压：　　　　负压：　　　　$m^3/(h \cdot m^2)$

稳定加压法：发生严重渗漏的最高压力为＿＿＿＿＿＿ Pa

未发生渗漏的最高压力为＿＿＿＿＿＿ Pa

波动加压法：发生严重渗漏的最高压力为＿＿＿＿＿＿ Pa

未发生渗漏的最高压力为＿＿＿＿＿＿ Pa

抗风压性能：变形检测结果为：　正压：＿＿＿＿＿＿ kPa

(单玻 1/300，双玻 1/450)　负压：＿＿＿＿＿＿ kPa

反复加压检测结果为：　正压：＿＿＿＿＿＿ kPa

负压：＿＿＿＿＿＿ kPa

安全检测结果为：(单玻 1/120，双玻 1/180)

正压：＿＿＿＿＿＿ kPa

(3s 阵风风压) 负压：＿＿＿＿＿＿ kPa

工程检验结果：正压：＿＿＿＿＿＿ kPa

负压：＿＿＿＿＿＿ kPa

结　　论：

执行标准：

主要仪器设备	检测仪器		管理编号	
	型号规格		有效期	
	检测仪器		管理编号	
	型号规格		有效期	
	检测仪器		管理编号	
	型号规格		有效期	
	检测仪器		管理编号	
	型号规格		有效期	

续表 10-22

备　注	
声　明	
地　址	地址： 邮编： 电话：

审批(签字)：__________审核(签字)：__________校核(签字)：__________检测(签字)：__________

检测单位(盖章)：__________

报 告 日 期： 年 月 日

注：本表一式四份(建设单位、施工单位、检测实验室、城建档案馆存档各一份)。

参考文献

[1] 中国建筑工业出版社编. 现行建筑材料规范大全[M]. 北京:中国建筑工业出版社,2000.
[2] 高琼英主编. 建筑材料[M]. 武汉:武汉理工大学出版社,2002.
[3] 严捍东主编. 新型建筑材料教程[M]. 北京:中国建筑工业出版社,2005.
[4] 符芳主编. 建筑材料(第二版)[M]. 南京:东南大学出版社,2001.
[5] 柯国军主编. 土木工程材料[M]. 北京:北京大学出版社,2006.
[6] 陈志源,李启令主编. 土木工程材料[M]. 武汉:武汉理工大学出版社,2003.
[7] 葛勇主编. 土木工程材料[M]. 北京:中国建材工业出版社,2007.
[8] 黄晓明,赵永利,高英编著. 土木工程材料(第二版)[M]. 南京:东南大学出版社,2007.
[9] 湖南大学等合编. 土木工程材料[M]. 北京:中国建筑工业出版社,2002.
[10] 彭小芹主编. 土木工程材料[M]. 重庆:重庆大学出版社,2002.
[11] 陈建奎主编. 混凝土外加剂原理与应用(第二版)[M]. 北京:中国计划出版社,2004.
[12] 中国建筑科学研究院. 普通混凝土配合比设计规程(JGJ55—2000). 北京:中国建筑工业出版社,2001.
[13] 陕西省建筑科学研究设计院. 砌筑砂浆配合比设计规程(JGJ98—2000). 北京:中国建筑工业出版社,2001.
[14] 冯乃谦主编. 高性能混凝土[M]. 北京:中国建筑工业出版社,1996.
[15] 中华人民共和国交通部发布. 公路路面基层施工技术规程(JTJ 034—2000). 北京:人民交通出版社,2000.
[16] 中华人民共和国交通部发布. 公路沥青路面施工技术规程(JTJ F40—2000). 北京:人民交通出版社,1995.
[17] 黄晓明,吴少鹏,赵永利编著. 沥青与沥青混合料[M]. 南京:东南大学出版社,2002.
[18] 吕伟民主编. 沥青混合料设计原理与方法[M]. 上海:同济大学出版社,2001.
[19] 邓云详等主编. 高分子化学[M]. 北京:高等教育出版社,1997.
[20] 高俊刚等主编. 高分子材料[M]. 北京:化学工业出版社,2002.
[21] 沈春林等主编. 建筑防水涂料[M]. 北京:化学工业出版社,2003.
[22] 饶厚曾等主编. 建筑用胶黏剂[M]. 北京:化学工业出版社,2002.
[23] 向才旺主编. 建筑装饰材料[M]. 北京:中国建筑工业出版社,2004.
[24] 姜继圣,杨慧玲主编. 建筑功能材料及应用技术[M]. 北京:中国建筑工业出版社,1998.
[25] 张雄主编. 建筑功能材料[M]. 北京:中国建筑工业出版社,2000.
[26] 陈宝璠编著. 土木工程材料[M]. 北京:中国建材工业出版社,2008.
[27] 陈宝璠编著. 土木工程材料学习指导·典型题解·习题·习题解答[M]. 北京:中国建材工业出版社,2008.